高｜等｜学｜校｜计｜算｜机｜专｜业｜系｜列｜教｜材

自然语言理解

赵 海 编著

清华大学出版社
北京

内 容 简 介

本书系统介绍自然语言处理（即自然语言理解）的经典和前沿技术内容，包括学科发展的简要背景、基础的建模方法和典型的语言处理任务。本书围绕语言模型展开并贯穿其中，包括 n 元语言模型、连续空间语言模型（词嵌入）以及前沿的预训练语言模型。

现代自然语言处理建立在机器学习的基础之上。无论针对传统机器学习还是针对现代深度学习，本书统一以结构化学习的脉络展开，统一阐述典型的语言处理任务的普遍性机器学习建模方式，包括词切分、序列标注以及树结构解析。同时，本书以一种统一的观点梳理机器学习和深度学习方法的要点，服务于自然语言处理任务的建模方法。最后，本书综述了经典和前沿的语言处理任务：句法分析、语义分析、阅读理解和大语言模型。以阅读理解为代表的自然语言理解任务赋予传统的学科自然语言理解新的内涵。

本书适合作为高等学校相关专业高年级本科生和研究生的自然语言理解相关课程的教材，也可供自然语言理解研究人员阅读参考。

图书在版编目（CIP）数据

自然语言理解 / 赵海编著. —北京：清华大学出版社，2023.5（2024.2 重印）
高等学校计算机专业系列教材
ISBN 978-7-302-62778-4

I. ①自… Ⅱ. ①赵… Ⅲ. ①自然语言处理－高等学校－教材 Ⅳ. ①TP391

中国国家版本馆 CIP 数据核字(2023)第 031771 号

责任编辑：龙启铭　战晓雷
封面设计：何凤霞
责任校对：李建庄
责任印制：曹婉颖

出版发行：清华大学出版社
　　　　网　　　址：https://www.tup.com.cn, https://www.wqxuetang.com
　　　　地　　　址：北京清华大学学研大厦 A 座　　　　邮　　编：100084
　　　　社 总 机：010-83470000　　　　邮　　购：010-62786544
　　　　投稿与读者服务：010-62776969，c-service@tup.tsinghua.edu.cn
　　　　质量反馈：010-62772015，zhiliang@tup.tsinghua.edu.cn
　　　　课件下载：https://www.tup.com.cn, 010-83470236
印 装 者：三河市龙大印装有限公司
经　　销：全国新华书店
开　　本：185mm×260mm　　　　印　张：24.25　　　　字　数：560 千字
版　　次：2023 年 7 月第 1 版　　　　印　次：2024 年 2 月第 2 次印刷
定　　价：69.00 元

产品编号：092252-01

序

在学术界从事自然语言处理（NLP）研究似乎需要一点勇气和毅力，尤其在中国，因为 NLP 理论研究的成果几乎不可能发表在《自然》（*Nature*）或《科学》（*Science*）等国际顶级学术期刊上。而从事 NLP 应用技术和系统研发也很难像其他技术领域的项目一样获得巨额经费，有时不得不沦为各大公司的"打工仔"。当老师们费尽周折帮学生修改的论文被国际计算语言学学会年会（ACL）或国际人工智能大会（AAAI）等顶级会议录用而沾沾自喜时，很可能等待他们的问题是：在理论上有什么重大突破？解决了什么国家重大需求问题？片刻的喜悦便立刻化为乌有，满腔的自尊立刻被讨伐得片甲不留。

二三十年以前，当 NLP 还停留在以规则方法为主的理性主义阶段，我们的论文常常被怀疑是没有学过数学的人写的，整篇论文没有一个数学公式，与其他专业方向的学者对比被 SCI 索引的论文数量，更是羞于启齿。好不容易迎来了统计方法，尤其是神经网络方法占据了 NLP 的天下，可是从事这一技术研发的门槛几乎已经降低到了零，任何一位熟悉编程、能够玩转开源工具的人，只要有数据，都可以建立一个 NLP 系统，不管是机器翻译系统、人机对话系统还是什么其他的 NLP 系统，很多技术评测的性能赢家未必对 NLP 的问题和方法了解多少。靠几台服务器，善于在小规模数据集上单兵作战的学界团体被规模化大兵团联合作战的巨头公司挤压得毫无喘息之机。更令人感慨的是，学界参与评测的选手往往是正在学习的研究生，而公司中的技术人员却是从各大院校层层筛选出来的优秀毕业生。老师们将那些完全没有基础的学生辛辛苦苦地培养出来，送走之后再带着一批新生重新起步……

那么，对于深耕 NLP 技术领地的莘莘学子来说，"活着，还是不活，这是一个问题。"回归问题的本质，我们从事 NLP 研究和教学的初心是什么？我们需要活在别人的评价之中吗？如果所有的技术人员只会使用已有的神经网络方法和其他开源工具而不知其所以然，那与只会使用扳手的人有什么区别？而且我坚信，深度学习不会成为解决 NLP 问题的终极方法，它只是遥远的探索道路上的一个节点。无论从国家科技发展的角度还是从 NLP 学科发展的角度，都需要对这一领域的问题和挑战有清醒的认识，并在此基础上进行创新，更需要一批甘于寂寞、勇于探索的一代又一代有志之士。

赵海教授就是这样一位有毅力的 NLP 勇士。我对赵海的了解是从阅读他的论文开始的。十多年前，基于统计语言模型建立汉语自动分词方法是当时的研究热点，赵海在黄昌宁老师的指导下从事该技术研究，发表了多篇高水平的论文，此时我便认识了他。除了从事 NLP 研究以外，他的执着和坚持，甚至有时候近乎偏执和怪异，都在他的行为举止和言谈中难以掩饰地表露出来。尽管有些时候我并不同意他的某些观点，但我知道他是一个率真的人，一个简单的人，一个有思想、有观点的人。同时，他也是一个兴趣广泛、勇于实践的人。或许正是这种率真、执着和不安分的天性，成就了他在 NLP 领域不凡的业绩。本书凝聚了他多年的研究心血和教学体验，从概要到模型，从表示到学习，再从分析到理解，字里行间透射出他对 NLP 问题和技术的思考脉络。我相信有心的读者会在阅读本书的过程中领会到作者的良苦用心。

我喜欢简单的人，和这样的人打交道我能够畅所欲言；我喜欢有观点的人，同这样的人共事我会获益良多；我喜欢兴趣广泛的人，与这样的人交流我可以海阔天空。我相信你和我一样，那么，我们一起打开本书吧！

宗成庆

中国科学院自动化研究所

2022 年 2 月

前　　言

　　首先，我将本书冒昧地献给我在自然语言处理工作上的领路人黄昌宁教授。

　　自 2005 年有幸投入黄老师门下以来，我从事相关的研究工作已近 18 年。2010 年重回上海交通大学后，我承担了学校"自然语言处理（理解）"课程的全部本科生和研究生教学工作，至今已逾 10 年。因此，本书可被视为本人十余年教学与科研工作的一个小结。

　　计算机学科和人工智能领域由于和工业界的实际需求密切结合，形成了亦好亦坏的快餐文化。在自然语言处理的研究和工程技术实践上，目前并不是一个轻松的时机来总结、梳理自然语言处理的现状和前沿。深度学习在 21 世纪初以神经网络凤凰涅槃的形式重新崛起，深刻改变了包括自然语言处理在内的各类人工智能方向的工作模式。对比语音、图像视频和语言文本的处理，深度学习对自然语言处理的改变最为剧烈。如果仔细比较就会发现：自然语言处理最近 3 年的研究和 10 年前相比，其关注点或许根本不在一个频道上。因此，本书只是总结和当前深度学习相关的进展热点，还是兼顾非深度学习的传统工作，成为我在两年前踌躇了很久的一个问题。在读过本书之后，读者应该知道我当初的选择。我或许创造了一个纪录：本书是第一本结合了深度学习和传统机器学习背景的自然语言处理的中文图书。

　　今天，已经没有什么智能处理可以不借助于机器学习而发展良好。然而，在历史上的绝大部分时间里，自然语言处理工作是和机器学习绝缘的。甚至"统计"这个概念，在自然语言处理界也是 20 世纪 90 年代才慢慢形成的潮流。相比于其他人工智能方向，自然语言处理对于数据、机器学习方法的接纳明显滞后，这是有深刻原因的。

　　从人工智能的知识工程角度看，机器学习相当于把知识的标注和学习这个强耦合的过程有效地解耦为两个清晰可分的阶段：专业领域的标注人员平行地独立完成前面的数据标注工作，使得计算机工作者只需专注于后面纯粹的数据处理（即"学习"）部分。显然，这是知识工程的工作方式的重大进步。

　　自然语言是最具有挑战性的智能信息处理对象，所以才有"人工智能皇冠上的明珠""得语言者得天下"的说法。问题就出在：只有自然语言处理这个工作需要同时直接应对两类大相径庭的知识——语言知识以及语言所承载的常识知识。自然语言处理最为窘迫的问题在于：实践上往往只能通过语言知识解析和学习（如句法和语义分析）的有限手段应对其中的常识知识提出的层出不穷的挑战（如语用级别的一个个"例外"）。

　　从另一个角度看，人类语言本身是复杂的符号系统，在乔姆斯基的形式语言分类体系之中，人类语言严格来说属于其中最为复杂的类别。然而，受制于种种因素，工程技术实践不得不用低复杂性类过于简单地刻画人类语言，进而以此为基础进行各类处理。我把自然语言这种复杂性特征权且称为结构复杂性（请和计算复杂性理论中的同一术语区分）。

　　因此，双重知识困境和特殊的结构复杂性这两大原因使得自然语言处理在拥抱机器学习的工作方式方面举步维艰。对于知识问题，机器学习的工作范式并不提供额外的知识获取增强、学习的便利，而自然语言处理由于数据缺失，在早期并无采用机器学习工作方式的必要性，这是因为，多年前，自然语言处理的数据标注是一个极度依赖专业的理论语言学工作的过程，数据标注周期漫长、过程繁复，其代价远远高于后续的数据处理。对于结构复杂性问题，基本的机器学习模型本质上只针对分类（或等效的回归）问题进行建模，无法直接解决自然语言处理中各类天然的结构学习和预测问题。因此，在基本的机器学习模型和自然语言处理的结构化任务之间有一个巨大的鸿沟。在跨越这个鸿沟之前，将任何强大的机器学习模型贸然或仓促地用于自然语言处理必定在效果上乏善可陈。结构学习通常需要高复杂度的图（graph）算法。自然语言处理结合机器学习的算法复杂度是机器学习算法本身的复杂度和另一个结构复杂度的叠加。如果语言学习的结构复杂性不能有效消解，则进一步采用任何机器学习算法用于自然语言处理都必然是无本之木。从历史案例来看，Bengio 教授在 2003 年首次提出将深度学习用于自然语言处理；然而，吊诡的是，直至 2014 年，在 Mikolov 的 Word2Vec 等词嵌入方法发表之后，深度学习才真正广泛进入自然语言处理，反而远远落后于彼时深度学习已遍地开花的语音和图像处理领域（后两者在 2010 年前后即取得工程上的巨大进展）。导致这个现象的最大因素就是自然语言的结构复杂性问题一直未能找到普遍性解决方法。

本书的叙述脉络就是：从如何消解自然语言处理的结构复杂性入手，用相对一致的思路重新统一描述自然语言处理的机器学习方法，同时兼顾传统机器学习和深度学习。具体做法是：把自然语言处理的机器学习分解为两部分，将所有机器学习模型（也进一步推广到包含各类概率统计分布的获取过程）视为一个单纯的打分（评分，scoring）模块，各类具体的自然语言处理任务建模是针对如何调用这些模块而进行的结构化分解（发生于训练过程）、结构重组（发生于预测过程）的相关方法。因此，相对于阐述复杂多样的机器学习模型以及各类语言学习任务，本书只是将其统一视为打分模块搭配结构学习的一种组合。在这个叙述角度上，深度学习和传统机器学习并无本质不同。

在打分学习功能的背景下，我把普遍的机器学习模型分解为损失函数、模型形态以及训练算法 3 个要素，并尝试从奥卡姆剃刀原则解释梳理常用于自然语言处理的各类传统机器学习和深度学习模型。例如，对于特征表示向量直接的线性组合就是感知机（perceptron）学习。再如，在同样的线性特征权值学习的基础上，如果简单列出两类直接的距离——欧几里得距离和信息距离——所定义的损失函数，就会立即得到早期自然语言处理常用的支持向量机和最大熵模型。在输出是标量的情形下，至此已经定义了我称之为单个神经元的学习模型。而普通的如多层感知机（MLP）之类的神经网络不过是将所有标量堆积输出向量化的必然结果。

具体的自然语言处理任务繁杂多样，不过本书并不以具体的语言处理任务为中心，而是始终沿着结构化学习的建模方式的叙述思路。例如，对于能统一解释为序列标注任务的各类任务，在建模方法部分进行了统一讲解。对于基础自然语言处理两大类核心任务——句法分析和语义分析，在结构化学习背景下，还特别对语言学背景做了单独阐述。最后，本书介绍以机器阅读理解为代表的现代自然语言理解任务。

在确定书名时，我曾经在"自然语言处理"和"自然语言理解"两者之间纠结过。虽然前者目前更普遍，但这两个术语在学科历史上是等价的，例如 James Allen 的早期名著就是以后者为书名。近几年的术语变化就是"自然语言理解"的含义开始收窄，越来越多地用于指代机器阅读理解和自然语言推理两类具有广泛挑战性的任务。因此，本书的书名最终选择了后者。

现在所说的自然语言理解是伴随着深度学习而崛起的新型综合性智能信息处理问题，是目前为止最复杂、最具有挑战性的任务。同时，这类任务也和真实应用需求密切结合，阅读理解补上了智能信息处理的最后一块短板。在此之前的所有自然语言处理的确仅仅是"处理"，而相应的信息检索也仅仅是"检索"。阅读理解任务允许机器基于所给的具体篇章文本回答人类语言形式的任何问题。这使得自然语言处理真正进化到了自然语言理解的应用实施阶段。21世纪初的《国家中长期科学和技术发展规划纲要（2006—2020年)》明确提出：我国将促进"以图像和自然语言理解为基础的'以人为中心'的信息技术发展，推动多领域的创新"。20年前，自然语言理解是一个概念性的、含糊的远期目标；20年后，自然语言理解已经有了明确具体的任务聚焦。业界已经确确实实在具体的自然语言理解任务上开展工作，并产生了显著成绩。

伴随着自然语言理解的具体任务需求，出现了深度学习工具相应的巨大进展——大规模预训练语言模型。这个工具并非理论或工程上的全新成果，而是在深度学习时代延续了传统自然语言处理的 n 元语言模型工作方式的更新版本。但是，量变引起质变，短短三四年（最早的 ELMo 发表于 2018 年)，预训练语言模型在很大程度上改变了目前的自然语言处理和理解的工作方式。正是由于其重大影响力，本书在结构化学习的叙述脉络之外，也同步包含系统地介绍三代语言模型的前后继承关系的另一条叙述脉络。

目前的深度学习模型用于自然语言处理出现了模型设计的模块标准化趋势，即通常一个语言处理的深度模型会一般化地包含两部分：前端称之为编码器（encoder）部分，接收句子乃至篇章，生成一个相对低维的向量表示；后端接收这个表示，输出具体任务所要求的具体结果。在最近的实践中，普遍出现了以预训练语言模型直接作为编码器的建模方法，再结合称之为微调（fine-tuning）的针对性训练方式，预训练语言模型已经被普遍证实能广泛、大幅度改善几乎所有自然语言处理任务，尤其在高难度的阅读理解任务上更为显著。

预训练语言模型在实践中很大程度上解决了传统机器学习的数据困境。这类模型并不是在人工标注的语言数据上进行训练的，而是基于超大规模无标注的普通语言文本，利用语言自带的结构化特性，让一个已知结构预测另一个已知结构的表示，使用自监督学习方法自动构造学习任务。在这个过程中，深度学习的本质——基于表示的学习机制发挥了中心作用。结合自然语言这种内在结构依赖，利用自然的自监督学习方法，深度学习模型能在超大规模数据上学习出有效的语言表示。

预训练语言模型有可能是人类有史以来最大的机器学习模型。目前报道的最大的预训练语言模型是 GPT-3。按照评估，其训练数据规模大约相当于 100 万人的终生阅读量，其模型参数大小约相当于人脑的神经元数量水平（900 亿个）。我在 ACL-2019 会议期间曾和 Google DeepMind 的同行探讨过这个观点：预训练语言模型按照当时的发展趋势，构成第一个实际上可以工作的人工脑只是时间问题。在 2019—2021 年连续 3 届中国计算机学会年会的自然语言理解专题论坛上，我都是特邀讲座者（感谢苏州大学周国栋老师的邀请），我也一直在推出一个不成熟的预测：自然语言处理是人工智能的终极问题，或许最后自然语言处理和自然语言理解本身也是解决人工智能终极问题的钥匙。

基于以上的思考和预测，本书花了很大篇幅介绍自然语言理解这样的前沿聚焦任务。

我特别感谢我在上海交通大学指导的各位博士生、硕士生以及计算机科学与工程系的部分本科生同学。在本书的撰写过程中，他们承担了大量的资料整理、编辑等烦琐工作。没有各位同学的这些幕后工作，本书是不可能完成的。2020 级博士生张倬胜组织了本书的编辑工作。其他参与相关工作的同学按照年级和姓名拼音排序如下：

2015 级博士生　姜舒

2017 级博士生　李祖超

2018 级博士生　段苏峰（重新绘制了本书全部插图）

2018 级硕士生　骆颖　肖风顺　杨俊杰　张帅亮　周俊儒

2018 级本科生　李俊龙　欧阳思如　孙开来

2019 级硕士生　包容洲　井鸿江　李依安　徐艺　朱鹏飞

2020 级博士生　伍鸿秋

2020 级硕士生　王嘉伟　王佳翼　吴薄鸿　赵一霖

2021 级博士生　马欣贝　杨逸飞

2021 级硕士生　程子鸣　李熠阳　王金元

我在上海外国语大学指导的 2021 级博士生黄宝荣也在通读书稿后提出了大量修改意见，在此一并致谢。

中国科学院自动化研究所研究员宗成庆老师欣然为本书作序，我在此深表感谢！

本书的大量原始素材（包括文字描述、图表等）取自我本人长期授课的积累以及很多国内外同行慷慨分享的公开资料（包括但不限于论文、授课课件、讲座资料等）。我已尽最大力量注出所有这些资料的确切来源，但是受限于一些客观条件，每章末尾所列的参考文献难以做到尽善尽美。作为一个补充，我列举一部分未能体现在参考文献列表中的资料的作者，在此向他们表示谢意！

- Christopher Manning, Stanford University （第 1、2 章）。
- Joshua Goodman, Microsoft Research（第 2 章）。
- Michael Collins, MIT（第 2、7 章）。
- Pandu Nayak and Prabhakar Raghavan, Stanford University （第 3 章）。
- Constantin F. Aliferis and Loannis Tsamardinos, New York University（第 7 章）。
- Fei Xia, Washington University （第 7 章）。
- Richard Socher，Stanford University（第 8 章）。
- Roxana Girju, University of Illinois at Urbana-Champaign（第 10 章）。
- Joakim Nivre, Uppsala University（第 10 章）。

在本书写作过程中，我得益于很多同行的帮助、讨论以及上面提及的各位在具体事务上的支持，但是毫无疑问，这不代表所有这些相关人士对于本书中的内容和观点持有特定看法，而本书中的任何错漏以及由此导致的问题都只能由我本人承担责任。

　　在本书完稿之时，我意识到：用一个统一的观点、思路总结一个研究方向的历史和
最新进展，将其浓缩到一本书中，的确是一项具有高度挑战性的任务。在此恳请读者不
吝赐教。

赵　海

于上海交通大学闵行校区

2022 年 2 月

目　　录

第1章 自然语言处理概要

自然语言处理（Natural Language Processing，NLP）既是人工智能（Artificial Intelligence，AI）的一个分支，也是计算机科学（computer science）和语言学（linguistics）的交叉学科，它的目标是运用计算机处理、理解自然语言，从而完成一些有意义的信息处理任务。作为交叉学科，自然语言处理又称为计算语言学（computational linguistics）。自然语言处理是人工智能的挑战性分支，从信息感知角度来说，有别于其他分支，如计算机图像/视觉（image/vision）、语音（speech/voice）处理，自然语言处理的目标是文本（text）。这里需要注意的是，虽然"自然语言处理"这一术语中带有"语言"二字，但其更多指向的是文本对象；而理论语言学中的"语言"多指语音对象①。这是因为，最初不管是自然语言处理还是计算语言学，是既包含文本处理也包含语音处理的，直到 20 世纪 90 年代，自然语言处理和语音处理才在学术界分家。理论语言学（为区分于计算语言学，也称之为纯语言学）的研究具有数百年的悠久历史；相比之下，自然语言处理所属的现代计算机学科的存在还不到 80 年，但是发展迅猛，研究子领域之间也分分合合，术语含义也不断迁移。

自然语言（有时也称为人类语言）的出现是智能展示的相对完备形式。从进化尺度上看，人类进化史约上百万年，人类语言（不要求有文字）的出现应不早于十万年前，而文字（现代自然语言处理的研究对象）的出现更是在一万年以内，也就是说自然语言处理研究的是全部人类历史最近 1%时间内的产物。

在进入自然语言处理学习之前，推荐读者先修以下课程：

（1）数学基础课程，包括数学分析、概率论与数理统计、线性代数和矩阵理论、解析几何等。

（2）计算机基础课程，包括数据结构与算法基础、编程语言（C/C++、Python 等）以及机器学习基础。

在机器学习的实际操作上，特别建议读者最好提前熟悉 PyTorch、TensorFlow 等深度学习工具。

本章将介绍自然语言处理的基本背景，其中包括：①概念和术语；②技术性挑战以及机器翻译的背景介绍；③语言处理层次的概念；④结合自然语言处理应用介绍其历史发展；⑤自然语言处理相关的学术出版体系。

1.1 自然语言处理的概念和术语

1.1.1 自然语言

自然语言指人类语言，比如汉语、英语、德语或法语。听、说、读、写是自然语言

---

① 当然这不意味着理论语言学只研究语音所指的语言对象。理论语言学也研究文本，如乔姆斯基的句法学、韩礼德的功能语法都是研究文本上的句法。在索绪尔的共时研究中，文本也是重要的对象。在理论语言学中，专门研究语音的是音位学和音系学。

最常见的运用方式。人类语言也称作自然（nature）语言，是因为它是自然进化的产物，是生产生活斗争中随着需求变化而产生的。作为比较，计算机编程语言是由人类创造的一套符号和规则系统，用来将一套指令完整、精确地传达给一台计算机。编程语言在编写时带有一定的意图（语义），同时遵循关于变量、函数、不同类型的括号等的规则（语法）。编程语言与自然语言有很大区别。首先，相比于自然语言中使用的词典、词义、语法规则，编程语言中用到的关键词很少并且含义确定，涉及的语法更少也更简单。其次，编程语言所有的规则和定义都是预先设计好的，这使得它们能够被完整、精确地描述和研究，不会造成任何疑惑；而自然语言由于多义词、同义词的存在，很容易产生歧义现象。最后，由于编程语言中规则的严格性，使用者不能随意发挥和篡改；而自然语言中充满了不规范、不完整甚至错误的表达，例如方言、俚语、行话、拼写错误、不规则的标点符号等。正是自然语言的这些特点增加了自然语言处理的难度，也使其远比利用编译器处理编程语言更复杂。

某种意义上，自然语言处理针对的对象——人类语言是符号系统中最复杂的，因此，自然语言处理领域发展了最为精巧的符号系统处理技术。幸运的是，针对符号系统的信息处理并不都是如此具有挑战性，编程语言就是这样一个处理技术"友好"的符号系统。在最近 20 年的信息处理实践中，自然语言处理技术不仅用于自然语言，也被广泛迁移到软件信息工程、编程语言处理、生物信息学以及化学信息学等领域，针对的处理对象（符号系统）涵盖编程语言、蛋白质序列、人类基因组序列以及化学分子式表示（如 SMILES 码）等。当自然语言处理技术针对的对象不限于自然语言，甚至开始跨界处理多种不同类型的符号系统时，自然语言处理就正在现实中走向某种意义上的"广义符号处理"。

自然语言有两种形式：书面形式和口语形式，分别对应现在的自然语言处理和语音处理。在 20 世纪 90 年代之前，自然语言处理主要依赖于规则方法，而非今天流行的以统计为基础的方法。虽然实际能应用的统计和数学知识甚至已经存在了一两个世纪，但是由于当时的计算能力极为有限，计算机硬件条件无法支持需消耗巨大计算资源的统计方法，从而使得历史上的自然语言处理界只能囿于规则方法。自然语言处理是众多子任务的总和，其中也曾经包含语音处理任务。语音处理可以简单分为语音合成和语音识别两个处理方向相反的子任务，相对其他繁杂的文本处理来说，其任务模式较为单一，同时又非常依赖于统计语言模型，因此，开始就需要统计方法支持的语音处理与一直囿于规则方法的早期自然语言处理的其他分支早早就分道扬镳了。到了 21 世纪，由于大众可用的计算能力的普遍提升，统计方法才开始被越来越广泛地应用于自然语言处理的各个分支。由于这样的历史，导致了现在的"自然语言处理"中的"语言"颇为吊诡地仅仅指的是文本。

1.1.2　自然语言处理与自然语言理解

自然语言处理集合了通过算法、统计或常识等处理语言的各类方法。自然语言处理任务大致可以分为两类：

（1）基本任务，包括语言建模和表示以及语言结构和分析，后者又包括形态分析（含分词)、句法分析、语义分析和篇章分析等。

(2)应用型任务,包括对话系统、机器翻译、语言理解和语言推理等任务。

很长一段时间以来,作为人工智能的分支,业界更多地用"自然语言理解"称呼"自然语言处理"这一研究方向。自然语言理解(Natural Language Understanding,NLU)研究的是对某种自然语言文本的真正理解,被认为是人工智能的核心难题,甚至是终极难题。实际上,"自然语言处理"这一术语的广泛使用大约从 20 世纪 90 年代才开始,比"自然语言理解"这一术语的使用晚很多。21 世纪以来的很一段时间内,这两个术语就所指的研究方向和研究内容而言都是一致的。两个术语的选用只是研究者的偏好问题。"自然语言理解"这一术语更多地被人工智能中从事交叉方向研究(例如计算机视觉、非单调推理、机器学习等)的研究者所采用;而"自然语言处理"这一术语则越来越多地被从事单一语言处理研究的研究者所采用。

自然语言理解一度也被认为是自然语言处理的下一个预期的阶段,但在很长一段时间内,由于其过大的挑战性,"自然语言理解"只是人们憧憬的美好目标,而无具体的实际操作实践。这也导致了用"自然语言理解"指代整个研究领域的这一做法的减少,相关研究者越来越愿意称自己研究的是"自然语言处理"。随着可用信息资源的增多,使得更复杂的神经网络成为可能,研究者向着让计算机能够真正理解人类语言的前沿迈进。现在"自然语言理解"的使用在减少,并且"自然语言理解"的概念被逐渐窄化,开始限定于指真正、具体的、在 20 世纪第二个 10 年才首次出现的自然语言理解任务,如现在流行的机器阅读理解(Machine Reading Comprehension,MRC)和自然语言推理(Natural Language Inference,NLI)这两个任务。今天,针对这两个术语的使用,研究者回归了自然语言理解和自然语言处理字面意义所指的常态,达成了相对一致的共识:"自然语言处理"是方法和手段,而"自然语言理解"是目标。

事实上,自然语言理解的挑战性很多就是源于自然语言处理上的挑战。例如,词、短语组合的多样性会导致不同的语言含义,不联系上下文以及环境约束会造成语言歧义性,语言作为开放符号集合可以任意地发明创造一些新的表达方式,语言理解多需要外部知识支撑,等等,导致了机器在自然语言理解上的表现至今还远不如人类。另外,自然语言理解的任务目标除了要求计算机理解语言的字面含义(语义)以外,还需要理解语言的"言外之意"(语用),例如"我觉得好冷啊"在语义上表明冷,而语用上就需要探究这句话背后的含义,例如说话者是否想要调高空调温度等。在人机对话中,自然语言交互涉及语法、语义、语用 3 个层面,如果希望机器能够真正读懂人类语言的复杂语义,研究者需要在自然语言处理的基础上综合引入认知语言学、心理语言学、社会语言学等学科的知识信息,在语义理解的基础上增加意图识别和情感判断,以弥补纯粹的语言处理的不足,让计算机能够真正读懂人类语言的复杂语义以及背后的意图和情感,并在此基础上给予对话者拟人的反馈,从而达到更好的交互效果。

1.1.3　计算语言学

不同于单语言专业(例如中文系、英文系),理论语言学是研究多种人类语言共性的学科,至少已经有两百年的历史。在传统视角上,计算语言学是以理论语言学为主而发展的交叉学科，建立该学科最初的目的是提出一种可被计算机处理的语言学理论、框架、模型。而后来的计算语言学则研究计算机在语言研究中的应用，或使用计算机研究语言学。计算语言学在计算机于 20 世纪 40 年代问世后不久就开始出现，比"自然语言处理"这一术语的产生早得多。计算语言学也可以解释为从理论语言学的角度看待自然语言处理这个方向。

从计算机科学的角度来看，自然语言处理当然是计算机科学的一个子集，特别是其中人工智能方向的一个分支方向，其最终目的是让计算机能够理解自然语言。在科学史上，从语言学专业和计算机专业出发分别进行自然语言处理研究，形成了异曲同工的有趣关系。这也可以从自然语言处理领域两个非常重要的会议——ACL（Association for Computational Linguistics，计算语言学协会，由语言学家创办）会议和 EMNLP（Empirical Methods in Natural Language Processing，自然语言处理的经验方法，由计算机专业人员创办）会议的创办者来源可以看出。现在，计算语言学与自然语言处理的研究内容已经相似到难以区分，两者的界限逐渐模糊，在指代领域名称的术语运用上，"计算语言学"已经被认为等同于"自然语言处理"。

计算语言学（或者自然语言处理）作为一门交叉学科的特性是非常明显的，图 1.1 展示了计算语言学/自然语言处理与相关领域的关系。计算语言学/自然语言处理的方法、目标是工程的，语言是智能的关键特性，因此，它显然是人工智能中的一个关键分支。首先，计算语言学/自然语言处理当然涉及计算机科学，因为其中包含了十分严格的算法与数学基础；其次，计算语言学/自然语言处理还涉及认知科学，有别于动物大脑，语言处理是人脑的一个特有功能；最后，计算语言学/自然语言处理也涉及生理学、心理学、哲学、语言学等领域。因此，计算语言学/自然语言处理不是计算机科学 + 语言学的简单交叉，而是一个涵盖极广、多学科复杂交叉的研究方向和学科。

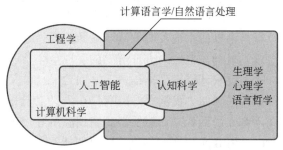

图 1.1　计算语言学/自然语言处理与相关领域的关系

1.2　自然语言处理的技术性挑战

现代人工智能所依赖的数学工具、算法等基础在几十年前就已经完成，今天的人工智能系统不过是在大众能够承担得起所需要的计算能力时，将这些技术实现并适时推送给最终用户。

知识已被公认为是人工智能的核心主题，常识知识又是普遍人工智能必须面对的终极挑战。在所有人工智能分支中，或许只有自然语言处理被迫需要承担两类知识——常识知识与语言学知识的处理和解析任务。后者属于自然语言处理这一领域独一无二的需求。可以这么对比：计算机视觉的处理并不需要依赖一个可观的"视觉学知识"才能达成。自然语言处理作为一门交叉学科具有更大的相对独立性，而它的交叉来源之一——理论语言学有着比现代计算机科学长得多的悠久学术传统。正是因为在人工智能的常识知识困境之外，自然语言处理还需要谨慎处理语言学知识这一瓶颈，才使得这一研究方向在人工智能各个分支之中尤其具有挑战性。

从词汇层面看，人类语言内的上述两类知识并不难以区别。自然语言中的常识知识以命名实体（named entity）以及实体之间的关系展现，前者如"新型冠状病毒肺炎""苏格兰场""上海交通大学"等，后者如"上海"与"中国"的包含关系以及"古特雷斯"和"联合国秘书长"的同位关系等；语言学知识相对抽象，直观上可以理解为人类语言内除了常识知识之外所有有关语言本身形式化、构成规则的知识线索，例如词性（part-of-speech）、句法（syntax）、形式语义（formal semantics）等。从词汇层面看，如果一个词非命名实体词，则它体现形式语义的时候展示的就是语言学知识。

目前为止的自然语言处理的技术实践很大程度上其实是在运用语言学知识解析这两类知识。在一般的人工智能分支之中，只处理一类知识（常识知识或很窄的领域知识）尚且十分困难，更不用说，自然语言处理的任务需要同时面对两类知识解构的挑战。由此可以看出自然语言处理的技术挑战性非同一般，同时需要处理两类知识成为自然语言处理挑战性的根本来源。

从具体的语言学知识形式上说，自然语言处理的挑战大体包括以下几方面：

（1）歧义（ambiguity）问题。相比于精确、唯一、无歧义定义的计算机编程语言，自然语言的表达形式和语义之间的映射有一对一、多对一、一对多或多对多4种类型。例如，英语表达之中的一对多映射"turn right"与"that's right"中"right"就具有歧义性。一对多映射一般情况下需要专门输入额外的大量领域知识，才能在目标形式表示中做出正确的解析选择。

（2）知识依赖问题。

① 修饰语附着（modifier attachment）问题。例如，英语句子"Give me all the employees in a division making more than \$50 000"中并没有说清楚"making more than \$50 000"所修饰的是"employees"还是"division"。此类连续修饰语的附着问题根源在于语言表达形式的线性特性与其含义之间的非线性特性之间的本质冲突。具体来说，语言在书写或者交流的时候必然是线性的，即，文字需要从左到右（或从右到左）书写，口语需要逐个吐出一个个词语，但这种客观受限的线性表达事实上无法精确展现修饰关系的非线性结构。例如，图 1.2展示的修饰结构实际上的语序可能是 $OM_1M_4M_2M_3$，而如果给定这样一个语序，在没有额外的信息线索支持下，无法确切还原出图 1.2中的这种修饰关系。需要指出的是，修饰语附着问题并非由于一个语言支持前置修饰语语法或后置修饰语语法导致的，也不是因为同时支持前后置修饰语导致的。如果说英语支持后置修饰语（上面的例句即是）导致了此类问题，那就无法解释中文这种仅支持前置修饰语的

语言也会在连续的修饰语结构中出现修饰语附着的消歧问题。

　　由于表达上的线性手段无法覆盖内在语义结构非线性的本质困难，修饰语附着问题不太可能通过重新定义语言学规则加以解决，也不太可能仅利用语言学知识精确有效求解。首先，如果规定修饰规则，则会使语言使用的自由度大大受限而导致不便。事实上，在语言的实际使用中定义规则是相当不现实的。其次，自然语言之所以是自然语言，是由于其语言表达的线性模式也不太可能改变，同时也不可能在表达时为每句话都画出类似图 1.2 的非线性修饰结构。最后，仅利用语言学知识，例如词性、语法、形式语义等，均无法一般性地有效解决修饰语附着问题。例如，已知 "making more than \$50 000"、"employees" 和 "division" 是 3 个句法成分对于求解这个问题没有太大帮助。就人类经验而言，实际上需要具备常识知识，比如 "employee" 和 "division" 正常情况下会赚多少钱来判断 "making more than \$50 000" 具体修饰的对象。如果训练一个统计机器学习模型决定修饰对象以求解修饰语附着问题，则该模型会简单地向训练损失最小的方向做出猜测，只要没有合理引入这里所需的常识知识，这种方法实际上还是忽视了认知上的根本理由，而仅仅是对于统计的规则化实现。

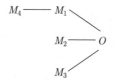

图 1.2　修饰结构：M_4 修饰 M_1，M_1、M_2、M_3 修饰 O

　　② 量词范围（quantifier scoping）问题。以英语为例，在逻辑上，某些限定语，如 "the"、"each" 或 "what"，表示 "通用（所有）"（∀）或 "存在"（∃），对它们所指管辖范围可能会有多种理解。此类问题在求解形式上和修饰语附着问题类似，都是要求判断句子之中的两个词或成分之间有无依赖关系。

　　（3）省略表达（elliptical utterances）问题。在人类语言中，语言成分的省略是一个普遍现象，或是出于特定的语法设计（如日语在实际使用中会系统性地省略各类语法成分），或是在复杂的上下文交互中为了略去对话双方已知的内容而寻求高效的沟通。然而，精确的语言处理和语言结构分析需要以完整的上下文为前提才能进行，因此，相应的语言处理任务的基本需求是从省略的表达中恢复出完整的非省略的上下文，以供后续进一步处理。以对话为例，一个简化或省略的问句的解释要取决于先前的问句及其解释。例如，询问 "Who is the manager of the automobile division?"，然后接着问 "of aircraft?"，这时就需要结合上文才能恢复完整形式，确定是在询问 "经理是谁"。如果这里是多轮对话，完整信息可能在更早轮的语句中才能获得，那么这个问题会变得更加困难。

　　如我们所知，无论是在空间上还是在时间上，人类语言都是一个开放的符号集合，在历史长河之中，不断有新的语言表达形式被发明创造出来，语言的表达形式和内涵之间的关联不断变迁。语言的这些时空演化的动态性进一步给要求精确、高效的自然语言处理增加了难度。

1.3　机器翻译

机器翻译（Machine Translation，MT）研究如何利用计算机自动实现不同语言之间的相互转换，是自然语言处理的重要研究领域。机器翻译是一个重要的、有着重大需求和实际运用场景的语言处理应用，也是易于理解的多语种语言处理的典型案例。早在1949 年，沃伦·韦弗（Warren Weaver）即提出计算机可能对"解决世界范围的翻译问题"有用[1]，思路就是针对翻译的源语言和目标语言构造双语词典，进行转换后再重新组合。经过 50 多年的努力，尽管取得了巨大成就，21 世纪初的机器翻译系统仍然只能产生质量一般的结果，仅适用于粗略了解外文大意的场景。在 21 世纪的前 20 年结束的时候，机器翻译研究取得了更为显著的成就和进展，然而依然远远不适用于产出正式文档。

在早期的机器翻译实践中，或者受制于有限的计算资源，或者由于认识不足，人们一度以为可以通过枚举所有的翻译规则的方式建造实用的机器翻译系统，这一思路一直到 20 世纪 90 年代统计机器翻译方法崛起时还在被人尝试。在类似情感分析这样简单的语言处理任务中，的确可以相对轻松地列出所有正面词和负面词的列表，并构造出正面词和负面词的转换规则，依靠这些手段就能建立一个可工作的情感分析系统。但是，对于机器翻译来说，这种方法最终被证明代价过于高昂，因为没有人能够完备地枚举出从一门语言翻译到另一门语言的所有规则。通过长期实践，研究者已经意识到人类语言翻译是一种复杂的认知和处理能力，涉及不同类型的知识：

（1）句子结构。不同的语言遵循不同的句子结构。例如，中文和英文都遵循"主语—谓语—宾语"的形式，日语和印地语遵循"主语—宾语—谓语"的形式，而阿拉伯语则遵循"谓语—宾语—主语"的形式。如果这些语言属于同一语系，语法差异或许会相对较小，例如，英语和德语属于印欧语系（Indo-European family），泰米尔语和泰卢固语属于达罗毗荼语系（Dravidian family），等等。具有巨大句子结构差异的语言对之间的翻译会比具有相同或类似句子结构的语言对之间的翻译困难得多。

（2）词义。一个词可能会有很多种不同的含义。例如，英语句子"Please book my ticket for tomorrow"与"Please buy that book for me"中的"book"，前者指"预订"，后者指"书"。人可以从词语的上下文中理解其含义，但是这对于计算机而言是困难的。针对双语处理的机器翻译会面临进一步的困难，因为翻译的源语言和目标语言之间的词义歧义方式会完全不同。例如，英语的"book"兼具"预订"和"书"的义项；而中文的"书"并无"预订"这一含义，但是有英语的"book"所不具备的"书写"这一含义。

（3）常识。即关于世界的广泛共享信息。人类在对自然语言中的信息进行分析时，在一定程度上依赖于一些第三方信息，这也是语言学家耶霍舒亚·巴希勒（Yehoshua Bar-Hillel）宣称机器翻译不可能实现的理由，他举的例子被称为巴希勒悖论（Bar-Hillel paradox）[2]："The pen is in the box"与"The box is in the pen"，前者的"pen"翻译成钢笔，而后者的"pen"翻译成围栏。要想得到正确的翻译，一种方法是根据上下文推理，但是在没有上下文的情况下，大多数人也能够正确翻译这两个句子，因为他们知道"pen"（钢笔）比"box"（盒子）小，"box"（盒子）比"pen"（围栏）小，并且只有较小的东西才能放在较大东西的里面。而机器要进行正确的翻译也需要具备这些额外的常识。

除此以外，机器翻译还涉及听众模型（用户模型）、对话规则（对话翻译）等方面的知识。这些要素实际上已经涉及自然语言处理、自然语言理解中几乎所有内容要素，这些要素组合在一起已经被证明是一个非常复杂的任务。1964 年，约翰·罗宾森·皮尔斯（John Robinson Pierce）发表了自动语言处理咨询委员会（Automatic Language Processing Advisory Committee，ALPAC）报告[①]，否定了短期内机器翻译研究能产生有意义影响力的可能性。从此，机器翻译进入了长达 30 年的低谷期。

20 世纪 80、90 年代之交，在 IBM 研究中心超级计算机的算力支持下，IBM 的研究者提出了现在称之为 IBM 模型的翻译对齐学习模型，从而开启了统计机器翻译（Statistical Machine Translation，SMT）[3,4]的时代，机器翻译也从低谷期开始复苏。21 世纪初，统计机器翻译的另外两个关键要素也得以有效建立：最小错误率训练（Minimum Error Rate Training，MERT）[5]方法提出，用区分式机器学习方法自动集成 IBM 模型和 n 元语言模型，帮助生成稳定的翻译文本；翻译质量自动得分评估方法——BLEU[6]也被提出并被广泛接受，结束了对翻译质量评估方法的争议，大大缓解了根据开发集调参时需要人为干预进行翻译质量评估的不便，使得机器翻译模型的全自动优化成为可能。所有这些进展都推动统计机器翻译进入全盛时期。至此，IBM 模型、MERT 方法以及 BLEU 评估方法成为统计机器翻译的三大技术支柱。

机器翻译需要双语平行语料库作为训练集，其中的句子或段落会以某一种语言表述并且对应到另一种语言表述的相应句子或段落。在传统的统计机器学习中，这些翻译系统非常复杂，一般被分为几个子模块，如翻译模型、语言模型、调序模型等，这些模型相互独立，以管线方式组合在一起，分别进行优化。翻译模型需要将源语言与目标语言的词对齐（alignment），即确定源语言中的哪些词语对应目标语言的哪些词语。对齐是机器翻译中的关键难题，图 1.3 展示了英语和法语句子之间的对齐示例。一个双语句对之间的词对齐模式有一对多、多对一、多对多等；甚至有的源语言中的词不用被翻译，因而也无须对齐。所有对齐的可能性数量庞大到组合爆炸，这使得对齐学习问题变得非常困难。在利用对齐模型获得了所有潜在对齐之后，对于源语言句子之中的每个词或者每一个短语都会有大量的翻译候选，整个源语言句子的翻译结果存在于这些对齐候选组合形成的一个巨大的搜索空间之中。在统计机器翻译的解码过程中，通常用一个 n 元语言模型确定哪一个翻译组合更好，以决定最优的翻译结果。

2014 年，Google DeepMind 提出的神经机器翻译（Neural Machine Translation，NMT）模型[7,8]使得机器翻译进入了新的时代。神经机器翻译模型抛弃了 IBM 模型等组件以及 MERT 训练方式，仍然使用 BLEU 作为自动评估标准。相比于传统的统计机器翻译，神经机器翻译利用具备表示学习机制的深度神经网络对整个翻译过程建模，以一种端到端（end-to-end）的方式对这个网络进行一次性训练优化，只需要关注目标函数，整个翻译过程都能在一个模型中同步学习。相比于统计机器翻译，即使在有图形处理器（Graphics Processing Unit，GPU）加速的情形下，神经机器翻译也需要使用更多

① http://www.hutchinsweb.me.uk/MTNI-14-1996.pdf.

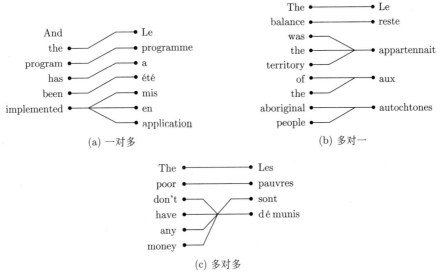

(a) 一对多　　　　　　　　　　　　　　　　(b) 多对一

(c) 多对多

图 1.3　英语和法语句子之间的对齐示例

的计算资源以及更长的训练时间。目前为止，已经证明神经机器翻译更有效，是比统计机器翻译更好的建模方式，前者可以取代后者。但神经机器翻译仍存在一些悬而未决的问题，例如难以利用先验知识和约束机制，过度翻译和翻译不充分，训练速度慢，处理生僻词效率低，甚至有时漏译原句中的词，等等[9]。正是由于人类语言的巨大开放性和无比的灵活性，机器翻译，包括最新进展下的神经机器翻译，依然面临很多挑战。

1.4　语言处理层次

　　自然语言处理的研究者期望他们的工作能够在更好地理解语言、更智能的本质基础上有助于开发实用、有效的语言处理和语言理解系统。人类语言是一个复杂的符号系统，显然，一蹴而就的处理和理解不太现实，在理论语言学悠久的研究传统和被广泛接受的形式化理论成果的启发下，詹姆斯·艾伦（James Allen）教授提出了语言分析的六大层次[10]：

　　（1）形态分析（morphological analysis）。

　　（2）句法分析（syntactic analysis）。

　　（3）语义分析（semantic analysis）。

　　（4）语用分析（pragmatic analysis）。

　　（5）篇章分析（discourse analysis）。

　　（6）世界知识分析（common sense analysis）。

　　尽管不是每位自然语言处理的研究者都愿意接受这样的分类分层体系，但目前为止的自然语言处理的各个基本任务大体上都能被这样定义的 6 层处理分析所覆盖，因此，在实际工作中研究者们或多或少、有意无意地遵循了这样的处理思路和体系，设计和发展相应的数据集、任务定义。

1. 形态分析

大多数自然语言分析系统通常首先需要将文本分割为有语言学意义的符号单元，这产生了形态分析任务的需求，而形态分析是由书写形式决定的。纯语言学定义的形态主要指词（默认的语言基本单元）的书写规则。形态分析指的是从完整书写的文本之中识别、提取语言基本单元。这里的完整书写的文本可以指句子（如中文），也可以指单个词（如英文以及大多数字母拼写的文字），这里的语言基本单元通常指的是词（如中文），也指词的原形、词根（如英文）。形态分析的需求从根本上来说是因为相应的文字系统对于精确处理不友好而导致的。大多数人类语言遵循字、词、句的层次堆叠的组织形式。词作为一般语言处理的基石，是绝大部分语言处理系统要优先识别的对象，然而，很多语言所使用的文字系统和文字书写方式给确切的语言处理创造了先天性的障碍，大量的语言在书写形式上并未提供可靠、精确的词形式。由于书写形式和语法组织差异，不同语言的形态分析具有不同的内涵，其区分标准在于语言的形态是否丰富，即词的构成规则体系是否足够复杂。对于形态简单乃至无形态的语言和形态丰富的语言而言，其形态分析任务的定义是完全不同的。

以中文为例，中文首先是一个形态简单到可以认为无形态的语言，其书写以汉字这一大字符集为基础，句子的整体书写字词不分，词与词之间并未有类似空格这样明确的标识。现代汉语早已不是一字一词的古代汉语，据大范围的词频统计（如表 1.1所示），约 47%的词是单字词，约 45%的词是双字词，剩下是更多字构成的多字词。因此，中文的形态分析任务的目标是从连续书写的句子之中切分出词，这一任务也被称为中文分词（Chinese word segmentation）。分词这一操作需求在所有词的界限不明确的语言文本处理中都会存在，而不仅限于中文，也不仅限于非拼音文字。实际上主要东亚语言，如日文、韩文/朝鲜文、越南文、缅甸文、泰文，都有分词的需求。日文和韩文曾经或继续使用汉字作为书写符号。而现代越南文已经成为以拉丁字母为基础的文字，同样有分词的要求，原因在于越南文书写时以音节为单位，所有音节之间都有空格（而中文句子中所有字之间都没有空格），词的界限依然没有明确标识[1]。

表 1.1 SIGHAN Bakeoff-2（2005）提供的 4 种切分数据集的词长分布（%）[11]

词长（字数）	数据集及大小（词数）			
	AS(5.45M)	CityU(1.46M)	MSRA(2.37M)	PKU(1.1M)
1	57.1	46.9	47.2	47.5
2	37.9	45.5	43.9	45.0
3	3.6	1.3	4.8	5.0
4	1.0	0.2	2.4	2.1
5	0.2	0.2	0.9	0.6
≤5	99.7	99.9	99.0	99.8
≥6	0.3	0.1	1.0	0.2

---

① 现代越南文之所以采取这样的书写形式是因为古典越南文的书写是基于汉字的扩展字符集，称之为字喃。当一字一音一义的字喃被转为拼音之后，越南文内部固有的词界限不清晰，只能通过书写的音节（一个音节代表一个字喃）之间普遍存在的空格表达。

以英语为代表的拼音文字的形态分析则差异很大。现代英语代表形态丰富程度中等的一类语言。一方面，相对于现代汉语这样的语言，英语的形态是复杂的；另一方面，在所属的印欧语系乃至所属的日耳曼语族诸语言之中，英语的形态复杂程度又是最低的。词的形态丰富程度与相应语言的词的语法功能捆绑密切程度成正比。在印欧语系诸语言之中，和词的形态关联的语法特征包括格（case）、数（number）、性（gender）。这些语法特征一般体现为词法并最终表现在同一个词的不同书写形式上。这是"形态"这一术语的由来。这一类形态分析任务的目标是恢复一个书写形式的词的原形或其中的词干部分。例如，英语词"friendly"可以被分解为名词（词干）"friend"和后缀"-ly"的组合，后者将名词转为形容词；再如，复数词"flies"分解为"fly"和"ies"，识别出原形"fly"。需要强调的是，标准的形态分析任务仅考虑语法因素导致的词的书写形式分解（此类词形变化称之为屈折变化，inflection），而不考虑由于语义或书写组合形成的词的分解（此类词法构成称之为派生，derivation，例如 department → depart + ment、playground → play + ground 等）。

对于两类不同内涵的形态分析来说，其语言处理层次地位是不同的。对于形态贫乏语言的形态分析而言（多称之为"分词"），它起到的作用是识别后续处理必不可少的基本词单元。因此它构成相应语言处理的一个基本处理任务，是全部语言层次处理的基础；对于形态丰富语言的形态分析而言，它在一定程度上是为了缓解数据稀疏性困难，或者通过词法分析过程强化后续语法分析的效果。与前面"分词"类的形态分析相比，这一类处理并不具有绝对必要性。

广义来说，形态分析甚至被认为包括字符化（tokenization）/切分（segmentation）[①]、词原形提取（normalization/stemming）、词性标注（Part-Of-Speech, POS）以及命名实体/短语识别（named entity/phrase identification）等一大类近似词法的处理任务。

2. 句法分析

句法（syntax）和语义（semantics）是关联的语言层次概念，有时句法也会不严格地被称为语法或文法（grammar），但一般可以安全地认为"语法 = 句法 + 语义"。句法定义句子内部各个成分之间形式化的相对位置关系，即什么样的成分会出现在某个特定成分的前面或者后面。句法通常由词典 + 规则集表达。作为语言层次处理任务，句法分析的目标是将文本（例如句子）分解成句法成分单元并给各成分分配类别标签（称为句法角色类型），或确定各成分之间的句法关系。

句法分析必然针对某个有确定定义的句法（语法或文法）。理论语言学已经在其悠久历史中发展了至少数十种各类形式的语法体系，然而，在数据驱动方法下开发句法（语法）分析器依赖于标注语料（针对每个句子标出根据句法定义的句法结构，通常是一种树结构，如图 1.4所示），也称之为树库（treebank），如宾州大学树库（Penn Treebank, PTB）。事实证明，树库标注是代价昂贵的。由于数据来源以及标注门槛的问题，到目前

为止，计算语言学关注的句法分析主要针对两类句法。一类句法称为成分句法，也叫短语结构句法（在最近几年的文献中非正式地称之为片段句法，span）。这一类句法的形式化方法起源于乔姆斯基（Avram Noam Chomsky）的句法结构理论，其理论语言学的完整体系叫广义短语结构文法（Generalized Phrase Structure Grammar，GPSG）。成分句法考虑的基本单元称之为成分，它是句子中的连续片段。句法关系是成分之间的组合关系（也称之为重写），一个句子中全部的成分和关系总和就构成其句法结构。成分句法分析的目标就是揭示给定句子的成分及关系结构（也叫成分句法树）。另一类句法称为依存句法，如依存语法（dependency grammar），它直接定义任意词之间的关系（即依存关系），句法结构直接由所有词和所有依存关系构成。依存分析的主要任务就是分析词与词之间的依存关系，找到句子中每一个词所依赖的部分，描述句子结构。在一个完整的句子中，谓语（动词）总是句子的中心并直接或间接支配所有其他成分，而其本身不依赖于任何成分。如果词 A 修饰或者论证 B，那么 A 就依赖于 B，依存分析中用箭头将这种依赖关系表示为 $B \rightarrow A$。如图 1.5 所示，SBV、VOB、DE、ATT 表示词与词之间不同类型的依存关系。如图1.6所示，许多语义歧义从依存结构来看就是不连续成分之间的修饰关系问题。

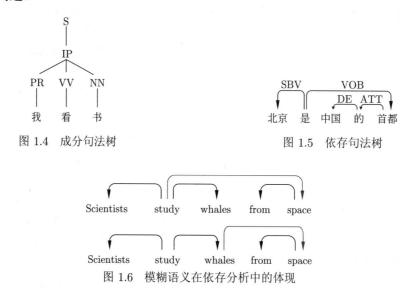

图 1.4　成分句法树　　　　　　　　　　　图 1.5　依存句法树

图 1.6　模糊语义在依存分析中的体现

　　句法分析包括完全句法分析（complete parsing）、浅层句法分析（shallow parsing）。完全句法分析通过一系列句法分析过程最终得到一个完整的句法树，图 1.4就是一个完全（成分）句法树。当完全句法分析难以达到令人满意的程度的时候，浅层句法分析能以较好的稳定性、速度和精度提供一部分句法信息。浅层句法分析仅要求识别句子中某些结构相对简单的独立成分，如非递归的名词短语、动词短语等，例如在"警察/正在/详细/调查/事故/原因"中识别出名词短语"事故原因"。

　　需要指出的是，由于句法或语法是理论语言学的理论产物，句法分析毫无疑问是所有语言层次处理任务之中最容易受到理论语言学影响的处理任务。但是计算语言学意义下的句法分析针对的"句法"和"语法"还是和理论语言学严格定义的语法有着概念和表现形式上的重大区别。现代句法分析器虽然可以以规则方法或统计方法建立，但是实用的句法分析器多半是以数据驱动方法在标注好的树库上通过训练得到的。在这个过程中，计算模型的开发者并未感知到句法的存在，虽然理论语言学的句法是以庞大的规则表达的，但是数据驱动方法开发的句法分析器仅仅从树库中自动学习句法分析过程，而不是句法规则本身。

3. 语义分析

一般化的语义分析的目的是为话语（utterance）赋予完整的意义，包含词义及词义组合，这是一种与上下文无关的意义。而上下文相关的语义分析需要根据词语或句子的上下文确定其意义，从分析粒度上可以分成词级、句级以及篇章级的语义分析。针对不同粒度的语言单位，语义分析会具体化成不同的任务。词级语义分析研究单个词的意义，其主要处理任务称为词义消歧（Word Sense Disambiguation，WSD），其目标是根据上下文确认词的确切含义或生效义项。对于句子，语义分析指基于句中每个词的词义以及其他语法功能呈现推导出能够反映这个句子意义的形式语义表示。

句子层面的语义分析研究整句话的含义。目前比较多的工作围绕着谓词-论元（predicate-argument）结构的解析进行，具体任务称为语义角色标注（Semantic Role Labeling，SRL，有时也不严格地称之为语义分析）。相应的形式语义学标注规范遵循命题库（The Proposition Bank，PropBank）的标准。和句法分析一样，语义角色标注针对的语义单元（即论元）的形式也可以分为两类，即基于成分的分析和基于依存的分析，后者也被专门称之为语义依存分析（Semantic Dependency Parsing，SDP）。这两类语义角色标注的主要区别在于：前者的论元是一个完整的句子成分（通常也是合法的句法意义上的成分）；后者的论元只是一个词，基于依存句法意义，相当于前者的论元成分的中心词。

语义角色标注所关注的谓词-论元结构是围绕着句子中的谓词进行分析而得到的各论元与其之间的结构关系，并用不同类型的语义角色描述这些关系。如果使用依存语法的概念，可以将谓词视为语义中心词，其所有论元看作语义依存。因此，一个谓词及其所有论元构成一个两层的树结构，该结构中以谓词为父节点，所有论元为其子节点。以谓词-论元结构为目标的语义分析的直观解释是针对动作（谓词，以动词表达），揭示该动作的发出者、接收者、状态、条件等信息。常见的语义角色类型有施事（agent）、受事（patient）、时间和地点等。图 1.7 展示了一个语义角色标注器输出的句子内谓词-论元结构标注的例子。

$[小明]_{Agent}[昨天]_{Time}[晚上]_{Time}在[公园]_{Location}[遇到]_{Predicate}了[小红]_{Patient}$

图 1.7 语义角色标注举例

需要强调的是，"谓词-论元"是逻辑学概念。因此，对于以谓词-论元结构为目标的语义分析来说，该任务相当于从句子等自然语言文本中提取形式逻辑关系。

篇章级语义分析是句级语义分析的延伸，常见的综合性任务有指代消解（coreference resolution），目标是找出文本中代词、名词短语所指代的前文提及的实体词或文本片段。

4. 语用分析

语用分析描述文本符号（会话或话语）与会话生成者/用户之间的关系。为此，语用分析至少需要考察句子之间的关系。语用反映了情境的上下文背景对话语的解释具有重大影响，其与语境、使用者的言语行为、想法意图有关。由于说者与听者情况的改变，同样语义的话在使用效果上会发生扭曲，例如典型的反讽、双关的运用。语用分析也可以视为更广泛的上下文相关的句子层面（即话语）语义分析。默认的句级语义分析都是上下文无关的，即在一个句子上作语义分析默认情况下并不需要考虑其他关联句子的表达，也无须考虑这个句子所属的说话人角色以及传递这个句子的特定时机、环境等特征。然而，语用分析必须将所有这些特定要素都融合进来，以确定该句确切的语义表达意图。从另一个角度看待语用分析，由于会涉及会话、说话人角色特征，它通常与对话系统的开发以及对话模式有关系。

语用分析需要复杂的背景知识才能有效展开，因此目前暂未看到语用分析上有显著性进展的计算侧面的工作。

5. 篇章分析

篇章分析任务是在篇章层面上将语言从表层的没有结构的文字序列转换为有结构的深层表示，刻画篇章中的各部分内容的上下文语义信息，并识别不同部分之间存在的语义关联。篇章分析既可以视为篇章层次的语义分析，也可以视为以篇章上下文为主要情境的语用分析。篇章分析的结果能够帮助融合篇章内部和外部背景信息，以更好地理解篇章尺度的文本语义。

篇章分析考虑的是文本的全局论述结构，其出发点就是分析文本中句子之间的关系。如果能够确定两个相邻句子之间的关系，例如顺承、转折、因果等，一定程度上也自动确定了整篇文章的结构信息。

目前为止，篇章分析使用的标准数据集——宾夕法尼亚大学篇章树库（Penn Discourse Tree Bank，PDTB）在 2008 年才发布。目前句子关系的篇章分析分为两种类型：显式和隐式。两者的区别在于是否存在明确的指明句子关系的连接词，例如显式的"因为下雨了，所以带把伞吧"以及隐式的"下雨了，带把伞吧"。为使篇章分析器提取包含在文本中的知识，不仅需要解决局部语义歧义，还需考虑复杂的全局线索，因此具有一定的挑战性，根据 PDTB 数据上的评估结果，最先进的篇章分析器对于显式分析的精确度已经达到 99%，而对于隐式分析的精确度只达到 50%。

和句法分析的情形有多种语法理论一样，理论语言学界也提供了多种篇章结构理论以建立不同理论基础上的标注树库。这些理论大体分为两大类：以篇章结构为核心和以词汇语义为核心。以篇章结构为核心的篇章结构理论特别关注不同文本块之间的语义关系，例如条件关系、对比关系等，具体理论有修辞结构理论（Rhetorical Structure Theory，RST）、篇章图库（discourse graphbank）等。以词汇语义为核心的篇章结构理论的基本思想是：语义相关的词汇和实体在文档中的分布情况可以体现篇章结构以及各部分之间的语义关联，具体的理论有语义词汇链理论（lexical cohesion）、中心理论（centering theory）等。基于不同的理论，已经发展出不同的篇章结构标注树库。

相当一部分篇章结构理论或篇章结构树库仅考虑相邻句子之间的篇章关系，这在实践中已被认为缺乏一般性，特别是针对类似对话记录这样的一般化文本的情形，假定篇章关系仅存在于相邻的句子被证明是过强的假设。因此，在一些与对话理解相关的标注数据上，也发展了此类更具有一般性的篇章关系的理论、标注和分析方法。

6. 世界知识分析

知识是人工智能的主题。知识，特别是不受限的常识知识，对于任何智能处理任务都是具有挑战性的。对于自然语言处理来说，这个任务负责决定每个语言处理系统用户必须具备的一般世界知识（即常识知识），从可读取的知识库或多重来源（包括输入文本）自动获取这些知识支撑，并合理运用这些知识线索达成具体任务目标。世界知识分析是自然语言处理以及人工智能的终极问题。

自然语言处理一直伴随着人工智能发展所依赖的知识要素，这一伴随过程甚至从"自然语言处理"这一术语还没有正式使用的时候就已经开始了。在专家系统肇始的 20 世纪 70 年代，自然语言处理技术已经和受限领域知识有机结合，催生了第一种人工智能工业产品。然而，众所周知，人工智能本质上不是受限于知识的困境，更不是受限领域知识的问题，全部的实质性困难最终会落在常识这一终极瓶颈上。

匹配自然语言处理的符号主义传统，如果知识的表示以规则形态自然地给出，则语言处理和知识的融合也会是便捷、高效的。在长期的实践中，知识库提供了智能系统和模型直接的知识提取来源。知识库是全部所需知识规则及其使用优先级的集合，需要必要知识支撑的人工智能技术的难题一般就体现在知识库的建设上。将多重来源的数据转化为高质量的知识库已经被证明是一个困难的任务，无论是在人工工作量、工程周期还是在最终知识库的质量上都很容易处于失控状态。例如，历时近 40 年的超级常识知识库项目 Cyc 就是这样一个典型案例[①]。

知识库建设的难题在于数据复杂性。尽管每一条知识规则可以相对容易地列出，但是知识库作为一个整体能发挥作用更在于规则组合条件下各条规则运用的优先级。这样的优先级组合数量通常会以指数级爆炸式增长。因此，不受限的知识库（主要是常识知识库）要么不断延长建设周期，直至失控，要么在不能有效避免这种爆炸式增长的情况下勉强发挥作用。这时候，它提供的知识的效果必然大打折扣。

人工智能之所以在受限领域能产生有效的工具，达到实用效果，是因为相应的受限领域知识库的建设代价多半是可控的。例如，专家系统就是这样一个智能产品示例。知识库在早期仅接受真正的专家指导下的人工标注模式，它难以扩充到足够大的规模，但是在建设完成的知识库的质量上有一定的保证。近年来，知识库建设开始接受自动构造模式，运用自然语言处理技术，自动从最大的知识载体——人类语言中建设超大规模的知识库。诚然，这样的知识库在质量上并非完美，在前述的规则组合优先级上更是未作处理，因此只是一种很粗糙的知识库，在工业界的实践中，更多地把这样的知识库称之为知识图谱。

---

① Cyc 项目在 1984 年由 Douglas Lenat 开始创建，见 https://cyc.com/。

今天，自然语言处理继专家系统（这是人机对话接口＋知识库的代名词）之后，再次和人工智能的知识难题捆绑在一起，并以知识图谱的核心支撑技术继续发挥着关键作用。

以上的语言处理层次划分一定程度上考虑了字、词、句、篇的语言粒度扩张，但是也并不完全严格和语言粒度对应，还有任务本身的复杂程度、抽象程度以及任务前后依赖关系。例如，形态处理作为词法确实主要在词一级进行处理，但是中文的形态处理（分词）是一个涉及字、词、句 3 个不同语言粒度的处理任务。类似地，语义分析可以在词、句、篇不同语言粒度都衍生出对应的具体的子任务。对于同一语言粒度下的句法分析和语义分析任务，考虑下面的示例：

Green frogs have large noses. [syntax ✓ semantics ✓]

Green ideas have large noses. [syntax ✓ semantics ✗]

Large have green ideas nose. [syntax ✗ semantics ✗]

示例表明，当句法不合理的时候，语义无法实现正确表达，说明句法更基础，而语义分析是比句法分析更脆弱、更高层次的处理分析任务。沿着这个逻辑，可以推出以下结论：如果形态分析没有正确处理类似词这样的基本单元，那么句法分析多半无法正确执行。同样，如果句子内部的语义分析有错误，那么涉及句子关系的更大尺度的篇章分析也会受到严重影响。因此，这里列出的语言层次分析任务反映了语言处理任务中的某种单向依赖关系。在完整的语言处理或语言结构分析的系统构建之中，通常会以管线模式按照阶梯关系实现各个层次的处理任务，这里的语言层次处理任务顺序因此也代表了错误传播的方向。当然，具体的建模方式，例如多个处理任务的联合学习模型或者直接的端到端模型，也会模糊化这些多层次语言处理任务的阶梯关系，导致这里的任务顺序、依赖关系和错误传播方向并不是绝对的。

1.5 应用型自然语言处理：人机对话系统

人机对话系统是一个贯穿人工智能和自然语言处理发展史的有趣应用。

自然语言处理的技术基础是在早期人工智能和计算机科学的糅杂阶段逐步发展起来的。在 20 世纪 60—70 年代，早期计算机科学非常含糊地同步发展了数据库、符号解析、形式化语言定义等基础概念、方法和体系。例如，编程语言解析和自然语言解析的算法在被提出之初是并无区别的。再如，一个当时的语义检索系统，以今天的观点来看，其实可能只是一个数据库查询系统。因此自然语言处理这个领域并不存在类似于达特茅斯会议——人工智能元年那种里程碑式时间节点，也很难从早期计算机科学与人工智能的成果之中鉴别出一定只属于"自然语言处理"的部分。不过在所有这些智能部件之中，人机对话系统是一个例外，它很早就被确定属于"自然语言处理"这个分支的工作。

人工智能技术的人类智能标准是图灵测试，其依据就是：在黑箱对话中，如果作为对方一方的人不能区分对方是人还是机器，即可判断机器具备人类智能。自然语言具备两大功能：通信工具和知识载体，而人机对话系统正好能充分测试语言处理技术这两个侧面的强度，因此它的确是一个很好的智能技术水准的测试平台。下面从历史上的两个人机对话系统看一看自然语言处理如何用语言知识应对实际应用场景。

ELIZA[12] 是麻省理工学院在 1966 年完成的模式匹配自然语言处理系统①，该系统是第一个人机对话系统。在对话中 ELIZA 系统扮演 Rogerian（意为"非指导性"）类型的治疗师的角色。

ELIZA 展示了如何在一组带有优先级的知识规则基础上完成处理任务。人机对话的工作形式是：对于用户输入的句子，系统能返回另一个有意义的句子。在实现上，ELIZA依据关键词数据库（即知识库）对用户输入语句进行变换，产生输出。表 1.2 展示了ELIZA 关键词数据库中的样本数据。该数据库一条记录包括关键词（word）、优先级（rank）、匹配模式（pattern）、输出形式（output）4 个字段，其中匹配模式是核心部分，由英文与变量（表示为"?"＋字母）组成，起模板的作用，代表与其匹配的一类输入，例如模式"?X are ?Y"可以匹配"Who are you"。

表 1.2　ELIZA 关键词数据库中的样本数据

关　键　词	优　先　级	匹配模式	输　出　形　式
alike	10	?X	In what way?
			What resemblance do you see?
are	3	?X are you ?Y	Would you prefer it if I weren't ?Y?
	3	?X are ?Y	What if they were not ?Y?
always	5	?X	Can you think of a specific example?
			When?
			Really, always?
what	2	?X	Why do you ask?
			Does that interest you?

对用户输入的语句 S，ELIZA 的工作机制可以简单表述为以下过程：

（1）在关键词数据库中查找 S 中包含的关键词对应的匹配模式。若存在多个关键词，则选择优先级最高的那个匹配模式。

（2）使用该匹配模式对应的输出形式产生回答。

（3）若无匹配模式，则输出默认回答以引导对话继续进行。

由此可见，关键词、优先级和匹配模式构成了 ELIZA 的匹配规则。

表 1.3 展示了 ELIZA 对话实例，从实例和 ELIZA 的工作方式可以看出其并没有真正理解用户的输入和自己的回答，系统只是对输入根据规则做了一个变换，扮演了一个聆听者的角色。但是，ELIZA 初步利用了知识库产生了有意义的输出，开创了一直沿用至今的自由聊天的对话系统的开发方式。

知识库可以视为规则的集合。实践证明，合适的知识指导下的计算是高效的。如果简单的几条规则能够解决问题，那么规则方法通常优于统计方法。规则方法也通常不会导致统计方法中常会出现的过拟合问题。规则方法的实现细节在于针对具体情形如何确定使用哪一条规则。ELIZA 使用规则的优先级机制在启发式规则系统中普遍使用，它的

① https://www.masswerk.at/elizabot/。

表 1.3 ELIZA 对话实例

用　户	ELIZA
Men are all alike.	In what way?
They're always bugging us about something or other.	Can you think of a specific example?
	Your boyfriend made you come here.
Well, my boyfriend made me come here.	I am sorry to hear you are depressed.
He says I'm depressed much of the time.	Do you think coming here will help you not to be unhappy?
It's true, I am unhappy.	
I need some help; that much seems certain.	What would you mean to you if you got some help?
Perhaps I could learn to get along with my mother.	Tell me more about your family.
My mother takes care of me.	Who else in your family takes care of you?
My father.	Your father.
You are like my father in some days.	What resemblance do you see?

规则使用的优先级数据是其知识库的一个关键组成部分。这样，构建类似 ELIZA 这样的系统的难点就落在如何有效组织构建一个类似格式的知识库上。列出一组关键词，进而列出针对每个关键词的转换规则都并不难，难在如何对一系列规则确定它们的优先级。对于多个规则的优先级排序并不是线性复杂度：如果库中有 1 万条规则，要针对每两个规则指定相对优先级，那么就需要大约 5000 万次判断设定。1 万条规则并不多，但是如果要确定所有这些规则之间的两两优先级，规则方法（只用于建设知识库）此时就已经失控。如果是更多数量的规则组合，其整体优先级设定的数量更是指数级爆炸式增长。此处可以看出，为什么知识库支撑方法只能在受限领域上有效工作，因为受限领域所需的知识规则数量有限，才能保证知识库的建设代价可控。

从语言结构分析角度来说，ELIZA 系统并没有对输入句子作句法分析，也可以认为 ELIZA 通过关键词匹配方式进行了最简单的结构分解，即只要指定关键词在输入句子中出现，就等同于该句子可以由指定的关键词表达，无疑这是一个过于简化的处理方式。这一规则驱动方式实际上今天还在被现代的自然语言处理广泛使用，它是语义分析的一种基础模式，称之为模板匹配或槽填充。预定义关键词这里被看作语义模板（template）或槽（slot），匹配到某个关键词即被认为是识别了等价的语义项。

20 世纪 70 年代，专家系统的实践确立了知识是人工智能核心问题的共识，这也是人们对人工智能重拾信心的标志。其中威廉·伍兹（William Woods）开发的 LUNAR[13,14] 专家系统用于帮助地质学家访问、比较和评估月球岩石的化学分析数据以及从阿波罗 11 号任务中获得的土壤成分。LUNAR 使用化学分析和文献参考两个数据库回答有关从月球带回的岩石样本的问题，通过使用扩充转换网络（Augmented Translation Network，ATN）句法分析器和规则驱动的语义解释过程，将英语输入的自然语言形式的问题转换成标准查询语言表达式再进行操作。

一般典型的专家系统包含一个知识库（数据库）以及人机对话接口，它就像一个能够回答专业问题的领域专家。这种知识库＋人机对话接口的典型模式称为任务型对话系统。与 ELIZA 这种自由聊天系统不同的是，任务型对话系统需要在严格知识规范下真正理解用户的问题并给出确切答案，而不是简单地重复问题。和 ELIZA 系统类似，专家系统的成功在一定意义上是由于其规避了需要无限制知识的常识问题，而只针对狭窄领域知识问题做出求解。例如，LUNAR 不能回答"地球自转方向是什么"，而可以回答从月球带回的岩石样本的问题。

以 LUNAR 为代表的专家系统的人机对话接口需要执行相对标准的句法分析和语义分析操作。因为专家系统本质上是一个自然语言接口的数据库或知识库的检索系统，因此其语义分析实质上就是将自然语言句子翻译为标准数据库查询语句。宽泛地说，语义分析的确就是这样一个把自然语言翻译为形式化语句的过程。在专家系统这样的受限领域，语义分析可以继续仅用模板匹配或槽填充方法有效实现。

1.6 自然语言处理的学术出版体系

现代计算机科学与技术是第二次世界大战以后伴随现代计算机的诞生才兴起的全新学科分支，和所有近代以来的学术活动形式一样，其主要学术出版物分为期刊和会议论文集两大类。在世纪之交，计算机科学与技术的主流学术出版物模式开始转型。计算机科学与技术的科学部分（如理论计算机科学、基础计算理论及方法等）继续采用以期刊发表为主的传统方式，因此基础学科部分的更新相对较慢，或者说更为稳定；而计算机科学与技术的技术部分（或者说工程部分）则转向以会议发表为主的快速模式。这一转变影响了包括人工智能，当然也包括自然语言处理方向在内的所有技术性和工程性方向。人工智能、自然语言处理的研究者创办了新的学术会议，或者沿用（甚至借用）已有会议的名义，以"旧瓶装新酒"的方式开展学术交流。

自从 20 世纪 90 年代互联网兴起以来，国际学术会议在学术出版体系中的角色发生了实质性变化。在此之前，学术会议的主要功能是提供现场交流的机会，会议论文集并非严格意义上的学术出版物。在没有互联网支撑的条件下，全球性的会议论文统一投稿和统一评审不可能有效进行，会议投稿和评审的效率并不高于期刊。由于学术会议传统上主要服务于学者们当面交流，会议论文的评审通常也不严格，因此会议论文集也被认为在学术价值上低于期刊。而一旦有了互联网这一强大的信息交流平台，专门的学术会议能更有弹性、更有效率地定期举办，互联网联通了不同国家的学者，使得国际学术会议真正可以高频率地召开。另一方面，基于网络的统一评审使得会议论文的评审质量有了保障。到目前为止，至少在计算机科学领域，会议论文集已经发展为被认可的主要出版物形式，其中主要会议的投稿录用率逐年下降。很久之前，传统的学术会议并无"录用率"这个概念，遑论现在动辄 1/4、1/5 乃至 1/10 的录用率。中国计算机学会（China Computer Federation，CCF）推出的学会推荐期刊会议列表对主要学术出版物进行了分级，一定程度上正式承认了会议出版物在计算机科学领域的显著地位。

作为计算机（信息）科学的一部分，自然语言处理界从 20 世纪 90 年代以来逐步形成了以国际计算语言学学会（ACL）年会及其衍生会议为主流出版形式的交流方式。

第一届 ACL 年会举办于 1963 年。很长一段时间以来，这的确是一个计算"语言学"的会议，而非一个计算机科学分支方向的交流平台，因此作为一个小众学术会议并不被重视。1990 年 ACL 年会录用论文是 39 篇；2000 年 ACL 年会录用论文数量也仅为 76 篇（另有 3 个应邀报告）。进入 21 世纪，ACL 年会投稿和录用量增长速度明显加快，2010 年 ACL 年会录用 231 篇，2020 年则是 869 篇。这一方面反映了自然语言处理研究工作的繁荣，另一方面也反映了 ACL 这一组织机构及其年会的转型，即从一个语言学背景浓厚的学会和会议转型为绝大部分参与者是计算机科学界学者的学会和会议。

ACL 现在已经不仅仅是一个学术组织，而是形成了以 ACL 为中心的复杂学术组织体系。ACL 之下有多个被称为特别兴趣小组（Special Interest Group，SIG）的专业组织。ACL 本身和各个小组都会主办一系列学术活动。以 ACL 年会为核心，还产生了其他的分支，目前包括两个期刊——《计算语言学》（*Computational Linguistics*，CL）、《ACL 学报》（*Transactions of ACL*，TACL）以及三大区域性会议——北美、欧洲和亚太地区年会（分别简称 NAACL、EACL 和 AACL）。ACL 年会目前轮流在北美、欧洲和亚太举办，在相应地区举办时，通常会选择和区域性会议合办。ACL 下属的各个特别兴趣小组也定期或不定期召开一些国际学术会议，但多以研讨会（workshop）形式附于某个主会之后，其中较知名的有自然语言处理的经验方法大会（EMNLP）和自然语言学习大会（Conference on Natural Language Learning，CoNLL），分别由特别兴趣小组 SIGDAT 和 SIGNLL 主办。现在，EMNLP 已经事实上和 ACL 年会一起成为自然语言处理领域最重要的两个会议。这两个会议传统上各有侧重，ACL 略偏重语言学，EMNLP 则强调计算机背景。EMNLP 最初作为专业、小型研讨会举办，由于影响力不断扩大，最终成为独立的大会。CoNLL 一直是一个小规模会议，正式会议录用论文偏自然语言处理的机器学习方法，但是主办方 SIGNLL 会同步举办一个评测（shared task）活动（相关技术报告收录于论文集的评测部分）。这个活动会引入新的自然语言处理任务，提供相应标注数据以及通常不公开答案的测试数据集，以独立第三方方式综合比较并总结参与团队的技术方法和结果。自 21 世纪初以来，历届 CoNLL 评测活动帮助推动了一系列基础自然语言处理任务的标准化，如命名实体识别、多语种（依存）句法分析、语义角色标注、多语种语义依存分析、篇章分析等。

考虑到国际会议的差旅成本可观，一般情况下，一次大会（人数较多）会和一组关联的研讨会（人数较少）同时举办。目前典型的一次国际会议的日程安排是 6 天，在主要会议议程（例如 ACL 或 EMNLP）之后，再安排两天供各类小型研讨会集中进行。全部会议开始前一天会安排专题讲座（tutorial）专场。

除了 ACL 系列之外，还有一些独立于 ACL 社区之外的自然语言处理国际学术组织及其主办的国际会议，例如国际计算语言学委员会（International Committee on Computational Linguistics，ICCL）每两年（目前稳定在偶数年）举办的计算语言学会议（Conference on Computational Linguistics，COLING）、欧洲语言资源协会（European Language Resources Association，ELRA）举办的面向创建语言资源者的语言资源与评估（Language Resources and Evaluation，LREC）国际会议、由 PACLIC 咨询委员会主办的主要面向亚太地区的亚太语言、信息与计算会议（Pacific Asia Conference on Language, Information and Computation，PACLIC）、由亚洲自然语言处理联盟（Asian

Federation of Natural Language Processing，AFNLP）主办的自然语言处理国际联合会议（International Joint Conference on Natural Language Processing，IJCNLP）等。

自然语言处理领域目前形成了稳定的以三大会议——ACL（含 3 个附属的区域性会议）、EMNLP 和 COLING 主导的专业会议出版体系。除此之外，近年来，自然语言处理领域和人工智能、机器学习领域的融合交叉在进一步加深，反映在出版渠道上，其相关领域的学术会议也引起了自然语言处理界的关注，例如人工智能领域的人工智能 AAAI 大会（AAAI Conference on Artificial Intelligence，AAAI[①]）和人工智能国际联合会议（International Joint Conference on Artificial Intelligence，IJCAI）、机器学习领域的机器学习国际会议（International Conference on Machine Learning，ICML），神经信息处理系统会议和研讨会（Conference and Workshop on Neural Information Processing Systems，NeurIPS）等。在 2015 年之后，深度学习的影响力广泛渗透到包含自然语言处理在内的几乎所有人工智能分支，导致人工智能相关的会议论文投稿和发表量出现了井喷。在此情形下，大型主流的人工智能会议（如 AAAI 和 IJCAI）的自然语言处理方向的论文录用量已经和 ACL 或 EMNLP 整体录用量相当，因此，在很大程度上，自然语言处理方面的研究者降低了对 ACL 系列出版物作为发表渠道的依赖性。同时，当各个人工智能分支（包括自然语言处理自身）都共享深度学习方法进展带来的好处的时候，自然语言处理研究作为一个领域的独立性也在降低。一方面，其他人工智能分支的学者，特别是机器学习领域的学者，越来越频繁地贡献出让整个自然语言处理领域普遍受益的技术和方法；另一方面，自然语言处理领域的学者的研究成果也开始越来越多地出现在机器学习领域的出版物之中。

随着深度学习的广泛渗透，还出现了专业的深度学习会议：学习表示国际会议（International Conference on Learning Representations，ICLR）。首届 ICLR 举办于 2013 年，由几位深度学习开拓者发起。该会议采用开放审稿（open review）机制。在近年的发表实践上，该系列会议录用论文显示出强烈的自然语言处理背景色彩。

ACL 建立了在线文献库——ACL Anthology[②]，支持自然语言处理和计算语言学领域绝大部分国际学术会议或者期刊论文的免费下载。除 ACL 系列会议论文集外，该文献库还包含了一部分重要的非 ACL 系列会议（如 COLING 等）论文集。

表 1.4 给出了 ACL 2010 年[③]和 2020 年[④]年会征稿启事主题列表，通过对比可以发现 10 年中主题变化并不是很大。这与深度学习深度渗透自然语言处理领域的情景似乎不符，但也在情理之中，因为征稿主题长期以来根据任务分类而并不强调具体方法或技术，而机器学习（包括深度学习）恰恰就是方法。这一比较也说明自然语言处理领域的问题长期保持了某种程度上的相对稳定。

ACL 在 2015 年之前仅收到数百篇投稿论文，此后进入了迅猛增长周期，2020 年已

---

① 人工智能进步协会（Association for the Advancement of Artificial Intelligence）缩写是 AAAI，其前身是美国人工智能协会（American Association for Artificial Intelligence）。AAAI 前身、现名以及举办的年会的名称缩写都是 AAAI。

② https://www.aclweb.org/anthology/。

③ https://mirror.aclweb.org/acl2010/。

④ https://acl2020.org/calls/papers/。

表 1.4　2010 年和 2020 年 ACL 征稿启事主题列表

年份	2010	2020
主题列表	☐ 话语、对话和语用学 ☐ 语法工程 ☐ 信息抽取 ☐ 信息检索 ☐ 知识获取 ☐ 大规模语言处理 ☐ 语言生成 ☐ 生物信息、法律、医疗等领域的语言处理 ☐ 语言资源、评估方法和度量、标注科学 ☐ 词汇/本体/形式语义学 ☐ 机器翻译 ☐ 数理语言学、语法形式化 ☐ 挖掘文本和口语数据 ☐ 多语种语言处理 ☐ 多模态语言处理（包括语音、手势和其他通信媒体） ☐ 自然语言处理应用和系统 ☐ 有噪音的非结构化文本上的自然语言处理 ☐ 音韵/形态学、标注和分块、分词 ☐ 心理语言学 ☐ 问答 ☐ 语义角色标注 ☐ 情感分析与意见挖掘 ☐ 口语处理 ☐ 统计和机器学习 ☐ 摘要 ☐ 句法、句法分析、语法推导 ☐ 文本挖掘 ☐ 文本蕴涵和改述 ☐ 主题和文本分类 ☐ 语义消歧	☐ 认知建模和心理语言学 ☐ 计算社会科学与社交媒体 ☐ 对话与交互系统 ☐ 话语与语用学 ☐ 族裔与自然语言处理 ☐ 生成 ☐ 信息抽取 ☐ 信息检索与文本挖掘 ☐ 自然语言处理模型的可解释性与分析 ☐ 基于语言的视觉、机器人及其他 ☐ 自然语言处理理论和形式化（语言学和数学） ☐ 面向自然语言处理的机器学习 ☐ 机器翻译 ☐ 自然语言处理应用 ☐ 音韵/形态学、词切分 ☐ 资源和评估 ☐ 语义学：词级 ☐ 语义学：句级 ☐ 语义学：文本推断和其他领域的语义学 ☐ 情感分析、风格分析和观点挖掘 ☐ 语音和多模态 ☐ 摘要 ☐ 句法：标注、语块切分和分析 ☐ 问答

有约 3000 篇投稿。ACL 年会录取率多年来保持在 25％左右，因此，随着会议规模扩大，现在 ACL 征稿中的一个领域大约就是以前的整个会议规模。

　　会议规模的急剧扩大和会议论文集作为出版物地位的上升同时发生导致了论文评审机制的复杂化。以往，投稿论文交给若干同行进行简单评审之后绝大部分都会被录用。现在，或是因为会议场地有限，或是会议组织者为了维持会议的"高端"声誉，大部分超大规模人工智能会议论文录用率在过去 10 年之中呈现不断走低趋势，例如 AAAI 和 IJCAI 的录用率在 2019 年和 2020 年分别猛降至 16.2％和 12.6％，而在此之前，这两个会议均长期维持约 25% 的录用率。当绝大部分投稿论文被拒绝发表之后，会议组织者不得不引入复杂机制防止论文的同行评议的随机因素过大。首先，引入审稿人分级制度，在常规审稿人之外，新设立领域主席或高级程序委员会成员直接监管审稿过程。其次，引入中间反馈机制，改变一次性评审决定结果的方式，允许第一轮审稿意见出来之后让作者针对审稿人意见给出反馈（Rebuttal）；甚至更进一步，在类似 ICLR 的开放审稿模式下，作者和审稿人能进行长时间的互动，作者允许在此过程中直接更新投稿论文。ACL 系列会议约在 2010 年左右相继引入审稿人分级和中间反馈机制。最后，引入新的审稿模式，例如，IJCAI 和 AAAI 从 2020 年开始引入两阶段审稿过程：第一阶段以摘要拒稿（Summary Reject，IJCAI 使用这一机制）或通过简易程序（AAAI 使用这一机制）把大量投稿论文过滤掉；审稿人在第二阶段对于第一阶段的入选稿件进行详细评审。引入这个模式很大程度上是为了缓解投稿规模过大时合格审稿人数量严重不足的问题。

人工智能等领域投稿论文数量猛烈增长，导致会议论文录用率急剧下降，是最近出现的一个新的现象。因为曾经的同行互审机制原来只是为了保证提交论文的某种"正确性"和规范性。但是，大量高比例的论文被拒稿事实上已经不再是这些投稿论文"不正确"、"无用"、不规范的结果，而仅仅是一篇论文比起另一篇更符合相关审稿人的个人偏好，或者是一篇论文的写作比另一篇更为出色。在大量论文涌入相对狭窄的出版渠道的时候，审稿机制事实上已经被严重扭曲。很多学术会议的组织者对于审稿人群体质量的整体下滑无能为力，而单纯求助于降低会议录用率，以便维持会议的"声誉"。然而，这并未真地维护了会议"声誉"，而是仅仅保证了中规中矩的论文能够被"幸运地"录用，而真正原创性、有启发性的工作反而会继续被拒之门外。

2020 年以来，全球新型冠状病毒肺炎疫情严重阻碍了国际性学术交流活动。本来会成为第一个在非洲召开的人工智能重要会议——ICLR-2020 最终成为第一个在线召开的人工智能会议。互联网的使用使得全球性会议论文投稿和评审同步化成为可能，但是在线会议毕竟不能完全替代面对面交流，此外，在线参会者面临着严重的时差问题，不太可能同一时间使得所有参会者同时在线。疫情大流行某种意义上降低了会议出版渠道的价值，这是因为，如果弱化了学者们的直接交流，会议论文集并不比期刊更有优势。因此，包括自然语言处理界在内的学术机构采取了一些新的措施以改善学术交流。

从 EMNLP-2020 会议开始，ACL 社区引入一种新的录用形式——"ACL 发现"（Findings of the Association for Computational Linguistics），被录用的论文并无会议报告或展示机会，而是直接放入在线的 ACL Anthology 论文集之中。"ACL 发现"录用的论文的平均评审得分会低于其他有发表展示机会的论文，如果算上这部分录用论文，整体上会议的录用率得到了提升。"ACL 发现"的出现一度引起了争议，但是现在可以将其看作更低标准下的论文接收形式，被越来越多作者所接受。

ACL 社区的另一个改进是 2021 年引入的 ACL 滚动审稿（ACL Rolling Review，ARR）的机制。传统上 ACL 社区的会议和期刊作为一个体系是联动的，或者说 ACL 社区的会议发表和期刊发表的界限并不泾渭分明。例如，期刊 *CL* 和 *TACL* 的录用论文作者可以选择在后面举行的最近的某个 ACL 系列会议上发表。某种意义上，ACL 滚动

审稿也是已有 *TACL* 审稿机制的一个深化。*TACL* 审稿机制有 4 个不同于一般期刊的特征：

（1）*TACL* 将每个月的 1 日设立为上个月投稿截止日，原则上以月为周期完成审稿。随着大型会议审稿机制复杂化而且审稿周期拉长（一般 3 个月甚至更久），*TACL* 从投稿到给出审稿结果的时间已经短于严肃的会议，一般两个月即可返回审稿结果。

（2）*TACL* 审稿论文和会议论文一样都是双匿名的，有别于期刊审稿，后者的论文作者一般在稿件中并不匿名。

（3）*TACL* 维持一个相对固定的审稿人池[①]，审稿人只从这个审稿人池中分配或挑选；而一般的期刊审稿人都是临时召集。

（4）相较于 *CL*，*TACL* 更加强调论文不仅仅出现在 *TACL* 在线刊物内，而且希望（如果不算强制的话）录用论文能在最近的 ACL 系列会议中现场发表。

ACL 滚动审稿符合 *TACL* 的 4 个特征，除了两个差异：投稿截止日改为每个月 15 日；并不形成一个相对独立的论文集。ACL 滚动审稿更加强调录用论文必须在最近的 ACL 系列会议上发表，并进入相应的会议论文集。ACL-2022 是第一个直接采用该审稿机制的 ACL 年会。

除了严肃的出版物渠道以外，在世纪之交，开始出现预印本（preprint）论文网站服务，以回避烦琐、低质量乃至错误的出版评审。比较知名的是 arXiv[②]。它由 Paul Ginsparg 于 1991 年创办，目前由康奈尔大学维护。人工智能在 21 世纪第二个 10 年的井喷导致了严重的论文出版渠道拥挤和审稿周期拉长的问题，使得相应的预印本服务也迅速繁荣。作者们出于各种原因，选择在投稿前或投稿截止日前频繁提交预印本，某种意义上的确缩短了论文发表周期。也有个别论文一直被过于苛刻的审稿结果所拒绝，而最终无奈将预印本作为唯一的发表渠道，也能获得适度的关注。预印本服务一方面分流了正式的出版渠道（当然无法替代后者）；另一方面也冲击了一部分正常的出版评审，例如，预印本的公开作者信息和 ACL 系列会议的双匿名评审要求是冲突的。因此，一些会议开始要求作者投稿前不得更新预印本的匿名期（通常为一个月）。

国内的自然语言处理会议有中国计算语言学大会（China National Conference on Computational Linguistics，CCL）[③]，由中国中文信息学会（Chinese Information Processing Society of China，CIPSC）计算语言学专委会（Technical Committee of Computational Linguistics）组织，首届会议举办于 1991 年。另外还有自然语言处理与中文计算国际会议（International Conference on Natural Language Processing and Chinese Computing，NLPCC）[④]，首届会议举办于 2012 年，由中国计算机学会（CCF）下属的自然语言处理与中文计算专委会（Technical Committee of NLP and Chinese Computation）组织[⑤]。

[①] https://transacl.org/index.php/tacl/about/displayMembership/6。

[②] https://arxiv.org/。

[③] http://www.cips-cl.org/static/CCL2019/index.html。

[④] http://tcci.ccf.org.cn/conference/2019/。

[⑤] 中国计算机学会已经在 2019 年批准该专委会正式更名为"自然语言处理专业委员会"。

　　进入 21 世纪以来，国内和国际的学术交流活动尚未形成一个相辅相成的良性状态。以自然语言处理界（或许也可以推广到人工智能界和计算机科学界）为例，大体上中国学者在参与国际学术交流方面经历了两个阶段。在早期，中国学者在内外压力下，加入了英语出版物的边缘世界。国际学术界的英语霸权地位是难以动摇的。会议论文的竞争性审稿和低录取率很长时间对于非英语背景的学者群体极其不利。传统上，国际学术界的重要活动组织、出版物长期被欧美学者把持。将自己最好的成果发表于国际刊物或者国际会议曾经是中国学者的唯一选择。甚至国内自然语言处理的两大系列会议 CCL 和 NLPCC 也自我实现了去中文化：CCL 曾长期是中文成果投稿、发表的会议，后改为以英文稿件为主；而 NLPCC 一开始就是英文稿件为主的国内举办的"国际会议"。在 21 世纪的前 20 年见证了中国学者的崛起，以 ACL 论文来源为例，21 世纪初的中国学者的论文数量可以忽略不计；在 2020 年，中国已经是 ACL 论文的最大贡献国。ACL 组织体系里面也出现了越来越多的中国学者。在未来，可以预见的是，不可能在任何一个学术体系里面，迫使其中人数最多的学者群体永远用非母语进行交流。ACL-2012 主席曾预测下一个 50 年的 ACL 的面貌，他说，将来会有数十种语言版本的 ACL 论文，但是都是从中文经由机器翻译而得的。

参考文献

[1] LOCKE W N, BOOTH A D, 1955. Machine Translation of Languages: Fourteen Essays.The MIT Press.

[2] ZAKIR H M, NAGOOR M S, 2017. A Brief Study of Challenges in Machine Translation. International Journal of Computer Science Issues (IJCSI), 14(2):54.

[3] BROWN P, COCKE J, DELLA PIETRA S, et al., 1988. A Statistical Approach to Language Translation. in: Proceedings of the 12th Conference on Computational Linguistics (COLING): vol. 1: 71-76.

[4] BROWN P F, COCKE J, DELLA PIETRA S A, et al., 1990. A Statistical Approach to Machine Translation. Computational Linguistics, 16(2):79-85.

[5] OCH F J, 2003. Minimum Error Rate Training in Statistical Machine Translation. in: Proceedings of the 41st Annual Meeting of the Association for Computational Linguistics (ACL): 160-167.

[6] PAPINENI K, ROUKOS S, WARD T, et al., 2002. BLEU: A Method for Automatic Evaluation of Machine Translation. in: Proceedings of the 40th Annual Meeting of the Association for Computational Linguistics (ACL) 311-318.

[7] GRAVES A, WAYNE G, DANIHELKA I, 2014. Neural Turing Machines. ArXiv preprint arXiv: 1410.5401.

[8] BAHDANAU D, CHO K. BENGIO Y, 2015. Neural Machine Translation by Jointly Learning to Align and Translate. in: 3rd International Conference on Learning Representations (ICLR).

[9] WU Y, SCHUSTER M, CHEN Z, et al., 2016. Google's Neural Machine Translation System: Bridging the Gap Between Human and Machine Translation. ArXiv preprint arXiv:1609.08144.

[10] ALLEN J, 1994. Natural Language Understanding. Pearson.

[11] ZHAO H, HUANG C N, LI M, et al., 2010. A Unified Character-based Tagging Framework for Chinese Word Segmentation. ACM Transactions on Asian Language Information Processing, 9(2): 1-32.

[12] WEIZENBAUM J, 1966. ELIZA—A Computer Program for the Study of Natural Language Communication between Man and Machine. Communications of the ACM, 9(1): 36-45.

[13] WOODS W A, 1970. Transition Network Grammars for Natural Language Analysis. Communications of the ACM, 13(10): 591-606.

[14] WOODS W A, 1973. Progress in Natural Language Understanding: An Application to Lunar Geology. in: Proceedings of the National Computer Conference and Exposition: 441-450.

第 2 章　n 元语言模型

语言模型（Language Model，LM）在自然语言处理中占据重要的基础地位，在各种基于统计方法的相关语言处理任务中发挥着核心作用。语言模型以估计不同语言单元（如词、句子或整个文档）的概率分布为主要手段，试图对自然语言的结构组成规律建模。

n 元（n-gram）语言模型是概率模型发展的成果之一，简单来说，它定义为一定长度（n）的元组序列集上的概率分布。这里"元"或"元组"（gram）的定义依赖于研究对象或任务，在语言处理中，它指的是研究或任务所关注的特定语言单元。一般来说，"元"指的是词，但也可以是字（字母）、句子或者任何其他对象。这正是模型名称用一个含糊的粒度称谓"元"，而不称之为"n 词语言模型"的原因。

从数据形式上看，语言模型定义为概率分布，即一个概率集合，而不是某个孤立的概率值。也就是说，每一个具体的 n 元组都关联一个概率值，因此形式上语言模型可以写成集合 $\{(a_i, p(a_i))\}_{i=1,2,3,\cdots}$。这里 a_i 是枚举的第 i 个 n 元组，其取值的概率函数 $p(a_i)$ 必须满足两个概率公理：①概率值必须在 0 和 1 之间；②所有概率值之和必须为 1。后面会看到，有时放宽这两个概率约束条件并不会影响语言模型的表现。

针对一个具体的 n 元序列 $w=w_{i+1}w_{i+2}\cdots w_{i+n}$，语言模型给出的概率既可以整体上视为概率分布集合的一部分，看作 n 元组共现的联合概率 $p(w_{i+1}, w_{i+2}, \cdots, w_{i+n})$，也可以理解为当给出前面的 $n-1$ 元组的时候预测最后一元的概率，即 $p(w_{i+n}|w_{i+1}, w_{i+2}, \cdots, w_{i+n-1})$。后面会看到，这种理解方式有利于在机器学习过程中建立合理的目标函数，一定程度上启发了预训练语言模型的工作。

n 元语言模型可以视为第一代语言模型，连同它的衍生版本，包括以嵌入为基础的连续空间语言模型以及前沿的预训练语言模型，在大量自然语言处理和语言理解任务上发挥着核心支撑作用或作为至关重要的组件。例如，传统的 n 元语言模型是统计机器翻译和语音识别系统的基础组件，现代的预训练语言模型大量作为通用编码器，建模句子级甚至篇章级的上下文敏感化表示，服务于包括语言理解在内的各类复杂语言应用系统。因此，提升语言模型的质量在不同时期都一如既往地重要[1]。

2.1　概率论基础

在介绍 n 元语言模型之前，首先回顾概率论的基本知识，如联合概率、条件概率和贝叶斯（Bayes）定理。

记 $P(X)$ 表示 X 为真的概率，以图 2.1中情形为例，有：

$$P(\text{baby is a boy}) \approx 0.5$$

$$P(\text{baby is named John}) \approx 0.001$$

联合概率 $P(X,Y)$ 定义为 X 和 Y 都为真的概率，即 $P(\text{brown eyes, boy})$。条件概

率 $P(X|Y)$ 为已知 Y 为真时 X 为真的概率，根据图 2.1例子，有：

$$P(\text{baby is John} \mid \text{baby is a boy}) \approx 0.002$$

$$P(\text{baby is a boy}|\text{baby is John}) \approx 1$$

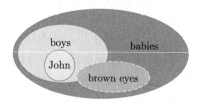

图 2.1　概率计算的例子

注意，联合概率相对于随机变量 X 和 Y 来说是对称的，即

$$P(X,Y) = P(Y,X)$$

但是，条件概率则是非对称的，一般而言，$P(X|Y)$ 和 $P(Y|X)$ 之间没有直接联系。条件概率和联合概率有以下关系：

$$P(X|Y) = \frac{P(X,Y)}{P(Y)}$$

据此有

$$P(\text{baby is named John} \mid \text{baby is a boy})$$
$$= \frac{P(\text{baby is named John, baby is a boy})}{P(\text{baby is a boy})}$$
$$= \frac{0.001}{0.5}$$
$$= 0.002$$

贝叶斯定理联系了两个方向的条件概率，其公式是

$$P(X|Y) = \frac{P(Y|X) \times P(X)}{P(Y)} \tag{2-1}$$

由此可得

$$P(\text{baby is named John} \mid \text{baby is a boy})$$
$$= \frac{P(\text{baby is a boy} \mid \text{baby is named John}) \times P(\text{baby is named John})}{P(\text{baby is a boy})}$$

贝叶斯定理实际上提供了两个方向的条件概率的对称形式：

$$P(X|Y) \times P(Y) = P(Y|X) \times P(X) \tag{2-2}$$

式 (2-2) 等号任一侧将 X 和 Y 互换，就会得到等号另一侧的表达式。贝叶斯定理提供

了一种重要的便利：能够让不对称的条件概率实现条件和结果的反转，后面会看到这个特性对于应用建模的关键作用。

2.2　语言模型用于语言生成

语言模型广泛用于语言处理应用的统计建模，其应用场景涵盖语音识别、拼写校正、光学字符识别、拼音输入法、机器翻译（尤其是统计机器翻译）等诸多任务。

在语言生成任务之中，系统均针对某个输入序列以自然语言句子为输出目标，各个任务的区别仅在于输入端的差异。习惯上把输出这样的语言对象的过程称之为解码（decoding）。表 2.1 对比了各种语言生成任务的输入和输出。

表 2.1　各种语言生成任务的输入和输出

任　　务	输　　入	输　　出
语音识别	语音信号序列	文本句子
拼写校正	包含书写错误的句子	正确书写的句子
光学字符识别	字符序列的图像	文本句子
拼音输入法	拼音序列	中文书写的句子
机器翻译	源语言句子	目标语言句子

n 元语言模型给出的是 n 元组出现的概率，因此合理或正确的语言现象必然有更大的概率或似然，这一观察是语言模型能在预测性解码任务之中发挥作用的关键。运用概率值的高低表达语言合理程度是一般的优度（goodness）度量方法的特殊情形，也是其中最为直接和最为自然的形式：

- 语音识别。举例来说，"weather" 和 "whether" 这两个词具有相似的发音，系统针对此类语音输入会不知所措，而语言模型能做出量化区分，让正确的表达概率大于错误的表达概率，因此系统可以做出正确的选择：

$$P(\textbf{weather is pleasant}) > P(\textbf{whether is pleasant}) \tag{2-3}$$

- 拼写校正。在这个应用情形下，语言模型给出错误句子的概率将比给出正确句子的概率小得多：

$$P(\text{weather is } \textbf{pleasant}) > P(\text{wether is } \textbf{pleasant}) \tag{2-4}$$

- 机器翻译。在将句子从一种语言翻译成另一种语言时，同样可以根据概率选择更合适的序列，因为合理的、通顺的目标语言句子会以更大的概率出现：

$$P(\textbf{high winds yesterday}) > P(\textbf{large winds yesterday}) \tag{2-5}$$

在某个语言生成任务中，设源端输入序列表示为 a，目标是生成对应的文本句子序列 s。最大化似然估计的解码需要最大化直接条件概率 $P(s|a)$：

$$s^* = \arg\max_s P(s|a) \tag{2-6}$$

然而，直接计算条件概率 $P(s|a)$ 非常困难。运用贝叶斯定理，该条件概率可以改写为易于估算的如下形式：

$$s^* = \arg\max_s \frac{P(a|s)P(s)}{P(a)} \tag{2-7}$$

对于同一个解码目标，其输入 $P(a)$ 是一个常量，因而可以省去，从而得到如下最终使用的目标函数：

$$s^* = \arg\max_s P(a|s)P(s) \tag{2-8}$$

其中第二项 $P(s)$ 作为先验知识起作用，它就是接下来要讨论的语言模型。这里的第一项 $P(a|s)$ 称为翻译模型或对齐模型，在绝大部分任务里面都易于估计，甚至是一个常量，可以直接省去（例如在语音识别和拼音输入法任务中）。这里面只有机器翻译任务是一个例外，该任务需要特别仔细地进行翻译模型的训练，这是因为源语言和目标语言的句子之间存在着复杂的词对齐和调序现象。

2.3 n 元语言模型的工作方式及马尔可夫假设

在 n 元（n-gram）语言模型中，n 是一个待指定的参数，而"元"为模型的统计单元，一般为字、词等。如果"元"定义为词，则一个 n 元组是若干词的序列：一元组（1-gram 或 unigram）代表一个词，如"fly""over"；二元组（2-gram 或 bigram）是由两个词组成的序列，例如"fly over"、"over the"或"the sky"；三元组（3-gram 或 trigram）则是由 3 个词组成的连续序列，例如"fly over the"或"over the sky"；以此类推。

n 元语言模型给出了 n 元组的出现概率。它也可以视为在 $n{-}1$ 元前文文本基础上进行一元预测的概率。例如，某个人说

Please turn your homework ...

要预测他接下来要说的话。以常识经验和语言学知识可以推断，接下来的词很有可能是"in"或者"over"，而不太可能是"fighter"，也不大可能是"the"。n 元语言模型可以为每个可能的词及词的序列分配概率，从而形式化这种推断，也就是说，语言模型预测"in"和"over"的概率应该远大于"fighter"和"the"的概率。

2.3.1 n 元机制

本节将介绍 n 元语言模型的工作方式。后面为方便描述，默认"元"为句子之中的词。语言模型将句子的概率分解为条件概率的乘积：

$$P(S) \overset{\text{def}}{=} P(w_1 w_2 \cdots w_n) = \prod_{i=1}^{n} P(w_i | h_i) \tag{2-9}$$

其中 w_i 是句子 S 中的第 i 个词。$h_i \overset{\text{def}}{=} \{w_1, w_2, \cdots, w_{i-1}\}$ 是位于 w_i 之前的所有词，称作第 i 个词的历史。

此处需要估算 w 在给定历史 h 下出现的概率 $P(w|h)$。假设历史 h 是"Please turn your homework",想知道下一个词是"in"的概率:

$$P(\text{in}|\text{Please turn your homework})$$

为进行估算,这里采取简单的相对频率计数法,即在一个很大的语料中,分别对"Please turn your homework"以及"Please turn your homework in"计数,并计算两者的比值:

$$P(\text{in}|\text{Please turn your homework}) = \frac{C(\text{Please turn your homework } in)}{C(\text{Please turn your homework})}$$

换句话说,要执行的计数任务是确定在所有出现 h 的情况中有多少次 w 紧跟其后。

2.3.2　马尔可夫假设

使用数量足够大的语料,理论上可以通过频率计数有效估计概率值。但在实践中,这种通过直接计数估算概率的方法是低效的。假设词表大小为 $|V|$(即一元组的类型数量),那么由该词表产生的二元组在极端的自由组合情况下多达 $|V|^2$ 个,当 n 元组的长度继续增加时,产生的词表将会特别大,而其中大量的序列在语料中出现的频次又极低,这样最终会导致一个庞大而低效的模型。

解决这个问题需要援引马尔可夫假设:下一个出现的词仅依赖于它前面有限数量的若干词。具体地,N 阶马尔可夫假设说明每个词出现的概率仅与其前 N 个词有关。n 元语言模型的做法就是遵从马尔可夫假设:与其在给定词的全部历史的情况下计算该词的出现概率,不如仅通过最邻近的、固定数量的几个词近似历史序列。

二元语言模型利用一阶马尔可夫假设。定义 $w_j^k \stackrel{\text{def}}{=} \{w_j, w_{j+1}, \cdots, w_k\}$,对于序列 w_1^i,上述条件概率 $P(w_i|w_1^{i-1})$ 就可以近似为 $P(w_i|w_{i-1})$。同理,由二阶马尔可夫假设可以得到三元语言模型(只看前两个词的历史)。以此类推,由 $n-1$ 阶马尔可夫假设可以得到 n 元(只看前 $n-1$ 个词的历史)模型:

$$P(w_i|w_1^{i-1}) \approx P(w_i|w_{i-n+1}^{i-1}) \tag{2-10}$$

长为 L 的整个序列的概率可以近似地表达为

$$P(w_1^L) \approx \prod_{i=1}^{L} P(w_i|w_{i-n+1}^{i-1}) \tag{2-11}$$

对文本序列"And nothing but the truth"应用二元模型,那么它出现的概率可以近似地表达为

$$P(\text{And nothing but the truth}) \approx P(\text{And}) \times P(\text{nothing}|\text{And}) \times P(\text{but}|\text{nothing}) \times$$
$$P(\text{the}|\text{but}) \times P(\text{truth}|\text{the}) \tag{2-12}$$

这些 n 元组的概率可以用最大似然估计(Maximum Likelihood Estimation,MLE)方法进行估计,即在语料上获取计数,并对计数结果归一化为 0~1。以二元组为例,计

算给定 w_{i-1} 的情况下出现 w_i 的概率：

$$P(w_i|w_{i-1}) = \frac{C(w_{i-1}w_i)}{\sum_w C(w_{i-1}w)} \tag{2-13}$$

式 (2-13) 还可以稍加简化，因为以 w_{i-1} 开头的所有二元组的计数总和必定等于该词作为一元组出现的频次：

$$P(w_i|w_{i-1}) = \frac{C(w_{i-1}w_i)}{C(w_{i-1})} \tag{2-14}$$

这一计数和概率估计方式可以推广到任意的 n 元情形。

2.4 评价指标：困惑度

评估语言模型性能最可靠的方法是将其放到实际应用中，并评估该应用的性能提升程度。这种评价方法称为外部评价，也叫应用性评价。外部评价是了解组件的特定改进是否真的可以帮助完成当前任务的唯一方法。例如对于语音识别，可以通过实际运行语音识别器比较语言模型的性能，分别对每个语言模型运行一次相应的语音识别器，然后观察哪一个语言模型可以提供更准确的语音识别结果。对于统计机器翻译系统，也可以照此办理。

然而，运行大型自然语言处理系统的开销通常很大，人们希望有一个可以快速评估语言模型质量的度量，即内部评价，能够独立于实际应用对语言模型质量进行评估。

为了对语言模型进行内部评价，需要一个测试集。与大多数统计模型一样，n 元语言模型的概率数值来自训练语料库（或称训练集）。训练完成后，可以在某个测试语料库（或称测试集）上衡量语言模型的性能。

对于物理和数学世界的建模，通常需要遵循奥卡姆剃刀原则，即模型应该用最小复杂度解释客观对象。将这一原则延伸到与任务无关的模型评估的时候，用模型某种意义上的"描述式复杂度"衡量其质量。确切来说，这里用一个信息论度量——困惑度（Perplexity，缩写为 PPL）作为评估语言模型质量的指标。

困惑度用于衡量语言模型在数学意义上的难度，而不是与发音或任何语言特性相关的难度，它是与任务无关的语言模型的度量。测试集上的语言模型的困惑度是测试集概率的倒数，并通过词数进行归一化。假设有测试集 $W = \{w_1, w_2, \cdots, w_N\}$，则

$$\text{PPL}(W) = P(w_1, w_2, \cdots, w_N)^{-\frac{1}{N}} = \sqrt[N]{\frac{1}{P(w_1, w_2, \cdots, w_N)}} \tag{2-15}$$

利用链式规则拆解测试集概率，可将困惑度表示为概率的几何平均数的倒数：

$$\text{PPL}(W) = \sqrt[N]{\prod_{i=1}^{N} \frac{1}{P(w_i|w_1, w_2, \cdots, w_{i-1})}} \tag{2-16}$$

式 (2-16) 在二元语言模型的情形下变为

$$\text{PPL}(W) = \sqrt[N]{\prod_{i=1}^{N} \frac{1}{P(w_i|w_{i-1})}} \tag{2-17}$$

注意，词序列的条件概率越高，困惑度越低，因此，最小化困惑度等同于根据语言模型最大化测试集概率。由此得出语言模型质量评估的重要结论：更好的语言模型具有更低的困惑度。

考虑英文数字识别任务，zero, one, two, $\cdots$, nine，想象一个长度为 N 的测试字符串，假定在训练集中所有数字均以相同的概率出现，那么困惑度为

$$\text{PPL}(W) = \left[\left(\frac{1}{10}\right)^N\right]^{-\frac{1}{N}} = \left(\frac{1}{10}\right)^{-1} = 10 \tag{2-18}$$

困惑度与熵的度量相关，并且与机器学习和深度学习建模中经常使用的最大似然估计目标或相关损失函数是一致的。

困惑度取值范围可能非常广，实际计算中通常将 $\text{PPL}(W)$ 取为对数形式，即 $\log \text{PPL}(W)$，那么就在语言模型评估这个具体情形下等价地得到了熵形式的度量，称之为交叉熵（cross entropy）[①]。可以将困惑度或交叉熵视为估计的概率分布和真实分布之间的信息距离。另一个有用的解释是对于式 (2-16) 的计算，最小化 $\text{PPL}(W)$ 等价于针对整个数据集上 n 元组出现概率的最大似然估计：

$$\min \text{PPL}(W) \iff \max \prod_i P(w_i|w_{i-n+1}^{i-1}) \tag{2-19}$$

如果 $P(w_i|w_{i-n+1}^{i-1})$ 不再用直接计数进行估计，而是用一般的机器学习模型进行估计，则式 (2-19) 构成相应机器学习模型的训练目标。式 (2-19) 左边的形式作为训练机器学习模型用的损失函数，通常称之为交叉熵损失。

2.5　n 元语言模型的平滑方法

仅用最大似然估计并完全信赖所给的训练语料，在这样的默认情形下，n 元语言模型会受制于一些明显的技术性挑战。

（1）对训练数据敏感。像许多统计模型一样，概率估计是关于给定训练集的特定事实，语言模型也高度依赖于训练语料。而且，n 元语言模型的性能会随着 n 值的变化而变化。此外，当进行一项语言生成任务时，通常希望能提前获取完整词表，或假设没有未知词的存在，但这在实际情况中均不太可能。

（2）欠缺平滑。最大似然估计方法的一个显著缺陷是对于数据稀疏问题处理乏力。对于出现足够次数的 n 元组，该方法当然可以对其概率进行合理估计，但是由于任何语料都是有限的，无法囊括所有可能的词的排列组合，因此不管训练语料规模有多大，一

[①] 严格的熵和交叉熵的定义请参考第 7 章和第 8 章的相关介绍。

定会缺少一些在实际情况下完全可能出现的词序列。

假设在训练语料中从未出现过二元组 "rewarded the"，那么得到的语言模型将错误地估计 $P(\text{offer} \mid \text{rewarded the})$ 为 0！这些零概率在训练集中永远不会发生，而在测试集中却极可能发生。零概率的存在意味着低估了可能出现各种词及词的组合的可能性，并将损害在该数据上运行的任何应用系统的性能，甚至导致其完全失效。如果测试（即实际工作）环境下中任一词的概率为 0，则测试集的整体的联合概率也将为 0，原因很简单，0 乘以任何数字结果都是 0。回顾解码目标方程（2-8），任何一个概率是 0 都将导致解码的搜索过程短暂失效，因为一个零概率将导致一系列联合概率取值均为 0，这导致解码过程无法区分这一组联合概率中真正最显著的部分，进而做出优化判断。根据定义，困惑度是测试集概率的倒数，在这种情况下还将导致无穷大的困惑度。

为了避免语言模型为这些零频对象分配零概率值，一般会从一些高频对象中取出一些概率值，并将其分配给零频对象。这种模型上的数值调整过程和方法称为平滑（smoothing）或折扣（discount）。

在本节及其后的部分中，将介绍多种平滑方法：Laplace 平滑（加一平滑）、Good-Turing 平滑[2]、Jelinek-Mercer 平滑[3]、Katz 平滑[4] 以及 Kneser-Ney 平滑[5]。

2.5.1 Laplace 平滑（加一平滑）

最简单的平滑方法是对所有 n 元组计数都加 1，然后再将其归一化为概率值，该算法称为 Laplace（拉普拉斯）平滑。若不实施平滑，w_i 概率的最大似然估计是其计数 c_i，并由词总数 N 归一化：

$$P(w_i) = \frac{c_i}{N} \tag{2-20}$$

Laplace 平滑仅对每个计数加 1，因此也称为加一平滑。设词表中有 V 个词，现在表中每个词的计数都增加了，所以还需调整分母以考虑额外的 V 个值，以继续保证所有词的概率总和仍为 1。下面以二元模型为例，平滑后的概率表示为

$$P_{\text{Laplace}}(w_i) = \frac{c_i + 1}{N + V}$$
$$P^*_{\text{Laplace}}(w_i|w_{i-1}) = \frac{C(w_{i-1}w_i) + 1}{\sum_w (C(w_{i-1}w) + 1)} \tag{2-21}$$
$$= \frac{C(w_{i-1}w_i) + 1}{C(w_{i-1}) + V}$$

Laplace 平滑处理的实用效果并不佳，但是，这个平滑策略连同后续会引入的其他平滑算法中的许多概念和思路，提供了一个非常有用的基线，将帮助我们发展出行之有效的先进平滑方法。

加 k 平滑是 Laplace 平滑的一个扩展，此时不是将每个计数加 1，而是加一个小于 1 的正数 k。这个额外参数的引入使得 Laplace 平滑在设置上有了更大的弹性。

$$P_{\text{Add}-k}(w_i) = \frac{c_i + k}{N + kV}$$

$$P^*_{\text{Add}-k}(w_i|w_{i-1}) = \frac{C(w_{i-1}w_i) + k}{\sum\limits_w (C(w_{i-1}w) + k)} \quad (2\text{-}22)$$

$$= \frac{C(w_{i-1}w_i) + k}{C(w_{i-1}) + kV}$$

k 值的选择可以通过在验证集上对模型进行优化来完成。尽管加 k 平滑在完成某些任务时能起一定作用，但事实证明，它仍然难以普遍适用于语言建模。

2.5.2　Good-Turing 平滑

下面通过一个例子介绍 Good-Turing 平滑方法。

假设你在钓鱼，你已经钓到了 10 条鲤鱼、3 条鳕鱼、2 条金枪鱼、1 条鳟鱼、1 条鲑鱼和 1 条鳗鱼。通常用 r 表示某个对象出现的次数，用 N_r 表示在训练数据中正好出现 r 次的对象的个数。因此在这个例子中，$N_1 = 3$，$N_{10} = 1$。此外，N 代表观测对象的频率总和，即 $N = \sum r N_r = 18$。

现在考虑以下两个问题：

（1）下一条是新鱼种的可能性有多大？

（2）下一条是鲑鱼的可能性有多大？

Good-Turing 平滑的核心思想是：对于未在训练数据中出现的元组，都用 $\dfrac{N_1}{N}$ 估计其概率，即

$$p_0 = \frac{N_1}{N} \quad (2\text{-}23)$$

对任何在训练语料中出现了 r 次（$r>0$）的 n 元组进行计数修正，假设它出现了 r^* 次，r^* 由 r 和 N_{r+1} 确定：

$$r^* = (r + 1)\frac{N_{r+1}}{N_r} \quad (2\text{-}24)$$

一般来说，出现次数为 r 的元组个数多于出现次数为 $r+1$ 的元组个数，即 $N_{r+1} < N_r$，注意不要混淆出现次数 r 和元组个数 N_r 两个概念。这样一来，出现次数为 0 的元组的个数不再为 0，相应地，其余元组的概率按照排序后的缩放比例都比以前要小，总体上可以视为它们分出一部分概率给了零频元组。换句话说，在训练集中没有出现，而在测试集中出现的元组，都用训练集中出现 1 次的元组估计，这样它们的概率不再为 0，从而实现了平滑。

于是就可以回答上述两个问题：

（1）下一条是新鱼种的可能性为 $p_0 = \dfrac{N_1}{N} = \dfrac{3}{18}$。

（2）下一条是鲜鱼的可能性为 $\dfrac{r^*}{N} = \dfrac{(1+1) \times \dfrac{1}{3}}{18} < \dfrac{1}{18}$。

需要证明所有元组的概率之和仍然为 1。重新估计出现次数为 r 的元组的概率：

$$p_r = \frac{r^*}{N} = \frac{1}{N}(r+1)\frac{N_{r+1}}{N_r} \tag{2-25}$$

出现同样次数的元组具有相同的概率，所以总的概率就是不同出现次数的概率与该出现次数的元组个数的乘积之和：

$$
\begin{aligned}
p_0 + \sum_{r=1} N_r p_r &= \frac{N_1}{N} + \sum_{r=1} N_r \frac{1}{N}(r+1)\frac{N_{r+1}}{N_r} \\
&= \frac{N_1}{N} + \frac{1}{N}\sum_{r=1}(r+1)N_{r+1} \\
&= \frac{1}{N}N_1 + \frac{1}{N}\sum_{r=2}rN_r \\
&= \frac{1}{N}\sum_{r=1}rN_r \\
&= \frac{1}{N}N \\
&= 1
\end{aligned} \tag{2-26}
$$

因此平滑之后概率之和仍为 1。

2.5.3　Jelinek-Mercer 平滑

以上介绍的 Laplace 平滑以及 Good-Turing 平滑方法，本质上说其实是将一些频繁出现的 n 元组的概率匀出了一部分，分给那些没有出现的 n 元组，都是基于折扣解决零频率 n 元组的问题，接下来介绍另一类基础方法。

如果尝试估计 $P(w_i|w_{i-2}w_{i-1})$，但在训练集内 $w_{i-2}w_{i-1}w_i$ 的频率为 0，那么可以考虑使用对应的二元组的概率 $P(w_i|w_{i-1})$ 替代估计。以此类推，如果无法直接计算 $P(w_i|w_{i-1})$，则可以考虑用 $P(w_i)$ 替代估计。这种用 $n-1$ 元组的概率替代对应更高阶 n 元组的概率估计的做法称之为回退（backoff）。在回退方法中，最开始的概率估计还是优先直接考虑高阶 n 元组的计数；只有在高阶 n 元组零频率的情况下，才会回退到低阶 n 元组近似它，以此类推。

在模型面临多样性数据时，会同时存在需要回退和不必回退的情况，因此插值方法也会被引入。在插值操作中，可以一般化地考虑所有不同阶 n 元组的概率估计值，并为它们分配不同的权重。

Jelinek-Mercer 平滑通常也被称作线性插值平滑（linear interpolation smoothing），它利用不同阶数的 n 元组的线性组合解决高阶 n 元组零频率这样的数据稀疏问题，同时还能兼顾不需要回退时的精确估计情形。例如，对不同 n 元组的概率进行加权，将它们

混合在一起以估计最终所需的三元组概率 $P(w_i|w_{i-2}w_{i-1})$：

$$P_{\text{Jelinek-Mercer}}(w_i|w_{i-2}w_{i-1})$$
$$= \lambda \frac{C(w_{i-2}w_{i-1}w_i)}{C(w_{i-2}w_{i-1})} + (1-\lambda)P_{\text{Jelinek-Mercer}}(w_i|w_{i-1}) \tag{2-27}$$

这里权重参数 λ 可以根据一个独立的开发集上的经验结果通过学习获取。开发集也叫保留数据集，它是　个额外的数据集，通常单独从训练集划分出来，并不参与模型训练过程，在需要独立的经验性评估模型参数的时候，它代替测试集，提供相应评估结果供参考。可以选择能够最小化模型在开发集上的困惑度的 λ 值。

Jelinek-Mercer 平滑的一个改进版本是

$$P_{\text{Jelinek-Mercer}}(w_i|w_{i-2}w_{i-1})$$
$$= \lambda(C(w_{i-2}w_{i-1}))\frac{C(w_{i-2}w_{i-1}w_i)}{C(w_{i-2}w_{i-1})} + (1-\lambda(C(w_{i-2}w_{i-1})))P_{\text{Jelinek-Mercer}}(w_i|w_{i-1})$$
$$\tag{2-28}$$

它与简单插值的区别在于，这里的权重 λ 是跟词计数相关的一个参数。对于不同的词，λ 值不一样，会有不同程度的插值。

2.5.4　Katz 平滑

在回退方法中，如果遇到的 n 元组的计数为 0，则通过退回到 $n-1$ 元组近似它。为了使回退模型能够给出正确的概率分布，必须对高阶 n 元组进行折扣以为低阶 n 元组保存一些概率值。如果不对高阶 n 元组进行折扣，只使用未折扣的最大似然估计，那么语言模型分配给所有可能序列串的总概率将大于 1。除了这个明确的折扣因子外，还需要一个权重函数 α 以约束较低阶的 n 元组。

这种带有折扣的补偿也称为 Katz 补偿。在 Katz 回退中，如果以前遇到过这个 n 元组（即有非零计数），则直接利用折扣概率 P^*；否则，递归地返回 $n-1$ 元组的 Katz 概率。继续以三元组为例，计算 Katz 概率的公式如下：

$$P_{\text{Katz}}(w_i|w_{i-2}w_{i-1}) = \begin{cases} \dfrac{C^*(w_{i-2}w_{i-1}w_i)}{C(w_{i-2}w_{i-1})}, & \text{如果 } C(w_{i-2}w_{i-1}w_i) > 0 \\ \alpha(w_{i-2}w_{i-1})P_{\text{Katz}}(w_i|w_{i-1}), & \text{否则} \end{cases} \tag{2-29}$$

其中，$C^*(w_{i-2}w_{i-1}w_i)$ 可以用 Good-Turing 平滑方法得到。

2.5.5　Kneser-Ney 平滑

Kneser-Ney 平滑[5] 是最常用且性能最好的 n 元组平滑方法之一。Kneser-Ney 平滑方法由绝对折扣 (absolute discount) 方法改进而来。

实际上，把频繁出现的一些 n 元组的概率值分一些出来，也就等同于将它们出现的次数折扣（discount）了一部分，分配给零频率的 n 元组。至于具体的折扣幅度，Church 等人证实不同数据集之间的折扣以线形差值形式体现为绝对折扣[6]。表 2.2 展示了二元组的训练集和开发集计数的差值（即折扣幅度）对比示例。其统计方法是：先从训练集中确定所有出现了 r 次的二元组，然后在开发集中统计这些二元组出现的次数均值。

表 2.2　二元组的训练集和开发集计数的差值对比示例[6]

训练集计数	开发集计数	差　值
0	0.0000270	
1	0.448	
2	1.25	0.75
3	2.24	0.76
4	3.23	0.77
5	4.21	0.79
6	5.23	0.77
7	6.21	0.79
8	7.21	0.79
9	8.26	0.74

从表 2.2 可见，除了保持 0 和 1 的计数之外，只要将训练集计数减去 0.75，就可以很好地估算出开发集中的所有其他二元组的计数。这种思想就是绝对折扣方法，即通过从每个词的计数中减去固定的（绝对）折扣 d 估算其概率。以二元模型为例，绝对折扣应用的公式如下：

$$P_{\text{AbsoluteDiscount}}(w_i|w_{i-1}) = \frac{C(w_{i-1}w_i) - d}{\sum_w C(w_{i-1}w)} + \lambda(w_{i-1})P(w_i) \tag{2-30}$$

其中第一项是折扣后的概率值，第二项则相当于一个带权重 λ 的一元组插值项。

Kneser-Ney 平滑方法以一种更复杂的方式处理较低阶 n 元组分布，从而优化了绝对折扣法，是目前最稳定、最有效的一种平滑方法。假设要用二元组和一元组的插值模型预测这句话的最后一个词：

I cannot see without my (class)

与"class"一词相比，"glasses"一词似乎更有可能在这里出现，因此我们希望一元模型更偏向"glasses"。但训练语料上的估计可能给出纯粹的频次结果："Kong"比"glasses"出现频率更高，因为"Hong Kong"出现的频率很高，从而标准的一元模型会给"Kong"分配更高的概率。而常识经验告诉我们，只有在"Hong"一词之后，"Kong"才会经常出现。而不管实际频次比较结果如何，"glasses"一词的分布多样性都会比"Hong"更高。

针对该问题，Kneser-Ney 平滑方法会考虑估计 w 出现在不同上下文中的数量 [即它形成的高阶 n 元组（如二元组）类型的数量]，从而相当于衡量了 w 出现环境的多样性。假设出现在更多上下文中的词也更有可能出现在某些新的上下文中。词 w_i 出现在多样性上下文中的可能性 $P_{\text{diversity}}(w_i)$ 应该与所有出现过的 $w_{i-1}w_i$ 的类型数成正比，表示为

$$P_{\text{diversity}}(w_i) \propto |w_{i-1} : C(w_{i-1}w_i) > 0| \tag{2-31}$$

为了将此计数转换为概率，用总的二元组种类数归一化：

$$P_{\text{diversity}}(w_i) = \frac{|w_{i-1} : C(w_{i-1}w_i) > 0|}{|(u,v) : C(uv) > 0|} \tag{2-32}$$

可以等价地表示为

$$P_{\text{diversity}}(w_i) = \frac{|w_{i-1} : C(w_{i-1}w_i) > 0|}{\sum\limits_{v} |u \cdot C(uv) > 0|} \tag{2-33}$$

这样一来，仅在一个上下文（"Hong"）中出现的高频词（"Kong"）将具有较低的多样性概率。

应用于二元组上下文的 Kneser-Ney 平滑的最终公式为

$$P_{\text{Kneser-Ney}}(w_i|w_{i-1}) = \frac{\max(C(w_{i-1}w_i) - d, 0)}{C(w_{i-1})} + \lambda(w_{i-1})P_{\text{diversity}}(w_i)$$

$$\lambda(w_{i-1}) = \frac{d}{\sum\limits_{v} C(w_{i-1}v)} |\{w : C(w_{i-1}w) > 0\}| \tag{2-34}$$

2.5.6　Pitman-Yor 语言模型

Teh[7] 提出的 Pitman-Yor 语言模型是 Kneser-Ney 平滑下的 n 元语言模型的贝叶斯版本。

Pitman-Yor 语言模型基于 Pitman-Yor 过程[8] 定义，这个过程是 Dirichlet 过程的一个推广。Pitman-Yor 语言模型定义为 Pitman-Yor 过程生成的结果，而 Pitman-Yor 过程也可以理解为对于语言模型参数的一个渐进的先验，以便捕捉其中普遍存在的指数分布率。形式上，一个 Pitman-Yor 过程 PYP 定义为

$$G \sim \text{PYP}(G_0, d, \theta)$$

其中，G_0 是一个基分布，PYP 作为一个随机过程生成分布 G。d 和 θ 是该过程的两个参数。前者称为折扣因子，满足约束 $0 < d < 1$，用来控制采样分布的长尾效应（当 $d=0$ 时，Pitman-Yor 过程退化为 Dirichlet 过程）；后者满足约束 $-d < \theta$，用于控制 G 整体上有多像 G_0。

为了将 Pitman-Yor 先验用于 n 元语言模型建模，同时合理回避对 G 的处理，使用 Pitman-Yor 过程从一个低阶模型生成高阶模型的词，也就是从 n 元组上的分布生成自 $n-1$ 元组上的分布：

$$\mathcal{U} \xrightarrow{\text{PYP}} \text{1-gram} \xrightarrow{\text{PYP}} \text{2-gram} \xrightarrow{\text{PYP}} \text{3-gram} \xrightarrow{\text{PYP}} \dots$$

上式中 $\mathcal{U}$ 是均匀分布。

将生成词的 Pitman-Yor 过程解释为中餐馆过程/问题（Chinese Restaurant Process/Problem）[9]。考虑一家餐馆，将顾客分配到不同的桌子，每张桌子都供应一道菜肴。

对应本节的情形：餐馆是语言模型，顾客是需要生成的文本字符，菜肴是词。

记 t_w 表示餐馆提供同样菜肴 w 的桌子数量，n_w 表示坐在这些桌子旁的顾客总数，有 $t = \sum_w t_w$，以及 $n = \sum_w n_w$，分别是桌子和顾客的总数。从语言模型生成下一个词是通过将顾客发送到餐馆来完成的，该顾客要么坐在现有菜肴 w 的桌子旁，并具有正比于 $n_w - dt_w$ 的概率；要么坐在一张新桌子旁，按照基分布 G 供应新菜肴，并具有正比于 $\theta + dt$ 的概率。因此，下一个词的概率是这两个情形的组合：

$$P(w|\eta) = \frac{n_w - dt_w}{n + \theta} + \frac{\theta + dt}{n + \theta} P(w|G) \tag{2-35}$$

这里，$\eta = \{d, \theta, \{n_w, t_w\}_{w \in \sigma}\}$，$\sigma$ 是词典。

在 Pitman-Yor 语言模型中，给定上下文 $\boldsymbol{u}$ 下的词分布 $G^{\boldsymbol{u}}$ 具有 Pitman-Yor 过程先验：

$$G^{\boldsymbol{u}}|G^{\pi(\boldsymbol{u})}, d^{\boldsymbol{u}}, \theta^{\boldsymbol{u}} \sim \mathrm{PYP}(G^{\pi(\boldsymbol{u})}, d^{\boldsymbol{u}}, \theta^{\boldsymbol{u}})$$

其中，$\pi(\boldsymbol{u}) \to \boldsymbol{u}$ 代表文本生成方向（即前者是后者回退一阶的元组），而基分布 $G^{\pi(\boldsymbol{u})}$ 本身也有一个 Pitman-Yor 过程先验。这在一系列上下文条件下的分布中引出了一个层次的树结构（参见图 2.2），其中的每个节点的基分布与其父节点的分布相关联。这就是为什么该模型也被称为层次 Pitman-Yor 语言模型的原因。

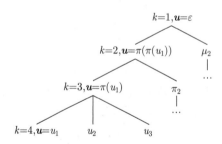

图 2.2　Pitman-Yor 语言模型按照文本生成顺序构成的树结构（深度为 3）[10]

在 Pitman-Yor 过程的树结构中，根节点对应于一个空上下文 ε：

$$G^\varepsilon|\mathcal{U}, d^\varepsilon, \theta^\varepsilon \sim \mathrm{PYP}(\mathcal{U}, d^\varepsilon, \theta^\varepsilon)$$

这里的 $\mathcal{U}$ 是词表 σ 上的均匀分布。因此，在根节点上（这里对应于生成一元组），模型的概率估计是

$$P^{(1)}(w_i|\boldsymbol{u}, \eta^{\boldsymbol{u}}) = \frac{n_{w_i}^{\boldsymbol{u}} - d^{\boldsymbol{u}} t_{w_i}^{\boldsymbol{u}}}{n^{\boldsymbol{u}} + \theta^{\boldsymbol{u}}} + \frac{\theta^{\boldsymbol{u}} + d^{\boldsymbol{u}} t^{\boldsymbol{u}}}{n^{\boldsymbol{u}} + \theta^{\boldsymbol{u}}} \frac{1}{|\sigma|} \tag{2-36}$$

可以依据式 (2-37) 递归地计算 n 元组概率（注意，这和前面插值回退的公式类似）：

$$P^{(k)}(w_i|\boldsymbol{u}, \eta^{\boldsymbol{u}}) = \frac{n_{w_i}^{\boldsymbol{u}} - d^{\boldsymbol{u}} t_{w_i}^{\boldsymbol{u}}}{n^{\boldsymbol{u}} + \theta^{\boldsymbol{u}}} + \frac{\theta^{\boldsymbol{u}} + d^{\boldsymbol{u}} t^{\boldsymbol{u}}}{n^{\boldsymbol{u}} + \theta^{\boldsymbol{u}}} P^{(k-1)}(w_i|\pi(\boldsymbol{u}), \eta^{\pi(\boldsymbol{u})}) \tag{2-37}$$

在式 (2-37) 中，$\eta^{\boldsymbol{u}} = \{d^{\boldsymbol{u}}, \theta^{\boldsymbol{u}}, \{n_w^{\boldsymbol{u}}, t_w^{\boldsymbol{u}}\}_{w \in \sigma_{\boldsymbol{u}}}\}$；$n_{w_i}^{\boldsymbol{u}} = C(\boldsymbol{u}w_i)$；$n^{\boldsymbol{u}} = \sum\limits_{w \in \sigma_{\boldsymbol{u}}} n_w^{\boldsymbol{u}}$，当 $k{=}n$ 时，$n^{\boldsymbol{u}}{=}C(\boldsymbol{u})$；$t^{\boldsymbol{u}}$ 可类似于 $n^{\boldsymbol{u}}$ 进行定义。

另外，在全部 Pitman-Yor 过程的树节点上，对于 $\{n_w^{\boldsymbol{u}}, t_w^{\boldsymbol{u}}\}_{w \in \sigma_{\boldsymbol{u}}}$，下面的约束都必须成立：

$$\forall\, w \in \sigma_{\boldsymbol{u}} : 0 < t_w^{\boldsymbol{u}} \leqslant n_w^{\boldsymbol{u}},$$
$$\forall\, w \in \sigma_{\boldsymbol{u}} : n_w^{\boldsymbol{u}} = \sum_{\psi \in \text{children}(\boldsymbol{u})} t_w^{\psi} \tag{2-38}$$

Pitman-Yor 语言模型的超参数 $\theta^{\boldsymbol{u}}$ 和 $t_w^{\boldsymbol{u}}$ 能通过两个后验过程学习得到[7]。如果恒设 $\theta^{\boldsymbol{u}}{=}0$ 且 $t_w^{\boldsymbol{u}}{=}1$，则 Pitman-Yor 语言模型退化为 Kneser-Ney 语言模型。

Pitman-Yor 语言模型是目前已知的最强有力的平滑语言模型，但其计算代价无论在时间和空间上都非常高昂，这一定程度上限制了它的广泛运用。Shareghi 等[10] 提出了一种压缩的后缀树结构设计，配合渐进推导一定程度上改善了其性能表现。

2.6　非 n 元机制的平滑方法

下面简要介绍其他适用于 n 元语言模型的非标准的平滑方法。之所以说这些方法是非标准的，是因为前述平滑方法大体上都以各种数学技巧在各个 n 元组之间调配概率分布，而下面要介绍的一些平滑技巧则考虑从建模上下文、词典替换等方式进一步改善平滑效果，因此称它们为非 n 元机制的平滑方法。

2.6.1　缓存

显然，作为语言学现象之一，曾出现过的正确的 n 元组序列很有可能再次出现。记住这样的正确历史的方法称为缓存（caching）。缓存机制实际上释放了 n 元组长度的限制，它允许对于任意长的历史上下文进行最大似然估计，只要它满足"正确"的前提。当然，实际计算时，依然需要对过长的 n 元组历史进行合理的长度惩罚。缓存与模型采用何种平滑方式无关，以插值形式叠加到其他标准的平滑方法的缓存平滑公式如下：

$$P(z|\text{history}) = \lambda P_{\text{smooth}}(z|xy) + (1 - \lambda)P_{\text{cache}}(z|\text{history})$$
$$P_{\text{cache}}(z|\text{history}) = \frac{C(z \in \text{history})}{\text{length(history)}} \tag{2-39}$$

2.6.2　跳词

回顾 n 元语言模型的预测性解释，即，n 元语言模型衡量前 $n - 1$ 元预测最后一元组的可能性。到目前为止，考察的 n 元组还是连续的序列片段，然而，词和词之间的关系和依赖并非完全线性的，因此在 n 语言模型的预测过程中，必要时，其实需要跳过（skip）某些无关紧要的词。在下面这个例子中，"John"一词作为上下文的一部分对于预测下一个词几乎没有帮助，因此可以跳过它：

$$P(\text{time}|\text{show John a good}) \to P(\text{time}|\text{show\_\_a good}) \tag{2-40}$$

跳词机制不再保证原有的标准 n 元机制的片段连续性，这是一个重大区别。同样，为了保证平滑的稳健性，跳词机制可以继续用插值方式集成到现有平滑模型中。以下是五元组的平滑公式：

$$P(z|\cdots rstuvwxy) \approx \lambda P(z|vwxy) + \mu P(z|vw\_y) + (1 - \lambda - \mu)P(z|v\_xy) \tag{2-41}$$

2.6.3 聚类

对于所有要考虑的 n 元组构成的集合，有时称之为语言模型的词典或词表。语言建模所面临的核心挑战——数据稀疏性就体现在词表在训练集和测试集（即实际工作情形）之间的差异，因为训练集中未出现的词（称之为未知词或未登录词）或低频词在测试集中未必是同样情况。训练集越小，或训练集的多样性越不足，这种体现在词表差异上的数据稀疏性就越严重。

聚类方法提供了一个词表替换机制，以便缓解上述数据稀疏性问题。对词进行聚类（clustering），例如把"Sunday""Monday""Tuesday"等词归为一类，称之为"WEEKDAY"类，把"party""celebration"等词归为另一类，称之为"EVENT"类。这样，就可以在概率估计时采用具有类似效果的替换方式，例如：

$$P(\text{Tuesday}|\text{party on}) \approx P(\text{Monday}|\text{party on}) \approx P(\text{Tuesday}|\text{celebration on})$$

这样做的好处是，对于概率 $P(\text{Tuesday}|\text{party on})$，即便"Tuesday"一词没有在训练集中出现过，只要训练集中包含"Monday"这样的词，也可以通过类似下面的式子推算：

$$P(\text{Tuesday}|\text{party on}) \approx P(\text{WEEKDAY}|\text{party on}) \times P(\text{Tuesday}|\text{party on WEEKDAY})$$

聚类平滑方法的使用方式等同于用聚类的类别标识加入预测历史或直接替代原来的词。同样以三元组为例，以相应的大写字母代表聚类类别标识符，可以考虑 4 种聚类机制支持的平滑方法：

- 预测聚类：

$$P_{\text{smooth}}(z|xy) = P_{\text{smooth}}(Z|xy) \times P_{\text{smooth}}(z|xyZ) \tag{2-42}$$

- 条件聚类：

$$P(z|xy) = P(z|xXyY) \tag{2-43}$$

- 组合聚类：

$$P(z|xy) = P_{\text{smooth}}(Z|xXyY) \times P_{\text{smooth}}(z|xXyYZ) \tag{2-44}$$

- IBM 聚类：

$$P(z|xy) = P_{\text{smooth}}(Z|XY) \times P(z|Z) \tag{2-45}$$

2.7　平滑方法的经验结果

基于 WSJ/NAB 语料，Chen 等[11] 评估了主要平滑方法的性能，如图 2.3所示。Goodman[12] 在同样的语料上做了几种平滑技巧的组合效果对比，并对比了它们在困惑度和语音识别的单词准确率上的差异，如表 2.3和表 2.4所示。

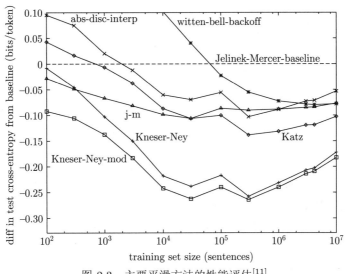

图 2.3　主要平滑方法的性能评估[11]

表 2.3　平滑方法组合的实验结果：困惑度

比 较 项	加入 Katz 平滑	加入 Kneser-Ney 平滑	都 加 入
困惑度	95.2	91.47	55.74
提升百分比（％）			41.45
跳词	11.16	10.53	5.40
五元模型	13.89	22.12	22.79
句子语言模型	9.3	12.97	7.79
聚类	−2.75	4.56	
缓存	7.77	7.45	6.21
Kneser-Ney	3.91		27.80

WSJ/NAB 语料来自 1995 年 ARPA 连续语音识别评估用的北美商业（North American Business，NAB）新闻文本，包括 3 个来源：

- 美国联合通讯社（*Associated Press*，AP）文本：1 亿 1 千万词。
- 《华尔街日报》（*The Wall Street Journal*，WSJ）文本：9800 万词。
- 《圣何塞信使报》（*San Jose Mercury News*，SJM）文本：3500 万词。

经验性结果证实，大部分实际下游任务应用使用三元语言模型已经可以取得足够好的结果。使用更高阶语言模型不会带来显著性能提升，反而会增加巨大的计算开销。以

表 2.4　平滑方法组合的实验结果：语音识别的单词准确率（%）

比　较　项	加入 Katz 平滑	加入 Kneser-Ney 平滑	都　加　入
准确率/%	90.31	90.4	91.11
提升百分比/%			8.26
跳词	1.03	2.40	1.24
五元模型	−0.52	2.81	1.46
句子语言模型	−0.41	−0.51	1.35
聚类	1.55	3.44	
缓存	−2.99	−1.35	6.21
Kneser-Ney	0.93		7.54

语音识别任务为例，经验结果表明，三元模型比二元模型效果好很多，同时在解码速度上拖慢很有限，但更高阶模型，如四元和五元模型就使计算代价高昂起来，因为其采用的精确的解码算法具有多项式时间复杂度，而该多项式的阶数是语言模型的阶数加一；与此同时，性能提升却极其有限。不过在统计机器翻译任务中，情况有所不同，五元模型通常明显好于三元模型，有助于获得更高的 BLEU 分数（统计机器翻译的自动评价指标）。此外，统计机器翻译使用基于束搜索 (beam search) 的近似解码算法，其时间复杂度和语言模型的阶数没有直接关系，因此，实用的统计机器翻译系统会为了追求更高的翻译质量而选择高达 5 阶的语言模型。

在具体应用中，选取有效的平滑策略也很关键，选取类似 Kneser-Ney 方法这类安全、稳健的平滑策略很重要。当然，并不存在在所有场合都有绝对优势的平滑方案。例如，带插值的 Kneser-Ney 平滑在五元模型上的效果比 Katz 平滑好得多，但在三元模型上可能只是比后者稍好而已。

对比表 2.3和表 2.4的结果还能得到一些有意思的发现。这两个表分别展示了高级的平滑方法组合的困惑度指标和语音识别的单词准确率指标。各个平滑方法组合的效果在两种评估环境下的对应结果并不完全一致。相对于基线模型性能，这里仅有跳词机制在困惑度和单词准确率的改进上均始终保持稳定。在实际应用性指标——单词准确率上改进幅度最大的是聚类方法，但是困惑度指标显示，聚类方法不适合搭配 Katz 平滑一起使用。在同样设置下，困惑度和单词准确率之间的效果不一致，这反映出并不能"安全地"仅利用困惑度指标给具体的应用选取最优的语言模型。

2.8　n 元语言模型的建模工具

最后介绍一些常用的语言模型处理工具，包括 CMU 语言建模工具包、SRI 语言建模工具包和 IRSTLM 工具包，这些工具包均实现了主流的平滑方法，并免费提供给研究者使用。

- CMU 语言建模工具包可以处理二元组、三元组等不同阶的语言模型，支持不同的平滑方案，并且支持许多单独的工具，即一个工具的输出是下一个工具的输入，从而易于使用。
  网址：http://www.speech.cs.cmu.edu/SLM_info.html。
- SRI 语言建模工具包比 CMU 工具包更强大。该工具包主要是为语音识别开发的，全称为 Stanford Research Institute Language Modeling Toolkit。
  网址：http://www.speech.sri.com/projects/srilm。
- IRSTLM 工具包在版权上更友好，是统计机器翻译工具包 Moses 的推荐标准组件，用于替代之前的 SRI 语言建模工具包。
  网址：http://hlt-mt.fbk.eu/technologies/irstlm。

参考文献

[1] DEVLIN J, CHANG M W, LEE K, et al., 2019. BERT: Pre-training of Deep Bidirectional Transformers for Language Understanding. in: Proceedings of the 2019 Conference of the North American Chapter of the Association for Computational Linguistics: Human Language Technologies (NAACL: HLT): vol. 1 (Long and Short Papers): 4171-4186.

[2] GOOD I J, 1953. The Population Frequencies of Species and the Estimation of Population Parameters. Biometrika, 40: 237-264.

[3] BAHL L R, JELINEK F, MERCER R L, 1983. A Maximum Likelihood Approach to Continuous Speech Recognition. IEEE Transactions on Pattern Analysis and Machine Intelligence, 5(2): 308-319.

[4] KATZ S M, 1987. Estimation of Probabilities from Sparse Data for the Language Model Component of a Speech Recognizer. EEE Transactions on Acoustics, Speech, and Signal Processing, 35(3): 400-401.

[5] KNESER R, NEY H, 1995. Improved Backing-off for *m*-gram Language Modeling. in: 1995 International Conference on Acoustics, Speech, and Signal Processing: vol, 1: 181-184.

[6] CHURCH K W, GALE W A, 1991. A Comparison of the Enhanced Good-Turing and Deleted Estimation Methods for Estimating Probabilities of English Bigrams. Computer Speech and Language, 5(1): 19-54.

[7] TEH Y W, 2006. A Hierarchical Bayesian Language Model based on Pitman-Yor Processes. in Proceedings of the 21st International Conference on Computational Linguistics and 44 the Annual Meeting of the ACL (COLING/ACL2006): 985-992.

[8] PITMAN J, YOR M, 1997. The Two-parameter Poisson-Dirichlet Distribution Derived from a Stable Subordinator. Annals of Probability, 25(2): 855-900.

[9] ALDOUS D, 1985. Exchangeability and Related Topics. Springer Lecture Notes in Math, 1117: 1-198.

[10] SHAREGHI E, HAFFARI G, COHN T, 2017. Compressed Non-parametric Language Modelling. in: Proceedings of the Twenty-sixth International Joint Conference on Artificial Intelligence (IJCAI): 2701-2707.

[11] CHEN S F, GOODMAN J,T, 1999. An Empirical Study of Smoothing Techniques for Language Modeling. Computer Speech and Language, 13: 359-394.

[12] GOODMAN J T, 2001. A Bit of Progress in Language Modeling. Computer Speech and Language, 15(4): 403-434.

第3章 语言编码表示

自然语言是一种复杂的符号系统,从传统上说,自然语言处理是按照符号系统的特性以规则方法进行的。在这类传统方法中,对符号就按照符号进行处理,并不存在所谓的表示问题。但是统计机器学习的广泛引入改变了这一状况,使得自然语言处理必须首先解决好表示问题,甚至可以说,在所有应用机器学习方法的智能信息处理对象中,只有自然语言才会有表示问题。原因很简单,机器学习模型能够处理的往往只能是量化的数字。举例来说,当输入为

NLP is what AI counts on.

时,机器学习模型其实真正能处理的形式类似于下面的形式:

$$[0,1,0,0,0,0,0,0,0,0,0,0,0,\cdots] \text{ 或 } [0.792,-0.177,-0.107,0.109,\cdots]$$

这样的一个转换过程和结果称之为表示或表征(representation),这意味着需要将符号转换或编码成数值形式。

随着深度学习在自然语言处理中的应用,表示的重要性变得更为重要,因为深度学习在某种意义上就是基于表示的学习方法。另外,形成表示的过程称之为编码(encoding),这一术语在近年来也被广泛引用,但是越来越窄化为仅代表深度学习意义下的表示的生成和学习过程,而非本章所指的广泛意义上的从符号生成表示的任意过程。

3.1 独热表示

首先从一个简单的想法开始设想如何把符号表变成数字序列。假设有以下词表:

a, abacus, an, apple, ⋯

可以简单地按照自然数序列(即序号)将它们编码成

0, 1, 2, 3,⋯

于是得到了表 3.1所示的词典。在这种表示下,把每个词都处理成独立的个体。

表 3.1 序号编码的词典示例

词	序 号
a	0
abacus	1
an	2
apple	3
⋮	⋮

我们期待这种表示方法最好具有如下两种特性之一：①具备基本的句法或语义含义；②不代表任何特定的语言学意义，不引入任何额外的多余信息。从上面的表示中，可以得到以下的量化关系：

$$\text{abacus} - \text{a} = 1$$
$$\text{apple} - \text{an} = 1$$
$$\text{apple} - \text{a} = 3$$

从而可以进一步推导出以下关系：

$$\text{abacus} - \text{apple} = \text{a} - \text{an} \Rightarrow \text{abacus} = \text{apple}$$

但显然这样的关系并不符合我们的常识经验。

那么这个简单且符合直觉的做法为什么会出现这样的问题呢？其原因就是仅使用一维的表示方案导致引入了过拟合（overfitting）信息。如果不再期望拥有句法或语义意义的表示，退而求其次，寻求一个无偏的（unbiased）表示，那么就必须采取多维表示方案。

假设有符号集 $V = \{w_i\}$，并且该集合大小 $|V| = n$，其中 w_i 为一个具有如下形式的 n 维向量：

$$[0, 0, \cdots, 0, 1, 0, \cdots, 0, 0]$$

此处，唯一的 1 出现在第 i 维。这种表示方式把每个符号映射为互不相同的单位向量，称为独热编码（one-hot encoding）。基于这样的表示，对于任意的 i 和 j，有

$$|w_i - w_j| \text{ 为常数}$$

此处，该常数为 $\sqrt{2}$。因此，这是一个在欧几里得距离意义下的无偏表示。实际上，多维的独热表示在余弦相似度度量下也是无偏的，因为任意两个独热向量都一定是正交的，因而总是有

$$(w^{\text{a}})^{\text{T}} w^{\text{an}} = (w^{\text{a}})^{\text{T}} w^{\text{abacus}} = 0$$

用多维的独热表示，前面的词表可以表示为

$$w^{\text{a}} = \begin{bmatrix} 1 \\ 0 \\ 0 \\ 0 \\ \vdots \\ 0 \end{bmatrix}, w^{\text{abacus}} = \begin{bmatrix} 0 \\ 1 \\ 0 \\ 0 \\ \vdots \\ 0 \end{bmatrix}, w^{\text{an}} = \begin{bmatrix} 0 \\ 0 \\ 1 \\ 0 \\ \vdots \\ 0 \end{bmatrix}, w^{\text{apple}} = \begin{bmatrix} 0 \\ 0 \\ 0 \\ 1 \\ \vdots \\ 0 \end{bmatrix}, \cdots$$

在获取了每个词的表示后，如果想要表示 w_i 和 w_j 都存在于文本对象中，可以执行向量加法，即

$$w_i + w_j = [0, 0, \cdots, 0, 1, 0, \cdots, 0, 1, 0, \cdots, 0, 0]$$

此处两个 1 分别出现在第 i 维和第 j 维。图 3.1 表示二维情形下的向量相加。

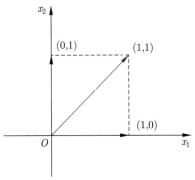

图 3.1 二维情形下的向量相加

机器学习一般来说是学习数据集 $\{\boldsymbol{x}_i \to y_i\}_{i=1,2,3,\cdots}$ 上的映射。一个用于训练/测试的样本是数据集中的一条数据 $(\boldsymbol{x}_i, y_i)$。其中，y_i 是任务待预测的输出，由具体任务需求而定；而 $\boldsymbol{x}_i$ 就是一个样本中更关键的部分，采用向量形式，通常称为特征向量。如果采取独热编码方式表达数据，则特征向量就是多个这样的独热向量叠加的结果，一个特征向量很大程度上决定一个样本，其中该向量的每一维都是一个特征（feature）。由于在一个由独热向量衍生的特征向量中，绝大部分数字都是 0，为节省内存空间，在具体实现时可以使用稀疏的数据结构。

需要注意的是，在机器学习文献中，"特征"是一个较为宽泛的术语。不严格地单独提到"特征"时，它有可能指的是特征向量，也可能指的是一维的特征，还有可能指的是后文提及的特征模板，其确切含义需要根据上下文具体理解。

3.2 特征函数

一个文本对象样本基于词一级的独热表示就是展示 n 元组本身，因此这个部分也称之为 n 元组特征，它也是自然语言最直接、最基本的特征。在自然语言处理领域的机器学习模型中，特征向量除了 n 元组特征，还可以以拼接更多向量维度的方式，引入更灵活的启发式信息以区分性地表达样本，从而将独热表示导出的向量推广到更为一般的形式：特征向量每一维都是 0 或 1，它是某个特征函数按照预定义条件的取值结果。

形式上，为了统一表达每一维特征的成立条件，引入取值为 0 和 1 的特征函数的概念。特征函数将条件（输入上下文 + 输出目标标签）转为 0 或 1 的二类取值。多个特征函数可以构造出独热取值模式（0 或 1）的特征向量表示。

下面看一个简单的例子：

Hispaniola/NNP quickly/RB became/VB an/DT important/JJ base/??
from which Spain expanded its empire into the rest of the Western Hemisphere.

在??位置有很多可能的词性标签：

$$Y = \{\text{NN, NNS, Vt, Vi, IN, DT}, \cdots\}$$

而输入域 X 是所有可能上下文（历史）的集合。从历史-标签对（history, tag）中可以定义特征函数：

$$P(\text{tag}|\text{history})$$

为了展示表示上下文（历史）的方法，以 2 阶马尔可夫模型为例，定义一个四元组 $<w_{1..n}, t_{-1}, t_{-2}, i>$，其中：

- $w_{1..n}$ 是输入句子中的 n 个词。
- $t_{-1}, t_{-2} \in Y$ 是当前待预测标签的前两个标签，即马尔可夫特征。
- i 是被标记的词的当前索引。

这里，马尔可夫特征也被称为转移特征，非马尔可夫特征则被称为状态特征。

为了从像自然语言这样的连续序列数据中逐一构建训练样本，必须保持以下关注点：

- 设定一个当前索引 i。
- 特征围绕着当前索引 i 从其有限的线性上下文，即滑动窗口中提取。

图 3.2展示了特征提取的滑动窗口。有时，整个输入序列都可用于特征提取。

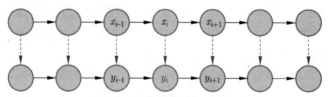

图 3.2　特征提取的滑动窗口

在上面的例句中，对 $i = 6$ 套用特征四元组定义，有

- $w_{1..n} = <\text{Hispaniola, quickly, became}, \cdots, \text{Hemisphere, .}>$
- $t_{-1}, t_{-2} = \text{JJ, DT}$

下面对特征函数进行公式化表示。设有输入域 X 和一个有限大小标签集 Y，目的是为 X 中的任意 x 和 Y 中的任意 y 定义条件概率 $p(y|x)$（后面会看到这个能推广为不受概率公理约束的得分）。一般特征函数定义为

$$f : x \times y \to \mathbb{R}$$

如前所述，为了和独热表示形式保持一致，将特征函数限定为二值函数或指示函数 $f : x \times y \to \{0,1\}$。对于 $k = 1, 2, \cdots, m$，如果有 m 个特征 ϕ_k，可以定义：对 X 中任意的 x 和 Y 中任意的 y，取值于 $\mathbb{R}^m$ 的特征向量为 $\phi(x, y)$。当二值特征函数取值为 1 的时候，称之为激活。

下面看一个特征函数的例子。X 是形如 $<w_{1..n}, t_{-1}, t_{-2}, i>$ 的所有可能历史的集合，$Y = \{\text{NN, NNS, Vt, Vi, IN, DT}, \cdots\}$。特征函数 ϕ_1, ϕ_2 定义如下：

$$\phi_1(h, t) = \begin{cases} 1, & \text{如果当前词}w_i\text{是原型并且}t = \text{Vt} \\ 0, & \text{否则} \end{cases}$$

$$\phi_2(h, t) = \begin{cases} 1, & \text{如果当前词} w_i \text{以 ing 结尾并且} t = \text{VBG} \\ 0, & \text{否则} \end{cases}$$

由于当前词 $w_6 = \text{base}$ 是原型,当 $t = \text{Vt}$ 时,可以得到对应的特征值:

$$\phi_1(<< \text{Hispaniola}, \cdots >, \text{JJ}, \text{DT}, 6 >, \text{Vt}) = 1$$

$$\phi_2(<< \text{Hispaniola}, \cdots >, \text{JJ}, \text{DT}, 6 >, \text{Vt}) = 0$$

Ratnaparkhi[1] 建议了一些特征函数,如下所示:

- 词/标签特征,例如:

$$\phi_{100}(h, t) = \begin{cases} 1, & \text{如果当前词} w_i \text{是原型且} t = \text{Vt} \\ 0, & \text{否则} \end{cases}$$

- 长度小于 4 的前缀/后缀的拼写特征,例如:

$$\phi_{101}(h, t) = \phi_2(h, t) = \begin{cases} 1, & \text{如果当前词} w_i \text{以 ing 结尾且} t = \text{VBG} \\ 0, & \text{否则} \end{cases}$$

$$\phi_{102}(h, t) = \begin{cases} 1, & \text{如果当前词} w_i \text{以 pre 开头且} t = \text{NN} \\ 0, & \text{否则} \end{cases}$$

- 2 阶马尔可夫特征:

$$\phi_{103}(h, t) = \begin{cases} 1, & \text{如果} < t_{-2}, t_{-1}, t >=< \text{DT}, \text{JJ}, \text{Vt} > \\ 0, & \text{否则} \end{cases}$$

- 1 阶马尔可夫特征:

$$\phi_{104}(h, t) = \begin{cases} 1, & \text{如果} < t_{-1}, t >=< \text{JJ}, \text{Vt} > \\ 0, & \text{否则} \end{cases}$$

- Vt 特征(此特征的使用需要小心!):

$$\phi_{105}(h, t) = \begin{cases} 1, & \text{如果} < t >=< \text{Vt} > \\ 0, & \text{否则} \end{cases}$$

- n 元组特征:

$$\phi_{106}(h, t) = \begin{cases} 1, & \text{如果前一个词} w_{i-1} = \text{the 并且} t = \text{Vt} \\ 0, & \text{否则} \end{cases}$$

$$\phi_{107}(h, t) = \begin{cases} 1, & \text{如果后一个词} w_{i+1} = \text{the 并且} t = \text{Vt} \\ 0, & \text{否则} \end{cases}$$

通过特征函数，几乎可以提取关于历史-标签对的任何特征。给定 X 中的历史 x 和 Y 中的每个标签，可以映射到不同的特征向量：

$$\phi(<< \text{Hispaniola}, \cdots >, \text{JJ}, \text{DT}, 6 >, \text{Vt}) = 1001011001001100110$$

$$\phi(<< \text{Hispaniola}, \cdots >, \text{JJ}, \text{DT}, 6 >, \text{JJ}) = 0110010101011110010$$

$$\phi(<< \text{Hispaniola}, \cdots >, \text{JJ}, \text{DT}, 6 >, \text{NN}) = 0001111101001100100$$

$$\phi(<< \text{Hispaniola}, \cdots >, \text{JJ}, \text{DT}, 6 >, \text{IN}) = 0001011011000000010$$

3.3　通用特征模板

在实际机器学习模型建立过程中，会用到成千上万维的特征向量，故而涉及成千上万个特征函数，如果这些函数要一个个定义，建模过程将会变得烦琐不堪。因此，实际上，特征函数可以按照定义属性进行分组，这样统一定义的一组特征函数（对应于特征向量维度上的一个片段）称之为特征模板。

对于定义在 $x \times y$ 上的特征函数 $P(\text{tag}|\text{history})$，特征模板假定标签（tag）自动遍历标签集 Y 中所有可能的 y，也就是其定义仅关注上下文（即历史）部分。由于特征模板首先将无条件遍历标签集 Y 中所有的 y，因此，对于同样的上下文 x，会自动定义 $|Y|$ 个特征函数（$|Y|$ 为标签集大小）。值得注意的是，特征模板只定义了提取具体的特征（函数）的方法，而不是直接提供具体的特征函数。

和特征函数一样，对于自然语言来说，最容易定义的特征模板是在滑动窗口中定义 n 元组。假设 x 是 X 中的三元组滑动窗口中的词（$x = w$），此时有特征模板 w_{-1}、w_0、w_1、$w_{-1}w_0$、w_0w_1、$w_{-1}w_1$ 以及 $w_{-1}w_0w_1$。n 元组特征模板类型如表 3.2 所示。同一个特征集同时包括 w_{-1}、w_0 以及 $w_{-1}w_0$ 是必要的，因为它们中的任何一个都独立地索引到特征向量中的维度。独热表示独立地对待每个符号特征，例如：

- a 和 an 是两个不同的特征。
- a、dog 和 a/dog 是 3 个不同的特征。

表 3.2　n 元组特征模板类型

n 元组	特 征 模 板
一元组	w_{-1}, w_0, w_1
二元组	$w_{-1}w_0, w_0w_1, w_{-1}w_1$
三元组	$w_{-1}w_0w_1$

如表 3.3所示，特征模板 w_{-1} 用于定义各个当前索引 i 的特征：

- 当 $i = 3$ 时，w_{-1} 包括所有 6 个标签依次搭配上下文"will"的特征。
- 当 $i = 6$ 时，w_{-1} 包括所有 6 个标签依次搭配上下文"Turing"的特征。

注意，这里 $Y = \{\text{P, N, V, ART, ADJ, PUNC}\}$ 且 $|Y| = 6$。

表 3.3　带索引的词性标注序列用于 n 元组特征模板的特征提取

句子	I	will	receive	the	Turing	award	next	year	.
词性序列	P	V	V	ART	N	N	ADJ	N	PUNC
索引	1	2	3	4	5	6	7	8	9

3.4　加权的独热表示：TF-IDF

独热表示只用到了 0 和 1 的二值化特征值，但是在很多情况下，只有 0 和 1 的量化显然是不够的，而引入更复杂的编码则可能会给表示带来不必要的偏差。不过，曾经至少有一种方法被证明是有效的，那就是词的计数（频率）。

词频-逆文档频率（TF-IDF）是文本级（信息检索）处理的基本表示工具，它可以视为频率加权的独热表示。TF 指的是词频（Term Frequency）[2]，而 IDF 指的是逆文档频率（Inverted Document Frequency）[3]。

任何表示形式（包括特征向量）的根本目的都是为了在计算中使表示的对象更具区别度。在分类任务中，它意味着特定的维度特征或特定的特征向量可以明显地对应于特定的标签；在信息检索任务中，它意味着能有效区分各个不同的查询-文档对（Query-Document Pair），或者能合理评估一个查询-文档对的相关度。当然，一般来说，这样的文本表示也可以用于计算任意文档之间（而不仅限于文档和查询语句之间）的相似度或语义距离。下面依照文献传统，仍然以查询-文档对的相关度计算为例，介绍 TF-IDF 表示方法。

将文档 d 中词项 t 的词频 $\mathrm{tf}_{t,d}$ 定义为 t 在 d 中出现的次数。现在探讨如何利用词频获得有区分度的文档表示。原始的词频或许并非一个理想的量化数值。如果查询文本中的某个词在文档 A 中出现 10 次，而在文档 B 中出现 1 次，则对于该查询而言，文档 A 的确比 B 更相关，但是相关性与词频并不按线性比例增加，即文档 A 的相关度并不是 B 的 10 倍。经验表明，相比于原始词频，词频的对数值反而是一个较为合适的量化方法。

将文档 d 中词项 t 的对数-频率加权分定义如下：

$$w_{t,d} = \begin{cases} 1 + \log_{10} \mathrm{tf}_{t,d}, & \text{如果}\,\mathrm{tf}_{t,d} > 0 \\ 0, & \text{否则} \end{cases}$$

一个查询-文档对的分数则是对同时出现于查询 q 和文档 d 的词项 t 的对数-频率加权分求和：

$$\mathrm{score} = \sum_{t \in q \bigcap d} (1 + \log_{10} \mathrm{tf}_{t,d})$$

如果文档中不存在任何查询中的词，则相应的查询-文档对的分数为 0。

词的分布特性同样能提供有区分度的表示信息，即，分布上的稀有词比到处出现的常用词更具信息量，普遍高频出现的停用词（如功能词等各类虚词）甚至完全不会带来有用信息。在查询中考虑一个在文档集合中很少见的词（例如"arachnocentric"），包含此词的文档很可能与查询相关。对于像 "arachnocentric" 这样的罕见词（注意，这个词很可能选择性出现在个别文档中，而不是到处出现），需要为其设置高权重。考虑文档集合中的高频词（如 "high"、"increase" 或 "line" 等），包含该词的文档比不包含该词的文档有可能更相关，但它不是一个充分可信的相关度指标。对于这样的高频词，将赋予它们正面的高权重，但是同时也要给分布上的稀有词同样的高权重。本书使用文档频率（Document Frequency，DF）表达这一词频分布上的稀有性。

定义 df_t 为词项 t 的文档频率，它表示包含 t 的文档数。值得注意的是，df_t 是 t 的信息量的反向度量，并且当然有 $\mathrm{df}_t \leqslant N$，其中 N 为文档集合中的文档数。t 的逆文档频率（Inverse Document Frequency，IDF）正式定义为

$$\mathrm{idf}_t = \log_{10}(N/\mathrm{df}_t)$$

上式使用 $\log_{10}(N/\mathrm{df}_t)$ 而不是 N/df_t，这是用类似 TF 公式的方式抑制 IDF 的直接效果。另外，根据对数的特性，对数底的选择在这里实际上并不重要。假定 $N = 10^6$，表 3.4 为 IDF 示例，文档集合中的每个词项 t 都有一个 idf 值。

表 3.4　IDF 示例

词　　项	df_t	idf_t
calpurnia	1	6
animal	100	4
sunday	1000	3
fly	10 000	2
under	100 000	1
the	1 000 000	0

IDF 有一个关键特性：IDF 对一个词项的查询的排序没有影响，而只会影响至少包含两个词的查询的文档排序。对于查询 "capricious person" 导致的最终文档排序，IDF 加权使得 "capricious" 的出现比 "person" 的出现更重要。

最后，综合定义一个词的 tf-idf 权重为其 tf 权重和 idf 权重的乘积[①]：

$$w_{t,d} = (1 + \log_{10}\mathrm{tf}_{t,d}) \times \log_{10}(N/\mathrm{df}_t)$$

该公式是信息检索中最知名的加权方案。该值随着文档中词的出现次数增加而增加，随着文档集中该词在分布上的稀有性增加而增加。

综上所述，针对一个查询的相似文档得分可以用如下公式计算，分值越高，意味着该文档越和查询相关：

$$\mathrm{score}(q,d) = \sum_{t \in q \bigcap d} \mathrm{tf\text{-}idf}_{t,d}$$

上式展示出 TF-IDF 权重向量可以直接用于相似度或语义距离计算。当把所有文档用

---

① 注意：tf-idf 中的 "-" 是连字符，而不是减号。文献中有时也把 tf-idf 写为 tf.idf 或 tf × idf。

TF-IDF 权重向量表示出来以后，文档集中所有文档的 TF-IDF 权重向量可以构成一个矩阵。表 3.5 展示了每个莎士比亚剧本作为单个文档时的 TF-IDF 权重矩阵，其中，文档 *Hamlet* 可以用向量 $[0, 1, 1.51, 0, 0, 0.12, 4.15]$ 表示。

表 3.5　TF-IDF 权重矩阵示例

查询词	*Antony and Cleopatra*	*Julius Caesar*	*The Tempest*	*Hamlet*	*Othello*	*Macbeth*
Antony	5.25	3.18	0	0	0	0.35
Brutus	1.21	6.1	0	1	0	0
Caesar	8.59	2.54	0	1.51	0.25	0
Calpurnia	0	1.54	0	0	0	0
Cleopatra	2.85	0	0	0	0	0
mercy	1.51	0	1.9	0.12	5.25	0.88
worser	1.37	0	0.11	4.15	0.25	1.95

现在，每个文档由向量空间 $\mathbb{R}^{|V|}$ 中的 TF-IDF 权重的实值向量表示。可以构造一个 $|V|$ 维向量空间，其中，词是空间的轴，文档是此空间中的点或向量。后续这些向量表示可以交给机器学习模型进一步处理。值得注意的是，该类向量通常是高维稀疏向量，例如，将其应用于搜索引擎时，会导致数千万的维度，同时向量大多数维度的实际值为 0。

最后澄清 TF-IDF 表示方法的两个文献术语以进一步了解其特性。

在统计机器学习方法系统性引入自然语言处理的早期阶段，TF-IDF 表示方法广泛用于文档表示，文献中专门以向量空间模型（Vector Space Model，VSM）称呼基于 TF-IDF 的这类表示方法。当然，这个术语现在已经不再使用，因为统计方法已经全面取代了规则方法，成为自然语言处理的主流工作策略。

当使用 TF-IDF 向量表示文档的时候，仅孤立地使用了各个词的统计信息，但是词在文档中出现的顺序信息被忽略了。经验结果表明，在大量场合，这是一个合理的忽略，也正是由于这个原因，TF-IDF 表示方法也被称之为词包或词袋（Bag-of-Word，BOW）模型。词顺序被忽略这一点从功能上可以解释为：TF-IDF 权重向量本质上是频率加权的独热表示，而后者是对于各个词的独立无偏编码，并不具备表达词序信息的能力。

参考文献

[1] RATNAPARKHI A, 1996. A Maximum Entropy Model for Part-of-Speech Tagging. in: Proceedings of the Conference on Empirical Methods in Natural Language Processing (EMNLP): 133-142.

[2] LVHN H P, 1957. A Statistical Approach to the Mechanized Encoding and Searching of Literary Information. IBM Research and Development, 1(4): 309-317.

[3] JONES K S, 1972. A Statistical Interpretation of Term Specificity and its Application in Retrieval. Journal of Documentation, 28(1): 11-21.

第4章　非监督的结构化学习

由于人工成本高，大规模、高质量的人工标注语料的获取代价高昂，因此无须人工标注数据的非监督学习（unsupervised learning）以及自监督学习（self-supervised learning）的重要性日益凸显。本章将以自然语言处理中一个简单但至关重要的任务——词/子词切分为例，介绍自然语言处理中非监督的结构化学习。

4.1　自然语言处理的方法构成

现代人工智能和智能信息处理高度机器学习化。从某种意义上说，一个人工智能分支的成熟度和机器学习方法在其中应用的广度和深度呈正相关。但是和其他人工智能分支（如计算机视觉）显著不同的是，机器学习方法在自然语言处理领域的运用有着特殊的挑战，这个挑战涉及对"结构"概念的相反解读：

（1）自然语言作为复杂的符号系统，是由复杂的、可变的、可能还有歧义的规则组织起来的。和计算机自动可读并能有效解析的结构化数据（例如规范的数据库格式数据）比起来，自然语言是非结构化数据，因为这里的"结构"是指数据的规范程度，对计算机而言是指数据的可读程度。从这个意义上说，自然语言并不是一种易于利用计算机处理的理想的数据对象。

（2）从另一个角度说，自然语言并非语言单元的简单堆积。自然语言是复杂系统概念下的复杂符号系统，自然语言的组织方式甚至存在着混沌现象。因此，自然语言在这个意义上又是有着内在复杂结构的"结构化"数据，这里的"结构"指的是数据内部组织的复杂程度。

与此同时，现代机器学习方法本身不是给自然语言这种"结构化"数据准备的，它更擅长或者说只适用于在不那么"结构化"的数据上执行学习任务，例如，直接预测单粒度对象的标签。

理论语言学很早就意识到自然语言这种内在组织关系的复杂性，所以才有 James Allen 的多层语言分析体系。该体系把自然语言处理分成了多个层次，每个层次的语言分析都是对该层次的结构组织的一种近似（理想化）的结构化任务定义。在实践应用中，一般的自然语言处理在 Allen 定义的基础任务之外，还有着更加广泛的结构化机器学习需求，而原生的机器学习方法在不做任何修改的情况下是难以满足这些需求的。

从基本的方法和策略来说，当试图应用基本的机器学习工具时，原始的自然语言处理任务需要在训练前完成针对语言结构的分解操作，因为机器学习模型只能在分解后的基本结构单元上进行训练。继而，在预测阶段，由于原生的自然语言处理任务需要预测的是完整的结构，而机器学习模型只是在相应的结构片段上完成了训练，也只能继续在这些片段上做预测，这就需要一个能把这些结构片段拼接、组装成任务所需的完整结构的操作。这一操作一般称作解码（decoding）。

　　计算机处理结构时涉及的数据结构是图（graph），因此，自然语言处理的结构化学习很多时候必须涉及与图相关的算法。

　　对于一个一般的自然语言处理任务来说，其方法都可以大致分解为结构化学习（结构分解和重组）与概率分布估计（或量化评分）两部分，如图 4.1所示。

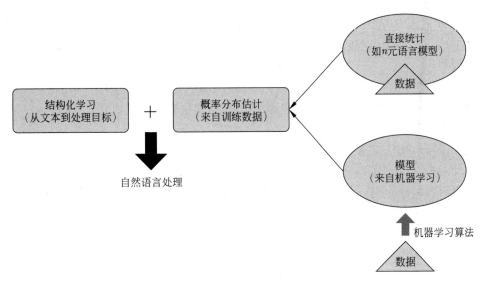

图 4.1　自然语言处理方法的构成

　　对于概率分布估计或量化评分，将其解释为针对分解之后的基本结构单元而作出的具备区分度的量化评估方法。最简单的区分情形就是定义"好"与"坏"两个取值方向，模型或方法可以提供一个操作，并为每个基本单元给出合理的得分。所有这些得分的集合如果满足概率公理，则可以视为概率分布。这种概率分布估计或量化评分可以通过以下两种途径获得：

　　一是借助基于统计的概率分布，如前面提到的 n 元语言模型，使用直接计数方获取 n 元组的最大似然估计，即

$$P(n元组) = \frac{\text{count}(n元组)}{\text{count}(n-1元组)} \tag{4-1}$$

在此基础上，使用平滑方法可以进一步处理训练集中低频或者未出现的 n 元组。

　　二是利用机器学习方法，通过在训练集上不断迭代修改模型参数以逐步逼近最优训练目标。机器学习方法普遍都可以提供一个量化得分的分布，对于其原始输出不满足概率公理的情形，也可以进行适当的归一化处理（如 softmax）以获取概率分布估计。然而，无论是直接统计还是机器学习模型，这里所需的其实是具备区分性的得分，因此这种概率归一化在很多应用场合其实并非必要，换言之，也可以直接使用原始输出数值作为量化评分。

4.2 简单任务：词/子词切分

本节以形式上最简单的结构化学习——词/子词（subword）切分为例，介绍自然语言处理中的非监督的结构化学习。之所以说是非监督学习，是因为本节不准备使用任何标注数据，所以，也就不使用机器学习方法作前述的概率分布估计，而选择直接从数据中作类似 n 元语言模型最大似然估计方式的量化统计。另一方面，本节选取最符合直觉的结构分解方法和相应的解码算法。仅搭配使用这样两类简单组件，就能给出强大的语言处理效果。

词/子词切分是自然语言处理基础层次上的形态分析的关键操作。形态分析的具体形式和任务需求依赖于语言特性和书写特性。目前常见的两类词切分任务如下：

一是中文分词，这是一种中文的形态学处理。由于现代汉语里表达意思的基本语素是词而不是字，而中文书写方式又是字连续成句，不存在类似于空格这样的词边界标识符，因此对中文文本序列进行词切分是必要的，这个分词操作也是后续中文信息处理的基础。以机器翻译为例，考虑源序列"她来自苏格兰"，如果没有分词，即每一个字作为一个独立语言单位，则"苏""格""兰"被单独识别和翻译，从而很容易导致不合理的翻译结果；而如果进行了适当的分词处理，如"她/来/自/苏格兰"，则"苏格兰"会被更容易地正确翻译为"Scotland"。此外，许多其他东亚语言，如日语、韩语、越南语等，在处理时也需要分词。需要强调的是，"分词"作为一个约定俗成的通用术语，并不是字面意义上对于词的切分，而是指从字符连续书写的句子中切分出词。

二是英文等字母书写文字的子词切分。不同于按照语言学规则对英文单词进行词根和词缀的切分，子词切分是基于计算（如统计）将单词切分为多个子词。例如，"natural"可以切分为"nat"和"ural"，"native"切分为"nat"和"ive"。子词切分的好处在于：一方面，可以通过子词组合的方式，用较少数量的子词表示大量的单词，从而缩减或控制词表规模；另一方面，未登录词（Out-Of-Vocabulary，OOV）也可以通过子词组合有效表示。将深度学习引入自然语言处理，使子词切分突然再次成为一个重要的形态分析任务。因为深度学习赖以为基础的所有词嵌入表示都存储在一个与词表大小成正比的查找表中，而实际应用的语料通常又会包含极其庞大的词表，这会造成存储空间的严重短缺，这一问题也引发了对于控制词表规模的迫切需求。

4.3 切分算法

4.3.1 通用切分框架

在实现上，自然语言处理的最简形式可以仅由一个模型加一个解码算法构成。下面引入这样一个没有太多假定的通用框架完成切分操作。

首先是模型部分，这里简单采用 n 元语言模型的形式，但是释放了其概率公理约束。考虑到 n 元语言模型是由很多 n 元组及其对应的概率值组成的，将其中的概率函数推广

为一般化的打分（scoring）函数，由其对相应的 n 元组进行度量。模型可以表示为

$$W = \{(w_i, g(w_i))\}_{i=1,2,\cdots,n} \tag{4-2}$$

其中，w_i 表示一个 n 元组，$g(\cdot)$ 为预定义的打分函数。

为了匹配任务目标和数值优化的方向，还要提前给打分函数定义其评估物理世界倾向性的取值方向。回顾前文，语言模型所给概率值越高，意味着相应的 n 元组出现的可能性就越大，其被正确表达的可能性也越大。遵循这个取值方向，对于这里的词切分情形，我们定义打分函数所给分值越高，就意味着 w_i 更独立，在更大程度上像一个真正的词。把这样的打分取值方向称为优度（goodness）。当然，同样也可以定义劣度（badness），只是后面的数值优化的目标函数要取反方向。因此，这里设定打分函数都是优度打分器并不失一般性。

在优度度量意义下，这里的模型 W 可以被理解为一个带有权值的词典，其中每个 n 元组 w_i 都可以被视为候选词，并且其优度得分越高，就越可能是真正的词。

其次是解码算法。切分是最简单的结构化学习，词切分甚至是更为简单和平凡的切分任务，它仅要求在线性序列上作出切分决策。在已有模型（词典及其打分函数）包含的指导信息支持下，执行服从某种约束的解码算法即可直接完成切分操作。通过定义最大化全局或局部优度的目标函数，下面引入两种高度符合直觉的解码算法。

4.3.2　全局优度最大化：Viterbi 解码算法

候选词 w_i 在优度度量下的得分 $g(w_i)$ 反映了它独立成词的程度，那么，很自然，整个句子上最优切分就是拥有最高总得分 S^* 的切分，即

$$S^* = \arg\max \sum_{i=1}^{n} g(w_i) \tag{4-3}$$

对于上述的目标函数最大化问题，可以用 Viterbi 解码算法（或求解最短路径问题的 Dijkstra 算法）搜索这样的优化切分。这样导出的算法通常具有多项式时间复杂度，该类算法均需采用动态规划思想，通过综合状态之间的转移概率（或优度得分）和前一个状态计算出的概率（或累积优度得分）最大的状态转换路径，从而推断出隐含状态序列的情况。在每一步选择中，都保存了前面所有步骤到当前步骤中选择的最小（大）总代价以及当前代价的情况下后续步骤的选择。依次计算完所有步骤后，该算法通过简单回溯即可输出最优选择路径。

4.3.3　局部优度最大化：贪心解码算法

贪心解码算法即最大匹配解码算法。它采用贪心的思想：在对问题求解时总是做出在当前看来是最好的选择，而不从整体最优上加以考虑，即当前得到的是在某种意义上的局部最优解。在解码的过程中，每次从词典中选择可以获得最大得分的词对当前状态的文本 $T = t^*$ 进行切分，即

$$\{w^*, t^*\} = \arg\max_T g(w) \tag{4-4}$$

以上两种解码算法各有优劣。基于全局优度最大化的解码算法虽然可以获得全局最优解，但是由于完成整个序列切分的时间复杂度较高（$O(m^2)$，m 为序列长度），在序列较长的情况下，计算效率不高；贪心解码算法虽然速度快（理论上是线性时间复杂度），但是某种程度上依赖于词典（模型）的质量，有时难以保证获得比较好的切分结果。

4.4 优度度量

为了简化起见，本节设定解码算法在执行切分时仅考虑出现在词典模型中的候选词，也就是词典模型 W 在这里是以一个封闭集的方式使用的。这样，就可以将词表事先固化，并仅对此表中的各个 w_i 计算相应的优度值 $g(w_i)$。因此这里词典的用法不同于 n 元语言模型，后者是一个开放式概率分布定义和计算工具。如果可能的话，n 元语言模型需要对一切已知和未知的 n 元组给出非零概率估计。

对于切分任务的情形，优度得分定义为揭示一个 n 元组独立程度的统计学度量，这样定义的度量除了可以用作切分任务中的词的似然值，还可用于对稳定出现的 n 元组的搭配关系进行检测和排序。按照优度的方向性定义，一个 n 元组（候选词）的评分越高，这个 n 元组越有可能作为一个相对固定的搭配或单独的词独立地出现在真实语料中。因此，后面也会展示搭配方面的示例。

下面逐一介绍如下常用的优度度量：

- 频率。
- 邻接多样性。
- 分支熵。
- 描述长度增益。
- 点互信息。
- 学生 t 测试。

4.4.1 频率

以 n 元组 w 的频率（Frequency，FRQ），也就是它在语料中出现的次数作为其优度得分是最简单和最直接的方法，即其打分函数写为

$$g_{\text{FRQ}}(w) = \text{count}(w) \tag{4-5}$$

频率或计数是一切统计方法的自变量的出发点。这里如果加入概率归一化约束，频率的优度度量即退化到无平滑的 n 元语言模型。后面会看到，在判别区分的机器学习任务中，量化数据的相对大小与数值归一化相比是一个更基本的需求。

如果完全使用频率度量并基于固定的词典，就失去了利用 n 元语言模型的平滑机制的便利，纯粹的频率优度计算被证明是低效的。但是，可以从词典优化本身入手改善这一状况。这通常通过最长者优先和过滤两种机制实现。

1. 最长者优先

如果在词频统计过程中，统计结果显示两个有子串关系的 n 元组在同一语料中具有

相同频率，那么更短的候选词会被舍弃，只把最长的那个串加入词表。基本依据是较短的候选词恰好只出现在具有语言学意义的更长的候选词内，因此较短者需要被过滤。实践证明，最长者优先机制能大幅度减小词典规模，同时改善任务运行效果。

2. 过滤

从语言学角度出发，分别考虑白名单和黑名单两种方式的词典过滤机制。请注意，这里的过滤机制由于用到了语言学的高级特性，因此不能用于以分词为目标的基础语言任务。因为词切分任务的前提是假定词尚需由分词器切分出来，在其工作之前，暂时还没有词的存在。

黑名单过滤机制是过滤停用词（stop word）。所谓停用词，是在一种语言使用中普遍存在，但没有太多实际意义（以功能词居多）或者无法作为有效区分度标志的词汇，如中文中的"的""了""然后"，英文中的"the""a""also"，等等。为了提高处理效率，降低存储空间，在很多自然语言处理任务（例如信息检索类的文本级处理）进行之前都建议自动过滤停用词。大多主流的语言在实践中已有研究者总结出相应的停用词表，通常包含 500~1000 个应该停用的词、短语、缩写等。停用词过滤机制可以在停用词表基础上直接使用。

白名单过滤机制指保留有明确语言学意义的 n 元组部分。对语言学意义最基本的要求是 n 元组表达需符合句法规范，但这要求在文本上进行句法分析操作，代价过于高昂，因此 Justeson 等提出一个简化方案，仅保留那些符合特定词性模板的 n 元组[1]。表 4.1列出了一些词性模板及样例（其中 A、N、P 是分别代表形容词、名词和介词的词性标签），它是句法规则的一个粗略子集，一定程度上能帮助滤除完全不合法的 n 元组。

表 4.1　词性模板及样例

词性模板	样例
A N	linear function
N N	regression coefficients
A A N	Gaussian random variable
A N N	cumulative distribution function
N A N	mean squared error
N N N	class probability function
N P N	degrees of freedom

表 4.2展示了对《纽约时报》语料库[2] 进行不包含词性模板过滤和包含词性模板过滤的词频统计结果。可以看到，如果没有过滤，词典中会出现大量无实际意义的超高频词①。

4.4.2　邻接多样性

邻接多样性（Accessor Variety，AV）能够反映某个 n 元组 w 在文本中出现时环境的多样性。多样性分值越高，则这个 n 元组越有可能是一个真正的词[3]，具体打分函数

① 本章后续语料统计结果都来自文献 [2]，《纽约时报》语料来自 1990 年 8—11 月共 4 个月的《纽约时报》数据。

表 4.2　不包含词性模板过滤（左）和包含词性模板过滤（右）的词频统计结果

$C(w_1w_2)$	w_1	w_2	$C(w_1w_2)$	w_1	w_2	词性模板
80 871	of	the	11 487	New	York	A N
58 841	in	the	7261	United	States	A N
26 430	to	the	5412	Los	Angeles	N N
21 842	on	the	3301	last	year	A N
15 494	to	be	2104	President	Bush	N N
13 183	with	the	1850	White	House	A N
11 428	New	York	1337	York	City	N N

定义为

$$g_{\text{AV}}(w) = \min\{L_{\text{AV}}(w), R_{\text{AV}}(w)\} \tag{4-6}$$

其中，L_{AV} 和 R_{AV} 分别表示 w 左右两边的 AV 值，即语料中 w 的前驱元素和后继元素中的不同类别数。例如，对于如下三句话构成的微型语料：

This is a pan.

That is a pan.

This is an apple.

考虑 $w =$ "is a"，显然 $L_{\text{AV}} = 2$（包括 "This" 和 "That"），$R_{\text{AV}} = 1$（仅有 "pan"），取最小值，则 $g_{\text{AV}}(w) = 1$。

4.4.3　分支熵

熵是信息论中的重要概念，是对于系统内部混乱程度的度量。熵越大，不确定性越高。类比邻接多样性的定义可知，某个候选词边界处熵越高，这个候选词与其他元素组合的不确定性就越高，则它就越有可能是一个固定的、稳定的搭配。例如，给出 "自然语"，很容易得知它的后继元素为 "言"；而给定 "自然语言"，它的后继元素的不确定性就很高，因此它更可能是一个词。

分支熵（Branching Entropy，BE）[4] 就采用了以上的思想，其打分函数定义为

$$g_{\text{BE}}(w) = \min\{L_{\text{BE}}(w), R_{\text{BE}}(w)\} \tag{4-7}$$

其中，L_{BE} 和 R_{BE} 分别为语料中候选词 w 的前驱元素和后继元素的边界熵。边界熵的计算公式为

$$H(w) = \sum_{x \in V} p(x|w) \log p(x|w) \tag{4-8}$$

其中，V 表示词典，$p(x|w)$ 是 x 和 w 的共现概率。边界熵揭示了该候选词的前驱（或后继）元素的平均不确定性。

另外容易验证：当所有前驱（或后继）元素的出现概率服从均匀分布时，$g_{\mathrm{BE}}(w)$ 取得极值，而该极值就等于 $g_{\mathrm{AV}}(w)$。

4.4.4   描述长度增益

描述长度增益（Description Length Gain，DLG）[5] 的动机是将这里的候选词 $w = x_{i..j}$ 视为字符串，考察其被单个符号替换后的整体文本压缩效应。原始子串 $x_{i..j}$ 替换前后，分别计算长度增益（Length Gain，LG），这个差值就是 $x_{i..j}$ 能带来的压缩效应的度量，替换后能最大程度压缩原始文本长度的字符串自然也是独立性最强的串。

DLG 得分是在整个文本 X 上计算得到的，其打分函数定义为

$$g_{\mathrm{DLG}}(w) = \mathrm{LG}(X) - \mathrm{LG}(X[w \to x_{i..j}] + w) \tag{4-9}$$

其中，$X[w \to x_{i..j}]$ 代表将所有 X 中的 $x_{i..j}$ 用 w 取代，$+$ 表示拼接操作，而长度增益 $\mathrm{LG}(X)$ 可以通过式 (4-10) 计算：

$$\mathrm{LG}(X) = -|X| \sum_{x \in V} p(x) \log p(x) \tag{4-10}$$

其中，V 是 X 的词典，$p(x)$ 是 x 在 X 中出现的频率。

4.4.5   点互信息

互信息（mutual information）由 Fano[6] 提出，用于衡量一个变量中包含的关于另一个变量的信息量，或者说一个变量由于另一个变量已知而减少的不确定性。两个变量 x' 和 y' 间的点互信息计算公式为

$$I(x', y') = \log \frac{P(x'y')}{P(x')P(y')} = \log \frac{P(x'|y')}{P(x')} = \log \frac{P(y'|x')}{P(y')} \tag{4-11}$$

通过简单的推广，可以计算 n 元组 $w = x_{i..j}$ 中若干成分 x_i 间的点互信息（Pointwise Mutual Information，PMI）：

$$g_{\mathrm{PMI}}(w) = \log \frac{p(w)}{\prod\limits_{k=i}^{j} p(x_k)} \tag{4-12}$$

其中，分式的分子部分表示 $x_{i..j}$ 的联合分布概率，而分母是每一项 x_i 的边缘分布概率的乘积。显然，$g_{\mathrm{PMI}}(w)$ 值越大，$x_{i..j}$ 之间的相关程度越高。如果我们只关心 PMI 的相对大小，则这里的 $p(w)$ 既可以理解为概率，也可以理解为 w 在语料中出现的频次。

表 4.3 展示了使用点互信息对《纽约时报》语料库进行二元组搭配评分结果，可以发现，当 $C(w_1 w_2)$ 同样为 20 时，也就是当共现频率这一统计度量已经给不出具有区分度的结果时，点互信息依旧能够给出合理的评分结果，指出更有意义的搭配组合，这证明点互信息确能有效发现独立性强的成分。

表 4.3 使用点互信息的二元组搭配评分结果

$I(w_1, w_2)$	$C(w_1)$	$C(w_2)$	$C(w_1 w_2)$	w_1	w_2
18.38	42	20	20	Ayatollah	Ruhollah
17.98	41	27	20	Bette	Midler
16.31	30	117	20	Agatha	Christie
1.09	14 907	9017	20	first	made
1.01	13 484	10 570	20	over	many
0.53	14 734	13 478	20	into	them

4.4.6 学生 t 测试

学生 t 测试（Student's t-test）由 William Sealy Gosset（笔名为 Student）提出，原本用于显著性检测[7,8]。它也可以用来对候选词 $w = x_{i..j}$ 进行优度评分，这里不加推导地给出如下打分函数公式：

$$g_t(w) = \frac{\log p(w) - \sum_{k=i}^{j} \log p(x_k)}{\sqrt{\frac{p(w)(1 - p(w))}{|X|}}} \quad (4\text{-}13)$$

其中，$p(w)$ 是 w 的概率。

同样以《纽约时报》语料库的二元组搭配评分为例，使用学生 t 测试的评分结果见表 4.4。可见，学生 t 测试和点互信息的评分结果基本保持一致。

表 4.4 使用学生 t 测试的二元组搭配评分结果

$t(w_1 w_2)$	$C(w_1)$	$C(w_2)$	$C(w_1 w_2)$	w_1	w_2
4.4721	42	20	20	Ayatollah	Ruhollah
4.4721	41	27	20	Bette	Midler
4.4720	30	117	20	Agatha	Christie
2.3714	14 907	9017	20	first	made
2.2446	13 484	10 570	20	over	many
1.3685	14 734	13 478	20	into	them

4.5 非监督分词

4.5.1 数据集和评估指标

1. 数据集

用于中文分词评估的基准语料来自 SIGHAN Bakeoff。SIGHAN 是国际计算语言学会（ACL）下属的中文语言处理特别兴趣小组的简称，其英文全称为 Special

Interest Group for Chinese Language Processing of the Association for Computational Linguistics；Bakeoff 则是 SIGHAN 主办的国际中文信息处理技术评测竞赛。

自 2003 年以来，SIGHAN Bakeoff 已成功举办多届，在它提供的分词标注语料中，句子均以一定语言学标准由人工给出词切分标记。在历次评测竞赛中，仅有 SIGHAN Bakeoff-2（2005）的数据在其主页上完全免费公开，成为这一领域事实上的基准评估数据。

SIGHAN Bakeoff 提供的是多标准的分词标注，每次至少提供 4 种以上不同语言学规范的分词标注语料。因为语言学家已经意识到，在中文分词这个领域，在所有使用者或所有研究者之间几乎不可能对于分词标准达成共识。SIGHAN Bakeoff 转而接受多标准分词数据集，同时提供给评测竞赛的参与者，同步进行评估。这个做法使得计算语言学工作者摆脱了理论语言学对于什么是"词"的纯语言学争议，进而可以专注于分词的计算模型的研究。

2. 评估指标

为了评估预测结果的好坏，还需要一个比较性度量以衡量预测结果与正确答案之间的差距。常用的评估指标为精确率 P（precision）和召回率 R（recall），精确率 P 是针对预测结果而言的，它表示的是预测为正的样本中有多少是真正的正样本；召回率 R 是针对原来的样本而言的，它表示的是样本中的正例有多少被正确预测了。在进行评估时，一般都希望检索结果的精确率 P 越高越好，同时召回率 R 也越高越好，但事实上两者在某些情况下是有矛盾的，因此就需要综合考虑这两个因素，常用的综合指标为 F_1 值，它是精确率 P 和召回率 R 的调和平均数：

$$F_1 = \frac{2RP}{R+P} \tag{4-14}$$

分词的评价指标在采用 F_1 时，针对的正确计数对象可以有两个选择：词 F_1 值（评估完整词前后是否都切分正确）和边界 F_1 值（评估各个切分边界是否正确），前者针对词进行计数，后者针对切分点进行计数。因为一个词有前后两个边界，所以对于同样的切分评估，边界 F_1 给出的得分值会比词 F_1 高。

4.5.2　词典预处理技巧

请注意，这里使用的是预设的固定词典，用于非监督分词。这意味着对于给出的词典，后续处理中默认情况下将不会对词典做出改变。因此，词典的预先优化对于分词的效率和效果都非常重要。在这里介绍两个重要技巧。

首先，对词典大小进行优化。由于这是非监督切分任务，没有对词典模型施加任何约束，也就是原则上需要把任意长的 n 元组都加入词典，并计算其优度得分。但是，显然这种不加限制的做法很容易导致词典过大，因此一般考虑设置最大词长，如 $n < 7$。除此以外，还可以预先设置一个阈值，对于那些优度得分低于该阈值的候选词予以舍弃。经过这样处理后，词典大小可以得到有效控制。

其次，中文实际上存在很多单字词，而如果直接采用某些优度打分函数对这些单字词打分，通常会给出等于 0 甚至小于 0 的分值。另外，有一些优度打分函数是不支持单字词计算的，例如描述长度增益（DLG）。因此，可以考虑两种处理方法：

- 依然使用同样的打分函数进行计算（只适用于支持单字词计算的打分函数）。
- 将所有单字词的得分设为默认值 0。

4.5.3 性能

当仅使用上述的优度打分函数和解码算法的单一结合时，能取得的最佳性能表现以词 F_1 值衡量约为 60%，达到该最优结果的算法组合是描述长度增益（DLG）搭配 Viterbi 解码算法。进一步通过优化词典过滤阈值以及组合多种优度度量可以取得更好的性能，词 F_1 值约为 70%[9]。

目前最先进的有监督中文分词器的性能（词 F_1 值）通常超过 95%。但是，考虑到目前并没有统一的中文分词标准，如表 4.5所示①，基于 SIGHAN Bakeoff 4 个中文分词标准的统计结果表明：不同中文分词数据集的人工分词标准之间的一致性最低时仅有约 85%[10]，这一数值可以视为非监督分词的性能上限。所以，以这个标准来看，非监督分词的词 F_1 值能达到 70% 已经是非常不错的结果了，而这仅仅是通过统计分布配合简单的解码算法得到的。因此，不要轻易低估概率分布（统计）的作用。

表 4.5　SIGHAN Bakeoff-3（2006）4 个中文分词标准的性能（一致性/%）

测 试 集	训 练 集			
	AS	CTB	CityU	MSRA
AS	100.00	95.93	92.56	85.83
CTB	94.20	100.00	91.04	87.74
CityU	93.21	93.46	100.00	84.88
MSRA	85.70	88.66	84.83	100.00

使用先进的 Pitman-Yor 语言模型作为更为强大的优度度量，Mochihashi 等[11] 甚至报告了更加惊人的非监督分词的性能，如表 4.6所示，结果中的 82.4% 已经非常接近非监督分词的性能上限了。

表 4.6　非监督分词的性能（F_1/%）

模　　型		数 据 集	
		CityU	MSRA
Zhao 等[9]	DLG+AV	69.2	66.7
Mochihashi 等[11]	NPY-2	82.4	80.2
	NPY-3	81.7	80.7

---

① 表 4.5 中的结果是在相应的训练集上训练强分词器，继而在所有分词规范的测试集上进行评估而得到的。表示性能的百分比来自相应评估 F_1 值除以自身规范测试集上的 F_1 值。

4.6　推广的字节对编码切分算法

字节对编码（Byte Pair Encoding，BPE）切分算法一开始是作为一种压缩算法被提出的，目前普遍应用于神经机器翻译和预训练语言模型中的子词切分[12]。BPE 算法同样也可以作为一种解码算法执行分词任务。原始的 BPE 算法仅使用频率作为优度度量，把频率替换为上述某个其他优度度量，即可得到推广的一般 BPE 算法，具体流程如算法 4.1 所示[13]。

算法 4.1　推广的一般 BPE 算法

输入: 待切分文本 D，合并次数 N

输出: 切分后文本 D_0，词表 V

1　合并计数器 counter=0
2　将 D 中的所有词（或其他待切分对象）分为单个字符序列，即字符构成的一元组序列
3　V 设为空：$V = \{\}$
4　**while** counter $< N$ **do**
5　　counter $=$ counter $+ 1$
6　　给定当前 D 的切分状态，计算每个当前二元组的优度得分
7　　将得分最高的二元组添加到 V 中，并将 D 中所有相关二元组合并为一元组
8　返回 D_0 和 V，算法停止

BPE 算法的一个优势是可以通过指定合并次数控制最终生成的子词词典大小，这对于目前深度学习的嵌入表示非常有用，也很重要。

子词切分能够有效解决以下问题：

- 词嵌入训练不充分。未登录词以及低频词的表征难以被有效训练，而子词切分所具备的组合表达能力能够有效解决这个问题。
- 词嵌入不够精确。借助子词切分可以引入更细粒度的表示。
- GPU 的显存不足以支持大规模词典。带 12GB 显存的 GPU 仅支持约 5 万个词的词典用于神经机器翻译的模型训练，而子词切分可以有效控制词典规模，同时可以表达所有可能的词，并能实现开放词表机器翻译。

参考文献

[1] JUSTESON J S, KATZ S M, 1995. Technical Terminology: Some Linguistic Properties and an Algorithm for Identification in Text. Natural Language Engineering, 1(1): 9-27.

[2] MANNING C D, SCHÜTZE H, 1999. Foundations of Statistical Natural Language Processing. Cambridge, MA: The MIT Press.

[3] FENG H,CHEN K, DENG X, et al., 2004. Accessor Variety Criteria for Chinese Word Extraction. Computational Linguistics, 30(1): 75-93.

[4] JIN Z, TANAKA-ISHII K, 2006. Unsupervised Segmentation of Chinese Text by Use of Branching Entropy. in: Proceedings of the COLING/ACL 2006 Main Conference Poster Sessions: 428-435.

[5] KIT C, WILKS Y, 1999. Unsupervised Learning of Word Boundary with Description Length Gain. in: EACL 1999: CoNLL-99 Computational Natural Language Learning.

[6] FANO R M, 1961. Transmission of Information: A Statistical Theory of Communications. American Journal of Physics, 29(11): 793-794.

[7] STUDENT, 1908b. The Probable Error of a Mean. Biometrika: 1-25.

[8] STUDENT, 1908a. Probable Error of a Correlation Coefficient. Biometrika: 302-310.

[9] ZHAO H, KIT C, 2008. An Empirical Comparison of Goodness Measures for Unsupervised Chinese Word Segmentation with a Unified Framework. in: Proceedings of the Third International Joint Conference on Natural Language Processing (IJCNLP): vol. I: 9-16.

[10] ZHAO H, HUANG C N, LI M, et al., 2010. A Unified Character-Based Tagging Framework for Chinese Word Segmentation. ACM Transactions on Asian Language Information Processing, 9(2): 1-32.

[11] MOCHIHASHI D, YAMADA T, UEDA N, 2009. Bayesian Unsupervised Word Segmentation with Nested Pitman-Yor Language Modeling. in: Proceedings of the Joint Conference of the 47th Annual Meeting of the ACL and the 4th International Joint Conference on Natural Language Processing of the AFNLP (ACL-IJCNLP): 100-108.

[12] SENNRICH R, HADDOW B, BIRCH A, 2016. Neural Machine Translation of Rare Words with Subword Units. in: Proceedings of the 54th Annual Meeting of the Association for Computational Linguistics (ACL): vol. 1: 1715-1725.

[13] WU Y, ZHAO H, 2018. Finding Better Subword Segmentation for Neural Machine Translation. in: CCL 2018, NLP-NABD 2018: Chinese Computational Linguistics and Natural Language Processing Based on Naturally Annotated Big Data: vol. LNCS vol. 11221: 53-64.

第 5 章　结构化学习

"结构化"（structured）一词在计算机信息处理领域里面存在着完全相反的两个含义。它既可以指数据具有条理化、易于进行信息处理的特征，也可以指数据内部组织方式复杂、难以进行信息处理的特征。自然语言处理的结构化无疑指的是后者。在实现信息处理系统时，结构化意味着需要广泛使用图这种数据结构模式，以表达完整的输入或输出数据，而不能把每条数据简单视为黑箱节点进行直接处理。

训练数据是样本的集合，而机器学习的目标是得到样本的输入端和输出端之间的映射。自然语言处理的结构化特性意味着，通常不能把原始的任务形态给出的样本直接提交给机器学习模型，因为原生的机器学习模型并不能处理好复杂结构化学习任务。因此，需要对于原始的结构化学习任务进行分解、近似，并重新转换、定义样本，这样才便于机器学习模型进行处理。

在本章中，首先回顾结构化学习的概念和一些要考虑的问题，然后对自然语言处理中的结构化学习任务做简要介绍。

5.1　机器学习的粒度和语言单元

用机器学习方法对处理任务建模的首要问题是确定任务所针对的处理单元。在自然语言处理任务中，当定位具体的处理对象时，会面临特殊的粒度（granularity）问题，因为自然语言是多粒度的、有结构的处理对象，可供选取的处理单元可以是字符、词、句子，甚至是整篇文档。这不仅取决于要完成的具体任务，而且取决于数据的独特粒度特征。粒度选择被证明是一个需要小心应对的问题。

抽象的自然语言建模通常选择回避粒度问题。例如，n 元语言模型给出 n 个单元同时出现的概率分布，其中 n 可以设为任何大于 0 的数值。n 元语言模型广泛用于多种任务，但在不同任务中，n 元语言模型所对应的"元"完全不同。它可以是字符、词、子词、句子、段落，甚至可以是整篇文档。

如前所述，自然语言处理中的结构化机器学习需要定义图的数据结构以表示输入端和输出端的数据格式。在数学上，图由节点和边构成。因此，粒度选择问题在结构化机器学习的准备过程中就是选择哪一种自然语言粒度层次作为图的节点。在任务中选择合适的单元是非常基础的步骤，同时也是非常重要的步骤，选择的单元决定了解决问题时看待问题的层次和视角，会深刻影响最终建立的机器学习模型的效率和效果。

在自然语言处理任务中，输入数据一般是某种语言的文本片段。在文本的结构层次上，从粗到细可供选择的文本粒度有文本（篇章）、句子、短语、词、字。这 5 个层次由大到小，所代表的粒度也越来越细。当对自然语言处理进行机器学习建模时，需要仔细考虑的首要问题就是让机器学习模型关注语言的某个最恰当层次的粒度。

结构化机器学习意味着其待学习的输入端和输出端至少有一个是用图表示的结构。

不失一般性，假定这里要用一个适当的图表达某个语言处理任务的整个输入文本。由于
自然语言文本内在的粒度层次，即使对于同样的输入文本，选取不一样的粒度，也会导
致完全不一样的图结构。考虑两个极端情形：

（1）将整个输入文本作为选取单元，这意味着略去输入文本所有的内在结构信息，
将所有输入端视为一个孤立节点。

（2）选取可以选取的最小语言粒度，比如汉字或字母，这意味着可能要在非常细小
的单元基础上刻画输入文本的组成结构，这会定义出一个高度复杂的图结构。

因此，粒度选择代表着准备给后续的机器学习模型引入多少显性的结构化信息。如
图 5.1所示，图 5.1(a) 的原始互联模式可以细化到图 5.1(b) 中每个最基本节点的互联
（此时 12 个节点都被模型感知），可以是图 5.1(c) 每 3 个基本单元一组的互联（此时仅
4 个节点被模型感知）。建模时必须决定哪一种结构定义更符合任务的关注点。

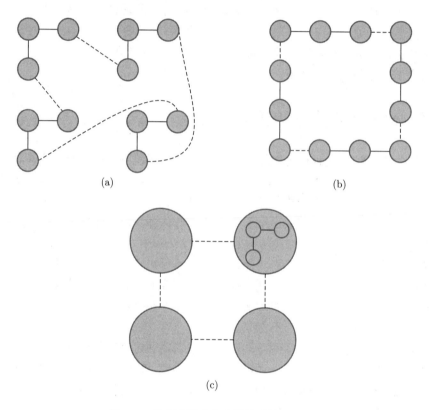

图 5.1　粒度选择决定建模的结构化信息

虽然默认情况下会针对整个输入文本建立图，但很多时候出于某些便于机器学习的
考虑，只会用到输入文本中真正被任务关注的一部分构造图，这个被小心挑选的部分有
时被称为上下文。

为了方便理解，下面以自然语言处理中的分类（classification）任务为例，说明如何
合理抽象输入文本对象并进行粒度选择。

分类是基本的机器学习形式。如果一个机器学习任务的输出值只能来自某个有限大小的离散值的集合（通常称之为分类标签集），便将其定义为分类任务。在此任务上训练所获得的模型可以称为分类器（classifier）。使用分类器对测试样本进行预测，会给出这个样本所属类别的标签。如果预测的类别只有两个（即分类标签集大小为 2），则称之为二分类问题；否则为多分类问题。分类任务或许是普通机器学习模型唯一能直接解决的问题形式。如果为了不暴露任何结构化信息而选择最大语言学粒度，那么实际上就将一个自然语言处理问题直接建模为分类任务。但是在后面会看到，这个做法既不普遍适用，也会遇到严重的学习上的困难。

自然语言处理中的确存在很多天然的分类任务，如情感分析、命名实体识别等。

在情感分析任务中，要对包含着一定情感的主观性文本作情感倾向上的分类判别。一般来说，标准的情感分析任务要求能够识别出主观性文本的情感倾向性是正面、负面还是中性。

假设有以下句子：

- Disliking watercraft is not really my thing.
- I'd really truly love going out in this weather!
- Sometimes I really hate RIBs.
- The results are given below.

任务是要把上面的 4 个句子分为正面、负面和中性 3 类。

在这个例子中，任务关注的层次粒度是输入文本中的句子，也就是说，在这个例子中，使用句子级粒度就已足够。最终要达到的目的是把输入的句子正确地分类到 3 个类别之一。在输入端的上下文选择上，由于已经选取整个句子作为粒度单位，自然也会将整个句子作为上下文加入机器学习模型的特征向量构造过程中。

在命名实体识别（Named Entity Recognition，NER）任务中，要将输入句子中的各个词区分为命名实体（Named Entity，NE）和非命名实体（non-NE）两类。这个情形比较复杂，输入是一个句子，而任务要求处理的对象是词。因此从粒度选择来说，最小粒度至少要细化到词一级。另一方面，这里也有上下文取舍的问题，可以把整个原始输入句子作为上下文加以考虑，也可以考虑另一个极端情形，即只选取需要关注的那个词作为后面机器学习系统的输入。当然，实际通常会用关注词附近的 n 元模型窗口作为上下文构造一个简单的线性（链状）的图。

上面的两类任务虽然都是要对输入的文本进行处理并将其中的单元分类，但是任务关注的层次是不同的。这取决于任务的类型和性质。在情感分析中，要将一句话视为一个整体以判断该句试图表达的感情极性；而在命名实体识别中，要把每个词视为一个独立的个体以分辨它们的异同。

从上面任务的例子中可以看到，不同任务要选取的处理单元是不同的。在自然语言处理中，文本具有多层次的结构，可以在不同层次、不同粒度上处理和分析，也可以通过多种粒度表达。因此，在处理对应的任务时，可以选择不同的层次表达和理解输入的文本。任务建模的粒度选择原则是：选择的粒度必须能够在处理过程中方便地忽略其内部结构/约束。这样可以降低机器学习期间的难度，提高机器学习的效果。

任务需要关注的粒度并不一定就是文本数据自身所体现出的固定粒度。例如，情感分析的文本本身的粒度可能是字，也可能是词，但是对传统的句级情感分析任务而言，需要关注的粒度就是输入的句子。在此处，将处理过程中选取的粒度称为处理粒度。因此，在选择关注的粒度时，要根据任务本身的特性确定处理粒度，或者说，自然语言处理任务的处理粒度是由任务本身的抽象建模需要决定的。

5.2　结构化学习的必要性

机器学习任务的目标可以简单归纳为学习给定数据集上输入和输出之间的映射关系。整个机器学习任务过程可以分为训练和测试两个阶段。在学习的过程中，用于训练的所有样本的集合被称为训练集。训练集中的每一个样本都是由输入和输出两部分组成的，这个输入通常由特征向量（feature vector）表示。所有特征向量所在的空间称为特征空间（feature space）。从这个角度看，也可以说机器学习的目标是创建一个映射关系，它能够以符合在训练集上的观察方式把信息从一个输入空间转换到另一个输出空间。训练阶段的结果是得到一个模型，它存储着通过训练过程学习到的从输入到输出的映射关系。通过使用训练好的模型，即可完成从输入到输出的映射转换。如果将这个映射关系视为一个函数，则训练过程就是模型不断逼近、拟合真实函数的过程，训练好的模型保存着拟合好的函数的全部参数。在测试阶段，通常会遇到不在训练集中的新样本，并仅有其中的输入特征部分，此时，基于训练好的模型，针对输入实施映射转换，即可实现预测操作。

分类是一类基础的机器学习任务形式。如前所述，标准的分类任务的输出定义在一个有限大小的（即封闭的）标签集上，确切地说，该标签集中的每个标签都应该是预定义的，因而标签集中的全部标签数目始终不变。如果说结构化学习是学习一个图的数据形式，那么分类任务是基于图的结构化学习退化后的极端情形，相当于对只有一个节点的图结构进行判别式学习和预测。因此，从计算图论的角度说，结构化机器学习才是一般化的机器学习。然而，遗憾的是，现代机器学习理论和方法并不是天生为结构化学习而准备的，而且从目前的实践看，原生的机器学习实际上仅能有效地处理分类任务，而并不擅长于一般的结构化学习任务。

将机器学习应用于自然语言处理的最大挑战就是大部分任务恰恰是非分类的结构化学习任务，例如常见的词性标注和机器翻译。如果在处理自然语言处理任务时只局限于简单的分类建模，事实证明将无法有效完成大多数复杂的任务。具备结构化学习需求的自然语言处理任务对仅擅长分类的机器学习模式提出了很大的挑战。

如前所述，通过粒度选择（例如选择最粗粒度）的确总是能把任何结构化学习任务强行建模为分类任务。但是下面会通过例子定性说明，这个做法会立即导致实际数据处理上的巨大困难。

下面以词性标注（part-of-speech tagging）任务为例，说明如果强行将其建模为一个分类任务会造成什么后果。词性标注要求针对一个输入的句子，对于其中的每个词标注出对应的词性标签，因而，任务要求的完整输出是所有这些词性标签构成的一个序列。

在强行将其建模为分类任务的情形中，选取最粗粒度，即输入是原始文本句子（注意，这个句子是一个整体），待预测的输出是其词性标签序列（注意，这个序列也要看作一个整体）。这么做之后会导致如下的问题：

（1）分类任务要求输出必须属于一个封闭的、有限大小的标签集，其中每个待预测标签都应该是预定义的。这要求模型必须穷举所有可能的输出结构。但是，对于在句子上进行词性标注的情形，一万句话或许就对应一万个不同的词性标签序列，从而待分类数量（即预定义的标签集大小）会极其庞大，以至于根本无法进行有效学习。事实上，所有合法序列的排列组合非常多，或许根本不可能列出所有不同长度句子的所有可能的词性标签序列。

（2）即使可以列出所有可能的类别，但在只能提供有限大小的训练集的前提下，过多的类别会导致每个类别中所能包含的样本数目太小，结果还是无法进行有效的学习。

（3）通过这种强行分类建模方式得到的模型基本上是没有泛化能力的，模型所能做到的就是预测所有它能见到的样本，但是对于它没有见过（训练集中没有）的样本都无法做出正确的预测①。

在自然语言处理中，输入的文本和对应的输出均可以被视为一个结构，在这个视角下，自然语言处理实际上通常是关于输入的某个单元上的结构化学习。因此，自然语言处理中要得到的映射关系是把一种结构映射到另一种结构，其重点就是要解决如何完成这种结构间的转换的问题。简单分类任务只是在单个节点上作判别或回归，处理的是从一个特征向量到一个标量输出的简单映射关系；而结构化学习在输入端、输出端结构以及结构转换本身上都呈现出巨大的复杂性。因为语言本身就是具有多层次、多粒度的复杂结构体，这导致的结构映射关系只会更加复杂。目标的结构种类繁多，枚举所有可能的结构映射的组合更是极可能出现组合爆炸。

正是因为自然语言处理任务大多是结构化学习任务（即非分类类型的任务），而同时机器学习只能有效地执行分类任务，所以自然语言学习建模的中心任务是重新将语言数据和具体语言处理任务形式化、公式化为机器学习可以有效学习的形式，具体需解决好两大阶段的关键问题：

（1）如何做单位选择（切分）和表示。自然语言是连续书写的结构体，是多层次的表示体，一段完整的文本本身就是多层次、多粒度的数据。要形式化表达其中的结构，首要问题当然就是选择合适的处理单元、恰当的语言层次或粒度。

（2）如何做结构分解。基于确定的粒度，会建立相应的待学习的图结构。朴素的机器学习能解决的问题一般只针对较简单的输入和输出形式（即分类），难以直接用于复杂的结构化学习。而文本是多层次、多粒度的数据，通常包含非常复杂的结构关系，表达这些复杂关系一般会导致复杂的图结构。要用机器学习方法完成任务并解决问题，就必须对结构作必要分解，把结构化学习转化成为分类学习。结构分解的好坏将直接决定后面机器学习的难易程度和实现效果。

---

① 对于这里关于现代机器学习方法仅适用于解决分类任务的断言，本书谨慎地澄清如下：这里的机器学习方法指的是以表征或表示学习为核心的深度学习出现之前的传统机器学习。表示学习针对输入端数据提供了一个无须结构化分解的结构化学习的前沿解决方案。

5.3 自然语言处理中的结构化学习任务

不同的任务具有不同的特性，需要采用与之对应的学习方法，因此，在自然语言处理中，并没有一个普适、统一的方法能够解决所有的结构化学习任务。但是，对于自然语言处理中常见的结构化学习类型，研究者已经归纳出行之有效的解决方案。本节将介绍常见的几类结构化学习任务。常见的图结构如图 5.2所示。

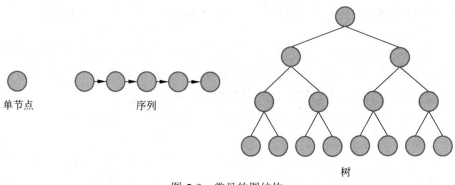

图 5.2　常见的图结构

序列标注（sequence labeling）是一类常见的自然语言处理任务形式，上文提到的命名实体识别、中文分词和词性标注等都能方便地建模为该任务。序列标注具有以下特征：
- 输入呈线性序列形式。
- 输出呈线性序列形式。
- 输入序列和输出序列必须具有相同的长度，同时，输入序列中的元素和输出序列中的元素一般存在一对一的映射关系。
- 输出序列中的元素属于一个预定义的有限封闭标签集。

在序列标注任务中，模型要对序列中的每一个元素进行判断或分类（即分配类别标签）。从这个角度看，序列标注可以被视为一组分类任务的组合，但是，这组分类任务之间通常并不是相互独立的。在为序列中的元素选择最佳标签时，附近元素的特征和标签的选择会影响到这个元素的标签选择，理想情况下需要针对整个序列选择最佳的标签序列。

下面，继续以词性标注任务为例做一个说明。给出一个句子，词性标注任务要求根据词本身的含义以及上下文确定每个词在该句中的确切词性。词性指的是动词、名词、形容词等句法角色类型。

假设有一个输入句子为

Profits soared at Boeing Co., easily topping forecasts on Wall Street, as their CEO Alan Mulally announced first quarter results.

词性标注任务就是需要给输入句子中的每个词都选择对应的词性标签，完整输出就是一个词性标签的序列：

N V P N N , ADV V N P N N , P POSS N N N V ADJ N N.

为了方便阅读，将其写成以下对照形式：

Profits/N *soared*/V *at*/P *Boeing*/N *Co.*/N ,/, *easily*/ADV *topping*/V *forecasts*/N *on*/P *Wall*/N *Street*/N ,/, *as*/P *their*/POSS *CEO*/N *Alan*/N *Mulally*/N *announced*/V *first*/ADJ *quarter*/N *results*/N ./.

可以看到，词性标注任务的输入序列和输出序列的元素个数是相等的，其输出序列中的元素均属于一个数目有限的封闭标签集，输入序列和输出序列的元素也严格一一对应。

需要注意的是，同一个词在不同句子中的词性可能是不相同的，例如单词"meet"，在不同的语境下，它的词性标签可能是动词，也可能是名词。此外，句子的组成需要符合句法约束，例如在英语或汉语中，动词作为谓语需跟在名词后面，因此，在进行词性标注时，要考虑整个句子各个元素之间的关系，而不能把每个元素的标签分配视为与其他元素相互独立的分类任务。实际上，自然语言处理中大部分序列标注任务都需要考虑类似的特性。

需要强调的是，虽然自然语言本身具有多层次、多粒度的特性，但是并非所有任务都需要进行复杂的结构分解才能有效完成机器学习。部分任务只要通过简单的处理单元（粒度）选择就可以将其转换为有效的分类任务。在这个前提下，处理单元（粒度）的选择及其处理就成为重要的步骤。不合适的单元选择和处理将直接导致分类建模的失败。还是以词性标注为例，假设选择整句作为关注的单元，那么就会出现上文中所说的直接对结构建模时的问题。而实际上，可以使用固定大小的滑动窗口作为学习的上下文单元，在词性标注中，每次移动窗口时，都会选择一个待分类的词，将窗口内的其他词视为待分类的词的上下文，通过对词本身及其上下文的处理分析，可以比较好地对词进行分类。通过这种方法，可以有效地把对整个序列的标注任务拆分成对每个词的分类任务。

序列到序列（sequence-to-sequence，seq2seq）也是常见的一类重要的自然语言处理任务。这一类任务只要求输入端和输出端数据均为线性序列即可，并没有其他的约束。和序列标注任务相比，序列到序列任务释放了输入和输出序列长度相同且一一对应以及目标序列中的元素均属于封闭标签集两大约束，因此，序列标注任务可以看作序列到序列任务的一个特殊情形，后者也的确是一种更一般、更灵活的任务形态，可以对两个结构差别非常大的序列之间的相互转换任务进行建模，如机器翻译、对话生成和摘要提取等。

序列到序列任务的建模形式是非常灵活的，但是这种灵活性也带来了一定的挑战。在这类任务中，输入和输出的格式实际上是没有太多限制的，两种语言、两种标签，甚至两种图，都可以转为序列到序列任务，但是，与此同时，输入和输出的结构可能是高度异构的，即使它们表面上呈线性形态，模型也有可能无法学习潜在的非线性结构，从而导致性能不佳。

在深度学习应用提供编码器-解码器（encoder-decoder）的模型方式之前，序列到序列任务的结构化分解需要非常小心仔细地进行。传统的统计机器学习模型提供了这样一个经典的成功案例，但是相应的结构化学习模型高度复杂，在应对纯粹的序列到序列任务时，近年已经基本被端到端风格的编码器-解码器方案所取代。

树结构是自然语言处理形式化表示中常见的非线性数据结构，它多用于表达句法结构。无论是成分句法分析（constituent syntactic parsing），还是依存句法分析（dependency syntactic parsing），通常都要求预测并输出一个树结构形式的句法结构。成分句法定义句子中短语结构以及短语之间的层次句法关系，其对应的分析任务也称为短语结构分析（phrase structure parsing），其对应的句法树称为成分句法树，成分句法树以输入句子的各个词为树的叶节点；依存句法定义句子中各个词之间的相互依存关系，它对应的句法树称为依存句法树，依存句法树以输入句子的各个词为除根节点外的全部节点。两种句法树生成任务都要接收线性结构输入并给出非线性结构输出。

图相较于树是一种更灵活、更复杂的数据结构，或许也是最为一般的数据结构。理论上，自然语言处理中的大部分任务针对的对象都可以描述为图结构。例如，语义角色标注是要求解析出句子中谓词-论元结构的语义分析任务，而一个句子中全部的谓词-论元结构一般就需要用一个图表达。

图的数据结构在计算机上可以用邻接矩阵实现，这使涉及图的结构化学习反而很容易分解为一系列孤立的分类子任务。因此，这里会导致一个错觉：既然图能表达一切形式的结构，只要用图形式化表达一切结构化学习涉的结构，就能直接使用熟知的邻接矩阵元素分解方式完成结构化学习分解工作，从而形成通用的结构化学习的分解方案，也无须再考虑线性序列、树等其他结构形式的处理了。但遗憾的是，这一想法忽略了一点：用于机器学习建模的结构形式选择还具有一定的特征选择功能。针对原结构学习任务，的确可以不顾其原始的结构形式，总是可以用图这个一般结构化形式刻画，但是这在很多情形下属于过度建模。例如，当原任务中涉及的结构本质上只是一个线性序列时，如果不用最简数据结构（如线性链表）表达，而用邻接矩阵图表达（虽然这总是可以做到的），就会导致相应的数据结构表达过于庞大并数据稀疏，最终导致建立的机器学习模型很容易陷入过拟合 (overfitting) 的困境。

一般来说，自然语言处理任务中处理的结构是高度多样化的：线性序列、树或者图都有可能。任务目标可以是从线性序列转化为树，也可以从图转化为树，等等。理论上，它可以是从任何一种结构转化为另一种结构。

幸运的是，自然语言处理中的大部分任务并不是那样杂乱无章并具有无限制的多样性。自然语言处理中经常遇到的结构学习任务是从线性序列转化为树或者图（如句法分析、语义分析），或者是从一种线性序列转化为另一种线性序列（如序列标注、机器翻译），或者是从树转化为树（如句法增强的统计机器翻译）。因此，只需要对这几类典型任务做好优化，便可以有效解决大部分自然语言处理任务。

5.4　退化为分类任务

面对结构化学习任务，既然机器学习最擅长的是分类任务，那么首先能想到的办法就是将该任务转化成分类任务。从另一个角度可以理解为：如果一个任务能较自然地转化为分类问题，那么就应该以最简方式将其转化为分类问题。这里模仿要求最简建模的奥卡姆剃刀原则给出类似的建议：如无必要，绝不进行结构化学习。

在计算机科学中，一个结构通常可以被抽象为一个图结构。而如果一个图中只有一个节点，那么对应的结构化学习就会退化为属于分类任务的机器学习。分类任务要求针对一个节点做出判别性量化预测。按照输出数据形态，分类任务又有两种等价但略有不同的形式：

- 输出为任何连续的实数。这一类任务又被称为回归（regression）任务。这一类任务和二分类任务等价，定性解释在后面给出。
- 输出为离散值（属于一个固定的、有限大小的标签集）。这种情况又按照标签集的大小是否大于 2 分为两类：如果标签数等于 2，那么此类任务为二分类任务；如果标签数大于 2，则为多分类任务。这里区分二分类任务和多分类任务的原因是可以用标准流程将多分类任务分解为一系列二分类任务，因此二分类任务是最基础的分类任务。如果标签集大小无限制，这个任务就不会被形式化为分类任务，在此不考虑这种情况。

接下来解释回归任务为什么可以等价地转化为二分类任务。回归任务是直接打分（评分）的任务。对输入进行区分性打分在效果上等价于对任意两个输入评分并比较它们的大小，如果后者总是能精确实现，那么也可以等效达到前者的目标。实际上，可以将回归任务转化为将两个输入的评分分类成"较大"和"较小"两个目标标签之一，这是一个二分类任务。所以，后面在不引起误解的情况下，将不再在术语上严格区分分类器和回归模型（即评分器、打分器、评分函数或打分函数）。

在编码或者生成输出时，如果任务只是预测得分（回归任务），那么只需要一个标量（一维向量）即可满足对结果的表达要求。但是对标签集大小有限的分类任务来说，一般要使用独热向量表示各个标签。对于任何一个标签，理想情形下，设置这个标签对应的维度为 1，其他维度为 0，相应的向量即表示这个标签。输出的独热编码方式也决定了分类任务不能接受无穷大的待预测标签集，否则会导致无穷维的标签向量。实际模型预测并不能实现确切的 0 或 1 的计算结果，因此在实际解码时，一般用查找向量中数值最大的维度的方法确定对应的标签。

对于分类任务来说，要分的类越多，机器学习的难度就越大。这是因为，在独热表示下，要分的类越多，需要预测的标签向量就越宽。在极端情形下，如果要预测的标签集数目没有限制，那么就意味着甚至无法用有限维的向量表示结果。另外，每一个类别必须有足够数量的样本以满足训练需求，也就是类别多的分类任务一定要有较大的训练集，但显然训练集不可能无限扩大。数据分布不平衡在实践中是常常出现的现象，它导致有限大小的训练集中许多类只有一个（甚至没有）训练样本用于必要的训练。类别过多的分类任务在实践中难以训练，通常这是因为要求训练数据量太大、训练时间太长而难以进行，或者最后性能太差而不能满足使用要求。

但是反过来说，选取最大粒度时枚举所有可能的输出结构，如果导致的类别数目不是很大，那么从实践上将复杂的结构化任务建模为分类任务是可行的，也是推荐的做法。例如，如果标签集只包含 3 个标签，输出是长度小于 4 的序列，那么所有可能的标签组合数为 3^9，这时就可以将这个任务较容易地转化为 3^9 类分类任务。

5.5 结构分解

从计算机信息处理系统实现角度看，所有自然语言处理中的结构化学习任务都可以被归结为从一个图向另一个图的转化。因此，分解结构化学习到最终分类任务的形式，需要有效地对学习样本的图结构进行分解，以降低学习的难度。

假设存在一个从一种结构到另一种结构的机器学习任务有待结构分解（称这个任务为原任务，以区别于后续转化后构建的机器学习任务）。这里的结构化学习特性更多是由输出端结构的复杂程度决定的。如果输出端结构仅是一个单节点图，那么通常不论输入端结构情形如何，这个结构化学习任务都很容易转化为某种分类任务。因此，非平凡的结构化学习任务本质上是由原任务的输出端决定的，只有在输出端是一个非单节点图的情况下，才需要面对真正的结构化学习的情形。因此，在默认情况下，结构分解也是更多针对原任务输出端的结构进行的。至于输入端的结构分解，它在大多数情况下从属于输出端结构分解，需要根据具体情形再做特定的相应处理。因此，在不引起误解的情况下，除非另有说明，后面所说的结构分解的对象均是指原任务的输出端结构。

如果只考虑训练的情形，对图结构的分解是常规操作，只需要考虑将原来的图分解为适当的子图即可，但是分解原任务的图结构不仅需要考虑训练的情形，还需要考虑转换后机器学习任务做预测的情形，因为原任务或许需要预测一个完整的图结构，那么划分图、分解结构就还需兼顾预测时恢复、重组原任务要求的结构。

从预测时恢复原任务所需图结构的角度（注意，一般称结构化学习任务预测时恢复这个结构的过程为解码），一般可以考虑两种结构分解方式，分别称之为共时结构分解和历时结构分解。前者直接拆分原图为若干子图，在解码时搜索组合空间，寻找一个优化方式把子图拼接起来，恢复所需的完整的图；后者情况复杂一点，相当于首先把解码和重建原图定义为一个逐步完成的过程，继而交给机器学习模型一系列逐步生长的图结构，让该模型在训练过程中学习图的逐步恢复步骤。

两类分解方式导致的模型类型有不同的专有名称。沿用依存分析的术语，共时结构分解导致的模型称之为图模型，历时结构分解导致的模型则称之为转移模型或基于历史的模型。

5.6 共时结构分解：图模型

不失一般性，设结构化学习的训练样本输入端和输出端分别由两个图表示：$\{X, G\}$，其中 X 为输入结构，G 为待预测的结构（这里均表示为图），共时结构分解模式将把待输出结构 G 分解为子图集合 $\{G_1, G_2, \cdots, G_n\}$，对于各子图集有 $G = G_1 \cup G_2 \cup \cdots \cup G_n$。暂时忽略输入结构 X 上的可能分解操作。同时，对于任意 $i, j \in \{1, 2, \cdots, n\}$，$G_i \cap G_j$ 可以是空集，也可以不是空集，即两个子图 G_i 和 G_j 可以有重叠。所有这些子图中最大子图的边的数量定义为分解之后导出的图模型的阶（order），后面会看到阶数将直接决定解码算法的时间复杂度。图 5.3 展示了图模型结构分解示例，其中阶数为 1。

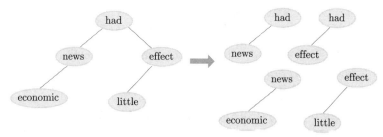

图 5.3 图模型结构分解示例

在对图模型进行训练时，要定义一个打分函数 score(·) 以评价每一个子图，沿用非监督结构化学习引入的优度度量概念，不失一般性，假定打分函数给子图的打分越高越好，此时训练的目标是

$$G = \underset{\{G_i\}}{\arg\max} \sum_i^n \text{score}(X, G_i) \tag{5-1}$$

即让所有子图的分数之和最大化。由此，根据式 (5-1)，原任务转化成一个分类（确切地说是回归）任务，它学习从子图 G_i 到其对应分数 score(X, G_i) 的映射。

在解码阶段，搜索能够最大化目标 $\sum_i \text{score}(X, G_i)$ 的图结构，并作为预测结果。具体来说，枚举所有由预定义子图组装构成的可能的图，并计算对应的分数，通过对所有的分数排序得到最优解。

打分函数 score(·) 现在是结构分解后整个机器学习过程的核心。如果额外设定概率公理约束，将 score(·) 指定为其对应子图上的概率分布，那么就可以近似地得到概率图模型。经验表明，相对于任意值的打分，概率打分函数（此时打分函数输出一个概率分布）有时效果更好。

虽然自然语言处理中处理的图在理论上没有固定的结构，但是这些图总是可以被局部化或者被分解。通过这种方法，模型可以每次只关注图的一部分，并通过对各部分的依次处理完成对图的全部处理。

自然语言处理中最常见的数据结构实际上也是最简单的线性序列。对线性序列的分解可以通过将其切分成合在一起能覆盖原序列的多个片段的方式简单完成。

设有待预测的长为 m 的线性序列

$$Y = y_1 y_2 ... y_m$$

可以将这个线性序列切出具有 $n+1$ 个节点（每个子图有 n 条边）的线性片段（此时所有相邻片段有 n 个节点重叠），即 Y 被分解为以下的一系列片段

$$
\begin{aligned}
& y_1 y_2 \cdots y_{n+1} \\
& y_2 y_3 \cdots y_{n+2} \\
& \quad\vdots \\
& y_{m-n} y_{m-n+1} \cdots y_m
\end{aligned} \tag{5-2}
$$

用于给片段打分的函数定义为其出现的对数概率，那么这一分解方式导出了一个 n 阶隐马尔可夫模型（Hidden Markov Model，HMM）。在这种情况下，每个作为子图的线性片段有相同的类型（即拓扑结构），如图 5.4 所示，这个特性被证明很重要，因为这个特性能够确保用多项式时间复杂度的算法（Viterbi 算法）搜索到序列的确切最优解。反之，如果无法分解出相同类型的子图，如图 5.5 所示，那么确切的解码算法可能不具备多项式时间复杂度，此时只能使用束搜索（beam search）策略获得一个近似解。

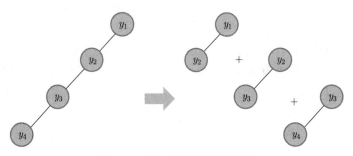

图 5.4　分解出相同类型的子图

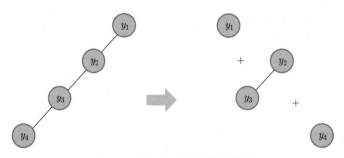

图 5.5　分解出不同类型的子图

对于原任务输入结构 X 的处理（分解或部分提取）不会影响结构化分解的整体建模，但是一定程度上会影响分解后分类器的形式和学习效果。注意，该分类器由打分函数 $\mathrm{score}(X, G_i)$ 决定，或者说该分类器需要学习这个打分函数，此处输入结构 X 作为该分类器的输入特征的一部分，并且和原任务恢复最终输出结构的要求不直接关联。因此，按照任务特性，可以采取一些预处理措施，以提取 X 全部或一部分作为分类器 $\mathrm{score}(\cdot)$ 的特征部分，用作其学习和预测的上下文，具体手段包括：

（1）将输入的原图切分为若干子图，提取被关注的节点及其上下文节点。

（2）使用某种算法对输入图进行节点或边的遍历，按照遍历顺序重排各个节点或边，将图转化为依照遍历顺序的线性结构。

对原任务样本 $\{X, G\}$，在 G 分解为 $\{G_i'\}$ 的前提下，将 X 分解为 $\{X_i\}$。此时 $\mathrm{score}(X_i, G_i')$ 是导出的分类器要学习的目标。在转化后的这个分类任务里面，对于 X 的每个子图 X_i，需要生成它对应的原任务输出端的子图 G_i'。从输入子图 X_i 到输出子图 G_i' 的映射称之为对齐（alignment）。在很多情形下，这个对齐会非常关键，原因是 X_i 有可能提供关键的上下文指示性信息，对于 $\mathrm{score}(X_i, G_i')$ 机器学习效果有决定性作用。

对齐很多时候可以以自然的方式直接获得。例如，在序列标注任务中，因为源端和目标端序列的元素能一一对应，因此只要执行同样的子图划分操作，源端和目标端的子图对齐是自然而然的，一个典型的任务例子就是词性标注。但是，有些情形就并非如此。例如，对于典型的序列到序列学习任务（机器翻译），使用结构分解进行机器学习建模时就需要极其小心地处理对齐问题。实际上，传统的统计机器翻译建模就是围绕着对齐模式学习进行的。

对齐操作的难度在不同情景下差别很大。对序列标注一类的任务来说，源子图到目标子图之间的对齐是比较简单的。例如，在词性标注任务中，源序列和目标序列的长度是相同的，在这种情况下，对齐是非常简单的；而对统计机器翻译来说，这种对齐就比较复杂、困难。

目前存在一些现有的工具解决结构对齐的问题，例如 IBM 模型 1~5 通过期望最大化算法进行源语言和目标语言句子内的词或者短语的对齐学习[1]。其实现的版本即 GIZA++①。这个工具能够在统计机器翻译中同时学习对齐的子图对及其分数。

在给定结构学习样本 $\{X, G\}$ 的前提下，基于输入 X 和输出 G 的分解，按照分类器具体执行分类还是回归任务可以有两个图模型变体：

- 标注（labeling）模型，即分类学习方式。这种变体适用于输入子图 X_i 和输出子图 G_i 之间的对齐关系容易获得（或者无须对齐即可自动匹配），或从源子图 X_i 到目标子图 G_i^C 可预测性较强的情况。图 5.6(a) 是标注模型的示意图。其上下文信息 G_i^C 依然是必需的。其中函数 label(·) 用于预测子图的类别标签。对于 G 中带预测的节点 y_j，从 X 中选取与之自动对齐的 x_j 作为模型关注的焦点，x_{i-1} 和 x_{i+1} 作为输入上下文，y_{i-1} 作为输出上下文，对 y_i 做预测。
- 打分（scoring）模型，即回归学习方式。这是图模型的一般形式，如果不能保证有效获取两个子图的对齐关系，那么可以使用打分模型。图 5.6(b) 是打分模型的示意图。打分模型中使用的是输入结构和输出结构的子图组合，而并不要求必须是对齐的结构。

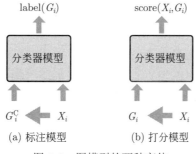

图 5.6　图模型的两种变体

两个图模型变体的优缺点如下：打分模型的优点在于，对结构分解没有更多限制，更加简单直接，但是模型训练也许会比较困难；标注模型正好相反，其优势是训练更有

---

① https://code.google.com/p/giza-pp/。

效率，但是分类的标签集大小是有限的，因为考虑到数据供给和效果问题，常规机器学习模型在进行分类学习时通常不能支持太多的类。

5.7 历时结构分解：转移模型

如果从结构构造的角度来看，历时分解导致的转移（transition）模型是逐步完成原任务完整结构的构造结果，而共时分解导致的图模型是在所有可能的完整结构组合中挑选一个最优的结果。因此，转移模型的训练对象也不同于图模型，后者是学习如何合理评估一个子图结构，给出优度得分，而前者学习的是构造需要预测的完整结构的某个动作，用图的术语来说，就是学习添加、删除或改变已经完成的部分图中的某个节点或边。图 5.7 展示了使用贪心算法添加边构造树结构的转移模型示例。

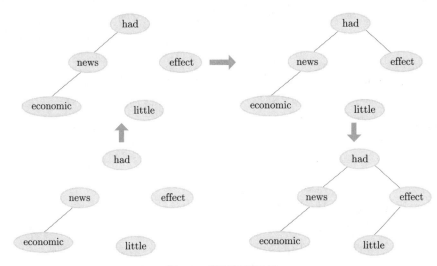

图 5.7 转移模型示例

给定结构学习的样本 $\{X, G\}$，其中 X 为输入结构，G 为待预测的结构，带预测的图 G 可以由一系列图上的操作 $\{b_1, b_2, b_3, \cdots ,\}$ 逐步构造。在构造的过程中，模型用打分函数 score($\cdot$) 评估 G 的每一步构造操作。每一次执行图构造操作后，更新状态上下文 $G_c = G_c^*$，不断重复，最终得到的 G_c^* 即为完成的图结构：

$$G_c^* = \arg\max_{b_i} \text{score}(X, G_c, b_i) \tag{5-3}$$

在学习的过程中，要通过训练获得 score(X, G_c, b_i)，即在构造步骤后给上下文打分的打分函数。解码过程则可以使用贪心算法选取所学的分类器中预测的最高得分的图构造操作。

直观地看，转移模型实际上是把待预测的结构通过一系列转换过程最终完成构造，同时，模型对每一次转换打分，并且每次执行具有最高得分的转换操作。转移模型和图模型的区别在于：后者结构分解时所有的结构是同时产生的，而前者是通过多步转换得到的。这也是就分解方式命名来说,将前者称为历时分解,而将后者称为共时分解的由来。

转移模型和图模型并不是完全对立的,其实两个模型特性也可以有机结合。例如,逐步重排序的学习模型兼有转移模型和图模型的特征。在实践中,容易优先(easy-first)的依存句法分析[2] 就属于这一类建模方式。

5.8 两类结构化分解方式的优劣

施加合理的结构化分解操作之后,可以获得两类模型之一,它们都需要确定其打分器 score(·),这是分解之后获得的可以直接进行机器学习的模型。模型获取的分数集合也都可以施加概率化约束而以概率分布出现。此外,打分操作既可以用机器学习模型学习,也可以像 n 元语言模型那样直接进行统计估计。一般来说,在结构化学习中,如果打分器是机器学习模型,则认为任务是有监督的;反之,像后者这样的情形,则认为任务是无监督或非监督的。因为前者的机器学习模型通常需要在相对严格的人工标注数据上才可以有效训练。

结构化分解的后续工作需要妥善处理好原任务的解码问题。恢复原任务预期的结构(即解码)在这个时候包含两个步骤:第一步依赖于打分器的预测计算,这是常规机器学习模型的工作阶段;第二步在第一步计算结果的基础上还受制于两个目标函数,即式 (5-1) 和式 (5-3) 之一,需要一个额外的图构造算法重构原任务所要求的完整结构。解码的计算复杂度很大程度上由这里的第二步决定。

对转移模型来说,贪心的图构建过程默认只需线性时间的解码复杂度。请注意,转移模型的解码是局部贪心决策,这导致整个图的构造序列不见得是全局最优的。也可以考虑使用算法搜索全局最优的图构造的决策序列以获得更好的性能,但此时通常没有可行的精确解码算法,而需要使用束搜索(beam search)近似求解。

对图模型来说,通常不存在线性时间复杂度的解码算法,因此一般解码效率远高于转移模型。当分解出的子图(对于线性序列或树)具有相同类型时,通常存在多项式时间复杂度的解码算法;反之,如果子图的拓扑类型不相同,一般就不存在多项式时间复杂度的精确解码算法,这种情况下只能使用近似算法完成图结构搜索。

与图模型相比,转移模型可以利用更多、更广泛的特征,并且由于贪心推导是默认设置,一般可以做到快速解码,但是解码的结果是局部最优解,并且它依赖于非常精巧的设计,必须小心设计每一步图构造的操作形式。图构造的每个局部决策都应该足够精确,而有缺陷的构造操作设计无法保证一定能生成所需的图结构。

虽然图模型使用的特征类型更窄,解码也比较低效,对于可选的机器学习模型要求比转移模型更苛刻,但是其解码目标是理论意义上的全局最优解,比起转移模型的贪心局部决策有巨大优势。图模型的结构化分解设计也比转移模型更直接、更简便。

值得注意的是,图模型分解的子图的大小对模型效果有着重大影响。回顾前文,分解出的最大子图的边定义为阶。这里的阶是图模型设计的一个可控的超参数,也是其中最为重要的超参数。考虑两个极端情形。一个情形是最高阶子图和原图一样大小,这意味着没有做结构化分解，取最大粒度，原图直接参与机器学习。这导致的弊端前面已经讨论过，此处不再赘述。另一个情形是取最小子图，阶数为 0，此时每个节点就是一个单独的子图。此时构造的图模型的规模有可能非常大。另外，每个子图不再包含局部的节点关联信息（因为子图没有任何边），全局信息的维持完全依赖于最终的解码算法，学习效果和效率都会失控。

定性地说，如果子图更大，那么就可以进行更全局化的建模，但是同时会拖慢解码速度（因为解码算法复杂度和阶数呈正相关），由于这等效于粒度增大，意味着会有更多的类别数，继而每类的样本数目太少，最终导致学习不充分；子图更小的情形的确可以加速解码，也能让每个类有更多样本进行充分学习，但是会带来更局部化的建模，从而从根本上损害最终的模型学习性能。因此，子图大小或阶数选择在图模型设计中需要极其慎重地处理，因为其很容易陷入"面多了加水、水多了加面"的困境。

5.9　结构化学习的简化情形

结构化学习实施的操作相当于对输入端结构（即源结构）做出一系列改变，将其转为输出端结构（即目标结构）。这个角度的理解对于结构化机器学习建模有特别的意义。机器学习的目的是获取数据两端映射：

$$x \xrightarrow{M_\theta} y$$

其中，$M_\theta(\cdot)$ 在参数 θ 条件下映射每一个源结构 x 到目标结构 y。需要强调的是：真正决定机器学习难度的地方并不是待预测的目标结构 y 有多么复杂，而是目标结构相对于源结构来说其改变有多么剧烈。举一个极端例子，如果 $y \equiv x$，则无论 y 有多么复杂，机器学习模型总是可以轻易构建一个恒等映射完成学习任务。把原任务一开始所给的 y 结构称为绝对结构，把 y 相对于 x 的结构差异称为相对结构。那么，在结构化学习建模的第一步，就需要考虑从比对源结构和目标结构之间的差异着手对该结构化学习任务进行化简，从而使最后建立的结构化学习任务是学习源结构到目标结构之间的转换操作，即学习相对结构，而非原任务所给出的绝对结构。形式上，把这个相对结构预测任务写为

$$x \xrightarrow{M_\theta} (y - x)$$

考虑图是边和节点构成的集合，从图的拓扑构造的角度来看，相对于源结构，导致目标结构的这些操作要么是改变节点，要么是改变边，要么是对于两者的变动兼而有之。据此，可以将结构化学习分为 3 种类型：

（1）仅节点。此类结构化学习没有拓扑连通性上的变化，即所有的边都没有变动。从源结构到目标结构，只有两端的节点要重定义，这个模式下的结构化学习也可称之为标注任务，并可以进一步直接转为分类任务。

（2）仅边。此类任务中所有节点没有变动，即，仅有边的建造，从源结构到目标结构不需要生成节点。依存句法分析任务就属于这类情况。

（3）一般。在最一般的情况下，将源结构映射到目标结构时，节点和边都可能要建

造或修改，即使两端结构均为最简单的线性结构，这样的结构化学习也很难。成分句法分析属于此类情况。

幸运的是，自然语言处理里面大量常见任务属于仅边或仅节点类型的结构化学习任务，这使得建模不是那么困难，也能找到直接的简化方法把各类任务轻易转化为分类任务。

对于仅节点类型的任务，可以直接将对每个节点的处理转化为以节点为中心的分类任务，在操作时使用上下文窗口将目标节点和其上下文共同组成分类器的输入。

对于仅边类型的任务，可以通过将节点之间是否有边作为其分类标签，从而产生二分类问题。此时，分类器的输入特征（上下文）可以简单设定为由这两个节点自身组成的节点对。

以上两种快速分类器建模方法虽然简单、直接，在一些情况下也能取得一定的效果，但是由于明显地忽略了结构依赖性（结构上下文），这两种简化的结构化学习的分类任务解决方案很多时候表现不佳。结构化分解的一个常见陷阱就是过度地简化原始的结构化学习问题，从而未能有效提供模型机制以捕捉关键的结构依赖性，这在结构化分解中需要小心避免。

参考文献

[1] BROWN P F, COCKE J, DELLA PIETRA S A, et al., 1990. A Statistical Approach to Machine Translation. Computational Linguistics, 16(2): 79-85.

[2] GOLDBERG Y, ELHADAD M, 2010. An Efficient Algorithm for Easy-First Non-Directional Dependency Parsing. in: Human Language Technologies: The 2010 Annual Conference of the North American Chapter of the Association for Computational Linguistics (HLT: NAACL): 742-750.

第6章 结构上的标注任务

本章集中介绍两种特殊的结构化学习类型之一——仅节点任务的建模。在该类任务的源结构到目标结构的映射中，不会发生拓扑变化（即所有边都没有变动），只有节点需要重定义，因此它也被称为标注任务。后面会看到，标注任务很容易直接转化为分类任务，从而能轻易地实现有效的结构化分解下的机器学习。

6.1 从结构标注到序列标注

本节要说明结构上的标注任务可以由一大类广泛的机器学习模型有效解决。

仅节点型任务的一大优点是在其原任务的源端和目标端存在着一种拓扑同构关系。也就是说，两者的所有节点和边之间存在着天然的对齐关系。因此，转化之后的机器学习模型突然直接释放了对于结构恢复或重建的需求，在这个情形下，模型仅需复制（或者说"记忆"）源端的结构即可。模型的学习和决策行为可以逐个节点局部性地进行，这也是仅节点型任务唯一的预测要求。此时，提取合理上下文之后，建立针对每个待预测节点标签的分类器是轻而易举的。这里的合理上下文包含对齐到源端的节点以及邻接点。

对于任何结构，无论其是线性还是非线性的，都可以利用一个遍历算法逐个访问其节点。将该访问路径记录下来，就相当于将一个（很可能是非线性的）结构线性化为一个序列结构。反过来理解，这等同于用线性形式保存了原有的一般化结构信息。这种处理针对这里的任意结构上的标注任务有着特殊含义，它意味着可以不失一般性地把这一类任务都转化为序列标注任务。或者说，这里给出了一个很强也很有用的结论：仅节点型任务，也就是任意结构上的标注任务，都可以不失一般性地建模为序列标注任务。而针对序列标注这一经典任务，有很多成熟、有效的解决方案。

结构标注学习或序列标注能直接轻易建模为分类任务，似乎问题都已经解决了，然而实际情况比想象的复杂。如前所述，单纯的机器学习模型可以记忆源端结构，将其复制到目标端，从而回避结构化学习的结构重建难题，但是，这里记住的只是整个结构的拓扑形态（例如，是线性结构还是树状结构），而无法记忆，更谈不上捕捉结构内容之间的依赖性关系。这种结构依赖性如果没有被合理捕捉，机器学习效果会大打折扣。下面以词性标注为例解释这种结构依赖性。这个任务要求对于词序列形式的句子给出其中每个词的词性标签的序列。在这里的源端，一个词的后方并不是可以跟随任何词的。当然这个信息可以作为明确的上下文提供给分类器，并不需要特别处理。在目标端，词性标签对跟随在其后的词性标签也有一定约束，如名词 (N) 后通常会紧跟动词 (V)。这种目标端的结构内容依赖信息无法被仅能进行局部性决策的分类器有效捕获，因为最后的分类器决策结果只是所有局部决策的简单拼接。由于无法兼顾这种约束，最终会导致不理想的全局结构上的预测结果。

为了弥补这种局部性决策和局部特性学习的缺陷，考虑采取两种补充方案：

（1）局部马尔可夫模型。首先，这类模型在分类器中引入马尔可夫上下文特征，尽管训练过程本身是局部性地针对每个节点进行的，但是它会考虑马尔可夫特征的影响。其次，解码时的搜索算法尽管依然依赖于局部性决策，但是会同时受制于马尔可夫上下文特征的约束，继而找到全局最优的整体结构。

（2）全局马尔可夫模型。如果受制于概率打分模式，这类模型就是概率图模型（如马尔可夫随机场的机器学习版变体——条件随机场）。这类模型从一开始就对全局目标结构进行评估和学习，也就是在训练过程中就涉及全局结构的归一化评估，因而相应的解码过程也会自动在训练好的约束条件下兼顾全局结构依赖关系。

为了进一步理解结构化分解与机器学习模型选取之间的关系，这里澄清几个有关结构化分解对于机器学习必要性的原则性问题。

第一，从追求最佳学习效果的目标来说，结构化分解是一个无奈的妥协之举，其拆分原任务待预测的目标结构的动机是为了尽可能适应后续的机器学习模型的选择，原因是现代机器学习方法从一开始就不是为了复杂的结构化学习而准备的。但是，结构化分解操作本身强行割裂了原始结构的内在联系，如果在后续机器学习中没有适当的补偿机制，相对于将结构作为一个整体学习的理想情形，结构化分解操作极有可能损害学习性能。因此，如果存在可能性，如模型适配或计算复杂度允许，为了达到最佳学习效果，应该尽力避免结构化分解本身。

第二，结构化分解得到的基本单元，如图模型管理的分解出来的各个子图，能作为一个整体被后续机器学习模型直接处理（无论是训练阶段还是预测阶段）。这样，从建模机制上看，一方面，每个子图作为一个整体未被分割而得到统一处理，其中的结构依赖性会被模型有效捕获；另一方面，结构化分解割裂了各个子图之间本来存在的结构依赖关系。因此，整体上原始图结构的全局依赖关系在这种结构化分解机制下还是受到了严重破坏。在默认情况下，机器学习会孤立地学习各个分解后的单元（如每一个子图，或者是标注任务中的极端情况：每一个节点），而不能感知原任务所期待的完整结构。换句话说，若机器学习过程未能在其他层面做出额外补偿，结构化分解所导出的机器学习模型仅能学习到子图内的有限的结构依赖关系。

第三，仅考虑选作打分器角色的机器模型的补偿机制，或者说，这里准备讨论的补偿机制和具体的机器学习模型无关。再次强调，这里提到的局部或全局马尔可夫模型并不是某个具体的机器学习模型，而是一大类模型，或者说一种普遍性的带补偿机制的方法，可以广泛施加于任何合理的机器学习模型之上。

从机制层面来说，可以考虑在机器学习的两个工作阶段，即训练阶段和解码预测阶段，分别或同时加入结构化补偿策略。

如前所述，在解码预测阶段，按照符合直觉的结构化分解，可以采取全局性打分方法，采用一个额外的解码算法从众多局部性打分决策的组合中搜索一个全局得分最大的整体结构，这也是前面介绍过的结构化分解默认的解码策略。需要说明的是，如果局部决策足够好，那么这个全局最优化解码过程并不是必要的。或者说，如果所有的局部结构化预测等于或几乎等于全局最优化解码的结果，则相当于贪心算法可以得到与全局搜索算法类似的效果，自然并不需要动用耗时耗力的全局解码算法。

　　在训练阶段，需要更加谨慎地考虑强化机制，因为训练策略，包括训练目标（或损失函数）等方面的改动，有时会涉及机器学习模型特性。无论是针对哪一类分解模式，在全局解码算法支持下，都可以安全地加入所谓的马尔可夫特征，这类特征会补偿性地标记出结构依赖关系以表示缺失的部分。由于马尔可夫特征是作为额外的特征加入现有机器学习模型的，因此，它不会也不必改变已有机器学习的训练方式，甚至也不会改变原有的默认全局解码算法（但是此时必须应用这个全局搜索才能充分发挥该类特征的作用）。

　　除了添加马尔可夫特征，在训练阶段对于结构化信息捕获更为强有力的方案是设计能容纳更大范围结构的损失函数（或者训练目标）。这是全局马尔可夫模型和局部马尔可夫模型最本质的区别。"局部"和"全局"指的就是训练目标的范围是节点（或子图）还是整个结构体。但是训练目标的改变有时会带来模型的剧烈变动，导致在一样的设计动机下产生差异巨大乃至完全不同的模型。

6.2　局部马尔可夫模型

　　这里介绍的局部马尔可夫模型并不是一个分类器模型，而是一大类能够使用马尔可夫特征的分类器模型。或者说，对任意的兼容马尔可夫特征且在解码时考虑该特征约束的分类器模型，都称之为局部马尔可夫模型。之所以说这类模型是局部的，是相对于后续类似概率图模型而言的，后者的训练过程相对于结构依赖关系来说是全局性的，而这里的局部马尔可夫模型的训练仅逐个节点考虑这种依赖关系。如果用损失函数形式表示，那么可以逐个节点累积计算，即

$$L = \sum_i \sum_j \mathrm{Loss}(y_{ij}, \hat{y}_{ij}) = \sum_{i,j} \mathrm{Loss}(y_{ij}, \hat{y}_{ij}) \tag{6-1}$$

这里的 y_{ij} 和 $\hat{y}_{ij}$ 分别代表第 i 个完整结构样本第 j 个节点上的期望标签和模型相应的预测标签。注意，这里的 $\mathrm{Loss}(\cdot)$ 是针对每个节点状态（节点标签在一些文献里也习惯性地称之为状态）而言的。对于相应的机器学习模型来说，它并不感知整个结构，而是在每个节点上学习局部性的独立决策，因此可以写为第二个等号右侧的直接对节点损失进行累积求和形式。

　　如前所述，非线性的结构标注均可通过线性化遍历不失一般性地转化为线性情形。因此，只需考虑序列标注建模即可。此时，对于每个原序列标注任务 $\{x_i \to y_i\}_{i=1,2,3,\cdots}$，只需考虑其中每个序列中每个节点的分类预测即可。在分类模型下，解码的目标函数可以写为

$$\begin{aligned} \hat{y}_{ij} &= \underset{y_{ij}}{\arg\max}\ \mathrm{score}(y_{ij}|x_{ij}^*) \\ x_{ij}^* &= \cdots, x_{i,j-1}, x_{i,j}, x_{i,j+1}, \cdots \end{aligned} \tag{6-2}$$

其中，$\mathrm{score}(\cdot)$ 是逐节点打分函数，x_{ij}^* 和 y_{ij} 分别代表源端围绕 x_{ij} 的上下文特征和目标端的节点内容（即待预测标签）。此时 i 和 j 共同索引每一个定义在节点上的预测样

本，即 $\{x_{ij}^* \to y_{ij}\}_{i,j=1,2,3,\cdots}$。score$(\cdot)$ 作为机器学习模型可以在这个数据集上逐个节点进行局部化训练，而无须感知结构序列 $\{x_i \to y_i\}_{i=1,2,3,\cdots}$。

　　局部马尔可夫模型是分类器模型基础上的简单扩展，即在特征部分加入马尔可夫特征，如 $y_{i,j-1}$、$y_{i,j+1}$ 等，此时解码的目标函数可改写为

$$
\begin{aligned}
\hat{y}_{ij} &= \arg\max_{y_{ij}} \text{ score}(y_{ij}|x_{ij}^*; y_{ij}') \\
x_{ij}^* &= \cdots, x_{i,j-1}, x_{i,j}, x_{i,j+1}, \cdots \\
y_{ij}' &= \cdots, y_{i-1,j}, y_{i+1,j}, \cdots
\end{aligned}
\tag{6 3}
$$

式 (6-3) 训练 score$(\cdot)$ 打分器的方式不会有特别的变化，仍可以逐个节点局部化地进行训练。虽然式 (6-2) 和式 (6-3) 在实际执行解码时的确可以继续局部化地进行，如同这里的目标函数所揭示的那样，继续在每个节点上按照最大化优度得分进行单独的标签预测，但是式 (6-3) 的局部解码会导致各个预测节点之间的马尔可夫标签冲突。对这种冲突简单解释如下：对于两个待预测节点标签，如果它们同时互为对方激活的马尔可夫特征，则有可能双方标签预测结果（作为对方马尔可夫特征值）和上下文（作为对方预测结果）出现不一致的情况。因此，这种情况下解码其实不能在每个节点上孤立地局部化进行，而应该在整个序列上一致地进行，此时解码目标应改写为

$$
\hat{y}_i = \arg\max_{y_i} \sum_j \text{score}(y_{ij}|x_{ij}^*; y_{ij}')
\tag{6-4}
$$

　　如果式 (6-4) 里的打分器定义为对数概率，例如下面的形式：

$$
\text{score}(y_{ij}|x_{ij}^*; y_{ij}') = \log p(y_{ij}|x_{ij}^*) + \log p(y_{ij}|y_{i,j-1})
\tag{6-5}
$$

则式 (6-4) 退化为下面将介绍的隐马尔可夫模型 [式 (6-5) 属于一阶模型]。这个情形相当于打分函数不用机器学习方法获取，而是直接采用类似 n 元语言模型那样的最大似然估计。

　　当然，打分函数用机器学习方法获得是更为通行的做法。如果继续保留其概率特性，可以直接采用的一个机器学习模型就是对数-线性模型（即最大熵模型），其概率计算形式是

$$
P(y|y', x) = P(y|y') \frac{1}{Z(x, y')} e^{\sum_k (w_k f_k(x, y))}
\tag{6-6}
$$

其中，y' 代表任意的马尔可夫特征；$f_i(\cdot)$ 和 w_i 分别是特征函数（通常设为取值 0 或 1 的二值函数）和可学习的权重；$Z(x, y')$ 是归一化因子，以确保相应部分服从概率值约束。上述模型称为最大熵马尔可夫模型。类似地，如果分类器支持向量机，那么这样的局部马尔可夫模型就称为支持向量机马尔可夫模型。

　　局部马尔可夫模型的训练在采用某个机器学习模型的情况下，遵循相应机器学习模型的做法，相应的训练损失函数是针对每个节点进行计算的（这是称其为"局部"模型的原因）。解码始终需要遵循式 (6-4)，相应的机器学习模型仅提供必要的得分（或概率）作为推导的基础。

6.3 全局马尔可夫模型和条件随机场

局部马尔可夫模型尽管能在训练时考虑马尔可夫上下文特征，解码时也能兼顾全局结构信息做出一致性好的结构输出，但是训练的局部化依然让其存在着潜在的性能损失。

6.3.1 全局马尔可夫模型

本节以一个图上的概率分布为例说明局部化学习存在的问题。对于图 6.1 给出的无向图标注示例，考虑最大熵马尔可夫模型给出的条件概率（或任何其他局部马尔可夫模型）如下：

$$P(1 \text{ and } 2|\text{ro}) = P(2|1 \text{ and ro})$$

$$P(1|\text{ro}) = P(2|1 \text{ and o})P(1|\text{r})$$

$$P(1 \text{ and } 2|\text{ri}) = P(2|1 \text{ and ri})P(1|\text{ri})$$

$$= P(2|1 \text{ and i})P(1|\text{r})$$

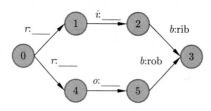

图 6.1 标签偏移现象的示例[1]

假设在训练数据中，标签值 2 是在标签值 1 之后观察到的唯一标签值，即

$$P(2|1) = 1$$

从而对于所有 x，有

$$P(2|1 \text{ and } x) = 1, \ \forall x$$

即必有

$$P(1 \text{ and } 2|\text{ro}) = P(1 \text{ and } 2|\text{ri})$$

如果在某个情形，我们期望有

$$P(1 \text{ and } 2|\text{ri}) > P(1 \text{ and } 2|\text{ro})$$

然而，这个要求在逐个节点局部化训练的时候无法做到。在支持概率的模型中，针对节点对象学习还是针对结构对象学习的区别是通过归一化体现的。而式 (6-6) 中的归一化项 $Z(x, y')$ 施行逐个状态（per-state）归一化，也就是执行逐个节点训练，从而无法满足上面的要求。

对于上述因固有的结构依赖关系而无法被逐个节点训练的局部模型捕获的现象，在相关文献里称之为标签偏移（label-bias），这些文献提出的针对性解决方案就是条件随机场（Conditional Random Fields，CRF）。但是条件随机场将自己局限为带有观察的概率图模型，忽略了其在一般化机器学习的结构化信息捕捉方面的本质改进。因此，这里要强调，全局马尔可夫模型的做法是：在局部马尔可夫模型中引入马尔可夫特征及相应的全局结构解码算法的基础上，将其训练目标由节点或个别子图转向结构整体，相应的损失函数的形式为

$$L = \sum_i \mathrm{Loss}(y_i, \hat{y}_i)$$

$$\hat{y}_i = \arg\min_{y_i} \sum_j \mathrm{Loss}(y_{ij}, \hat{y}_{ij}) \tag{6-7}$$

对比式 (6-1) 仅针对每一个节点 y_{ij}，式 (6-7) 中 y_i 是全部结构的期望标注，$\hat{y}_i$ 则是其模型预测的标注。

条件随机场是一种具体的全局马尔可夫模型实现，它仅在两点上遵循特定设置：其一，打分函数给出和最大熵模型一样的概率分布形式；其二，其具体的训练损失函数使用同样的最大熵或最大似然目标函数，但是其实现有其特殊之处，它并非直接将全局损失置入损失函数中，而是间接地以全局归一化因子的形式令损失函数实际上必须考虑结构整体的预测代价。

一般化的全局马尔可夫模型如这里所描述的那样，只需要它提供类似式 (6-7) 形式的损失函数或等效的损失预测效果即可，像条件随机场这样的两个概率化约束并不是全局马尔可夫模型的必要特征。需要注意的是，式 (6-1) 列出的损失形式在实际模型训练中要求每次都要进行完整结构解码以确定具体损失，如果解码算法的复杂度较高，会导致模型训练代价急剧提升。因此，条件随机场以归一化方式管理全局结构损失其实是一个可以提升计算效率的技巧。

下面从马尔可夫随机场和概率图模型的角度形式化描述条件随机场的数学特性。

6.3.2　马尔可夫随机场

马尔可夫随机场（Markov Random Field，MRF），有时也被称为概率无向图模型（probabilistic undirected graphical model），是表达无向图上的概率分布的模型。

数学上，图是由节点及连接节点的边组成的集合：$G = (V, E)$，其中 V 和 E 分别是节点和边的集合。无向图是指边不区分方向的图。

概率图模型是图关联的概率分布。设有概率分布 $P(Y)$，其中 $Y \in \mathcal{Y}$ 是一组随机变量，则可用无向图 $G = (V, E)$ 表示概率分布 $P(Y)$。随机变量 Y_v 分别定义在各节点 v 上，且 $Y = (Y_v)_{v \in V}$，边 $e \in E$ 表示随机变量之间的概率依赖关系。

给定一个概率分布 $P(Y)$ 和表示它的无向图 G，则可定义无向图表示的随机变量之间的成对马尔可夫性、局部马尔可夫性和全局马尔可夫性：

- 成对马尔可夫性：

$$P(Y_u, Y_v|Y_O) = P(Y_u|Y_O)P(Y_v|Y_O) \tag{6-8}$$

- 局部马尔可夫性：

$$P(Y_v, Y_O|Y_{v^*}) = P(Y_v|Y_{v^*})P(Y_O|Y_{v^*}) \tag{6-9}$$

或等价地

$$P(Y_v|Y_{v^*}) = P(Y_v|Y_{v^*}, Y_O), \quad \text{如果 } P(Y_O|Y_{v^*}) > 0 \tag{6-10}$$

- 全局马尔可夫性：

$$P(Y_A, Y_B|Y_C) = P(Y_A|Y_C)P(Y_B|Y_C) \tag{6-11}$$

上面各式中，u 和 v 是无向图 G 中任意两个没有边连接的节点，v^* 是与 v 有边连接的所有节点。O 是无向图中其他的所有节点。节点集 A、B 是在图中被节点集 C 分开的任意节点集。

可以证明：上述成对马尔可夫性、局部马尔可夫性和全局马尔可夫性的定义其实是等价的。如果概率分布 $P(Y)$ 满足成对马尔可夫性、局部马尔可夫性或全局马尔可夫性，则称此联合概率分布为概率无向图模型或马尔可夫随机场。

马尔可夫随机场也可以用团（clique）定义。团是无向图 G 中任何两个节点均有边连接的节点子集。若 C 是无向图 G 的一个团，并且不能再加进任何一个属于 G 的节点使其成为一个更大的团，则称此团为最大团。

借助团的概念，马尔可夫随机场可公式化地表示为

$$P(Y) = \frac{1}{Z}e^{\frac{1}{T}U(Y)} \tag{6-12}$$

其中，$Y = (y_1, y_2, \cdots, y_n)$ 是随机变量的集合；Z 是 Y 内所有元素的和，作为归一化因子保证 $P(Y)$ 构成概率分布；函数 $U(\bullet)$ 称为能量函数（energy function），它对所有团势（clique-potential）求和。团势则是联合概率形式的团函数，该形式又叫作吉布斯分布（Gibbs distribution）；T 称为温度常数，常置为 1。

此外，通常假定马尔可夫随机场满足如下两个性质：

- 均匀性。定义的团势与团在图中的位置无关。
- 各向同性。定义的团势与团的方向无关。

6.3.3　条件随机场

条件随机场[1]是带有观察变量的马尔可夫随机场，它满足马尔可夫随机场的所有性质，适用于包括线性序列在内的多种数据结构。条件随机场可以表示为

$$P(Y|x) = \frac{1}{Z(x)}e^{\frac{1}{T}U(Y,x)} \tag{6-13}$$

其中，$x \in X$ 是给定的观察变量，其余各变量和函数的定义同马尔可夫随机场的定义。条件随机场根据 X 执行对 Y 的预测任务。

这里给出另一个条件随机场等价的定义：设 $P(Y|X)$ 是随机变量 X 与 Y 定义的条件概率分布，若 Y 构成一个由无向图 $G = (V, E)$ 导出的马尔可夫随机场，并有下式对于任意 v 成立：

$$P(y_v | X, y_w, w \neq v) = P(y_v | X, y_w, w \sim v) \tag{6-14}$$

则称条件概率分布 $P(Y|X)$ 为条件随机场。其中 $w \sim v$ 表示 w 是图 $G = (V, E)$ 中与 v 有边连接的所有节点，$w \neq v$ 表示 w 是 v 之外的所有节点。

定义在线性结构上的条件随机场称之为线性链条件随机场。令

$$X = (x_1, x_2, \cdots, x_n), \quad Y = (y_1, y_2, \cdots, y_n)$$

均为线性链上的随机变量序列。若条件概率分布 $P(Y|X)$ 构成条件随机场，即满足马尔可夫性：

$$P(y_i | X, y_1, \cdots, y_{i-1}, y_{i+1}, \cdots, y_n) \approx P(y_i | X, y_{i-1}, y_{i+1}) \tag{6-15}$$

则称 $P(Y|X)$ 为线性链条件随机场。

在序列标注任务中，通常让 X 表示输入的观察序列，Y 表示对应的输出标记序列。线性链条件随机场的示例如图 6.2 所示。按照条件随机场的特性，有 $P(Y_3|X, Y_1, Y_2, Y_4, Y_5) = P(Y_3|X, Y_2, Y_4)$。

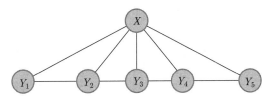

图 6.2　线性链条件随机场的示例

对线性链条件随机场 $P(Y|X)$，当随机变量 X、Y 分别取值为 x、y 时，其条件概率具有如下形式：

$$
\begin{aligned}
P(y|x) &= \frac{1}{Z(x)} \mathrm{e}^{\sum\limits_{i,k} \lambda_k t_k(y_{i-1}, y_i, x, i) + \sum\limits_{i,l} \mu_l s_l(y_i, x, i)} \\
Z(x) &= \sum_y \mathrm{e}^{\sum\limits_{i,k} \lambda_k t_k(y_{i-1}, y_i, x, i) + \sum\limits_{i,l} \mu_l s_l(y_i, x, i)}
\end{aligned}
\tag{6-16}
$$

式 (6-16) 是线性链条件随机场模型的基本形式。t_k 是定义在边上的特征函数，称为转移特征（即前面定义的马尔可夫特征），s_l 是定义在节点上的常规特征函数，称为状态特征。通常，t_k 和 s_l 设为取值为 1 或 0 的标准二值特征函数（当然也可以设为连续实值函数，但是这会导致训练算法额外复杂）。$Z(x)$ 是归一化因子，其求和计算是在所有可能的输出序列上进行的。

如果式 (6-16) 中的 $t_k = \log(y_i|y_{i-1}), s_l = \log(y_i|x_i)$，则从结构化分解的角度可以认为条件随机场退化为隐马尔可夫模型。

如果合并书写两类特征，设有 K_1 个转移特征和 K_2 个状态特征，且 $K=K_1+K_2$，则条件随机场可以表达为简洁的向量化形式：

$$P_{\boldsymbol{w}}(y|x) = \frac{e^{\boldsymbol{w}\cdot\boldsymbol{F}(y,x)}}{Z_{\boldsymbol{w}}(x)}$$
$$Z_{\boldsymbol{w}}(x) = \sum_y e^{\boldsymbol{w}\cdot\boldsymbol{F}(y,x)} \tag{6-17}$$

其中，$\boldsymbol{w}$ 是统一书写的权值向量：

$$\boldsymbol{w} = (w_1, w_2, \cdots, w_K)^{\mathrm{T}} = (\lambda_1, \lambda_2, \cdots, \lambda_{K_1}, \mu_1, \mu_2, \cdots, \mu_{K_2})^{\mathrm{T}} \tag{6-18}$$

$\boldsymbol{F}$ 是统一书写的特征向量：

$$\boldsymbol{F}(y,x) = (f_1(y,x), f_2(y,x), \cdots, f_K(y,x))^{\mathrm{T}}$$
$$f_k(y,x) = \sum_{i=1}^n f_k(y_{i-1}, y_i, x, i), \ k=1,2,\cdots,K \tag{6-19}$$

这里 $\{f_k(y_{i-1}, y_i, x, i)\}$ 向量是转移特征向量 $\{\boldsymbol{t}_k\}$ 和状态特征向量 $\{\boldsymbol{s}_l\}$ 的前后拼接。

在训练期间，条件随机场考虑正确标签序列的最大似然（对数概率），解码时则相应地搜索具有最大概率的标签序列：

$$y^* = \underset{y\in Y}{\arg\max}\, p(y|x) \tag{6-20}$$

对于线性链条件随机场，以上目标函数所决定的解码算法和局部马尔可夫模型一样，都是多项式时间复杂度，相应算法的实现即 Viterbi 算法。在其他类型的图上的条件随机场则不一定存在这样的多项式时间复杂度算法，此时需要使用近似算法。

采用离线训练算法（例如 L-BFGS）对条件随机场进行参数估计时，其时间和空间复杂度均为 $O(L^2NMF)$，其中的变量含义如下：

- L：标签数目。
- N：序列/句子数目。
- M：序列的平均长度。
- F：每个标记的团的平均激活特征数目。

与此相比较，最大熵马尔可夫模型的时间和空间复杂度仅为 $O(LNMF)$，因此，这一和标签数量的平方成正比的计算复杂度严重限制了条件随机场的实用性。

回顾式 (6-1) 和式 (6-7)，最大熵马尔可夫模型（属于局部马尔可夫模型）和条件随机场（属于全局马尔可夫模型）在训练的计算复杂度上出现差别的原因就在于训练损失的设定。如前所述，条件随机场的全局训练损失由重定义的归一化因子 $Z(x)$ 体现。在训练过程中，也的确是这个扩大的 $Z(x)$ 的计算范围导致了计算复杂度增长，因为条件随机场作为全局模型必须枚举更多的成员项以计算这个归一化因子 $Z(x)$。

对于序列标注任务，从任何普通的仅能执行分类任务的机器学习模型（下面称之为分类器）出发，在上面引入马尔可夫特征即可构成局部马尔可夫模型；如果进一步引入全局损失形式，则构成全局马尔可夫模型。后两者称为同一个分类器模型"导出"的马尔可夫模型。以最大熵模型为例，最大熵马尔可夫模型和条件随机场就分别是其导出的相应的局部和全局马尔可夫模型。表 6.1 比较了分类器及导出的局部和全局马尔可夫模型的训练和测试方式。从中可以确认：分类器和局部马尔可夫模型可以共享同样的训练算法，而局部马尔可夫模型和全局马尔可夫模型可以共享同样的解码算法。

表 6.1　分类器及导出的局部和全局马尔可夫模型的训练和测试方式比较

阶　　段	分　类　器	局部马尔可夫模型	全局马尔可夫模型
训练阶段	逐节点局部化训练		全局损失训练
测试阶段	逐节点解码（分类）	全局解码	

6.4　隐马尔可夫模型

如前所述，隐马尔可夫模型（HMM）是以线性链分解方式使用对数概率打分器而导致的模型。同时，和条件随机场一样，由于它基于概率，也可以用数学形式刻画。下面即从传统数学角度介绍这一模型。如果忽略打分器的结果是最大似然估计这一点，而将其视为一般的机器学习得分，则下面描述的过程也适用于一切和结构化分解有关的具体系统实现。

6.4.1　从马尔可夫链到隐马尔可夫模型

隐马尔可夫模型可以基于马尔可夫链（Markov chain）定义。马尔可夫链是一个关于随机变量（状态）序列概率分布的模型，每个随机变量都从一个集合中取值。马尔可夫链基于以下假设（一阶模型）：在一个序列中预测未来状态只依赖于当前状态，所有之前的状态不直接影响对未来状态的预测。该假设对应的性质也被称为马尔可夫特性（Markov property）[1]。

形式化地说，给定一个状态变量序列：$q_1, q_2, \cdots, q_i$，一个马尔可夫模型就是满足马尔可夫特性假设的模型：

$$P(q_i = a | q_1 q_2 \cdots q_{i-1}) = P(q_i = a | q_{i-1}) \tag{6-21}$$

一个马尔可夫链包括如下组件：

- $Q = q_1, q_2, \cdots, q_N$，$N$ 个状态的集合。
- $\boldsymbol{A} = \{a_{ij}\}$，状态转移矩阵，$a_{ij}$ 表示从状态 i 到状态 j 的转移概率，即 $a_{ij} = P(q_j | q_i)$。

---

[1] 这里非正式地解释马尔可夫特性和结构化分解之间的关系。可以认为这是同一个性质的两种解读。马尔可夫特性在实现上基于的是滑动窗口假设，在线性序列结构化分解情形，等同于将其分为独立线性片段（一个滑动窗口会导致一个分解的片段）。或者说，可以认为分解后的子结构内部具有内部依赖关系，但是各个子结构（子图）之间没有依赖关系，这也是前面描述一般化结构化分解做法的基础。因此，马尔可夫特性假设和到目前为止结构化分解的默认假设基础完全一致。

- $\Pi = \pi_1, \pi_2, \cdots, \pi_N$，所有状态的初始概率分布，$\pi_i$ 是马尔可夫链在状态 i 开始的概率。

基于文献传统，机器学习中的标签对象也称为状态（也就是结构化分解体系中与所指的节点内容有关的特征），将序列中元素的位置索引也称为时间。下文的介绍将基于马尔可夫链的传统数学术语，但是在不引起误解的情况下也会混用机器学习的相应术语。

类似于条件随机场和马尔可夫随机场之间的关系（前者是后者带观察的版本），马尔可夫链的带观察版本的模型就是隐马尔可夫模型。带观察这一数据形式允许模型能够对输入到输出（或者说源端到目标端）的映射建模，从而使得机器学习的工作模式成为可能。

隐马尔可夫模型允许对观察变量和隐藏变量进行概率建模，形式上可以用五元组 $(X, O, \Pi, \boldsymbol{A}, \boldsymbol{B})$ 表示，其中：

- $X = x_1, x_2, \cdots, x_T$，$T$ 个隐藏态（hidden state）的集合，即隐藏变量的序列。
- $O = o_1, o_2, \cdots, o_T$，$T$ 个观察态（observed state）的集合，即观察变量的序列。
- $\Pi = \pi_1, \pi_2, \cdots, \pi_N$，所有状态的初始概率分布，即 π_i 是马尔可夫链在状态 i 开始的概率。
- $\boldsymbol{A} = \{a_{ij}\}$，隐藏态转移概率矩阵，$a_{ij}$ 表示从隐藏态 x_i 到隐藏态 x_j 的转移概率，即 $a_{ij} = P(x_j | x_i)$。
- $\boldsymbol{B} = \{b_{ik}\}$，观察态转移概率矩阵，也称为发射概率，$b_{ik}$ 表示从隐藏态 q_i 生成观察态 o_k 的概率，即 $b_{ik} = P(o_k | x_i)$。

一阶隐马尔可夫模型满足两个模型假设。第一个假设是默认的马尔可夫特性，即一个隐藏变量的概率分布只依赖于它之前的一个状态：

$$P(x_i | x_1 x_2 \cdots x_{i-1}) = P(x_i | x_{i-1}) \tag{6-22}$$

第二个假设是每个观察变量 o_i 只依赖于产生这个观察变量的隐藏变量 x_i，而不依赖于其他观察变量和隐藏变量：

$$P(o_i | x_1, \cdots, x_i, \cdots, x_T, o_1, \cdots, o_i, \cdots, o_T) = P(o_i | x_i) \tag{6-23}$$

隐马尔可夫模型的示意图如图 6.3所示。

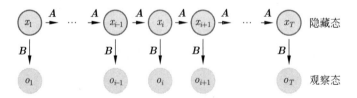

图 6.3　隐马尔可夫模型的示意图

6.4.2　隐马尔可夫模型的基本计算任务：概率估计

隐马尔可夫模型作为机器学习模型，需要完成 3 个基本任务：

- 概率估计（probability estimation）：计算给定的观察变量序列的出现概率。

- 参数估计（parameter estimation）：根据给定的观察变量序列，找到一个最可能生成该序列的模型。该任务也被称为训练（training）。
- 解码（decoding）：根据给定的观察变量序列确定隐藏变量序列。

常规的机器学习模型仅需处理训练和测试（或叫预测、解码）两个任务即可。与之相比，隐马尔可夫模型额外要求了概率估计任务，这是由于结构化学习带来了额外的结构计算复杂性。任何模型要施行结构化学习都需要首先面对这个结构计算复杂性问题。一般来说，如果不使用特别的技巧或者高效的算法，结构上的数值计算就可实用算力而言都是不可行的。这是由于在默认情况下，使用暴力算法解决结构上堆积的计算任务通常会带来指数级时间或空间复杂度，即使在最简单的线性结构情形下也会如此。前面已经用结构化分解的方法将结构化搜索等处理过程从基本机器学习模型上剥离开来，但在隐马尔可夫模型这种结构化学习模型上，需要直接面对上述的结构化计算复杂性问题。

对于概率估计任务而言，其形式化的表述为：给定观察变量序列 $O = (o_1, o_2, \cdots, o_T)$ 和模型参数的三元组 $\mu = (A, B, \Pi)$，计算条件概率 $P(O|\mu)$。直接利用条件概率和联合概率公式的计算方式如下：

$$P(O|X,\mu) = b_{x_1 o_1} b_{x_2 o_2} \cdots b_{x_T o_T}$$
$$P(X|\mu) = \pi_{x_1} a_{x_1 x_2} a_{x_2 x_3} \cdots a_{x_{T-1} x_T}$$
$$P(O,X|\mu) = P(O|X,\mu)P(X|\mu) \tag{6-24}$$
$$P(O|\mu) = \sum_X P(O|X,\mu)P(X|\mu)$$

最终展开的算式是

$$P(O|\mu) = \sum_{x_1,x_2,\cdots,x_T} \pi_{x_1} b_{x_1 o_1} \prod_{t=1}^{T-1} a_{x_t x_{t+1}} b_{x_{t+1} o_{t+1}} \tag{6-25}$$

然而，式 (6-25) 需要对序列元素的全排列进行求和，因此项数是序列长度的阶乘 $T!$，对于正常的 $T = 20$ 这样的长度，其阶乘是 2.43×10^{18} 之巨。这个结果表明，即使对于序列上的概率估计这一貌似简单的任务，直接的计算实际上也是不可行的，需要一个高效的算法突破这个瓶颈。

针对隐马尔可夫模型的序列结构，下面介绍基于动态规划思想的高效算法。动态规划算法的基本思想是：充分利用已经完成的计算结果，设计出数学归纳法风格的迭代过程以加速计算处理。在隐马尔可夫模型针对的序列中，将每个节点视为动态规划所需的阶段，从而可以以逐个增加节点的方式完成整个序列上的概率估计的计算。按照遍历序列的方向，这个基本的计算过程有两个变体：前向过程（forward procedure）和后向过程（backward procedure）。

不失一般性，以前向过程为例介绍这个高效的概率估计算法。

在前向过程中，假定已知前 t 个观察变量的概率，要推导第 $t+1$ 个观察变量的概率。这里假定对于所有可能的长度为 $t+1$ 的状态序列，前 t 个观察变量的概率是相同的。首先定义：

$$\alpha_i(t) = P(o_1 o_2 \cdots o_t, x_t = i | \mu) \qquad (6\text{-}26)$$

则反复利用概率公式，可依次得到如下结果：

$$
\begin{aligned}
\alpha_j(t+1) &- P(o_1 o_2 \cdots o_{t+1}, x_{t+1} = j) \\
&= P(o_1 o_2 \cdots o_{t+1} | x_{t+1} = j) P(x_{t+1} = j) \\
&= P(o_1 o_2 \cdots o_t | x_{t+1} = j) P(o_{t+1} | x_{t+1} = j) P(x_{t+1} = j) \\
&= P(o_1 o_2 \cdots o_t, x_{t+1} = j) P(o_{t+1} | x_{t+1} = j) \\
&= \sum_{i=1}^N P(o_1 o_2 \cdots o_t, x_t = i, x_{t+1} = j) P(o_{t+1} | x_{t+1} = j) \\
&= \sum_{i=1}^N P(o_1 o_2 \cdots o_t, x_{t+1} = j | x_t = i) P(x_t = i) P(o_{t+1} | x_{t+1} = j) \\
&= \sum_{i=1}^N P(o_1 o_2 \cdots o_t, x_t = i) P(x_{t+1} = j | x_t = i) P(o_{t+1} | x_{t+1} = j) \\
&= \sum_{i=1}^N \alpha_i(t) a_{ij} b_{jo_{t+1}}
\end{aligned}
\qquad (6\text{-}27)
$$

式 (6-27) 中的 $\alpha_j(t+1)$ 可表示为 $\alpha_i(t)$ 的线性组合，因此，整体运算是多项式时间复杂度的。最终，前向过程给出整个序列上的概率估计的结果：

$$P(O|\mu) = \sum_{i=1}^N \alpha_i(T) \qquad (6\text{-}28)$$

类似地，在后向过程中，假定已知第 $t+1$ 个到第 T 个观察变量的概率，要推导第 t 个观察变量的概率。定义：

$$\beta_i(t) = P(o_1 o_2 \cdots o_t | x_t = i)$$

$$\beta(T+1) = 1$$

最终有

$$P(O|\mu) = \sum_{i=1}^N \pi_i \beta_i(1) \qquad (6\text{-}29)$$

实际上还可以把前向过程和后向过程的中间量结合起来，得到混合过程或组合过程公式：

$$P(O|\mu) = \sum_{i=1}^N \pi_i \alpha_i(t) \beta_i(t) \qquad (6\text{-}30)$$

6.4.3　隐马尔可夫模型的训练：参数估计

针对隐马尔可夫模型的参数估计，即模型训练任务，通常采用某个期望最大化（Expectation-Maximization，EM）算法，如 Baum-Welch 算法。值得注意的是，纯隐马尔可夫模型容易过拟合（overfitting），故需要采用一定的平滑措施抑制这种情况。

下面是参数估计的基本迭代流程。首先对模型参数进行随机初始化设置 (A, B, Π)。然后迭代进行期望和期望最大化两个步骤的计算。第一步进行期望计算：

$$p_t(i,j) = \frac{\alpha_i(t) a_{ij} b_{jo_{t+1}} \beta_j(t+1)}{\displaystyle\sum_{m=1}^{N} \alpha_m(t) \beta_m(t)}$$

$$\gamma_i(t) = \sum_{j=1}^{N} p_t(i,j)$$

这里的 $p_t(i,j)$ 和 $\gamma_i(t)$ 分别代表转移概率和状态（即节点标签）概率。第二步最大化期望，迭代更新模型参数如下：

$$\hat{\pi}_i = \gamma_i(1)$$

$$\hat{a}_{ij} = \frac{\displaystyle\sum_{t=1}^{T} p_t(ij)}{\displaystyle\sum_{t=1}^{T} \gamma_i(t)} \tag{6-31}$$

$$\hat{b}_{ik} = \frac{\displaystyle\sum_{t:o_t=k} \gamma_t(i)}{\displaystyle\sum_{t=1}^{T} \gamma_i(t)}$$

整个模型的参数估计过程就是反复执行以上两步计算直至收敛。

6.4.4　隐马尔可夫模型的解码：Viterbi 算法

隐马尔可夫模型的解码任务可形式化表述为：给定训练好的隐马尔可夫模型 $\lambda = (A, B)$ 和观察变量序列 $O = o_1, o_2, \cdots, o_T$，找到最匹配的隐藏变量序列 $X = x_1, x_2, \cdots, x_T$。解码目标函数方程为

$$\arg\max_{X} P(X|O) \tag{6-32}$$

Viterbi 算法是隐马尔可夫模型标准解码算法，由安德鲁·维特比（Andrew Viterbi）于 1967 年提出[2]。Viterbi 算法本质上是一种动态规划算法。

按照解码目标方程，定义中间量 $\delta_j(t)$ 表示在给定隐马尔可夫模型 λ、前 t 个观察变

量以及第 t 个观察变量之前概率最大的状态序列 $x_1, x_2, \cdots, x_{t-1}$ 条件下状态 j 的概率：

$$\delta_j(t) = \max_{x_1, x_2, \cdots, x_{t-1}} P(x_1, x_2, \cdots, x_{t-1}, o_1, o_2, \cdots, o_t, x_t = j|\lambda) \tag{6-33}$$

注意，所有的 $\delta_j(t)$ 构成一个 $N \times T$ 的概率矩阵。

类似于其他动态规划算法，每个 $\delta_j(t)$ 的计算是根据 t 之前所有最大概率路径递归求解的。考虑到已经计算了在时刻 $t-1$ 时每个状态的概率，故可直接将概率路径的表达拓展到当前时刻。给定一个状态 j 和时刻 t，$\delta_j(t)$ 可通过如下方法递归计算：

$$\delta_j(t) = \max_{i=1}^{N} \delta_i(t-1)a_{ij}b_{jo_t} \tag{6-34}$$

相应地，此时的最优序列由下式给出：

$$\psi_j(t) = \arg\max_{i=1}^{N} \delta_i(t-1)a_{ij}b_{jo_t} \tag{6-35}$$

算法初始化的时候，对于前向过程，易知：

$$\delta_j(1) = \pi_j b_{jo_1} \tag{6-36}$$

而在式 (6-34) 中令 $t = T$ 即可得出全部最优序列解码：

$$\hat{X}_T = \max_{i=1}^{N} \delta_i(T)$$
$$P(\hat{X}(T)) = \arg\max_{i=1}^{N} \delta_i(T) \tag{6-37}$$

值得注意的是，这里的式 (6-34) 针对一阶隐马尔可夫模型，考虑到遍历的整个序列长度为 T 以及需要在两层的状态组合之间进行最大化选择，此时整体的计算复杂度为 $O(N^2T)$。一般来说，对于 r 阶模型，这个时间复杂度是 $O(N^{r+1}T)$。

6.5　自然语言处理中的结构标注任务

如前所述，由于结构上的标注任务的源端总是可以线性化到和目标端同构的结构，因此总是可以不失一般性地将其转为线性序列上的标注任务。本节集中讨论自然语言处理中的序列标注的建模问题。

6.5.1　再标注的序列标注任务

词性标注是一种极为典型的序列标注任务，因为一词一词性，而词性标签集又是一个封闭集合。当然，也有很多结构上的标注任务并不完全符合序列标注任务的定义，但是可以通过称之为重标注或再标注的方式将其转化为标准的序列标注任务。这种典型的需要转化的任务主要有两类：词切分（即分词）任务和以实体识别为代表的信息抽取任务。

1. 分词标签

词切分本身不符合序列标注任务的定义。直接的切分标注是在切分点放置代表切分的标签（通常是空格或斜线），但该标签显然并非总是伴随每一个字符的前后，因为只有在切分点的位置才会添加该切分标签。因此 Xue[3] 提出重标注方法，将分词转为每个字上的词位角色标签分类任务。

　　对于分词标签集，目前有多种方案用来区分词中的字符位置，如表 6.2所示（其中，B、M、E 和 S 分别表示词的开始、中间、结尾和单字词）。Peng 等[4] 在条件随机场上使用了 2-标签集。Xue [3] 在最大熵模型上使用了 4-标签集。而 Zhao 等[5,6] 基于对语料中平均加权词长分布的观察，将 4-标签集扩展到 6-标签集，用 B_2 和 B_3 分别代表词中的第二个和第三个非边界的字符位置。表 6.3是上述 3 种标签集的标注样例。

表 6.2　分词标签集

标 签 集	标 签	词标注样例	模 型	引 用 文 献
2-标签集	B, E	B, BE, BEE, …	条件随机场	[4]
4-标签集	B, M, E, S	S, BE, BME, BMME, …	最大熵模型	[3]
6-标签集	B, M, E, S B_2, B_3	S, BE, BB_2E, $BB_2 B_3E$, BB_2B_3ME, …	条件随机场	[6]

表 6.3　标注样例

例句	自然科学/的/研究/不断/深入 natural science / of / research / uninterruptedly / deepen										
2-标签集	自	然	科	学	/ 的	/ 研	究	/ 不	断	/ 深	入
	B	E	E	E	B	B	E	B	E	B	E
4-标签集	自	然	科	学	/ 的	/ 研	究	/ 不	断	/ 深	入
	B	M	M	E	S	B	E	B	E	B	E
6-标签集	自	然	科	学	/ 的	/ 研	究	/ 不	断	/ 深	入
	B	B_2	B_3	E	S	B	E	B	E	B	E

　　配合传统机器学习模型，经验结果证实更细化的标签起到了特征工程的效果，可以带来更好的切分学习性能。但如何为细分任务选择有效的标签集是一个有挑战性的问题。由于分词是将序列分割成各种长度的词，因此需要考虑语料中词长的分布。Zhao 将平均加权词长是否大于 4 作为经验性阈值，以确定是否应采用 6-标签集。如果获得的值大于阈值，则采用 6-标签集；否则，可以采用 5-标签集或更小的标签集[7]。

　　传统模型通常会依赖于条件随机场这样的工具进行序列标注学习。然而，如前所述，条件随机场训练过程的计算复杂度和标签数量平方成正比，这在早期普遍算力不足的情况下也影响了标签集的选择。

2. 命名实体识别

　　命名实体识别（Named Entity Recognition，NER）指识别文本中具有特定意义的实体词，主要包括人名、地名、机构名等专有名词。

与分词任务类似，命名实体识别所要求的实体标签无法和句子上的全部词一一对应，这是因为实体词大多只是句子的一小部分片段。此外，实体还会有多个类型标签（如属于人名还是地名等）需要进一步分类鉴别。和分词任务的重标注方法思路（本质上是额外引入了不切分点标签）一样，本节引入一个额外的标签 NA 或 O 用于标注不是实体的词。在不考虑实体类型的情况下，可以用类似分词标签的方式进行实体标注学习（比对应的分词标签集多一个非实体标签），例如 BIO（对应分词的 BI 标签集）和 BIOES（对应分词的 BMES 标签集），这里 O 代表非实体，B、I、E、S 分别表示实体的开始、中间、结尾以及单字实体 (S)。

对于实体分类任务，可以在实体识别之后采用一个串联的分类器解决后续任务，也可以继续用重标注方法将其结合进标注任务，这需要将实体位置标签 B、I、E、S 等与相应的实体类型标签搭配，形成更具体的标签。表 6.4 给出了完整的实体标注样例以及对应的标签表示。

表 6.4 完整的实体标注样例及对应的标签表示

输入	Profits soared at Boeing Co., easily topping forecasts on Wall Street, as their CEO Alan Mulally announced first quarter results.
实体边界	Profits soared at [Company Boeing Co.] , easily topping forecasts on [Location Wall Street], as their CEO [Person Alan Mulally] announced first quarter results.
实体标注	Profits/NA soared/NA at/NA Boeing/SC Co./CC ,/NA easily/NA topping/NA forecasts/NA on/NA Wall/SL Street/CL ,/NA as/NA their/NA CEO/NA Alan/SP Mulally/CP announced/NA first/NA quarter/NA results/NA ./NA
标签表示	NA = No Entity SC = Start Company → Single Company CC = Continue Company → Middle Company, End Company SL = Start Location → Single Location CL = Continue Location → Middle Location, End Location

6.5.2 词性标注任务的隐马尔可夫模型实现示例

词性标注任务的目标是为文本中的每个词（和标点符号）分配正确的词性标签。监督学习模式的词性标注任务采用预先标注的数据集训练模型。表 6.5 展示了序列标注任务形式下的词性标注示例。

表 6.5 序列标注任务形式下的词性标注示例

例　句	Two	old	men	bet	on	the	game	.
词性标签	CRD	AJ0	NN2	VVD	PP0	AT0	NN1	PUN

一般来说，词性指词的句法角色类型，例如动词、名词、形容词、副词、冠词等，有时也包括屈折变化，如动词的时态、数等以及名词的数、格、性等。不同的中英文词性标签集会包含 30~300 种不同类型的词性标签。词性标注任务及词性标签示例如表 6.6 所示。

表 6.6　词性标注任务及词性标签示例

输入	Profits soared at Boeing Co., easily topping forecasts on Wall Street, as their CEO Alan Mulally announced first quarter results.
输出	Profits/N soared/V at/P Boeing/N Co./N ,/, easily/ADV topping/V forecasts/N on/P Wall/N Street/N ,/, as/P their/POSS CEO/N Alan/N Mulally/N announced/V first/ADJ quarter/N results/N ./.
词性标签	N = Noun 名词 V = Verb 动词 P = Preposition 介词 ADV = Adverb 副词 ADJ = Adjective 形容词 ...

对于隐马尔可夫模型，在词性标注任务中的可观测序列就是给定的词序列，而隐藏态就是每个词对应的词性标签。假设词性（即状态）序列由随机过程生成，并且每个词性（标签）随机生成一个词（输出符号）。将隐马尔可夫模型用于词性标注任务，相应的模型要素定义如下：

- 状态集：所有可能的词性标签。
- 输出词表：语料中所有的词。
- 状态/标签转移概率。
- 初始状态概率：句子以标签 $t(t_0 \to t)$ 开始的概率。
- 输出概率：在状态 t 生成词 w 的概率，并用 T 和 W 分别表示长为 N 的词性标签序列和词序列。
- 输出序列：观察到的词序列。
- 状态序列：隐含的词性标签序列。

隐马尔可夫模型标准计算过程基于的假设如下：

（1）一阶（即二元）马尔可夫假设。

范围受限：一个标签的预测仅取决于它之前的标签。

$$P(t_{i+1} = t^k | t_1 = t^{j1}, t_2 = t^{j2}, \cdots, t_i = t^{ji}) = P(t_{i+1} = t^k | t_i = t^j) \tag{6-38}$$

时间不变性：标签的预测不随时间（即位置）变化。

$$P(t_{i+1} = t^k | t_i = t^j) = P(t_2 = t^k | t_1 = t^j) = P(t^j \to t^k) \tag{6-39}$$

（2）由词性标签 t_j 生成词 w_k 的概率为 $P(w^k | t^j)$，且不依赖于其他标签或词。

（3）设 t_0 为起始标签，标签序列的联合概率为

$$\begin{aligned} P(t_1 t_2 \cdots t_n) &= P(t_1) P(t_1 \to t_2) P(t_2 \to t_3) \cdots P(t_{n-1} \to t_n) \\ &= P(t_0 \to t_1) P(t_1 \to t_2) P(t_2 \to t_3) \cdots P(t_{n-1} \to t_n) \end{aligned} \tag{6-40}$$

词序列和词性标签序列的概率为

$$P(W, T) = \prod_i P(t_{i-1} \to t_i) P(w_i | t_i) \tag{6-41}$$

根据标注语料训练词性标注任务，训练语料中每个词都对应一个词性标签，用 $C(\cdot)$ 表示计数函数，其最大似然估计为

$$P_{\mathrm{MLE}}(t^j) = \frac{C(t^j)}{N}$$

$$P_{\mathrm{MLE}}(t^j \to t^k) = \frac{C(t^j, t^k)}{C(t^j)} \tag{6-42}$$

$$P_{\mathrm{MLE}}(w^k|t^j) = \frac{C(t^j : w^k)}{C(t^j)}$$

给定词序列文本，用 $m(\cdot)$ 表示条件概率，对应的最可能的词性标签序列由式 (6-43) 决定：

$$\begin{aligned}
T^* &= \arg\max_T P_m(T|W) \\
&= \arg\max_T \frac{P_m(W|T)P_m(T)}{P_m(W)} \\
&= \arg\max_T P_m(W|T)P_m(T) \\
&= \arg\max_T \prod_i [m(t_{i-1} \to t_i)m(w_i|t_i)] \\
&= \arg\max_T \sum_i \log[m(t_{i-1} \to t_i)m(w_i|t_i)]
\end{aligned} \tag{6-43}$$

式 (6-43) 第三行变换成立是因为 W 对所有 T 而言均为常量。

由于所有可能的标签序列的排列数量是指数级的，因此必须使用基于动态规划的 Viterbi 算法进行有效解码（参见算法 6.1），其中 $D(i, t^j)$ 表示直至位置 i 的状态和词序列最大联合概率（以标签 t^j 结尾）。

算法 6.1 Viterbi 算法的词性标注解码示例

---

1 $D(0, \mathrm{START}) = 0$
2 **for** 每个标签 $t \ne \mathrm{START}$ **do**
3      $D(1, t) = -\infty$
4 **for** $i \leftarrow 1$ **to** N **do**
5   **for** 每个标签 t^j **do**
6         $D(i, t^j) \leftarrow \max_k D(i-1, t^k) + \log m(t^k \to t^j) + \log m(w_i|t^j)$
7   记 $\mathrm{best}(i, j) = k$，因其生成最大值
8 $\log P(W, T) = \max_j D(N, t^j)$
9 从 $\max_j D(N, t^j)$ 开始向后重构路径

给定标签转移概率（表 6.7）和输出概率（表 6.8），图 6.4 展示了状态转换图。

表 6.7　标签转移概率

$-\log m$	t^1	t^2	t^3
t^0	2.3	1.7	1
t^1	1.7	1	2.3
t^2	0.3	3.3	3.3
t^3	1.3	1.3	2.3

表 6.8　输出概率

$-\log m$	w^1	w^2	w^3
t^1	0.7	2.3	2.3
t^2	1.7	0.7	3.3
t^3	1.7	1.7	2.3

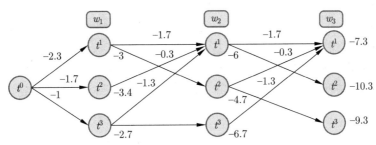

图 6.4　隐马尔可夫模型应用于词性标注的状态转换图

计算过程如下所示：

$$D(0, \text{START}) = 0$$

$$D(1, t^1) = D(0, \text{START}) + \log m(\text{START} \to t^1) + \log m(w_1|t^1) = -3$$

$$\cdots$$

$$D(2, t^1) = \max_{k \in \{1,2,3\}} (D(1, t^k) + \log m(t^k \to t^1) + \log m(w_2|t^1)) = -6$$

$$\cdots$$

$$D(3, t^1) = \max_{k \in \{1,2,3\}} (D(2, t^k) + \log m(t^k \to t^1) + \log m(w_3|t^1)) = -7.3$$

$$\cdots$$

6.5.3　推广的分词建模：不等单元的结构分解

首先总结本章对于结构标注任务的一般处理策略。从结构化分解的思路出发，本章说明了结构标注任务可以不失一般性地转为序列标注任务，而后者实际上可以进一步用最基本的分类器模型有效求解。本章介绍的无论是局部马尔可夫模型还是全局马尔可夫模型，其解决方案本质上都依然是分类器模型，只是带有额外的马尔可夫特征，并为了配合这个特征而对训练和解码预测过程做了适应性修改而已。

前面介绍的分词可以方便地建模为序列标注任务，从而可以用马尔可夫模型有效解决。本节进一步介绍更为一般化的分词建模方案，而不再受制于现有的序列标注解决方案。

从原生形态来说，自然语言处理中的分词问题是一种基本的结构化学习任务，或许是最简单的结构化学习任务，因为它仅要求将线性序列切分成某种期望的片段。而本章针对结构化学习的解决方案就是拆解结构以适用于机器学习模型,这启发我们探索更为直接的建模方案。

考虑直接用通用图模型建模,将打分对象直接设置为待切分片段,可以得到目标函数:

$$W = \arg\max_{\{w_i\}} \sum_{i}^{n} \text{score}(w_i) \tag{6-44}$$

式 (6-44) 是图模型的分解方式。对于切分情形,由于输入结构和输出结构内容一致(注意,切分任务并不需要产生新结构),打分函数 $\text{score}(\bullet)$ 只需考虑将切分片段 w_i(即分解后的子图)本身作为上下文特征即可。然而实践表明,仅考虑 w_i 的一元语言模型得分不足以有效捕捉词的独立程度信息,因此有必要将式 (6-44) 拓展到二元语言模型形式[8]:

$$W = \arg\max_{\{w_i\}} \sum_{i}^{n} (\text{score}_1(w_i) + \text{score}_2(w_{i-1}, w_i)) \tag{6-45}$$

在式 (6-45) 中,$\text{score}_1(\bullet)$ 和 $\text{score}_2(\bullet)$ 分别是针对一元组和二元组候选词的打分函数。

使用式 (6-45) 的更强的图模型建模分词学习可以捕捉更广泛的、更大尺度的特征空间,从而有望获得更好的分词结果。不同分词模型的特征窗口对比如表 6.9所示。在基于字标注学习的分词经典模型中,标签被分配给句子中的每个字符,表示该字符是否为单字词或多字词的开头、中间或结尾。然而,分词学习本质上需要考察词的完整性信息,而字特征相对于词特征来说太局部了。因此,Zhang 和 Clark[9] 以及 Cai 和 Zhao[8] 提出了更直接的分词建模方案。在打分器选择上,前者采用的是传统感知机,后者采用了特别设计的深度学习模型。因此,Cai 和 Zhao 的模型还能消除固定滑动窗口特征的约束,从而理论上能捕获无限长的历史上下文信息。

表 6.9　不同分词模型的特征窗口对比

模　型　类　别	字　特　征	词　特　征	标　签
基于字 [10], ··· [11]	$c_{i-2}, c_{i-1}, c_i, c_{i+1}, c_{i+2}$		$t_{i-1}t_i$
	$c_0, c_1, \cdots, c_i, c_{i+1}, c_{i+2}$		$t_{i-1}t_i$
基于词 [9], ··· [8]	c in w_{j-1}, w_j, w_{j+1}	w_{j-1}, w_j, w_{j+1}	
	$c_0, c_1, \cdots, c_i$	$w_0, w_1, \cdots, w_j$	

然而,式 (6-45) 定义的结构分解会导致不同寻常的结构计算复杂性。图模型的计算复杂度由阶数决定,其复杂度公式可以写为 $O(l^r)$,这里的 l 为某个和句子长度正相关的常量,r 就是结构分解的阶数,即分解出的最大子图的边数。在这里讨论的分词建模方式中,阶数就等于最大词长。但是,切分出的分词片段可以是任意长的,仅受制于相应的数据集或语料。所以,即使存在多项式时间复杂度的解码算法能以式 (6-45) 为目标执行下去,该算法的时间复杂度的多项式阶数也会高到失控。这导致不等子图分解的图模型解码在实践中不能使用精确算法,而需要转而考虑近似算法。

针对上述情形，Cai 和 Zhao[8] 提出相应的束搜索解码算法。其主要思想是：文本前 i 个字符的任何分段都可以分为两部分。前一部分由索引为 $0 \sim j$ 的字符组成，表示为 y；后一部分是 $c[j+1:i]$。前一部分 y 的表现可以表示为三元组：$(y.\text{score}, y.h, y.c)$，其中 $y.\text{score}$、$y.h$ 和 $y.c$ 分别表示当前得分、当前隐藏状态向量和当前存储单元向量。束搜索可确保对 n 个字符的句子进行分段的总时间为 $w \times k \times n$，其中 w、k 分别为最大词长和束宽。

束搜索解码算法 (算法 6.2) 提供了一个精确解码算法和贪心解码算法之间的折中：

- 束宽无限，该算法就成为精确解码算法（但如上所述，这在效率上不可行）。
- 束宽为 1，该算法就成为贪心解码算法。

算法 6.2　分词的束搜索解码算法

输入: 字序列 $c[1:n]$

输出: 近似 k-best 切分 $\text{seg}[n]$

1　$\text{seg}[0] \leftarrow (\text{score} = 0, h = h_0, c = c_0)$
2　**for** $i = 1$ **to** n **do**
3　　$X \leftarrow \Theta$ // 生成候选词向量
4　　**for** $j = \max(1; i - m)$ **to** i **do**
5　　　$w = (c[j:i])$
6　　　$X.\text{add}(\text{index} = j - 1, \text{word} = w)$
7　　$Y \leftarrow \{y.\text{append}(x) | y \in \text{seg}[x.\text{index}] \text{ and } x \in X\}$ // 切分
8　　$\text{seg}[i] \leftarrow k\text{-argmax}_{y \in Y} y.\text{score}$
9　**return** $\text{seg}[n]$

有意思的是，Cai 等[12] 的工作证实：足够好的语言表征（更高质量的打分器）会降低对于束搜索宽度的要求。对于中文分词，Cai 等的经验结果证实贪心解码算法和束宽更大的束搜索解码算法在分词精度上几乎没有区别。

参考文献

[1] LAFFERTY J D, MCCALLUM A, PEREIRA F C N, 2001. Conditional Random Fields: Probabilistic Models for Segmenting and Labeling Sequence Data. in: Proceedings of the Eighteenth International Conference on Machine Learning (ICML 2001): 282-289.

[2] VITERBI A J, 1967. Error Bounds for Convolutional Codes and an Asymptotically Optimum Decoding Algorithm. IEEE Transactions on Information Theory, 13(2): 260-269..

[3] XUE N, 2003. Chinese Word Segmentation as Character Tagging. in: International Journal of Computational Linguistics & Chinese Language Processing: vol. 8: 1: 29-48.

[4] PENG F, FENG F, MCCALLUM A, 2004. Chinese Segmentation and New Word Detection Using Conditional Random Fields. in: Proceedings of the 20th International Conference on Computational Linguistics (COLING 2004): 562-568.

[5] ZHAO H, HUANG C N, LI M, 2006a. An Improved Chinese Word Segmentation System with Conditional Random Field. in: Proceedings of the Fifth SIGHAN Workshop on Chinese Language Processing: 162-165.

[6] ZHAO H, HUANG C N, LI M, et al., 2006b. Effective Tag Set Selection in Chinese Word Segmentation via Conditional Random Field Modeling. in: Proceedings of the 20th Pacific Asia Conference on Language, Information and Computation (PACLIC 20): 87-94.

[7] ZHAO H, HUANG C N, LI M, et al., 2010. A Unified Character-Based Tagging Framework for Chinese Word Segmentation. ACM Transactions on Asian Language Information Processing, 9(2):1-32.

[8] CAI D, ZHAO H, 2016. Neural Word Segmentation Learning for Chinese. in: Proceedings of the 54th Annual Meeting of the Association for Computational Linguistics (ACL): vol. 1: 409-420.

[9] ZHANG Y, CLARK S, 2007. Chinese Segmentation with a Word-Based Perceptron Algorithm. in: Proceedings of the 45th Annual Meeting of the Association of Computational Linguistics (ACL): 840-847.

[10] ZHENG X, CHEN H, XU T, 2013. Deep Learning for Chinese Word Segmentation and POS Tagging. in: Proceedings of the 2013 Conference on Empirical Methods in Natural Language Processing (EMNLP): 647-657.

[11] CHEN X, QIU X, ZHU C, et al., 2015. Long Short-Term Memory Neural Networks for Chinese Word Segmentation. in: Proceedings of the 2015 Conference on Empirical Methods in Natural Language Processing (EMNLP): 1197-1206.

[12] CAI D, ZHAO H, ZHANG Z, et al., 2017. Fast and Accurate Neural Word Segmentation for Chinese. in: Proceedings of the 55th Annual Meeting of the Association for Computational Linguistics (ACL): vol. 2: 608-615.

第7章 机器学习模型

广义来说，机器学习是一种能赋予机器学习能力，并在纯数据驱动模式下实现模式优化以及特定自动决策功能的方法。从结构化学习的角度，本章仅考虑狭义的机器学习模型，即仅将机器学习模型作为一个量化工具，实现纯粹的打分器功能，假定结构分解和重建操作将由前面介绍的一般化建模框架完成。

7.1 机器学习模型的要素配置

从纯量化工具的角度，可以形式化地定义机器学习模型：设有训练数据集 $D=\{(x_i, y_i)\}_{i=1,2,\cdots,n}$，这里每一个 $x_i \to y_i$ 或 (x_i, y_i) 称之为样本。其中，x_i 称之为特征，如果它是向量形式，那么就称之为特征向量；y_i 是待预测输出形式，例如分类标签、打分函数的得分值等。机器学习模型是能将 x 映射到 y 的函数，记为 $x \xrightarrow{M_\theta} y$ 或 $y = M_\theta(x)$，其中集合 θ 称之为模型参数（注意，这是一组数据而不是一个数据）。这里的 $M(\cdot)$ 有时就被称之为模型类型，但是有时情况更复杂。模型的训练是给出 D 以及 $M(\cdot)$ 的形式，确定 θ 的过程。这个过程中，通常假定下面的训练目标：

$$\theta^* = \arg\min_\theta \frac{1}{n} \sum_{i=1}^{n} L(y_i, M_\theta(x_i)) \tag{7-1}$$

这里的 $L(\cdot)$ 通常是一个表示距离的泛函，它定义了机器学习模型的一个关键特征（也许是最重要的特征），通常称之为损失函数，有时候也会含糊地称之为训练目标。从形式上看，它决定如何计算模型预测值和正确答案（即训练数据集给出的真实值）之间的距离。有的时候，机器学习的类型需要由这两个指定的函数 $M(\cdot)$ 和 $L(\cdot)$ 共同决定。注意式 (7-1) 里面的因子 $1/n$，对于固定的训练集来说，该因子是一个常量，因此在计算实践中可以方便地忽略它。

从计算实践的意义上说，机器学习的训练过程就是通过接收一组输入数据，利用某种数值优化算法（通常称之为学习算法），在式 (7-1) 的损失函数作为训练目标的情况下，调整模型参数，使其预测值不断逼近真实值。机器学习的测试或者工作过程是：给出一个新的未知 x，按照学习好的模型 $M_\theta(\cdot)$，给出预测 $\hat{y} = M_\theta(x)$。

前面已经介绍过用输入特征 x 表示的建模，这里再补充说明输出端 y 的表示问题。如果是纯粹的打分功能，输出端只是一个数值（此时这是一元回归的学习任务），这里并没有额外的输出端表示问题。如果待预测的是多个分类标签，可以继续安全地用独热向量表示这组标签。如果类别标签太多，这个向量维度会非常高，这是因为独热向量维度等于标签数量。这里还需要指出的是，对于二分类问题，有一个特殊的简化输出端编码方式，而不需要用二维独热向量，可以只用一维的数值，即让模型只预测一个数值，让后设定一个阈值（通常设为 0），以这个阈值作为两类标签的判断标准。

机器学习的损失函数、模型类型和学习算法的关系如图 7.1所示。式 (7-1) 确定的数值优化问题通常是一个大规模的计算任务，即使在极少数存在解析解的情形中可以用确切算法一次性解出参数集 θ，也会由于这个计算步骤所需的计算资源（时间或空间之一，或者两者兼有）远超出目前计算机硬件所能提供的配置标准而不可行。在实际情况下，几乎所有的机器学习模型选取的学习算法都是近似的逐步逼近算法。在绝大多数情况下，效果更理想的算法有空间复杂度过高的风险，因此大部分学习算法的折中方式是时间换空间，在学习过程中对于样本选取（即采样）和参数的更新都逐个进行，而不是理想情况下的一次性作为整体完成选取和更新。相对于这种理想情形（现在称之为离线类型的学习算法），几乎所有目前实用的学习算法都可以归类为逐步更新的在线算法模式。

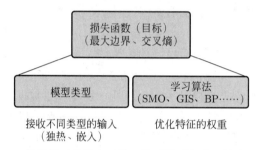

图 7.1 机器学习的损失函数、模型类型和学习算法的关系

机器学习是一种数据驱动的方法，如果有可能，它应该是纯粹的数据驱动而不需要特别的人工设置的干预。然而，机器学习建模依然需要人工确定两个主要函数的形式，即模型函数 $M(\cdot)$ 和损失函数 $L(\cdot)$。人工智能的主要问题就是依赖于人工决策，而人工智能取得进展之处就在于某些方面摆脱了这种人工决策（或者叫用户定制）。因此，下面正式介绍奥卡姆剃刀原则，它可以作为机器学习建模的一个基本准则。基于这个准则，可以最大限度降低建模时用户决策的自由度，或者对于建模的合理性做出是否有效的原则性判断。

奥卡姆剃刀原则由 14 世纪英格兰的逻辑学家、圣方济各会修士奥卡姆的威廉（William of Occam，约 1285—1349 年）提出。它的内容是

"Entities should not be multiplied unnecessarily."（"如无必要，勿增实体。"）

其拉丁文原文为

"Pluralitas non est ponenda sine necessitate."（"避繁逐简。"）

这个准则的精神实质是假定自然界（也包括数学和信息学界）的客观现象是最简原则作用下的结果，因此在人工的规则定义中应该避免过度建模，而要寻求用最简原则解释客观世界的现象。对于机器学习来说，遵循奥卡姆剃刀原则建模就意味着能最大程度降低过拟合风险，或者说，最大程度提升模型预期的推广能力。

7.2　损失函数

损失函数也称为代价函数（cost function），用来衡量模型预测值与期待值之间的偏差。从理论上说，任何一个数学上的距离函数（确切地说，这里的函数应该是泛函）都可作为机器学习训练的损失函数。在具体应用中，通过最小化损失函数求解或评估模型。如果假设 $\hat{y}_i = M_\theta(x_i)$ 是与期待结果 y_i 相对应的模型预测结果，那么训练的目标是使 y_i 与 $\hat{y}_i$ 的差别 $L(y_i, \hat{y}_i)$ 尽可能的小。

式 (7-1) 展示的是以逐点损失 $L(y_i, \hat{y}_i)$ 线性累加值作为整体损失目标。以计算距离的数学动机而言，实际采用的损失函数可以大致分为三类：第一类是算术意义上的线性差距损失；第二类通常用信息论工具定义预测结果和期待结果之间的某种信息距离；第三类以组合优化方式识别某种最短路径（或代价损耗）上的距离。无论是哪种定义方式，都受制于奥卡姆剃刀原则的最简化选择，因此损失函数的形式非常少。例如，虽然可以将 $L(\cdot)$ 定义为 y_i 和 $\hat{y}_i$ 之间的任意差异形式，例如 $L(y_i, \hat{y}_i) = \hat{y}_i^4 - y_i^2 \hat{y}_i$，但是这个定义明显超过定义距离所需的必要复杂性，因此实际上根本不会考虑。

1. 算术启发的损失

考虑到逐点损失必须线性累加，能安全使用的损失函数必须保持线性差值形式。

1）0-1 损失

0-1 损失函数形式如下：

$$L(y_i, \hat{y}_i) = \begin{cases} 1, & y \neq \hat{y}_i \\ 0, & y = \hat{y}_i \end{cases} \tag{7-2}$$

2）平均偏差损失

平均偏差（Mean Bias Error，MBE）损失函数形式如下：

$$L(y_i, \hat{y}_i) = y_i - \hat{y}_i \tag{7-3}$$

但是，上面的平均偏差损失有时不便于数值优化（即训练过程），因为 y_i 和 $L(\cdot)$ 都可以是任意小的负数，直接使用这个类型的损失函数有时会使得训练无法进行下去，因而，更实用的损失函数形式是平均绝对误差损失函数。

3）平均绝对误差损失

平均绝对误差（Mean Absolute Error，MAE）损失函数形式如下：

$$L_1(y_i, \hat{y}_i) = |y_i - \hat{y}_i| \tag{7-4}$$

这个损失函数作为距离函数也叫曼哈顿距离函数。平均绝对误差损失会导致训练算法出现另一个问题。式 (7-1) 展示的极值问题求解一般是通过对损失函数求导数或梯度（求导对象是向量时的情形）并令其等于 0，从而利用方程组进行数值计算。这就要求损失函数最好具备良好的可导性。平均绝对误差损失虽然在整个实数轴上处处连续，但是在原点处是不可导的。因此，实践中用两种形式将其扩展到二次多项式形式，得到如下两种形式的损失函数。

4）均方误差损失

均方误差（Mean Square Error，MSE）损失函数形式如下：

$$L_2(y_i, \hat{y_i}) = (y_i - \hat{y_i})^2 \tag{7-5}$$

5）铰链损失

铰链损失（hinge loss）函数形式如下：

$$L_{\text{hinge}}(y_i, \hat{y_i}) = \max(0, 1 - y_i\hat{y_i}), \ y_i = \pm1 \tag{7-6}$$

如果从距离度量角度看待这两个损失函数，则均方误差损失其实是欧几里得距离，而铰链损失本质上是余弦相似度的距离函数形式。因为相似度度量和距离度量取值方向相反，所以铰链损失要用 1 去减，将其转为距离形式。此外，铰链损失可以视为 0-1 损失（离散取值形式）的连续取值版本。

6）Hellinger 距离

Hellinger 距离是两个概率分布之间的算术距离，一般写为 Hellinger 积分[1] 形式①。假设 P 和 Q 是两个概率测度，并且它们对于第三个概率测度 λ 来说是绝对连续的，则 P 和 Q 的 Hellinger 距离的平方定义为如下的 Hellinger 积分：

$$\mathbb{H}^2(P,Q) = \frac{1}{2} \int \left(\sqrt{\frac{\mathrm{d}P}{\mathrm{d}\lambda}} - \sqrt{\frac{\mathrm{d}Q}{\mathrm{d}\lambda}} \right)^2 \mathrm{d}\lambda \tag{7-7}$$

其中 $\dfrac{\mathrm{d}}{\mathrm{d}\lambda}$ 是 Radon-Nikodym 微分，由于式 (7-7) 和测度 λ 本质上无关，因此式 (7-7) 可简写为

$$\mathbb{H}^2(P,Q) = \frac{1}{2} \int \left(\sqrt{\mathrm{d}P} - \sqrt{\mathrm{d}Q} \right)^2 \tag{7-8}$$

当 λ 定义为勒贝格（Lebesgue）测度时，$\dfrac{\mathrm{d}P}{\mathrm{d}\lambda}$ 和 $\dfrac{\mathrm{d}Q}{\mathrm{d}\lambda}$ 就变为通常的概率密度函数，将这两个概率密度函数分别记为 f 和 g，即可用式 (7-9) 表示 Hellinger 距离：

$$\begin{aligned} \mathbb{H}^2(P,Q) &= \frac{1}{2} \int \left(\sqrt{f(x)} - \sqrt{g(x)} \right)^2 \mathrm{d}x \\ &= 1 - \int \sqrt{f(x)g(x)}\mathrm{d}x \end{aligned} \tag{7-9}$$

式 (7-9) 可以通过展开平方项得到，并用到了任何概率密度函数在其定义域上的积分为 1 这个前提。

根据柯西-施瓦茨（Cauchy-Schwarz）不等式，Hellinger 距离满足如下性质：

$$0 \leqslant \mathbb{H}(P,Q) \leqslant 1$$

---

① Hellinger 积分属于一种黎曼 (Riemann) 积分。

对于两个离散概率分布 $P = (p_1, p_2, \cdots, p_n)$ 和 $Q = (q_1, q_2, \cdots, q_n)$，其 Hellinger 距离的平方可以定义为这两个离散概率分布平方根向量的欧几里得距离：

$$\mathbb{H}^2(P, Q) = \frac{1}{2} \sum_{i=1}^{n} (\sqrt{p_i} - \sqrt{q_i})^2$$

$$= \frac{1}{2} \| \sqrt{P} - \sqrt{Q} \|_2^2$$

$$(7\text{-}10)$$

Hellinger 距离的最大值 1 只在如下情况下才会得到：P 在 Q 为 0 的时候是非零值，而在 Q 为非零值的时候是 0，反之亦然。有时式 (7-10) 中的系数 1/2 会被省略，此时 Hellinger 距离的范围变为 0~2 的平方根。

Hellinger 距离可以跟巴塔恰里亚（Bhattacharyya）下界系数 BC(P, Q) 联系起来[2]，正是因为这个原因，Hellinger 距离也被称为巴塔恰里亚距离，此时 Hellinger 距离的平方写为

$$\mathbb{H}^2(P, Q) = 1 - \mathrm{BC}(P, Q)$$

不同类型的一对分布 P 和 Q 之间的 Hellinger 距离平方的计算公式分别如下：

- P 和 Q 均为正态分布：

$$\mathbb{H}^2(P, Q) = 1 - \sqrt{\frac{2\sigma_1 \sigma_2}{\sigma_1^2 + \sigma_2^2}} \, \mathrm{e}^{-\frac{1}{4} \frac{(\mu_1 - \mu_2)^2}{\sigma_1^2 + \sigma_2^2}}$$

- P 和 Q 均为指数分布：

$$\mathbb{H}^2(P, Q) = 1 - \frac{2\sqrt{\alpha\beta}}{\alpha + \beta}$$

- P 和 Q 均为韦布尔（Weibull）分布：

$$\mathbb{H}^2(P, Q) = 1 - \frac{2(\alpha\beta)^{k/2}}{\alpha^k + \beta^k}$$

其中，k 是形状参数，α 和 β 是尺度系数。

- P 和 Q 均为泊松（Poisson）分布：

$$\mathbb{H}^2(P, Q) = 1 - \mathrm{e}^{-\frac{1}{2}(\sqrt{\alpha} - \sqrt{\beta})^2}$$

Hellinger 距离可以视为铰链距离推广到概率分布上的一般形式。

2. 信息论启发的损失

1）交叉熵损失与 KL 散度

交叉熵（Cross Entropy，CE）损失函数形式如下：

$$L_{\mathrm{CE}}(y_i, \hat{y_i}) = H(y_i, \hat{y_i}) = - \sum_j y_{ij} \log \hat{y}_{ij} \tag{7-11}$$

其中，H 定义为一般的熵形式。交叉熵和 KL 散度[①]（Kullback–Leibler divergence）可以由式 (7-12) 联系：

$$
\begin{aligned}
D_{\mathrm{KL}}(y\|\hat{y}) &= H(y_i, \hat{y}_i) - H(y_i) \\
&= \sum_j y_{ij} \log y_{ij} - \sum_j y_{ij} \log \hat{y}_{ij} \\
&= \sum_j y_{ij} \log \frac{y_{ij}}{\hat{y}_{ij}}
\end{aligned}
\tag{7-12}
$$

在式 (7-12) 中，$H(y_i)$ 对于输入端来说是常量，因此，交叉熵和 KL 散度在作为对目标函数优化输出端的预测时是等效的。

从信息论的角度看，交叉熵和 KL 散度都是对两个概率分布之间的差异的度量。例如，KL 散度 $D_{\mathrm{KL}}(P\|Q)$ 度量使用基于分布 Q 的编码对服从分布 P 的样本平均所需的额外的位元数进行编码。

有时 KL 散度不严格地被称为 KL 距离，但它其实并不满足距离的两大性质：

- KL 散度不是对称的，即 $D_{\mathrm{KL}}(P\|Q) \neq D_{\mathrm{KL}}(Q\|P)$。
- KL 散度不满足三角不等式，即 $D_{\mathrm{KL}}(A\|B) > D_{\mathrm{KL}}(A\|C)D_{\mathrm{KL}}(C\|B)$ 不一定成立。

2）JS 散度

JS 散度（Jensen-Shannon divergence）是 KL 散度的变体，解决了 KL 散度非对称的问题，因此 JS 散度是对称的，其取值是 $0 \sim 1$。JS 散度定义如下：

$$
D_{\mathrm{JS}}(P_1\|P_2) = \frac{1}{2}D_{\mathrm{KL}}\left(P_1\left\|\frac{P_1+P_2}{2}\right.\right) + \frac{1}{2}D_{\mathrm{KL}}\left(P_2\left\|\frac{P_1+P_2}{2}\right.\right)
\tag{7-13}
$$

KL 散度和 JS 散度作为度量使用时有一个共同的问题：在两个分布 P 和 Q 离得很远，完全没有重叠的时候，KL 散度值无意义，而 JS 散度值此时是一个常数。这在机器学习训练过程中是致命的，因为这就意味着此时梯度为 0，相当于梯度消失，从而使得训练过程无法进行下去。

3. 组合优化意义下的距离

对于具有复杂特性的一般空间内的距离度量（有了距离就进而可以导出损失函数），需要使用组合优化方法找到一个最短路径之后再计算其距离。

1）全变化（Total Variation，TV）距离

两个概率测度 P_1 和 P_2 之间的全变化距离定义为

$$
\mathrm{TV}(P_1\|P_2) = \sup_{A \in \mathcal{B}} |P_1(A) - P_2(A)|
\tag{7-14}
$$

其中 $\mathcal{B}$ 是某个紧致集上全部 Borel 子集构成的集合。全变化距离定义动机是测量两个分布之间的最大可能的差异。

---

① KL 散度也被称为相对熵、信息散度或信息增益。

2）Wasserstein 距离

Wasserstein 距离依概率分布联合最优化的方式度量两个概率分布 P_1 和 P_2 之间的距离[3,4]：

$$\mathbb{W}(P_1\|P_2) = \left(\inf_{\gamma \in \Gamma(P_1,P_2)} \mathbb{E}_{(y,\hat{y})\sim\gamma}[\|y - \hat{y}\|^p]\right)^{\frac{1}{p}} \tag{7-15}$$

或者积分形式：

$$\mathbb{W}(P_1\|P_2) = \left(\inf_{\gamma \in \Gamma(P_1,P_2)} \int_{\mathbb{R}\times\mathbb{R}} \|y - \hat{y}\|^p \mathrm{d}\gamma(y,\hat{y})\right)^{\frac{1}{p}} \tag{7-16}$$

其中，$\Gamma(P_1, P_2)$ 是 P_1 和 P_2 的所有可能的联合分布的集合。对于每一个可能的联合分布 γ，从中采样 $(y, \hat{y}) \sim \gamma$ 得到样本 y 和 $\hat{y}$，计算出其距离 $\|y - \hat{y}\|$，并进一步获得这个样本对距离的期望值 $\mathbb{E}_{(y,\hat{y})\sim\gamma}[\|y - \hat{y}\|]$。在所有可能的联合分布中对这个期望值取下界，就是 Wasserstein 距离。基于 Kantorovich-Rubinstein 对偶原理，该距离还有如下等价形式：

$$\mathbb{W}(P_1\|P_2) = \sup_{\|f\|_L \leqslant 1} \mathbb{E}_{y\sim P_1}[f(y)] - \mathbb{E}_{y\sim P_2}[f(y)] \tag{7-17}$$

Wasserstein 距离相比 KL 散度和 JS 散度的优势在于：即使两个分布的支撑集没有重叠或者重叠非常小，Wasserstein 距离仍能反映两个分布的远近；而此时 JS 散度是常量，KL 散度则可能无意义。

从直观上可以把 $\mathbb{E}_{(y,\hat{y})\sim\gamma}[\|y - \hat{y}\|]$ 理解为在 γ 这个路径规划下把土堆 P_1 挪到土堆 P_2 所需的代价，而 Wasserstein 距离就是在最优路径规划下的最小代价。实际上，对于离散分布，Wasserstein 距离也可视为推土机距离（Earth Mover's Distance，EMD）[5,6]（也称为搬土距离或推土距离）。

EMD 最初的形式是一种用于运输问题优化的直方图的相似度量。该度量归一化地表示从一个分布变为另一个分布的最小代价，很自然，它可用来测量两个多维分布（multi-dimensional distribution）之间的距离。EMD 作为距离函数的运算复杂度较高，但是 EMD 有一个优点，就是两个分布的各簇（cluster）质心之间的距离能作为有效的范围约束，进而可以用分布质心之间的距离很好地估计 EMD。

令 $P = \{(p_1, w_{p_1}), (p_2, w_{p_2}), \cdots, (p_m, w_{p_m})\}$ 代表有 m 个簇的分布，其中 p_i 代表簇的质心，w_{p_i} 是相应的权重；对应地，$Q = \{(q_1, w_{q_1}), (q_2, w_{q_2}), \cdots, (q_n, w_{q_n})\}$ 是有 n 个簇的另一个分布。$\boldsymbol{D} = [d_{ij}]$ 代表距离矩阵，其中 d_{ij} 是 p_i 和 q_j 之间的距离。需要找到优化运输工作流 $\boldsymbol{F} = [f_{ij}]$，其中 f_{ij} 代表 p_i 和 q_j 之间的工作流，使得如下整体代价最小化：

$$\mathrm{WORK}(P, Q, \boldsymbol{F}) = \sum_{i=1}^{m}\sum_{j=1}^{n} f_{ij}d_{ij}$$

并受制于如下约束：

$$f_{ij} \geqslant 0, \qquad 1 \leqslant i \leqslant m, 1 \leqslant j \leqslant n$$

$$\sum_{j=1}^{n} f_{ij} \leqslant w_{p_i}, \qquad 1 \leqslant i \leqslant m$$

$$\sum_{i=1}^{m} f_{ij} \leqslant w_{q_j}, \qquad 1 \leqslant j \leqslant n$$

$$\sum_{i=1}^{m} \sum_{j=1}^{n} f_{ij} = \min \left(\sum_{i=1}^{m} w_{p_i}, \sum_{j=1}^{n} w_{q_j} \right)$$

上面的第一个约束允许从 P 到 Q 的工作流，反之亦然；接下来的两个约束分别限制了 P 的最大发送量和 Q 的最大接收量均为其簇权重；最后一个约束要求最大流量（对应于最小代价），将此流量称为总流量。如果优化问题得解，就找到了最佳流量 $\boldsymbol{F}$，EMD 被定义为总流量归一化的结果：

$$\text{EMD}(P, Q) = \frac{\displaystyle\sum_{i=1}^{m} \sum_{j=1}^{n} f_{ij} d_{ij}}{\displaystyle\sum_{i=1}^{m} \sum_{j=1}^{n} f_{ij}} \tag{7-18}$$

7.3 k 近邻方法

对于一个机器学习模型而言，相对于损失函数的设定，确定模型函数 $M(\cdot)$ 的重要性低一些。之所以这么断言，是因为实际上机器学习模型的类型本质上是由损失函数而不是模型函数确定的。但是，模型函数在一定情况下也会决定相应的机器学习模型的核心特性。遵循奥卡姆剃刀原则，本节考虑两个模型函数选择的极简情形，这分别导致了两种重要的机器学习模型：k 近邻方法以及感知机。

k 近邻（k-Nearest Neighbor，KNN）方法由 Evelyn Fix 和 Joseph Lawson Hodges Jr. 在 1951 年提出[7]。其作为分类器的工作机制如下：对于一个新的测试样本 d，基于某种距离度量找到与 d 的距离最近的 k 个训练样本，然后在这 k 个训练样本上进行多数投票或加权投票，得到 d 的类别。

k 近邻方法作为机器学习模型是惰性模型，是惰性学习（lazy learning）的著名代表，即，不需要训练过程，在训练阶段仅仅把样本保存起来，训练时间开销为零，待收到测试样本后再进行处理；而与之相对的急切学习（eager learning）则在训练阶段就对样本进行处理。以 7.1 节形式化定义的机器学习模型的几个要素而言，k 近邻方法是只由损失函数（即距离函数）确定的模型，它没有定义模型函数 $M(\cdot)$，或者说它是无模型的机器学习模型。

k 近邻方法是一种监督学习方法，常用来进行分类。但是需要强调的是，它的工作方式和思路不仅可以用作分类器，还在多个关键实际应用中发挥核心作用。首先是信息检索领域，典型的应用场景是搜索引擎。用户提交查询，搜索引擎返回检索到的结果的排序清单。k 近邻方法正好可以根据查询与内容之间的距离进行排序。搜索引擎本质上是以 k 近邻方法的工作方式运行的，只是并不做出分类决策。其次，推荐系统（包括广告推送）也是类似情形。用户购买商品，系统计算各个待售商品和用户的购买行为之间的距离，推送距离最小的一系列新商品。因此，这也是以 k 近邻方法的工作方式运行的，同样并不需要做出最终分类决策。

下面介绍作为分类器的 k 近邻算法完整的工作流程：

（1）确定参数 k。

（2）确定样本之间相似度或距离度量的方式。

（3）计算目前选择的样本和训练集中所有样本的距离。

（4）对这些距离进行排序，选出 k 个最近邻样本。

（5）收集这 k 个最近邻样本的标签。

（6）使用简单多数投票或加权投票的方式确定选择的样本的标签。

图 7.2给出了 k 近邻算法的示例。在这个示例中，测试样本"?"在 $k=3$ 时被判别为"$+$"类。由于没有训练过程，k 近邻算法的计算代价很大，对于一个测试样本需要存储所有的训练样本，对存储的空间复杂度要求很高。由于每次需要遍历训练集中的所有样本，其实时性也不是很好。这里的计算代价在于计算距离与排序，n 个样本排序的时间复杂度为 $O(n \log n)$（如果只是寻找最小的一组值，这个复杂度最低是 $O(n)$），而距离的计算则取决于每个样本向量的特征维度。如果向量长为 m 并且采用欧几里得距离，则需要进行 $O(nm)$ 次乘法运算。考虑即使对于很大的 n，$\log n$ 通常也会远小于 m，因此 $O(nm)$ 远高于 $O(n \log n)$，也就是距离的计算决定了整个算法的工作代价。当然，也有好消息：k 近邻算法所依赖的距离计算与排序都易于并行化。

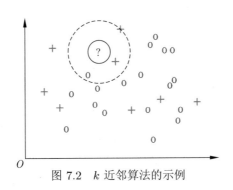

图 7.2　k 近邻算法的示例

1. 距离度量

因为 k 近邻算法本质上是只由损失函数决定的机器学习模型，因此损失函数的确定非常关键。k 近邻算法利用损失函数计算样本之间的距离或相似度，因此，在这个语境下，一般称损失函数为相似度或者距离。常用的相似度（距离）并没有超过 7.2 节中枚举的损失函数类型，只不过以距离或相似度形式写出后，有另外的约定俗成的名称而已。以 $\mathrm{dist}(x_i, x_j)$ 表示样本 x_i 与样本 x_j 间的距离，下面给出距离计算公式。

（1）闵可夫斯基（Minkowski）距离：

$$\text{dist}(x_i, x_j) = \left(\sum_m |x_{i,m} - x_{j,m}|^p \right)^{\frac{1}{p}} \tag{7-19}$$

式 (7-19) 中 p 取不同值会得到不同形式的距离：

- $p=1$ 时是曼哈顿距离：

$$\text{dist}(x_i, x_j) = \sum_m |x_{i,m} - x_{j,m}| \tag{7-20}$$

- $p=2$ 时是欧几里得距离：

$$\text{dist}(x_i, x_j) = \sqrt{\sum_m (x_{i,m} - x_{j,m})^2} \tag{7-21}$$

- $p \to \infty$ 时是切比雪夫（Chebyshev）距离：

$$\text{dist}(x_i, x_j) = \max_m |x_{i,m} - x_{j,m}| \tag{7-22}$$

（2）加权欧几里得距离：

$$\text{dist}(x_i, x_j) = \sqrt{\sum_m w_m (x_{i,m} - x_{j,m})^2} \tag{7-23}$$

在欧几里得距离的实际计算中，考虑到排序最终需要的是相对值，因此实际上并不会执行耗时的开平方根计算。这样，欧几里得距离其实就是均方误差损失。

余弦相似度的计算公式如下：

$$\cos(x_i, x_j) = \frac{\sum_m x_{i,m} x_{j,m}}{\sqrt{\sum_m x_{i,m}^2} \sqrt{\sum_m x_{j,m}^2}} \tag{7-24}$$

在式 (7-24) 中，如果假定两个样本向量的模为 1，即分母为 1，则余弦相似度就是对应向量各个维度相乘之后求和，这和铰链损失的计算形式是类似的（注意，距离和相似度作为目标量需要取反才可以等效使用）。

如果直接以原始的特征数据计算距离，某些时候距离的计算结果可能会被个别维度特征的过大取值范围所左右。下面展示一个例子：

- 所选特征：age（年龄），income（收入）。
- 原始数据：$x_1 = (35, 76\,000)$，$x_2 = (36, 80\,000)$，$x_3 = (70, 79\,000)$。
- 假设：$\text{age} \in [0, 100]$，$\text{income} \in [0, 200\,000]$。
- 归一化后：$x_1 = (0.35, 0.38)$，$x_2 = (0.36, 0.40)$，$x_3 = (0.70, 0.395)$。

原始的收入取值范围远大于年龄，如果不进行归一化，那么距离完全被收入所支配，年龄因素实际上会在距离计算中被忽视。所以，在某些时候，对特征值做维度归一化是一个非常重要的预处理步骤。

2. 常用的投票策略

常用的投票策略有简单多数投票法和加权投票法。

(1) 简单多数投票法（majority voting）：

$$c^* = \arg\max_c \sum_i \delta(c, f_i(x)) \tag{7-25}$$

其中，c 为类别，x 为测试样本，$f_i(x)$ 为样本 x 周围 k 个训练样本中第 i 个样本的类别，$\delta(a, b)$ 检验 a、b 是否相等，若相等则为 1，否则为 0。

k 的取值也会影响分类效果。设某训练集中的类别 A 有 1000 个样本，类别 B 有 20 个样本，类别 C 有 35 个样本，当设 $k = 1055$ 或令 k 值接近或等于训练集的规模时，不管什么测试样本，都会被归为样本数量最多的 A 类；反之，当设定 $k = 1$ 时，模型输出的结果受噪声的影响就很大。因此，选择的 k 值应适中，建议采用交叉验证的方法选取合适的 k 值。

(2) 加权投票法（weighted voting）：

$$c^* = \arg\max_c \sum_i w_i \delta(c, f_i(x)) \tag{7-26}$$

$$w_i = \frac{1}{\mathrm{dist}(x, x_i)} \tag{7-27}$$

在测试样本的 k 个近邻样本中，根据多数投票法很可能会有多个类别的票数相同，此时可以随机选择一个类别作为最终输出的预测，也可以利用加权投票法给更近邻的训练样本更高的权重，加权投票法甚至会偏向于票数少但是距离极其近的样本所在的类别。

3. k 近邻方法的优缺点

综合来说，k 近邻方法优点和缺点都很明显。

优点如下：

- 概念上简单。
- 懒惰学习使得其没有训练开销。
- 可以自然地处理多分类问题。
- 具有较强的稳定性和鲁棒性。
- 理论证实：当样本数充分大时，最近邻分类器的错误率不会超过贝叶斯最优分类器错误率的两倍[8]。

缺点如下：

- 由于每次需要计算所有训练样本和预测样本之间的距离，测试开销大。
- 并不存在一个普遍有效的方法预先确定何种距离度量和特征的效果最优。

7.4　感知机

如果必须为模型 $M(\cdot)$ 选择一种函数类型，线性函数是最简单的形式。这个选择能最大限度地满足奥卡姆剃刀原则的要求。

为简化下面的讨论，首先设预测目标 y 为标量，也就是仅有一维向量。在默认的打分学习目标下，这是一个回归任务，它直接预测一个连续数值；在对应的离散情形下，目标预测任务可以理解为两分类并假定 $y_i \in \{+1, -1\}$，其预测结果由模型预测值的符号决定：

$$y_i = \text{sgn}(M_\theta(x_i)) \tag{7-28}$$

这里 $\text{sgn}(\cdot)$ 代表取符号函数，对于正数和负数输入分别取值为 1 和 -1。

设定损失函数为 0-1 损失（对应离散值预测情形）或铰链损失（对应连续值预测情形）。两者在这里等价，并不影响下面的学习算法的推导。设定 $M_\theta(\cdot)$ 为线性函数，可以得到

$$y_i = \boldsymbol{w} \cdot \boldsymbol{x}_i + b = \sum_j w_j x_{ij} + b \tag{7-29}$$

该形式又被称为感知机 (perceptron)，其中 $\boldsymbol{w}$ 是主要模型参数，它对应于给特征向量 $\boldsymbol{x}_i$ 的每一维施加一个权值，附加的常量偏移量 b 有时可以方便地设置为 0。

感知机最早由 Rosenblatt 于 1957 年提出[9]，它在某种意义上构成了神经网络（neural network）和支持向量机（Support Vector Machine，SVM）的数学基础。

根据铰链损失函数 [式 (7-6)] 求极值，需要对该函数形式针对需要优化变量求偏导数，当求导对象是向量时，求导即是计算梯度。代入感知机的模型函数定义，容易得到损失函数的完整形式：

$$\{\boldsymbol{w}, b\} = \arg\min L_{\text{hinge}}(\boldsymbol{w}, b)$$
$$L_{\text{hinge}}(\boldsymbol{w}, b) = \sum_i \max\left(0, 1 - y_i(\boldsymbol{w} \cdot \boldsymbol{x}_i + b)\right) \tag{7-30}$$
$$s.t. \quad y_i(\boldsymbol{w} \cdot \boldsymbol{x}_i + b) \geqslant 0, \forall(\boldsymbol{x}_i, y_i)$$

运用拉格朗日（Lagrange）乘子法转换式 (7-30)，会得到一个数量与原训练集大小相同的线性方程组。以解析方法求解这个线性方程组在某些极简情形下是可能的，但是在大多数情形下都不现实。其原因在于，标准的高斯消元法在执行计算时需要将这个线性方程存储在内存中，遗憾的是真实的机器学习任务所要求的数据集规模搭配特征向量维度使得这一存储空间要求在目前的计算机硬件配置下几乎不可能实现。幸运的是，可以转而寻求渐进的近似算法逼近模型参数。对于式 (7-30)，分别对 $\boldsymbol{w}$ 和 b 求偏导可得

$$\frac{\partial L_{\text{hinge}}(\boldsymbol{w}, b)}{\partial w} = -\sum_i y_i \boldsymbol{x}_i$$
$$\frac{\partial L_{\text{hinge}}(\boldsymbol{w}, b)}{\partial b} = -\sum_i y_i \tag{7-31}$$

将式 (7-31) 中的求偏导结果作为差分化修正量，即可得到训练算法的权值修正公式：

$$\boldsymbol{w} = \boldsymbol{w} + \eta y_i \boldsymbol{x}_i$$
$$b = b + \eta y_i \tag{7-32}$$

这里的 η 是差分化的放缩比例或步长，在机器学习中称之为学习率，通常取值为一个足够小的正数。在一个简化而实用的情形下，可以方便地略去 b 或者令其等于 0，只需要训练求解权值向量 $\boldsymbol{w}$ 即可。同时设定步长 $\eta = 1$，可以得到算法 7.1 所示的完整的感知机学习的在线训练算法。考虑 $y_i \in \{1, -1\}$，该算法的权值修正部分的实质是：针对正确分类样本持续鼓励相应维度的权重，而对于错误分类的样本则执行反向操作。

算法 7.1　感知机学习算法

　　输入: 训练样本 $(\boldsymbol{x}_i, y_i)$，其中 $i = 1, 2, \cdots, n$

　　输出: 权重向量参数 $\boldsymbol{w}$

1　初始化: 权重向量 $\boldsymbol{w} = 0$

2　**for** $t = 1; t \leqslant T$ **do**

3　　　**for** $i = 1; i \leqslant n$ **do**

4　　　　**if** $(\mathrm{Sgn}(\boldsymbol{w} \cdot \boldsymbol{x}_i) \neq y_i \text{ or } y_i(\boldsymbol{w} \cdot \boldsymbol{x}_i) < 0)$ **then**

5　　　　　$\boldsymbol{w} = \boldsymbol{w} + y_i \boldsymbol{x}_i$

感知机作为直接、简单的建模方式可以方便地扩展到结构化学习情形，得到结构化感知机。接下来考虑图模型的结构分解方式，如果每一个子图都用感知机打分器，完整的图结构只需累加这个得分即可。更为重要的是，每一个待预测的完整图结构的得分可以继续使用下面的线性函数形式：

$$\boldsymbol{x}_i = \sum_j \boldsymbol{w} \cdot x_{ij} = \boldsymbol{w} \cdot \sum_j x_{ij} = \boldsymbol{w} \cdot \phi(\boldsymbol{x}_i, y_i) \tag{7-33}$$

式 (7-33) 中的索引 j 用于枚举一个完整图结构的所有子图。运用式 (7-31) 给出的特性，简单地针对整个待预测结构重新定义特征向量，即用每个完整图结构的特征向量之和 $\phi(\boldsymbol{x}_i, y_i)$ 代替每一个具体的 x_{ij}，并针对整个结构计算损失 y_i，几乎可以不加改变地继续利用算法 7.1 进行感知机学习。不过需要注意的是，此时预测损失 y_i 需要运用图模型的相应解码算法实时求得，同时，对于同一个待预测的完整图结构，不同的 y_i 意味着不同的 $\boldsymbol{x}_i$ 配置，因此，用 $\phi(\boldsymbol{x}_i, y_i)$ 代表此时的特征向量。

上面介绍的感知机模型是一个典型的在线学习模型实例。回顾在线学习（online learning）和离线学习（offline learning）的概念：

- 在线学习：一部分或一个批次数据训练完成后立即更新模型权重。
- 离线学习：全部数据训练完成后更新权重。

在线学习算法相对于离线学习算法的一个优势就是对于算力要求通常低很多。上述感知机的在线学习算法仅需要进行线性权值更新，属于最简单的原始在线训练算法。在实践中，也可以采用更先进的在线学习算法完成感知机的训练。

可以看到，上述简单感知机学习最终返回最近更新的权重向量作为学习到的模型。这很容易导致过拟合问题，即模型过度适配最后学习的样本，而对较早的样本的学习效果较差。

1. 平均感知机

为了缓解单一感知机存在的对最后训练的样本过拟合的问题，可以通过集成多个不同的感知机取得更平滑的模型。假设已有若干模型，这些模型各有优劣。下面考虑两种集成策略：

（1）投票法。又可分为绝对多数投票法（majority voting）和相对多数投票法（plurality voting）。两种投票法都返回所有模型中获得最多投票支持的结果作为集成模型的最终结果。两者的区别则是：前者在最终结果得到的票数未超过半数时拒绝预测；而后者不论最终得票结果是否超过票数一半都会做出预测，并在有若干预测结果获得票数相同时随机选择其中一个。

（2）平均法。对所有模型的预测分数求和，返回其平均值所确定的预测结果。

至于如何针对同一个训练任务获得多个版本的感知机模型，可以将感知机学习中每一次迭代优化得到的每一个权重向量都视为一个独立的模型，这样即可得到 nT 个模型，继而可以采用上述的集成策略完成预测。

也可以在感知机训练中直接返回集成后的模型。Collins 受到投票感知机[10] 的启发，提出了平均感知机算法，即返回所有模型的权重向量的平均值[11]。

在算法实现上，原始感知机使用 $\boldsymbol{w}_N$ 作为模型的参数向量，平均感知机则使用

$$\boldsymbol{w}_{\text{avg}} = \frac{\sum\limits_{i=1}^{nT} \boldsymbol{w}_i}{nT} \tag{7-34}$$

作为替代。

但是，将训练过程中的所有版本的权重向量 $\boldsymbol{w}_i$ 都存下来也造成了平均感知机的一个严重缺点：对存储空间的巨大浪费。为了解决这个问题，在学习算法中额外引入中间变量 $\boldsymbol{w}_{\text{avg}}$。针对结构化感知机学习的改进流程如算法 7.2 所示，其中，$\boldsymbol{w}_{\text{avg}}$ 是 $\boldsymbol{w}$ 进行了 n 轮迭代后的平均值。

算法 7.2　平均感知机学习算法

　　输入: 训练样本 $(\boldsymbol{x}_i, y_i)$，其中 $i = 1, 2, \cdots, n$

　　输出: 权重向量参数 $\boldsymbol{w}_{\text{avg}}$

1　初始化: 权重向量 $\boldsymbol{w} = 0, \boldsymbol{w}_{\text{avg}} = 0, \text{Step} = nT$

2　定义: $F(x) = \underset{y \in \text{GEN}(x)}{\arg\max} \phi(\boldsymbol{x}, y) \cdot \boldsymbol{w}$

3　**for** $t = 1; t \leqslant T$ **do**

4　　　**for** $i = 1; i \leqslant n$ **do**

5　　　　　$z_i = F(\boldsymbol{x}_i)$

6　　　　　**if** $(z_i \neq y_i)$ **then**

7　　　　　　　$\boldsymbol{w} = \boldsymbol{w} + \phi(\boldsymbol{x}_i, y_i) - \phi(\boldsymbol{x}_i, z_i)$

8　　　　　　　$\boldsymbol{w}_{\text{avg}} = \boldsymbol{w}_{\text{avg}} + [\phi(\boldsymbol{x}_i, y_i) - \phi(\boldsymbol{x}_i, z_i)] \times \text{Step}/(nT)$

9　　　　　$\text{Step} = \text{Step} - 1$

回顾感知机的定义，可以给其几何意义上的解释。在感知机模型方程

$$y = \boldsymbol{w} \cdot \boldsymbol{x} + b$$

中令 $b = -(\boldsymbol{w} \cdot \boldsymbol{x}_0)$ 可得

$$y = \boldsymbol{w} \cdot (\boldsymbol{x} - \boldsymbol{x}_0)$$

在高维线性空间中，这是超平面方程；在二维空间（即平面）中，这是直线方程；在三维空间中，这是平面方程。考虑到向量内积代表垂直关系，这个方程代表通过超平面中的一点 $\boldsymbol{x}_0$，以法向量 $\boldsymbol{w}$ 决定的唯一超平面。以该超平面作为类别分界面，则分类判定规则

$$y = \text{sgn}(\boldsymbol{w} \cdot \boldsymbol{x} + b)$$

代表半空间。因此，从这个意义上说，感知机是线性分类器。此外，在感知机的情形下，铰链损失（去掉前面常数项 1 的形式）的几何意义是所有样本到分界超平面的距离之和（此时假定法向量模为 1）。

2. 神经元

在前面提到的感知机中，遵循奥卡姆剃刀原则，仅采用了最简单的线性形式定义模型函数。这样导致的感知机也仅有线性分类能力。如果要应对更为复杂的非线性情形，就需要引入非线性函数。较为直接的方式是施加一个非线性函数，将式 (7-29) 转为如下更一般的形式：

$$y_i = f(\boldsymbol{\phi}_i \cdot \boldsymbol{w} + b) \tag{7-35}$$

这样，针对每一个输入 $\boldsymbol{\phi}_i$ 以及一维取值 y_i，就得到了神经网络中的神经元（neuron）模型，其中 $f(\cdot)$ 被称为激活函数，$\boldsymbol{w}$ 是权重，而 b 是偏差项。如图 7.3 所示，一个神经元是有 n 个输入和一个输出的计算单元，同时带有参数 $\boldsymbol{w}$ 和 b。注意，激活函数 $f(\cdot)$ 必须是非线性的。如果它是线性函数，按照式 (7-35)，相当于施加线性变换到已有的线性变换（即感知机模型）上，而线性变换的叠加还是线性变换，因此此时式 (7-35) 仍然定义了感知机模型。

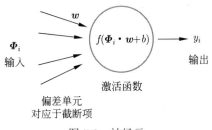

图 7.3 神经元

相较于前面提到的只能进行线性分界面判别的感知机模型，神经元在式 (7-35) 中的激活函数 $f(\cdot)$ 如果是非线性的，便可以得到非线性条件下的判别能力，从而可以进行非线性分界面判别。

如果设置 $f(\cdot)$ 为指数函数形式, 例如:

$$y_i = \mathrm{e}^{(\phi_i \cdot w + b)} \tag{7-36}$$

令 $b = 0$, 同时让预测输出 y_i 表示为所有待分类类别的独热向量 (注意这不同于上面感知机的一维输出表示), 并在 $[0, 1]$ 内进行归一化, 可以得到对数-线性 (即最大熵) 模型:

$$y_i = \frac{\mathrm{e}^{(\phi_i \cdot w)}}{Z} \tag{7-37}$$

其中, Z 是归一化函数:

$$Z = \sum_j \mathrm{e}^{(\phi_j \cdot w)}$$

这也正是神经网络中的归一化指数 (softmax) 函数。

7.5 铰链损失与支持向量机

支持向量机由 Cortes 和 Vapnik 提出[12], 其损失函数受最大间隔 (或最大边界、最大化边缘, maximum margin) 思想的指导。支持向量机基于统计学习理论, 根据有限的样本信息在模型的复杂性 (即对特定训练样本的学习精度) 和学习能力 (即无错误地识别任意样本的能力) 之间寻求某种程度的最佳折中, 以期获得小样本条件下较佳的推广能力 (或称泛化能力)。

从目前的预定义设置出发, 支持向量机可以定义为一种神经元学习机。其定义包含 3 个要素:

(1) 输出表示。支持向量机遵循感知机的一维向量表示, 因此仅能自然地执行两分类任务或回归任务。

(2) 损失函数。支持向量机使用铰链损失, 对于分类和回归问题, 仅在约束项上有所区别。

分类问题的损失函数原始形式是

$$\min_{w,b} \frac{1}{2} \|w\|^2$$
$$s.t. \quad y_i(w \cdot \Phi(x_i) + b) - 1 \geqslant 0, \forall (x_i, y_i) \tag{7-38}$$

回归问题的损失函数原始形式是

$$\min_{w,b} \frac{1}{2} \|w\|^2$$
$$s.t. \quad |y_i - w \cdot \Phi(x_i) - b| \leqslant \epsilon, \forall (x_i, y_i) \tag{7-39}$$

在式 (7-38) 和式 (7-39) 中, $\Phi(\cdot)$ 是自定义空间映射的向量函数。

(3) 激活函数。一个线性或非线性激活函数作为核函数的超参数设置间接决定激活

函数设置。可以将原来的函数不失一般性地针对输入 x 和输出 y 改写为

$$y = f(\boldsymbol{w} \cdot \boldsymbol{x} + b) = \boldsymbol{\alpha} \cdot \boldsymbol{K} + \beta \tag{7-40}$$

其中，$\boldsymbol{\alpha}$ 是和 $\boldsymbol{w}$ 角色一致的模型权值向量，$\boldsymbol{K}$ 的每一维定义为

$$K_i = y_i \kappa(\boldsymbol{x}_i, \boldsymbol{x}) \tag{7-41}$$

这里 i 遍历所有的训练样本；函数 $\kappa(\boldsymbol{x}_i, \boldsymbol{x}) = \Phi(\boldsymbol{x}_i) \cdot \Phi(\boldsymbol{x})$ 称之为核函数，是支持向量机最为关键的参数设置。之所以说支持向量机的这种核函数设置和神经元学习设置等效的原因是，在形式上，如果针对一般的非线性变换，前者是直接施加在输入特征向量上的，而后者是施加在线性变换之后的数值上的。反过来理解，作为核心的非线性模型函数，前者（支持向量机）施加了一个线性变换到非线性模型函数的结果上，而后者（神经元）则施加在输入向量上。两者在定义形式上的区别仅限于此。

支持向量机仅由上述三要素即可充分定义。剩下的只需要考虑合适的数值优化方法作为训练算法，即可实现可用的支持向量机模型。但是，支持向量机有着很好的直观几何意义。从几何意义出发推导支持向量机的模型形式有助于我们更好地理解该模型。

与感知机类似，支持向量机在特征空间中的决策面是一个超平面（二维情况下是直线）。支持向量机力图找到使得两类之间的边缘或边界距离最大的超平面。而如果在当前维度下，数据无法被边界距离最大且误分类最小的超平面分割，那就通过预定义的核函数将数据映射到高维空间，以实现有效的超平面分割。

本节按照下面 3 条线介绍支持向量机模型的关键实现：

（1）最大化间隔或最大化边界。定义最优超平面并给出求解方式。

（2）惩罚项。针对程度有限的非线性可分问题，定义一个错误分类的惩罚项，从而由硬边界推广到软边界。

（3）高维空间映射。将数据映射到可用线性决策面分类的高维空间，重新规划问题。

7.5.1　最大化间隔

如图 7.4所示，将不同类别的训练样本分开的划分超平面可能有很多，虽然 a 和 b 都可以作为分类超平面，但是数学形式上，我们期待能找到最优的唯一超平面。我们希望的优化超平面的标准是最大化不同类数据点集之间的间隔，进而使产生的分类器在有噪声干扰的情况下仍能保证一定的准确度。

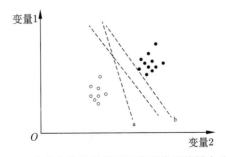

图 7.4　存在多个分类超平面将两类训练样本分开

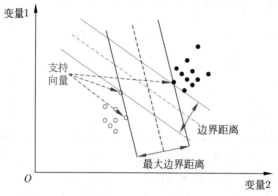

图 7.5 支持向量与最大边界距离

如图 7.5所示，选择最大化边界之间距离的划分超平面作为理想情形下的优化超平面。这样作为分界面的优化超平面位于两个边界超平面之间，并与其平行，可以认为优化超平面由两个边界超平面决定。而边界超平面则由位于间隔边界上的正类和负类样本决定。由于直观上后者对前者起支持作用，所以称后者为支持向量（support vector）。

如图 7.6所示，超平面的方程可以写为

$$\boldsymbol{w} \cdot \boldsymbol{x} + b = 0 \tag{7-42}$$

其中，$\boldsymbol{w}$ 为超平面法向量；b 为位移项，其绝对值为超平面与原点之间的距离。划分超平面可仅由法向量 $\boldsymbol{w}$ 和位移项 b 唯一确定。

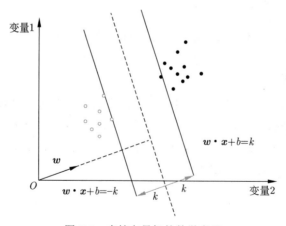

图 7.6 支持向量机的数学表示

对于线性可分的二分类情况，我们希望所有的数据点均落在超平面的一定范围之外。其正负边界的表达式如下所示：

$$\boldsymbol{w} \cdot \boldsymbol{x} + b = -k \tag{7-43}$$

$$\boldsymbol{w} \cdot \boldsymbol{x} + b = k \tag{7-44}$$

此时的边界宽度为

$$d = \frac{2|k|}{\|\boldsymbol{w}\|} \tag{7-45}$$

因此，所求问题可以转化为如下的表达式：

$$\max \frac{2|k|}{\|\boldsymbol{w}\|}$$
$$s.t. \quad (\boldsymbol{w} \cdot \boldsymbol{x} + b) \geqslant k, \forall x \text{ of class } 1 \tag{7-46}$$
$$(\boldsymbol{w} \cdot \boldsymbol{x} + b) \leqslant -k, \forall x \text{ of class } -1$$

由于 $\boldsymbol{w}$ 和 b 的选取可以自由放缩而不改变超平面的位置，不妨将边界范围设为 1，即 $k = 1$。如图 7.7所示的边界宽度可以简化为

$$d = \frac{2}{\|\boldsymbol{w}\|} \tag{7-47}$$

则所求问题简化为

$$\max \frac{2}{\|\boldsymbol{w}\|}$$
$$s.t. \quad (\boldsymbol{w} \cdot \boldsymbol{x} + b) \geqslant 1, \forall x \text{ of class } 1 \tag{7-48}$$
$$(\boldsymbol{w} \cdot \boldsymbol{x} + b) \leqslant -1, \forall x \text{ of class } -1$$

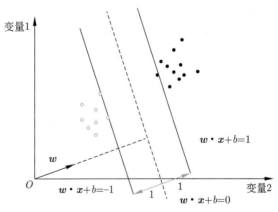

图 7.7　支持向量机的数学表示

考虑

$$y_i(\boldsymbol{w} \cdot \boldsymbol{x}_i + b) \geqslant 1, \forall (\boldsymbol{x}_i, y_i) \tag{7-49}$$

则问题可以转为如下形式：

$$\max_{\boldsymbol{w}, b} \frac{2}{\|\boldsymbol{w}\|}$$
$$s.t. \quad y_i(\boldsymbol{w} \cdot \boldsymbol{x}_i + b) \geqslant 1, \forall (\boldsymbol{x}_i, y_i) \tag{7-50}$$

式 (7-50) 中的 $\dfrac{2}{\|\boldsymbol{w}\|}$ 被称为间隔（margin）。显然，为了最大化两组数据边界之间的间隔，仅需等价地最小化 $\|\boldsymbol{w}\|^2$。于是，式 (7-50) 便可进一步改写为

$$\min_{\boldsymbol{w},b} \frac{1}{2}\|\boldsymbol{w}\|^2$$
$$s.t. \quad y_i(\boldsymbol{w}\cdot\boldsymbol{x}_i+b) \geqslant 1, \forall(\boldsymbol{x}_i,y_i) \tag{7-51}$$

我们希望求解式 (7-51) 以得到优化超平面所对应的模型：

$$f(\boldsymbol{x}) = \boldsymbol{w}\cdot\boldsymbol{x}+b \tag{7-52}$$

其中 $\boldsymbol{w}$ 和 b 是模型参数。

式 (7-51) 是一个凸二次规划（convex quadratic programming）问题，存在唯一的全局最优解，即存在 $\boldsymbol{w}$ 和 b 定义的模型使得 $\|\boldsymbol{w}\|^2$ 最小。

对式 (7-51) 中带约束的优化问题，使用拉格朗日乘子方法，可得到无约束的目标函数形式：

$$\min_{\boldsymbol{w},b} L(\boldsymbol{w},b,\alpha)$$
$$L(\boldsymbol{w},b,\alpha) = \frac{1}{2}\|\boldsymbol{w}\|^2 + \sum_i \alpha_i(1-y_i(\boldsymbol{w}\cdot\boldsymbol{x}_i+b)) \tag{7-53}$$

其中，$(1-y_i(\boldsymbol{w}\cdot\boldsymbol{x}_i+b))$ 为逐点铰链损失项，$\|\boldsymbol{w}\|^2$ 为 L_2 正则项。

7.5.2 惩罚项导出的软边界

上述讨论均基于数据严格线性可分的情况。在实践中，可能会遇到由于异常数据点造成的线性不可分情况，这会导致最终求得的划分超平面的划分效果不理想。

如图 7.8所示，对于异常数据点导致的不可分，或者称之为近似线性可分的情形，可以针对异常分类样本引入惩罚项，即允许一些样本无法被正确划分，同时对其施加适当惩罚。施行这个策略的支持向量机相当于一定程度上忽略了异常数据点。该方法被称为软间隔（soft margin）方法，而与之对应的原始朴素算法则被称为硬间隔（hard margin）方法。相对于原来在严格约束下求解的硬边界支持向量机，软间隔方法导致的支持向量

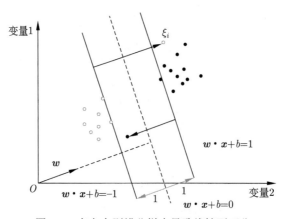

图 7.8 存在个别错分样本导致线性不可分

机称之为软边界支持向量机。

在具体公式化方面，软边界支持向量机引入了松弛变量 ξ_i，以放宽对各个数据点（样本）的约束。这样，相应的目标函数变为

$$y_i(\boldsymbol{w} \cdot \boldsymbol{x}_i + b) \geqslant 1 - \xi_i, \forall (\boldsymbol{x}_i, y_i)$$
$$\xi_i \geqslant 0 \tag{7-54}$$

由于松弛变量 ξ_i 非负，这允许数据点可以一定程度上处于边界的内侧甚至对侧。而模型也因此可以一定程度上放弃对被放宽约束的数据点的精确分类，进而获得更大的间隔（这就意味着模型具有更好的泛化能力和鲁棒性）。

为平衡间隔松弛裕度和精度损失，软边界支持向量机的目标函数同步对松弛变量 ξ_i 进行适当参数化幅度调整，原优化问题推广为如下形式：

$$\min_{\boldsymbol{w}, b} \frac{1}{2}\|\boldsymbol{w}\|^2 + C \sum_i \xi_i \tag{7-55}$$

这里的参数 C 决定间隔宽度和错分容忍度之间的折中幅度，称为软边界支持向量机的松弛变量惩罚因子。较大的 C 意味着对松弛变量的容忍度较小，也就越接近硬边界支持向量机，即当 $C \to \infty$ 时，就得到硬边界支持向量机的解；较小的 C 则起反作用。但要注意，这里的目标并不是最小化可容忍的错分类的情形，而依然是最小化每个样本到超平面的距离之和。

可以证明，软边界支持向量机总是有解，如图 7.9所示，并且其对异常点导致的决策面的鲁棒性更强。在存在难以忽略的噪点数据的情况下，软边界支持向量机相对于硬边界支持向量机具有更加平滑的分界面。

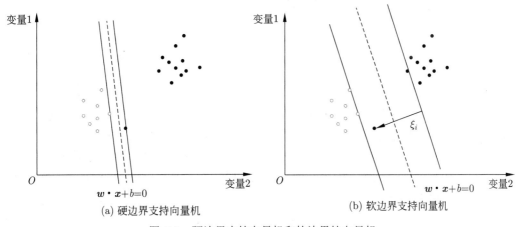

(a) 硬边界支持向量机　　　　　　(b) 软边界支持向量机

图 7.9　硬边界支持向量机和软边界持向量机

7.5.3　映射到高维空间

如图 7.10(a) 所示，有时，样本空间内也许并不存在能有效划分两类样本的线性超平面，而需要如图 7.10(b) 所示的非线性的曲面。

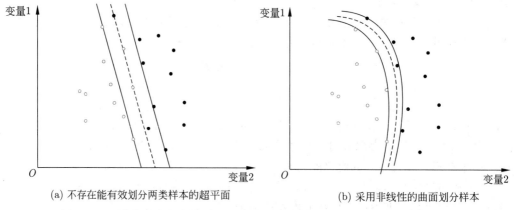

(a) 不存在能有效划分两类样本的超平面   (b) 采用非线性的曲面划分样本

图 7.10   不存在一个能有效划分两类样本的超平面的情况时采用非线性的曲面

人类的数学认知迄今为止本质还是囿于线性世界。为了继续在线性情形下寻求最优化，如图 7.11所示，要将样本从原始空间映射到一个更高维的特征空间，使得样本在这个高维特征空间中能被有效地线性划分。

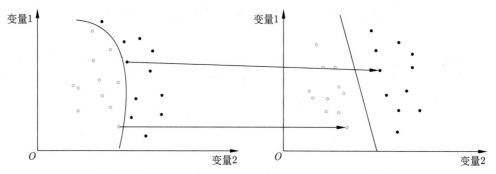

图 7.11   将样本映射到更高维的特征空间以达到线性可分

从原则上说，学习获得的模型需要用足够的参数有效刻画训练数据的特性。模型大小即是由参数数量衡量的。模型大小需要和训练数据的复杂程度匹配。当前者超过后者时，会导致过拟合或过学习；反之，则会产生欠学习情形。无论是哪种情形都会损害推广能力。这里考虑的以高维空间的超平面替代原始的曲面分界面似乎人为降低了模型的参数量，从而有欠学习风险。但是实际上，从低维空间到高维空间的变换本身是参数化的，也就是变换本身将构成模型参数的一部分，从而消除了这里的欠学习风险。

举个例子。想象三维空间中的一个圆半径为 R，将其投影到二维空间会变成一个椭圆，长短轴分别为 a、b。反过来看，二维椭圆投射到更高维的三维空间中参数变少了（由两个参数变为一个），变少的参数容量其实由维度的转换参数弥补了。类似地，在图 7.11中，原始空间的曲面映射到高维空间之后参数会变少，但是维度变多，模型容量等效增大，因此需要捕获的信息不会丢失。此外，在高维空间中可用更少的参数展示低维空间中需要更多的参数才能展示的复杂结构。

　　设有向量函数 $\Phi(\boldsymbol{x})$ 将数据 $\boldsymbol{x}$ 映射到另一空间中，代入原超平面方程可得新的特征空间中的最优超平面方程：

$$f(\boldsymbol{x}) = \boldsymbol{w} \cdot \Phi(\boldsymbol{x}) + b \tag{7-56}$$

相应的软边界支持向量机的建模目标变为

$$\min_{\boldsymbol{w}, b, \xi} \frac{1}{2} \|\boldsymbol{w}\|^2 + C \sum_i \xi_i$$
$$s.t. \quad y_i(\boldsymbol{w} \cdot \Phi(\boldsymbol{x}_i) + b) \geqslant 1 - \xi_i, \forall(\boldsymbol{x}_i, y_i) \tag{7-57}$$
$$\xi_i \geqslant 0$$

其中，权重 $\boldsymbol{w}$ 是新空间中的权重参数。原始数据经过 $\Phi(\boldsymbol{x})$ 映射到高维空间，使得支持向量机更易于用线性决策面分类。然而，$\Phi(\boldsymbol{x})$ 是多元（向量）到多元（向量）的映射，数学化处理较为不便，所以要寻求无须显式数据映射的问题求解形式。为简化起见，以硬边界支持向量机为例，下面介绍这样的一个求解形式转换过程。

　　有约束的原始硬边界支持向量机表达为

$$\min_{\boldsymbol{w}, b} \frac{1}{2} \|\boldsymbol{w}\|^2$$
$$s.t. \quad y_i(\boldsymbol{w} \cdot \Phi(\boldsymbol{x}_i) + b) - 1 \geqslant 0, \forall(\boldsymbol{x}_i, y_i) \tag{7-58}$$

注意，式 (7-58) 中的约束针对所有的训练样本。针对不等式约束，通过引入拉格朗日乘子 $\alpha_i \geqslant 0$，可得仅针对 $\boldsymbol{w}$、b 的无约束形式的优化问题形式 [即式 (7-53)]：

$$L(\boldsymbol{w}, b, \boldsymbol{\alpha}) = \frac{1}{2} \|\boldsymbol{w}\|^2 - \sum_i \alpha_i(y_i(\boldsymbol{w} \cdot \Phi(\boldsymbol{x}_i) + b) - 1)$$
$$s.t. \quad \alpha_i \geqslant 0, \forall x_i \tag{7-59}$$

根据拉格朗日对偶性，原始问题的对偶问题是极大极小问题：

$$\max_{\alpha} \min_{\boldsymbol{w}, b} L(\boldsymbol{w}, b, \boldsymbol{\alpha}) \tag{7-60}$$

针对 $\boldsymbol{w}$、b，最小化 $L(\boldsymbol{w}, b, \boldsymbol{\alpha})$，令

$$J(\boldsymbol{w}, b, \boldsymbol{\alpha}) = \min_{\boldsymbol{w}, b} \frac{1}{2} \|\boldsymbol{w}\|^2 - \sum_i \alpha_i(y_i(\boldsymbol{w} \cdot \Phi(\boldsymbol{x}_i) + b) - 1) \tag{7-61}$$

为了求 $J(\boldsymbol{w}, b, \boldsymbol{\alpha})$，需要对 $\boldsymbol{w}$、b 求导并令其等于 0：

$$\frac{\partial}{\partial \boldsymbol{w}} J(\boldsymbol{w}, b, \boldsymbol{\alpha}) = \boldsymbol{w} - \sum_i \alpha_i y_i \Phi(\boldsymbol{x}_i) = 0$$
$$\frac{\partial}{\partial b} J(\boldsymbol{w}, b, \boldsymbol{\alpha}) = -\sum_i \alpha_i y_i = 0 \tag{7-62}$$

由式 (7-62) 可解得

$$\boldsymbol{w} = \sum_i \alpha_i y_i \varPhi(\boldsymbol{x}_i)$$
$$\sum_i \alpha_i y_i = 0 \tag{7-63}$$

将式 (7-63) 代入式 (7-61) 及式 (7-60)，可以得到式 (7-58) 的硬边界支持向量机问题的对偶形式（此处略去了推导过程）：

$$\min_{\alpha} \frac{1}{2} \sum_i \sum_j \alpha_i \alpha_j y_i y_j (\varPhi(\boldsymbol{x}_i)^{\mathrm{T}} \cdot \varPhi(\boldsymbol{x}_j)) - \sum_i \alpha_i$$
$$s.t. \quad \alpha_i \geqslant 0, \forall \boldsymbol{x}_i \tag{7-64}$$
$$\sum_i \alpha_i y_i = 0$$

相应地，式 (7-65) 为式 (7-57) 软边界支持向量机问题的对偶形式：

$$\min_{\alpha} \frac{1}{2} \sum_i \sum_j \alpha_i \alpha_j y_i y_j (\varPhi(\boldsymbol{x}_i)^{\mathrm{T}} \cdot \varPhi(\boldsymbol{x}_j)) - \sum_i \alpha_i$$
$$s.t. \quad C \geqslant \alpha_i \geqslant 0, \forall \boldsymbol{x}_i \tag{7-65}$$
$$\sum_i \alpha_i y_i = 0$$

比较式 (7-57) 与式 (7-65)，原始支持向量机建模具有 n 个不等式约束、n 个正数约束以及 n 个 ξ 变量参数，该问题的对偶形式相应地具有一个等式约束、n 个正数约束以及 n 个 α 变量（拉格朗日乘子），目标函数似乎变得更加复杂，但是公式表达的对称性会带来计算或建模上的便利。

7.5.4 核函数

求解式 (7-64) 和式 (7-65) 都只涉及计算 $\varPhi(\boldsymbol{x}_i)^{\mathrm{T}} \cdot \varPhi(\boldsymbol{x}_j)$，这意味着尽管 $\varPhi(\cdot)$ 函数定义数据的不同空间映射，但实际计算仅需这个映射函数的内积形式，因此可以方便地定义该内积为实值函数，从而回避难以应对的多元向量函数 $\varPhi(\cdot)$：

$$\kappa(\boldsymbol{x}_i, \boldsymbol{x}_j) = \varPhi(\boldsymbol{x}_i)^{\mathrm{T}} \cdot \varPhi(\boldsymbol{x}_j) \tag{7-66}$$

式 (7-66) 定义的映射函数内积 $\kappa(\cdot, \cdot)$ 称之为核函数（kernel function）。这样，在建模和后续训练过程中，就不必将数据显式地映射到高维空间中，再求解该优化问题。这种方法也称为核技巧（kernel trick）或核方法（kernel method）。代入核函数后，式 (7-65) 可重写为

$$\min_{\alpha} \frac{1}{2} \sum_i \sum_j \alpha_i \alpha_j y_i y_j \kappa(\boldsymbol{x}_i, \boldsymbol{x}_j) - \sum_i \alpha_i$$
$$s.t. \quad C \geqslant \alpha_i \geqslant 0, \forall \boldsymbol{x}_i \tag{7-67}$$
$$\sum_i \alpha_i y_i = 0$$

训练过程将基于以上目标函数求解出 α_i，再将式 (7-63) 代入式 (7-56) 可得到分类决策函数：

$$
\begin{aligned}
f(x) &= \mathrm{sgn}((\boldsymbol{w} \cdot \varPhi(\boldsymbol{x}) + b)) \\
&= \mathrm{sgn}\left(\sum_i \alpha_i y_i \varPhi(\boldsymbol{x}_i)^{\mathrm{T}} \cdot \varPhi(\boldsymbol{x}) + b\right) \\
&= \mathrm{sgn}\left(\sum_i \alpha_i y_i \kappa(\boldsymbol{x}_i, \boldsymbol{x}) + b\right)
\end{aligned}
\tag{7-68}
$$

其中，b 由 $\alpha_j\left(y_j\left(\sum_i \alpha_i y_i \kappa(\boldsymbol{x}_i, \boldsymbol{x}_j) + b\right) - 1\right) = 0$ 代入任意 $\alpha_j \neq 0$ 解出。当 $\alpha_i \neq 0$ 的时候，相应的原样本 $\boldsymbol{x}_i$ 才会进入决策函数，这样的样本就是支持向量，因为用于决策的分类超平面本质上来自支持向量的线性组合结果。

在支持向量机建模过程中，核函数是人为选取的最重要的超参数。常用的核函数如下：

（1）多项式核和线性核：

$$
\kappa(\boldsymbol{x}_i, \boldsymbol{x}_j) = (\boldsymbol{x}_i^{\mathrm{T}} \cdot \boldsymbol{x}_j + 1)^p
\tag{7-69}
$$

（2）高斯径向基（Gaussian radial basis）核（简称高斯核）：

$$
\kappa(\boldsymbol{x}_i, \boldsymbol{x}_j) = \mathrm{e}^{-\frac{\|\boldsymbol{x}_i - \boldsymbol{x}_j\|^2}{2\sigma^2}}
\tag{7-70}
$$

（3）指数径向基（exponential radial basis）核（简称拉普拉斯核）：

$$
\kappa(\boldsymbol{x}_i, \boldsymbol{x}_j) = \mathrm{e}^{-\frac{\|\boldsymbol{x}_i - \boldsymbol{x}_j\|}{2\sigma^2}}
\tag{7-71}
$$

（4）多层感知机核：

$$
\kappa(\boldsymbol{x}_i, \boldsymbol{x}_j) = \tanh(\rho(\boldsymbol{x}_i, \boldsymbol{x}_j) + \epsilon)
\tag{7-72}
$$

其中 $\tanh(\cdot)$ 是双曲正切函数。这里若定义 $\rho(\boldsymbol{x}_i, \boldsymbol{x}_j) = \gamma \boldsymbol{x}_i^{\mathrm{T}} \cdot \boldsymbol{x}_j$，这个核函数也称之为 Sigmoid 核。

如前所述，支持向量机将神经元学习模式的非线性部分转为核函数设计，但是两者本质上等价，因为两者的区分仅在于非线性转换施加的阶段不同，因而支持向量机广义上依然是预定义模型的神经元学习的一个特殊情形。这里展示的核函数类型在神经网络的激活函数选择中还会再次遇到。

在自然语言处理任务中，由于明显的计算代价的问题（因为带指数形式的核函数会极大地提升计算代价），会更常用到线性核和多项式核。

核方法不仅能在建模时避免映射需要由向量函数定义的困难，还能实际减少大量的计算工作。多项式核的表达式如式 (7-69) 所示，对于 $p = 2$，使用此核计算一次含 7000 个特征的数据，意味着需要计算 7000 次内积（乘法和加法）及一次平方。而将同样的数据显式映射到更高维空间，则需要对每一个训练样本计算大约 50 000 000 个新特征，之后再进行大约 50 000 000 次内积计算。因此，使用核方法能极大地降低显式映射上的计算代价。

对于任意对称核函数 $\kappa(\boldsymbol{x}_i, \boldsymbol{x}_j)$ ，并非都一定存在着一个映射 $\varPhi(\boldsymbol{x})$ 以符合预期的方式工作。因此，需要一个数学判据校验核函数的有效性。幸运的是，可以用核函数取值的 Gram 矩阵作判定。支持向量机的对偶形式需计算每对训练样本的核函数值 $\kappa(\boldsymbol{x}_i, \boldsymbol{x}_j)$ 值，其对应的核函数值矩阵 $\boldsymbol{G}_{ij} = \kappa(\boldsymbol{x}_i, \boldsymbol{x}_j)$ 称为 Gram 矩阵。当核函数使其 Gram 矩阵 $\boldsymbol{G}$ 为半正定（Mercer 条件）的时候，则必存在能满足要求的对应的映射函数 $\varPhi(x)$。

在实践中，支持向量机展现出较强的泛化性能，其主要原因有二：

（1）尽管数据会被映射到高维空间，求得的解依然基于训练样本的线性组合，考虑不会有更简的决策形式，这高度符合奥卡姆剃刀原则的精神。

（2）结构化风险最小化（structural risk minimization）的抽象理论为支持向量机提供了推广能力的误差界限。当然，这些误差界都过于松弛，在实际中并无太大作用。

7.5.5　支持向量机的训练算法

按照支持向量机的损失函数定义，这是一个标准的二次规划（quadratic programming）问题。对于支持向量机要求解的问题，理论上（但也仅在理论上）存在高效、标准的二次规划求解算法。实践上导致支持向量机无法使用标准二次规划求解算法的主要原因是需要存储一个规模为训练集大小的平方的矩阵。对于过大的训练集规模（特征向量维度或训练样本数量），这很容易导致标准算法的计算空间远超目前的常规计算机硬件配置。

实用化的支持向量机训练算法同样可以分为离线和在线两类。前者又分为两大类：块算法（chunking algorithm）和分解算法（decomposition algorithm），后者在文献中一般称之为增量算法（incremental algorithm）。

支持向量机的离线训练算法都用启发式规则将完整的求解问题分解为逐步可解的子问题，从而在可接受的空间复杂度之下最终得到原问题的解。两者都是将大规模二次规划问题分解成一系列规模较小的二次规划子问题，进行迭代求解，区别仅在于分解的启发式依据有所区别。

块算法是最早提出的支持向量机训练算法[13]。其基本思想是利用删除矩阵中对应拉格朗日乘子为 0 的行和列不会影响最终结果这一特性。对于给定样本，块算法通过迭代方式逐步排除非支持向量，从而降低训练过程对存储空间的要求。块算法先将原始的大型二次规划问题分解为一系列规模较小的二次规划子问题，然后，在每一步迭代中解决一个这样的子问题。具体做法是每次迭代都找到所有为 0 的拉格朗日乘子并将其删除。其样本集包括上一次处理所剩的具有非零拉格朗日乘子的样本以及指定个数的不满足 KKT 条件（最优化问题可解的必要条件）的最差样本，并采用上一次子问题的结果作为初始值。块算法将矩阵规模从训练样本数的平方减少到具有非零拉格朗日乘子的样本数的平方，一定程度上降低了对存储空间的要求。但是，块算法仅当支持向量数目远小于训练样本数目时还算高效。块算法的训练速度依旧缓慢，并且很快会同样面临矩阵存储空间限制的瓶颈。

分解算法是目前有效解决大规模支持向量机问题的主流方法。分解算法同样也是将二次规划问题分解成一系列规模较小的二次规划子问题，进行迭代求解。在每次迭代中，选取拉格朗日乘子分量的一个子集作为工作集，利用传统优化算法求解相应子问题。就具体策略而言，分解算法将训练样本分成工作集和非工作集，工作集样本数远小于训练样本数。分解算法每次只针对工作集中的样本进行训练，而固定非工作集中的训练样本。分解算法的关键在于设计一种最优工作集选择算法。

序列最小优化（Sequential Minimal Optimization，SMO）算法作为分解算法的一个特例[14]，也是目前主流支持向量机工具包实现的主要算法。该算法工作集只有两个样本，针对两个样本的二次规划问题很容易得到解析解，这是其最大优点，能避免多样本情况下的数值解不稳定及耗时问题。由于无需大的矩阵存储空间，这一设定也特别适合稀疏样本。工作集的选择是启发式的：通过两个嵌套的循环寻找待优化的样本，在外循环中选择边界内不满足优化条件的样本执行一次优化，在内循环中选择另一个样本完成一次优化，不断循环优化，直到全部样本满足最优条件。SMO 算法的时间主要消耗在最优条件的判断上，所以应采用计算代价最低的最优条件判别式。

SMO 算法的具体形式化流程如下：

（1）初始化：取 $\alpha = 0$，$k = 0$。

（2）取优化变量 $\alpha_1^{(k)}$ 和 $\alpha_2^{(k)}$，求解这两个变量构成的工作集定义的如下优化问题，求得最优 $\alpha_1^{(k+1)}$、$\alpha_2^{(k+1)}$，并更新 α 为 $\alpha^{(k+1)}$。

$$\min_{\alpha_1,\alpha_2} W(\alpha_1, \alpha_2) = \frac{1}{2}\boldsymbol{K}_{11}\alpha_1^2 + \frac{1}{2}\boldsymbol{K}_{22}\alpha_2^2 + y_1 y_2 \boldsymbol{K}_{12}\alpha_1\alpha_2 - (\alpha_1 + \alpha_2) +$$

$$y_1\alpha_1\sum_{i=3}^{n} y_i\alpha_i \boldsymbol{K}_{i1} + y_2\alpha_2\sum_{i=3}^{n} y_i\alpha_i \boldsymbol{K}_{i2} \tag{7-73}$$

$$s.t. \quad y_1\alpha_1 + y_2\alpha_2 = -\sum_{i=3}^{n} y_i\alpha_i = \xi$$

$$C \geqslant \alpha_i \geqslant 0, \quad \forall \alpha_i$$

其中，$\boldsymbol{K}_{ij} = \kappa(\boldsymbol{x}_i, \boldsymbol{x}_j)$，$\xi$ 是常数。

（3）若以下条件精度满足要求，则算法结束：

$$\sum_i \alpha_i y_i = 0$$

$$C \geqslant \alpha_i \geqslant 0, \quad \forall \alpha_i$$

$$y_i g(x_i) \begin{cases} > 1, & \{\boldsymbol{x}_i | \alpha_i = 0\} \\ = 1, & \{\boldsymbol{x}_i | 0 < \alpha_i < C\} \\ < 1, & \{\boldsymbol{x}_i | \alpha_i = C\} \end{cases} \tag{7-74}$$

其中，

$$g(\boldsymbol{x}) = \sum_{i=1}^{n} y_i\alpha_i \kappa(\boldsymbol{x}_i, \boldsymbol{x}) + b \tag{7-75}$$

用于支持向量机的在线训练算法一般称之为增量算法。和一般意义上的在线算法一样，数据会在训练过程中逐个加入优化过程。早期的支持向量机增量训练算法每次选一小批常规二次规划算法能处理的数据作为增量，保留已学习到的支持向量并和新增样本混合进行训练，直到训练样本用完[15]。后续的改进算法提出了增量训练的精确解，即确切评估增加或减少一个训练样本对拉格朗日乘子和支持向量的影响，基于此结果，能显著改善最终训练效果[16]。

从实践上说，用于训练支持向量机的离线算法和在线算法都有不足的地方：离线算法（如 SMO 算法）通常训练时间极长；而在线算法所得模型的精度存在不稳定的现象。

7.5.6　多类支持向量机

支持向量机的标准建模方式目前为止高度受制于其一维输出表示的形式。因此，原生的支持向量机只能解二分类问题。支持向量机的多类支持能力薄弱的问题在一定程度上限制了其实际应用。

针对多分类问题，需要重新标注多类训练集，并分解原生多分类问题为一组二分类问题以求解。这里介绍两种通行方法，它们不仅可以用于二类支持向量机的多类化，还可以用于任何二类分类器的多类化支持过程。

（1）一对其他（One vs. Rest，OvR）。这种方法训练 n 个二类分类器，每个分类器的训练集由一个类别（正类）的数据和所有其他类别（负类）的数据组成。最终预测类别的标签是置信度最高的二类分类器的决策结果。一对其他方法在类别管理上所需的存储开销较小，测试时间较短。

（2）一对一（One vs. One，OvO）。这种方法训练 $\frac{n(n-1)}{2}$ 个二类分类器，各个分类器在一对类别的数据组合成的正负类数据集上训练，最后根据各个二类分类器的输出结果，以某种投票策略（如简单多数投票法）进行最终类别决策。一对一方法由于要考虑的分类器数量是原始类别数量的平方，在类别管理上的存储开销较大，测试时间较长。但是整体来看，就所有二类分类器的训练集规模总和以及训练时间总和而言，一对一和一对其他两个策略的计算开销相当。

对于支持向量机特定扩展而言，还存在第三种方案，即真正的多类支持向量机。

将上述二类支持向量机在建模开始时就扩展到多类。假设有 n 个类别，则需要考虑 $\frac{n(n-1)}{2}$ 个超平面的建模，这会导致非常复杂的建模。

7.5.7　支持向量机工具包

本节简要介绍两个支持向量机的工具包。

1. SVM-Light

SVM-Light① 是一个以 C 语言实现的支持向量机学习的命令行程序。它具有分类、回归、排序等功能。由于它还是一个实现半监督支持向量机（Transductive SVM）的工

---
① http://svmlight.joachims.org/。

具包，除了 1 和 −1 的正负类标签以外，它还支持使用 0 给未知标签数据加标记，此时运行速度较慢。

SVM-Light 使用两个程序：svmpcr_learn 和 svmpcr_classify，分别用于训练和分类。例如，输入数据如下：

```
 1 1:0.5 3:1 5:0.4
-1 2:0.9 3:0.1 4:2
```

svmpcr_learn 利用 train.data 的数据训练模型：

```
svm_learn train.data train.model
```

svmpcr_classify 继而利用 test.data 的数据进行分类预测：

```
svm_classify test.data train.model test.result
```

上面的命令支持如下参数设置：
- c 表示权重参数（使用交叉验证调节）。
- t 表示核函数类型，并支持用户自定义核函数。

模型预测输出格式为

正分 → 正类，负分 → 负类

得分绝对值的大小代表置信度。

2. LibLinear

LibLinear 是一个能高效解决大规模线性化分类和回归问题的工具包[①]，可以视为线性核支持向量机，它目前支持以下功能：
- L_2 正则化逻辑斯蒂回归（logistic regression）/L_2 损失支持向量分类/L_1 损失支持向量分类法。
- L_1 正则化 L_2 损失支持向量分类/L_1 正则化逻辑斯蒂回归。
- L_2 正则化 L_2 损失支持向量回归/L_1 损失支持向量回归。

该工具包的主要特征如下：
- 与 LIBSVM 的数据格式和用法相同。
- 支持多分类。
- 利用交叉验证进行模型选择。
- 仅适用于逻辑斯蒂回归的概率估计。
- 对于分布不均匀数据指定权重。
- 支持 MATLAB/Octave、Java、Python、Ruby 等编程语言调用。

最后，还可以考虑使用较为成熟的 scikit-learn SVM 算法库，它很好地封装了 LIBSVM 和 LibLinear 的实现，而仅仅重写了算法的接口部分[②]。

---

① http://www.csie.ntu.edu.tw/∼cjlin/liblinear/。
② https://scikit-learn.org/stable/modules/svm.html。

7.5.8 支持向量机总结

用于分类或回归问题求解的支持向量机模型的主要优点如下：

- 解决具备高维特征的问题很有效，甚至在特征维度大于样本数时依然有效。
- 仅需使用一部分支持向量导出超平面作决策，而无须依赖全部训练数据。
- 可以选取、设计丰富的核函数方案，方便、灵活地解决各种非线性的机器学习问题。
- 理论上针对小样本学习，泛化能力有理论保证，实际应用表现稳定。

支持向量机的主要缺点如下：

- 如果特征维度远大于样本数，则模型表现一般。
- 在训练样本量极大，核函数映射维度极高时，计算量过大，而不太适合实际使用。
- 核函数的选择没有通用准则可以遵循，有时难以选择适当的核函数。
- 模型对缺失数据敏感。

7.6 交叉熵损失与最大熵模型

对数-线性（log-linear）模型或者称为最大熵模型由 Jaynes 提出[17]。20 世纪末，算力普及到了一定阶段，这样，这个"早有准备的"机器学习模型终于在自然语言处理领域得到广泛应用。

该模型的一个主要优点在于它的灵活性：它支持丰富的特征集成，同时相对于支持向量机，其训练算法更为高效。

同样可以用 3 个要素确定作为分类器的对数-线性模型或最大熵模型：

- 输出表示。使用独热表示多个类别标签；模型预测输出针对所有类别标签，给出的是一个概率分布的形式。
- 损失函数。使用交叉熵形式的损失：

$$L_{\mathrm{CE}} = -\sum_j y_{ij} \log P(\hat{y}_{ij}) \tag{7-76}$$

$\boldsymbol{y}_i$ 是表示分类标签的独热向量，y_{ij} 是其中对于一维的期望值，且有 $y_{ij} \in \{0,1\}$。$P(\cdot)$ 是概率函数。

- 模型函数。使用对数-线性形式估计相应标签预测的概率：

$$P(y_i|x_i, W) = \frac{\mathrm{e}^{W \cdot \boldsymbol{\phi}(\boldsymbol{x}_i, y_i)}}{\sum_{y_i' \in Y} \mathrm{e}^{W \cdot \boldsymbol{\phi}(\boldsymbol{x}_i, y_i')}} \tag{7-77}$$

这里的 $\phi(\cdot)$ 即相应于预测特定标签的特征向量。

从公式化角度看，仅从以上 3 个要素即可导出模型。但是，通过对对数-线性模型的最大似然估计和最大熵原理的解释有助于读者进一步理解模型的设计动机。因此，下面分别从最大似然估计和最大熵原理两个角度介绍相应的模型推导。

7.6.1　最大似然估计：对数-线性模型

设有 m 个特征 ϕ_k，其中 $k = 1, 2, \cdots, m$，它们构成了一个 $\mathbb{R}^m$ 空间中的特征向量 $\boldsymbol{\phi}(\boldsymbol{x}, y)$，其中 $x \in X, y \in Y$。那么对任意的 $\boldsymbol{x}$ 和 y，模型的条件概率具有以下形式：

$$P(y|\boldsymbol{x}, W) = \frac{\mathrm{e}^{W \cdot \boldsymbol{\phi}(\boldsymbol{x}, y)}}{\sum_{y' \in Y} \mathrm{e}^{W \cdot \boldsymbol{\phi}(\boldsymbol{x}, y')}} \tag{7-78}$$

两边取对数，可得

$$\log P(y|\boldsymbol{x}, W) = \underbrace{W \cdot \boldsymbol{\phi}(\boldsymbol{x}, y)}_{\text{线性项}} - \underbrace{\log \sum_{y' \in Y} \mathrm{e}^{W \cdot \boldsymbol{\phi}(\boldsymbol{x}, y')}}_{\text{正则项}} \tag{7-79}$$

式 (7-79) 等号右侧两项的形式是对数-线性模型这一名称的由来。

给定模型形式之后，针对训练集 $(\boldsymbol{x}_i, y_i) \in X \times Y$，可以作出如下的最大似然估计以确定模型参数 W：

$$W_{\text{MLE}} = \underset{W \in \mathbb{R}^m}{\arg\max}\, L(W)$$

$$L(W) = \sum_{i=1}^{n} \log P(y_i|\boldsymbol{x}_i) \tag{7-80}$$

$$= \sum_{i=1}^{n} W \cdot \boldsymbol{\phi}(\boldsymbol{x}_i, y_i) - \sum_{i=1}^{n} \log \sum_{y' \in Y} \mathrm{e}^{W \cdot \boldsymbol{\phi}(\boldsymbol{x}_i, y')}$$

回顾前面介绍的图模型结构化分解中的打分函数构造，如果将每一个对象单元（这里一个对象单元是一个训练样本）的得分叠加，图模型寻求能获取最大得分的完整结构（这里是整个训练集）。如同针对线性结构分解所采取的技巧，如果定义得分为对数化概率，考虑对数将乘法转为加法，其分数累加的做法符合独立同分布条件下的概率乘法定理。因此，此时目标函数变为求最大化的整个训练集上的似然，相当于我们给出的符合直觉的假设：整个训练集观察的联合条件概率需取得最大值。

如果要求解模型 W，可以通过对目标函数求梯度并令其等于 0 实现：

$$\left.\frac{\mathrm{d}L}{\mathrm{d}W}\right|_W = \sum_{i=1}^{n} \boldsymbol{\phi}(x_i, y_i) - \sum_{i=1}^{n} \frac{\sum\limits_{y' \in Y} \boldsymbol{\phi}(\boldsymbol{x}_i, y') \mathrm{e}^{W \cdot \boldsymbol{\phi}(\boldsymbol{x}_i, y')}}{\sum\limits_{z' \in Y} \mathrm{e}^{W \cdot \boldsymbol{\phi}(\boldsymbol{x}_i, z')}}$$

$$= \sum_{i=1}^{n} \boldsymbol{\phi}(\boldsymbol{x}_i, y_i) - \sum_{i=1}^{n} \sum_{y' \in Y} \boldsymbol{\phi}(\boldsymbol{x}_i, y') \frac{\mathrm{e}^{W \cdot \boldsymbol{\phi}(\boldsymbol{x}_i, y')}}{\sum\limits_{z' \in Y} \mathrm{e}^{W \cdot \boldsymbol{\phi}(\boldsymbol{x}_i, z')}} \tag{7-81}$$

$$= \underbrace{\sum_{i=1}^{n} \boldsymbol{\phi}(\boldsymbol{x}_i, y_i)}_{\text{经验计数}} - \underbrace{\sum_{i=1}^{n} \sum_{y' \in Y} \boldsymbol{\phi}(\boldsymbol{x}_i, y') P(y'|\boldsymbol{x}_i, W)}_{\text{期望计数}}$$

如果能找到一个解法获得 W，就相当于实现了一个对数-线性模型的训练或学习算法。然而，式 (7-81) 中令梯度等于 0 的方程并不易求解。为了解决这类问题，常常采用迭代扩张（iterative scaling）和梯度下降/上升（gradient descent/ascent）的方法进行模型训练，逐次逼近期待的 W。

1. 迭代扩张

下面介绍两种迭代扩张方法。

1）广义迭代扩张

广义迭代扩张（Generalized Iterative Scaling，GIS）在 20 世纪 70 年代由 Darroch 提出[18]，是一个比较老的迭代扩张方法，其算法如算法 7.3 所示。

算法 7.3 广义迭代扩张算法

1　初始化：$W = 0$

2　计算经验计数：$H = \displaystyle\sum_{i=1}^{n} \boldsymbol{\phi}(\boldsymbol{x}_i, y_i)$

3　计算：$C = \displaystyle\max_{i=1,2,\cdots,n, y \in Y} \sum_{k=1}^{m} \Phi_k(\boldsymbol{x}_i, y)$

4　**while** 没有收敛 **do**

5　　计算期望计数：$E(W) = \displaystyle\sum_{i} \sum_{y' \in Y} \boldsymbol{\Phi}(\boldsymbol{x}_i, y') P(y'|\boldsymbol{x}_i, W)$

6　　**for** $k = 1; k \leqslant m$ **do**

7　　　$W_k \leftarrow W_k + \dfrac{1}{C} \log \dfrac{H_k}{E_k(W)}$

8　收敛到对所有 i、k 满足 $\boldsymbol{\phi}(\boldsymbol{x}_i, y_i) \geqslant 0$ 的最大似然解

下面给出广义迭代扩张算法的推导过程。如果考虑更新向量 $\boldsymbol{\delta} \in \mathbb{R}^m$，使得 $W_{k+1} = W_k + \boldsymbol{\delta}$。那么对数似然的增益为

$$L(W + \boldsymbol{\delta}) - L(W)$$

$$= \sum_{i=1}^{n} (W + \boldsymbol{\delta}) \cdot \boldsymbol{\phi}(\boldsymbol{x}_i, y_i) - \sum_{i=1}^{n} \log \sum_{y' \in Y} \mathrm{e}^{(W+\boldsymbol{\delta}) \cdot \boldsymbol{\phi}(\boldsymbol{x}_i, y')}$$

$$- \left(\sum_{i=1}^{n} W \cdot \boldsymbol{\phi}(\boldsymbol{x}_i, y_i) - \sum_{i=1}^{n} \log \sum_{y' \in Y} \mathrm{e}^{W \cdot \boldsymbol{\phi}(\boldsymbol{x}_i, y')} \right)$$

$$= \sum_{i=1}^{n} \boldsymbol{\delta} \cdot \boldsymbol{\phi}(\boldsymbol{x}_i, y_i) - \sum_{i=1}^{n} \log \frac{\displaystyle\sum_{y' \in Y} \mathrm{e}^{(W+\boldsymbol{\delta}) \cdot \boldsymbol{\phi}(\boldsymbol{x}_i, y')}}{\displaystyle\sum_{z \in Y} \mathrm{e}^{W \cdot \boldsymbol{\phi}(\boldsymbol{x}_i, z)}}$$

$$= \sum_{i=1}^{n} \boldsymbol{\delta} \cdot \boldsymbol{\phi}(\boldsymbol{x}_i, y_i) - \sum_{i=1}^{n} \log \sum_{y' \in Y} p(y'|\boldsymbol{x}_i, W) \mathrm{e}^{\boldsymbol{\delta} \cdot \boldsymbol{\phi}(\boldsymbol{x}_i, y')}$$

$$\geqslant \sum_{i=1}^{n} \boldsymbol{\delta} \cdot \boldsymbol{\phi}(\boldsymbol{x}_i, y_i) + 1 - \sum_{i=1}^{n} \sum_{y' \in Y} p(y'|\boldsymbol{x}_i, W) \mathrm{e}^{\boldsymbol{\delta} \cdot \boldsymbol{\phi}(\boldsymbol{x}_i, y')}$$

$$= \sum_{i=1}^{n} \boldsymbol{\delta} \cdot \boldsymbol{\phi}(\boldsymbol{x}_i, y_i) + 1 - \sum_{i=1}^{n} \sum_{y' \in Y} p(y'|\boldsymbol{x}_i, W) \mathrm{e}^{\boldsymbol{\delta} \cdot \boldsymbol{\phi}(\boldsymbol{x}_i, y') + 0 \cdot (C - C_i(y'))}$$

$$\geqslant \sum_{i=1}^{n} \boldsymbol{\delta} \cdot \boldsymbol{\phi}(\boldsymbol{x}_i, y_i) + 1 - \sum_{i=1}^{n} \sum_{k} p(y'|\boldsymbol{x}_i, W) \left(\sum_{k} \frac{\phi(\boldsymbol{x}_i, y')}{C} \mathrm{e}^{C\delta_k} + \frac{C - C_i(y')}{C} \right)$$

$$= A(W, \boldsymbol{\delta}) \tag{7-82}$$

在式 (7-82) 中，

$$C_i(y') = \sum_{k} \phi_k(\boldsymbol{x}_i, y'), \quad C = \max_{i, y'} C_i(y')$$

上述推导中等式到不等式的缩放利用了对数不等式及以下条件：

$$-\log x \geqslant 1 - x$$

$$\mathrm{e}^{\sum\limits_{x} q(x)f(x)} \leqslant \sum_{x} q(x) \mathrm{e}^{f(x)}, \quad \forall q(x) \geqslant 0 \tag{7-83}$$

$$\sum_{x} q(x) = 1$$

由式 (7-82)，得到一个辅助函数 $A(W, \boldsymbol{\delta})$ 使得

$$L(W + \boldsymbol{\delta}) - L(W) \geqslant A(W, \boldsymbol{\delta})$$

对于每个 δ_k 最大化 $A(W, \boldsymbol{\delta})$，有

$$\frac{\mathrm{d}A}{\mathrm{d}\delta_k} = \sum_{i=1}^{n} \phi_k(\boldsymbol{x}_i, y_i) - \sum_{i=1}^{n} \sum_{y' \in Y} p(y'|\boldsymbol{x}_i, W) \phi_k(\boldsymbol{x}_i, y') \mathrm{e}^{C\delta_k} \tag{7-84}$$

$$= H_k - \mathrm{e}^{C\delta_k} E_k(W)$$

令上面的导数等于 0，即得到最终的迭代扩张的更新策略：

$$\delta_k = \frac{1}{C} \log \frac{H_k}{E_k(W)} \tag{7-85}$$

在广义迭代扩张中，由于必有 $L(W^{n+1}) \geqslant L(W^n)$，故其一定可以收敛，但是收敛过程也许会很慢。

对数-线性模型离线训练算法每次迭代的时间复杂度为 $O(n \times |Y| \times a)$，其中 n 为训练集的大小，$|Y|$ 为类别数，a 为激活特征的平均数量。

2）改进迭代扩张

改进迭代扩张（Improved Iterative Scaling，IIS）算法由 Berger 提出[19]，其相较于广义迭代扩张最大的不同是在缩放的部分提出了另一个解决方案。该算法大体流程如下所示：

$$\sum_{i=1}^{n} \boldsymbol{\delta} \cdot \boldsymbol{\phi}(\boldsymbol{x}_i, y_i) + 1 - \sum_{i=1}^{n} \sum_{y' \in Y} p(y'|\boldsymbol{x}_i, W) \mathrm{e}^{\boldsymbol{\delta} \cdot \boldsymbol{\phi}(\boldsymbol{x}_i, y')}$$

$$\geqslant \sum_{i=1}^{n} \boldsymbol{\delta} \cdot \boldsymbol{\phi}(\boldsymbol{x}_i, y_i) + 1 - \sum_{i=1}^{n} \sum_{y' \in Y} p(y'|\boldsymbol{x}_i, W) \left(\sum_{k} \frac{\boldsymbol{\phi}(\boldsymbol{x}_i, y')}{f(\boldsymbol{x}_i, y')} \mathrm{e}^{f(\boldsymbol{x}_i, y') \delta_k} \right) \qquad (7\text{-}86)$$

$$= A(W, \boldsymbol{\delta})$$

式 (7-86) 的推导继续用了式 (7-83) 中成立的不等式及条件，且有

$$f(\boldsymbol{x}_i, y') = \sum_{k} \boldsymbol{\phi}(\boldsymbol{x}_i, y')$$

改进迭代扩张方法最大化 $A(W, \boldsymbol{\delta})$，以寻优 δ_k，其等价于求解式 (7-87)：

$$\sum_{i=1}^{n} \phi_k(\boldsymbol{x}_i, y_i) - \sum_{i=1}^{n} \sum_{y' \in Y} p(y'|\boldsymbol{x}_i, W) \phi_k(\boldsymbol{x}_i, y') \mathrm{e}^{f(\boldsymbol{x}_i, y') \delta_k} = 0 \qquad (7\text{-}87)$$

2. 梯度方法

下面介绍两种梯度方法。

1）一阶梯度：共轭梯度法

在一阶梯度法中，为了最大化 $L(W)$，需要计算梯度并使其等于 0，梯度的计算如下：

$$\frac{\mathrm{d}L}{\mathrm{d}W}\Big|_{W} = \sum_{i=1}^{n} \boldsymbol{\phi}(\boldsymbol{x}_i, y_i) - \sum_{i=1}^{n} \sum_{y' \in Y} \boldsymbol{\phi}(\boldsymbol{x}_i, y') P(y'|\boldsymbol{x}_i, W) \qquad (7\text{-}88)$$

据此，一阶梯度算法参照算法 7.4。

算法 7.4 一阶梯度算法

1　初始化：$W = 0$
2　**while** 没有收敛 **do**
3　　　计算：$\Delta = \dfrac{\mathrm{d}L}{\mathrm{d}W}\Big|_{W}$
4　　　计算：$\beta_* = \underset{\beta}{\arg\max}\, L(W + \beta \Delta)$ (线性搜索)
5　　　更新：$W \leftarrow W + \beta_* \Delta$

原始的一阶梯度法非常慢，因而可以考虑共轭梯度（conjugate gradient）法[20]。该方法在每次迭代的时候都会计算梯度，同时会结合之前的梯度方向作一个线性搜索。在此基础上，Fletcher 和 Reeves [21] 使用了矩阵存储，使得算法具有较快的收敛速度和二次终止性等优点。共轭梯度法仅需以如下方式配对似然和一阶梯度为共轭梯度即可方便实现：

$$\mathrm{calc\_gradient}(W) \rightarrow \left(L(W), \frac{\mathrm{d}L}{\mathrm{d}W}\Big|_{W} \right) \qquad (7\text{-}89)$$

2）二阶梯度：L-BFGS/LMVM 算法

在梯度法中，我们希望能够使函数尽快收敛，于是需要寻找到一条比一阶梯度更"陡"的路线，因此需要对函数求二阶导数，这便是二阶梯度的思想来源。二阶梯度能提供一个启发式信息，引导一阶梯度往最快到达 0 点方向逼近。标量函数对于向量的一阶求导会导致梯度计算，也就是张量阶数会提升，因此二阶梯度法就需要考虑二阶张量，即矩阵，这里涉及的矩阵称之为黑塞（Hessian）矩阵。

常用的二阶梯度算法有两个变体：有限存储 BFGS 算法（L-BFGS 或 LM-BFGS）[22] 和有限存储可变指标（Limited-Memory Variable Metric，LMVM）算法[23]。其中，前者是一种拟牛顿优化方法，其核心思路是利用 Broyden-Fletcher-Goldfarb-Shanno（BFGS）更新方式逼近逆黑塞矩阵。

二阶梯度算法的实现都十分复杂，但是由于显著的效率优势，目前是首选的用于对数-线性模型离线训练的数值优化方法。

Malouf[24] 在 4 种机器学习任务上经验性地比较了典型的对数-线性模型上的离线训练算法，结果如表 7.1所示。这些结果对比显示：二阶梯度算法有着相对于一阶梯度算法以及迭代扩张方法的巨大效率优势（通常快一个数量级）。迭代扩张方法还存在精度不稳定现象。另外，这个经验性比较还显示 IIS 比起传统的 GIS 并无明显的精度和效率优势。共轭梯度法有一定的效率优势，但是在大型任务上开始出现不稳定现象。

表 7.1　对数-线性模型上的离线训练算法的经验性比较结果

方　　法		Rules 任务		Lex 任务		Summary 任务		Shallow 任务	
		精度	训练时间	精度	训练时间	精度	训练时间	精度	训练时间
迭代扩张	GIS	47.00	16.68	46.74	31.69	96.10	107.05	14.19	21 223.86
	IIS	43.82	31.36	42.15	95.09	96.10	188.54	5.42	66 855.92
一阶梯度	最陡梯度上升	44.88	4.80	42.92	114.21	96.33	190.22	26.74	85 062.53
	共轭梯度 (FR版)	44.17	2.57	43.30	30.36	95.87	49.48	24.72	39 038.31
	共轭梯度 (PRP版)	46.29	1.93	44.06	21.72	96.10	31.66	24.72	16 251.12
二阶梯度	LMVM	44.52	1.13	43.30	20.02	95.54	8.52	23.82	2420.30

7.6.2　最大熵原理

本节从最大熵原理的角度解释最大熵模型和对数-线性模型。

1. 最大熵模型

定义满足训练数据 $(\boldsymbol{x}_i, y_i)$ 决定的线性约束的概率分布：

$$P = \left\{ p : \underbrace{\sum_{i=1}^{n} \boldsymbol{\phi}(\boldsymbol{x}_i, y_i)}_{\text{经验计数}} = \underbrace{\sum_{i=1}^{n} \sum_{y \in Y} \boldsymbol{\phi}(\boldsymbol{x}_i, y) p(y|\boldsymbol{x}_i)}_{\text{期望计数}} \right\} \tag{7-90}$$

其中，P 对于任意的 i 和 y 定义了 $p(y|\boldsymbol{x}_i)$ 的 $n \times |Y|$ 维向量，$\phi(\cdot)$ 则是特征向量。此外约定至少有一个分布满足如下条件：

$$p(y|\boldsymbol{x}_i) = \begin{cases} 1, & \text{如果} y = y_i \\ 0, & \text{否则} \end{cases} \tag{7-91}$$

下面引入熵（entropy）的概念。直觉上，熵可以解释为一个对分布平滑程度的度量。在数学形式上，熵可以表示为 P^P，其中 P 为观察到事件的概率。任意分布的熵可表示为

$$H(p) = -\frac{1}{n} \sum_{i=1}^{n} \sum_{y \in Y} p(y|\boldsymbol{x}_i) \log p(y|\boldsymbol{x}_i) \tag{7-92}$$

根据熵的定义，容易知道均匀分布在所有分布中具有最大熵。均匀分布在可观察到的训练数据上写为

$$p(y|\boldsymbol{x}_i) = -\frac{1}{|Y|}, \forall y, \boldsymbol{x}_i \tag{7-93}$$

对于给定训练数据，理想模型需要满足我们的经验观察，即式 (7-90) 定义的训练数据确定的可观察约束。同时，对于未知的不可观察部分，我们希望模型分布所确定的预测尽可能无偏，这就要求该分布要尽可能平滑，也就是需具备最大熵。故受制于训练数据约束的条件最大熵模型可表示为

$$p_* = \arg\max_{p \in P} H(p) \tag{7-94}$$

简言之，要寻找的是一个既满足这些已知约束又尽可能平滑的分布。

2. 对数-线性模型

定义指定为对数-线性形式的概率分布：

$$Q = \left\{ Q : q(y|\boldsymbol{x}_i) = \frac{\mathrm{e}^{W \cdot \boldsymbol{\phi}(\boldsymbol{x}_i, y)}}{\sum_{y' \in Y} \mathrm{e}^{W \cdot \boldsymbol{\phi}(\boldsymbol{x}_i, y')}}, W \in \mathbb{R}^m \right\} \tag{7-95}$$

其中，Q 对于任意 i 和 y 定义了 $q(y|\boldsymbol{x}_i)$ 的 $n \times |Y|$ 维向量。该模型的最大似然解受制于

$$q_* = \arg\min_{q \in \overline{Q}} L(q)$$
$$L(q) = -\sum_{i=1}^{n} \log q(y_i|\boldsymbol{x}_i) \tag{7-96}$$

其中 $\overline{Q}$ 是 Q 的闭包。

3. 对偶定理

针对对数-线性模型的最大似然估计以及最大熵模型，Della Pietra 等证明了对偶

定理[25]。该定理断言，存在唯一的分布 q_* 满足

- $q_* \in P \cap Q$。
- $q_* = \underset{p \in P}{\arg\max}\, H(p)$（最大熵解）。
- $q_* = \underset{q \in \overline{Q}}{\arg\min}\, L(q)$（最大似然解）。

这意味着最大熵模型的解可以写为对数-线性的形式，并总能找到最大似然解，它等价于最人熵模型的解。

7.6.3　平滑

直接运用最大熵模型进行机器学习建模已经被证明很容易导致过拟合，因此需要运用一些平滑技巧缓解相应的风险。

1. 计数截断

计数截断方法由 Ratnaparkhi 提出[26]，他在其最大熵模型中只使用训练数据中出现了 5 次及以上的特征，也就是说，对于任意特征有 $\sum_i \phi_k(\boldsymbol{x}_i, y_i) \geqslant 5$。这样做的思想是直接从数据中删除很可能存在错误或偶然情况的样本，这个处理属于一种特征工程技巧。

2. 高斯先验

高斯先验方法的具体做法为：在原有模型上强制叠加一个高斯分布，则叠加后的损失函数变为

$$L(W) = \sum_{i=1}^{n} W \cdot \boldsymbol{\phi}(\boldsymbol{x}_i, y_i) - \sum_{i=1}^{n} \log \sum_{y' \in Y} \mathrm{e}^{W \cdot \boldsymbol{\phi}(\boldsymbol{x}_i, y')} - \sum_{k=1}^{m} \frac{W_k^2}{2\delta^2} \tag{7-97}$$

其中 δ 为人工可调的参数，用于设置叠加的高斯分布的强度。

高斯先验方法下的模型梯度计算形式此时变为

$$\left.\frac{\mathrm{d}L}{\mathrm{d}W}\right|_{W} = \underbrace{\sum_{i=1}^{n} \boldsymbol{\phi}(\boldsymbol{x}_i, y_i)}_{\text{经验计数}} - \underbrace{\sum_{i=1}^{n} \sum_{y' \in Y} \boldsymbol{\phi}(\boldsymbol{x}_i, y') P(y'|\boldsymbol{x}_i, W)}_{\text{期望计数}} - \frac{1}{\delta^2} W \tag{7-98}$$

因此，可以用几乎同样的梯度优化方法训练模型。

下面给出高斯先验方法的贝叶斯解释。

在贝叶斯方式的模型求解中，针对对数似然 $P(\text{data}|W)$ 和参数先验概率 $P(W)$，自然地有

$$P(W|\text{data}) = \frac{P(\text{data}|W)P(W)}{\int_W P(\text{data}|W)P(W)\mathrm{d}W} \tag{7-99}$$

其相应的最大后验估计（Maximum A-Posteriori，MAP）可表示为

$$\begin{aligned} W_{\text{MAP}} &= \underset{W}{\arg\max}\, P(W|\text{data}) \\ &= \underset{W}{\arg\max}(\log P(\text{data}|W) + \log P(W)) \end{aligned} \tag{7-100}$$

如果设定该先验为高斯型，则有

$$P(W) \propto \mathrm{e}^{-\sum_k \frac{W_k^2}{2\delta^2}} \Rightarrow \log P(W) = -\sum_k \frac{W_k^2}{2\delta^2} + C \tag{7-101}$$

高斯先验方法在实践中能有效缓解最大熵模型的过拟合风险，但是同时最大熵模型的训练过程也会被这一设定拖慢。

在实际使用中，对于常规的不平滑的最大熵模型，如果模型仅包含 n 元特征，那么它实际上便等价于最大似然估计，例如下面的三元语言模型：

$$P(w_i|w_{i-2}, w_{i-1}) = \frac{\mathrm{count}(w_{i-2}, w_{i-1}, w_i)}{\mathrm{count}(w_{i-2}, w_{i-1})} \tag{7-102}$$

Chen 等[27] 将最大熵模型应用于语言建模，其性能甚至优于 Kneser-Ney 的折扣平滑方法。

7.6.4 最大熵模型的工具包

下面列举几个最大熵模型的开源工具包：
- YASMET①。
- yasmetFS②。
- OpenNLP MaxEnt③。
- Maximum Entropy Modeling Toolkit for Python and C++④。

需要留意的是，实用的大规模最大熵模型训练依赖于二阶梯度算法，但这个算法的稳定实现需要高度的技巧。

7.7 从神经元学习到神经网络

在本章中，剥离了结构化学习的技巧性部分之后，从纯粹的打分器角色出发，以支持向量机和最大熵模型为例分别介绍了基于两大类损失函数的机器学习模型，展示出机器学习模型可以由不同组件或要素搭配组合定义。

在前面表示（或表征）部分的介绍中，不失一般性，始终默认模型输入是一个向量。我们暂时忽略这个向量是独热向量还是基于其他先进方法取得的向量。一个机器学习模型的定义和特征输入部分的设置并不直接相关。机器学习模型的定义只取决于输出表示、损失函数和模型函数。与人们的直观理解不一致的是，模型函数设定并不是这 3 个要素中最重要的部分，输出表示和损失函数实际上决定了一个机器学习模型的几乎所有关键特性。表 7.2列出了面向分类问题的支持向量机和最大熵模型的定义要素，同时按照这样的要素搭配"虚构"了几个新的模型。

---

① http://www-i6.informatik.rwth-aachen.de/web/Software/YASMET.html。

② http://www.isi.edu/natural-language/people/ravichan/YASMET/。

③ http://opennlp.apache.org/。

④ https://github.com/lzhang10/maxent。

表 7.2　面向分类问题的支持向量机和最大熵模型的定义要素

模　　　型	输　出　表　示	损　失　函　数	模　型　函　数
支持向量机	一维向量 （针对二分类）	铰链损失	自定义核函数
最大熵模型	独热向量	交叉熵损失	对数-线性形式
向量化支持向量机	独热向量	铰链损失	自定义核函数
铰链最大熵模型	独热向量	铰链损失	对数-线性形式
核最大熵模型	独热向量	铰链损失	自定义核函数

如果我们希望在不违反奥卡姆剃刀原则的前提下定义更有弹性的机器学习模型，就要重新回到神经元学习的框架下。支持向量机与最大熵模型的神经网络形式（即神经元组织形式）如图 7.12 和图 7.13 所示。支持向量机的核函数对应于神经元的激活函数，而最大熵模型的对数-线性表达式的模型函数将获得一个新的名称——softmax。后面将会看到，这都是神经网络的特殊情形：无隐藏层的神经网络。后面会继续使用这里用到的两大类损失函数打造更先进的机器学习模型。

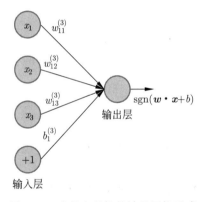

图 7.12　支持向量机的神经网络形式

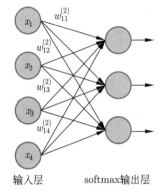

图 7.13　最大熵模型的神经网络形式

参考文献

[1] HELLINGER E D, 1909, Neue Begründung der Theorie quadratischer Formen von unendlichvielen Veränderlichen (in German). Journal für die reine und angewandte Mathematik, 136: 210-271.

[2] BHATTACHARYA A K, 1943. On a Measure of Divergence between Two Statistical Populations Defined by Probability Distributions. Bulletin of the Calcutta Mathematical Society, 35: 99-109.

[3] VASERSTEIN L N, 1969. Markov Processes over Denumerable Products of Spaces Describing Large Systems of Automata. Problemy Peredači Informacii, 5(3): 64-72.

[4] DOBRUSHIN R L, 1970. Definition of Random Variables by Conditional Distributions. Theory of Probability and its Applications, 15(3): 458-486.

[5] STOLFI J, 1994. Personal Communication to Leonidas J. Guibas.

[6] RUBNER Y, Tomasi C, Guibas L J, 2000. The Earth Mover's Distance as a Metric for Image Retrieval. International Journal of Computer Vision, 40(2): 99-121.

[7] SILVERMAN B W, JONES M C, 1989. E. Fix and J.L. Hodges (1951): An Important Contribution to Nonparametric Discriminant Analysis and Density Estimation: Commentary on Fix and Hodges (1951). International Statistical Review, 57: 233.

[8] COVER T, HART P, 1967. Nearest Neighbor Pattern Classification. IEEE Transactions on Information Theory, 13: 21-27.

[9] ROSENBLATT F, 1958. The Perceptron: A Probabilistic Model for Information Storage and Organization in the Brain. Psychological Review, 65(6): 386-408.

[10] FREUND Y, SCHAPIRE R E, 1999. Large Margin Classification Using the Perceptron Algorithm. Machine Learning, 37(3): 277-296.

[11] COLLINS M, 2002. Discriminative Training Methods for Hidden Markov Models: Theory and Experiments with Perceptron Algorithms. in: Proceedings of the 2002 Conference on Empirical Methods in Natural Language Processing (EMNLP): 1-8.

[12] CORTES C, VAPNIK V, 1995. Support-vector Networks. Machine Learning, 20: 273-297.

[13] BOSER B E, GUYON I M, VAPNIK V N, 1992. A Training Algorithm for Optimal Margin Classifiers. in: Proceedings of the Fifth Annual Workshop on Computational Learning Theory: 144-152.

[14] PLATT J C, 1998. Sequential Minimal Optimization: A Fast Algorithm for Training Support Vector Machines. Microsoft Research Technical Report, MSR-TR-98-14.

[15] SYED N A, LIU H, SUNG K K, 1999. Incremental Learning with Support Vector Machines. International Joint Conference on Artificial Intelligence (IJCAI): 352-356.

[16] CAUWENBERGHS G, POGGIO T A, 2000. Incremental and Decremental Support Vector Machine Learning. in: Advances in Neural Information Processing Systems 13, Papers from Neural Information Processing Systems (NIPS) 2000: 409-415.

[17] JAYNES M R, STIEFEL E, 1957. Information Theory and Statistical Mechanics. Physical Reviews, 108(2): 620-630.

[18] DARROCH J N, RATCLIFF D, 1972. Generalized Iterative Scaling for Log-Linear Models. The Annals of Mathematical Statistics, 43(5): 1470-1480.

[19] BERGER A L, DELLA PIETRA S A, DELLA PIETRA V J, 1996. A Maximum Entropy Approach to Natural Language Processing. Computational Linguistics, 22(1): 39-71.

[20] HESTENES M R, STIEFEL E, 1952. Method of Conjugate Gradients for Solving Linear Systems. Journal Research of the National Bureau of Standards, 49(6): 409-436.

[21] FLETCHER R, REEVES C, 1964. Function Minimization by Conjugate Gradient. The Computer Journal, 7: 163-168.

[22] NOCEDAL J, 1980. Updating Quasi-Newton Matrices with Limited Storage. Mathematics of Computation, 35(151): 773-782.

[23] BYRD R H, LU P, NOCEDAL J, et al., 1995. A Limited Memory Algorithm for Bound Constrained Optimization. SIAM Journal on Scientific Computing, 16(5): 1190-1208.

[24] MALOUF R, 2002. A Comparison of Algorithms for Maximum Entropy Parameter Estimation. in: The 6th Conference on Natural Language Learning 2002 (CoNLL-2002).

[25] DELLA PIETRA S, DELLA PIETRA V, LAFFERTY J, 1997. Inducing Features of Random Fields. IEEE Transactions on Pattern Analysis and Machine Intelligence, 19(4): 380-393.

[26] RATNAPARKHI A, 1996. A Maximum Entropy Model for Part-of-Speech Tagging. in: Proceedings of the Conference on Empirical Methods in Natural Language Processing (EMNLP): 133-142.

[27] CHEN S, ROSENFELD R, 1999. A Gaussian Prior for Smoothing Maximum Entropy Models. Technical Report CMU-CS-99-108.

第8章 深度学习模型

本书将机器学习解释为对于训练数据 $\{(x_i, y_i)\}_{i=1,2,3,\dots}$ 的映射学习，即

$$\theta = \arg\min_{\theta} \sum_i \mathrm{Loss}(y_i, \hat{y}_i)$$
$$\hat{y}_i = M_{\theta}(x_i)$$

(8-1)

前面已经总结出自定义机器学习模型的 4 个要素：输入表示（即 x_i 形态）、输出表示（即 y_i 形态）、模型函数 $(M_{\theta}(\cdot))$ 以及损失函数 $(\mathrm{Loss}(\cdot))$。如果希望定义尽可能一般化的机器学习模型，就需要分别从这 4 个要素着手考虑一般化设置情形。以下从奥卡姆剃刀原则意义上的最简设计角度，针对这 4 个要素探讨一般化的机器学习模型的形态。

损失函数直观上可以理解为一种距离函数。前面已经针对两类距离函数分别推导了支持向量机和最大熵模型。前者对应于算术距离，后者对应于信息距离（或称概率距离）。同一类距离函数并无本质区别，之所以有计算形式差异，多由于一些计算便利因素所导致。损失函数的取舍严重受制于奥卡姆剃刀原则，对应于算术距离和信息距离的两类损失函数是目前几乎所有机器学习模型的选择范围。

和直观理解相反，相对于损失函数，模型函数是一个决定机器学习模型特性的次要因素。甚至对于大多数情形，模型函数属于用户自定义超参数之一（如支持向量机的情形）或由损失函数结合输出表示形式唯一确定（如最大熵模型的情形）。我们已经将向量到标量的学习模式一般化地定义为一个神经元。如图 8.1所示，这是最早的人工神经元模型——MCP 模型[1]，该模型将神经元简化为 3 个过程：输入信号线性加权、求和、非线性激活。MCP 模型是按照生物神经元的结构和工作原理构造出来的一个抽象和简化了的模型。让人惊讶的是，它和我们今天考虑的神经元模型所定义的在线性加权之上施加激活函数并无不同。在默认的最简情形下，神经元使用线性激活函数，这导致了感知机模型。或者简单地认为：感知机就是单个 MCP 模型。

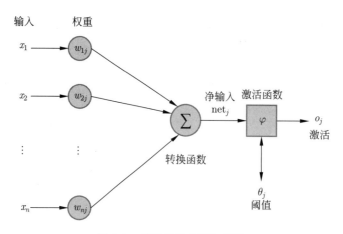

图 8.1 神经元的 MCP 模型

　　在更为一般化的情形下，针对向量到向量的学习需要堆积多个神经元，此时就获得了神经网络，如图 8.2 所示。神经网络是从单节点的神经元学习出发而获得的模型函数形式的一个自然推广，这相当于将模型函数从单节点推广到一般的图形式。当需要多个神经元表达一个向量的时候，无论是输入还是输出，都需要将神经元并列在一起，这种结构称之为神经网络的层（layer）。最为简单的神经网络是最大熵模型的神经网络形式，仅有输入层和输出层。图 8.2 所示的神经网络是在输入层和输出层之间直接添加新的层（称之为隐藏层或隐层），这样的神经网络是神经元在纵向和横向两个维度上自然的线性推广，称之为多层感知机（MultiLayer Perceptron，MLP）。

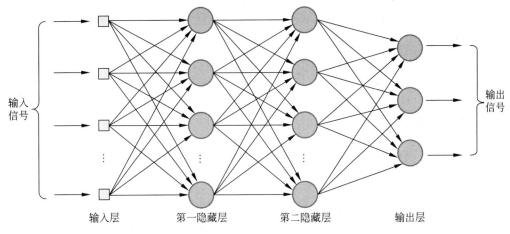

图 8.2　神经网络（多层感知机）

　　在相关文献中，从输入到输出的网络数据流也称之为信号。对于一般神经网络而言，从输入层到输出层之间的信号传递和处理的流动方向称之为正向，模型在预测阶段需要执行正向计算。反过来，在训练过程中，试图获得优化模型参数的时候，需要执行从输出层到输入层的计算处理，这称之为反向计算或反向传播。

　　在一般化机器学习中，输入和输出数据具有向量形式，神经网络是能处理这种数据形式的一般化同时也是必要的模型形式。针对前面神经元学习（注意，最低条件下输出仅需标量即可）而定义的模型函数 $M(\cdot)$，这里需要针对向量化输出 y 将其重新定义为神经网络前向计算的向量算子。

　　无论对于自然界的进化结果还是在数学形式上，对向量化输入输出的自然解决方案都是在数据流的径向线性地堆积神经元，从而导致了层这种神经网络结构单元。这并不违反"如无必要，勿增实体"的奥卡姆剃刀原则，因为此时的确有这个必要。

　　从神经元到神经网络的堆积可以类比于从节点（node 或 vertex）到图（graph）的数据结构上的推广，因此，承担刻画数据非线性特征任务的模型设置的关键依然在于如何定义神经元之中的激活函数。

　　当把模型形式从一个多元函数推广到任意图结构的神经网络的时候，同时也极大地扩展了模型形式超参数的选择空间。也就是除了原来仅需考虑的激活函数这一选择之外，现在还需考虑如何界定有效的神经网络图的拓扑结构。

除了模型自身的形式之外，决定机器学习模型特征的数据因素还包括输入和输出流的编码方式。在最近 20 年的文献中越来越常用"表示"或"表征"（representation）这个术语表达这里涉及的数据编码方式。

对于向量数据而言，前面介绍过，独热表示被证明是一个无偏的、知识独立的编码方式。因此，独热表示被同步用于输出和输入数据编码。

对于输出表示而言，它决定了模型映射的值域集合，其数据形态的张量维度严重受制于现代数学所能有效支持的处理能力。虽然一般神经网络定义一个函数向量作为输出，但是自由取值向量输出在实践中很早就被证实是低效的。这导致的结果是，从机器学习的早期一直到现在，向量化输出表示本质上一直遵从独热表示方式。当然，对于标量化（一维向量）输出，还有简化的阈值二分类表示方案或直接的一元回归分析（均被支持向量机所使用）。

现代机器学习理论和实践的重大进展在于输入表示的改进，这导致了现代的深度学习，或者称之为基于表示（表征）的学习（representation learning）。

8.1 表示学习

传统上，机器学习模型使用对于输入表示保持无偏的输入数据流独热编码。对于特征向量意义上的输入来说，它是多个独热向量的叠加，尽管如此，这依然是一个高度稀疏的向量。然而，现代机器学习实践很早就证明，稀疏特征向量是高度冗余的，在饱受其中的噪音干扰的同时，高维向量还会导致模型复杂度提升以及计算代价高昂。

传统机器学习方法采取的补救措施就是引入一个单独的降维（dimension reduction）过程作为后续机器学习过程的预处理阶段。因为训练数据 $\{(\boldsymbol{x}_i, y_i)\}_{i=1,2,3,\cdots}$ 中的特征部分 $\{\boldsymbol{x}_i\}_{i=1,2,3,\cdots}$ 整体而言是矩阵形式的，可以方便地用矩阵变换方法提取其中的低维显著特征向量。

使用基于矩阵变换的降维预处理在计算上有相当的不便，因此，可以考虑将降维本身作为模型学习的目标之一，则式 (8-1) 的训练目标需相应地改变为

$$\theta, x = \underset{\theta, x}{\arg\min} \sum_i \text{Loss}(y_i, \hat{y_i})$$

$$\hat{y_i} = M_\theta(\boldsymbol{x}_i)$$

(8-2)

显然式 (8-2) 中直接优化每一个 $\boldsymbol{x}_i$ 会带来巨大的计算代价以及极高的过拟合风险（因为未知样本的低维表示无法直接从训练集习得），因此，更实用且更可靠的做法是学习嵌入（embedding）表示。对于每一个样本输入 $\boldsymbol{x}_i$，将其分解为

$$\boldsymbol{x}_i := e(x_{i1}) \oplus e(x_{i2}) \oplus \cdots \oplus e(x_{ik}), \qquad e(x_{ij}) \in E$$

(8-3)

其中，$e(\cdot)$ 代表嵌入表示；$\oplus$ 代表向量拼接或其他集成操作；$E = \{e(x_{ij})|\forall i, j\}$ 是全部嵌入的集合，在自然语言处理中通常可以理解为词表中各个词嵌入构成的集合。在这种

情形下，可以将式 (8-2) 修正为

$$\theta, E = \underset{\theta, E}{\arg\min} \sum_i \text{Loss}(y_i, M_\theta(\boldsymbol{x}_i)) \tag{8-4}$$

其中，嵌入集 E 包含构成所有 $\boldsymbol{x}_i$ 的词典。

值得注意的是，基于嵌入的基础表示学习方案仅改进了模型的学习，也就是训练部分，并不变动模型本身。也就是说，前向计算方式不会作任何变化，但是模型训练过程有重大改进，模型训练结束后，除了模型本身参数得到优化之外，还能额外获得对于每个嵌入的优化表示，它是一个有着特定语义的低维稠密向量。尽管模型结构和前向计算方式在进行表示学习与否两种情况下并无变化，但是有效的表示学习已经被证明可以有效提升机器学习性能。

为了获得有推广能力的表示学习模型，我们采取了嵌入分解方案，也就是一个输入样本将由多个类似于词表单元的嵌入组成。这样获得的模型将用嵌入表表达任意的新样本。在这个操作中，隐含着对于输入数据的特征向量分解的需求。对于自然语言这样离散的符号系统，很方便使用向量拼接对应符号之间的相应拼接操作。同时，也可以刻意选择或切分出有意义的符号单元作为表示学习的嵌入对象。

表示学习模式基于数据驱动获取各个单元的语义表示带来了以下 3 个新的意外好处：

（1）快速生成语义词典。对于一般的机器学习而言，表示学习功能的加入等同于赋予模型自动化降维学习能力，某些时候这是长久以来机器学习界所期盼的自动化特征工程能力，从而能产生让人惊叹的学习结果。表示学习通过自动学习特征解决在人工设计特征时出现的问题。人工设计的特征在实践中往往会有各种问题，例如过度指定、特征不完整，同时设计和验证特征的效率也比较低。相较于人工设计特征，通过自动学习的方式获得特征的速度比较快，同时特征也比较容易得到。对于类似自然语言这样的符号系统，语义词典有时能起到难以替代的关键作用，也是在很多场合唯一可用的关键特征，但是以往语义词典高度依赖耗时耗力的人工编纂，得到的词典还有主观性强、更新迟缓等明显缺陷。表示学习提供了自动化、快速与客观性强的语义词典生成手段。

（2）克服特征组合爆炸问题（维度灾难）。常规的基于独热表示的特征向量仅能无偏地索引每一个特征（各个单独特征向量之间两两正交），通常维度很高，数据稀疏性严重。此外，即使特征之间有明显的语义联系，特征向量也不能通过关联特征自动获取新的特征表达能力，仍需机械地添加新的特征标识符。也就是说，特征 $\boldsymbol{A}$ 和 $\boldsymbol{B}$ 都存在，并不意味着 $\boldsymbol{A} + \boldsymbol{B}$ 特征能为特征向量所表示。但是表示学习所导致的嵌入带有很强的语义表达能力。拼接的多个嵌入如果持有成员语义，则多嵌入拼接自动获得合成的语义表示，即特征 $\boldsymbol{A}$ 和 $\boldsymbol{B}$ 分别通过不同的嵌入拼接，则最终的特征向量自动获得具有 $\boldsymbol{A} + \boldsymbol{B}$ 语义的特征表达。

（3）便于进行结构自监督学习。考虑到表示学习所生成的低维稠密向量的语义词典意义，可以针对结构化共现数据便捷地定义自监督学习任务。在无须人工标注语料的情况下，类似 n 元语言模型的上下文情形，从前 $n-1$ 元组预测最后的一元组，通过这样的方式就能方便地构造自监督学习任务，学习到有用的语言表示。后面将看到，利用表示学习机制，在不使用任何标注数据的情况下，仅用线性共现的 n 元组语言数据，即可定义出指示性极强的机器学习任务。

表示或表征学习的思想肇始于 Bengio 等于 2003 年发表的神经语言模型的工作[2]。前面将神经元学习、神经网络解释为一般化的机器学习框架。神经网络模型作为最一般的机器学习模型尽管提出得很早（MCP 模型），但是它在非表示学习时期由于明显的计算代价问题并未得到普遍的工业化应用。按照奥卡姆剃刀原则，应该进行最简建模，这也意味着传统机器学习模型（即非表示学习模型）或许并不需要大型的网络超参数设置即可有效工作。毕竟万能近似定理（Universal Approximation Theorem，UAT）表明[3,4]，一个前馈神经网络如果具有线性输出层和至少一个具有任何一种"挤压"性质的激活函数（例如 Sigmoid 激活函数）的隐藏层，只要给予这个前馈神经网络足够数量的隐藏单元，它就可以以任意的精度逼近任何从一个有限维空间到另一个有限维空间的博雷尔（Borel）可测函数。

但是，大量实践表明，表示学习的低维稠密向量需要更为复杂的、更大型的神经网络以及更大规模的数据才能帮助其有效习得。因此，以表示学习方式工作的神经网络被专门称之为深度学习模型。从 2006 年起，深度学习展现出超越其他机器学习方法的优势，尽管它的思想起源于自然语言处理并首先在该领域得到应用，然而它是在语音和图像处理领域取得标志性成功之后才重新回到自然语言处理领域并得到广泛应用。

深度学习在 2006 年前后展现出优势和当时的环境是分不开的。首先，长时间的积累产生了深度学习技术所需的超大规模数据；其次，计算机硬件在数量和质量上的进步、价格的市场化让深度学习的实践能普遍展开，特别是 GPU 这样的并行加速硬件的普及极大地缓解了深度学习算力代价瓶颈；最后，在经典理论的基础上，当时已经涌现出更适合发挥深度学习优势的模型设计技巧和算法细节的改进。

在早期文献中，表示学习所获得的低维表示结果被称之为分布式表示（distributional representation）；现在的文献已逐渐不再使用这一术语。在大量文献中，不严格地使用"深度学习模型""神经模型""神经网络"指代具备表示学习功能的机器学习模型，这些都忽略了表示学习这一本质特性。尽管如此，鉴于"深度学习"已经被广泛使用，为人熟知，本书继续沿用这一术语。

8.2 连续空间语言模型：词嵌入或词向量

自然语言是字、词、句、篇定义的多层次符号结构系统。如果能语义感知地（semantic-aware）有效表示词这一基本语言单元，则整个语言处理就能建立在精确的量化表示的基础之上。下面以词嵌入学习为例展示表示学习的思想如何在自然语言处理基本任务上发挥作用，并展现表示学习方法相对于传统方法的优势。

8.2.1 连续空间语言模型

实现词嵌入或词向量的机器学习一个最为自然的思路是将 n 元语言模型的预测思想

向表示学习机制迁移。回顾 n 元语言模型的标准条件概率估计形式：

$$P\big(w_i|w_{i-n+1}^{i-1}\big)$$

这意味着如下形式的预测：

$$w_{i-n+1}\cdots w_{i-2}w_{i-1}\to w_i$$

现在把这种预测模式称为自回归（autoregressive）模式。使用前面机器学习公式的记号（如以 x 代替 w），很容易建立自回归的 n 元语言模型的表示学习模型：

$$\theta,E=\underset{\theta,E}{\arg\min}\sum_i\mathrm{Loss}(y_i,\hat{y}_i)$$

$$\hat{y}(x_{i,n})=M_\theta(x_i-\{x_{i,n}\}) \tag{8-5}$$

其中，n 元组 $x_i=\{x_{i,1},x_{i,2},\cdots,x_{i,n}\}$；$y_i(\bullet)$ 表示此时待预测的 $x_{i,n}$ 的标签，默认用独热向量表示，以区分不同的词。

如果在 n 元组中不一定从前 $n-1$ 个前驱预测最后一个词，而是取其中一个词作为预测对象（例如 $x_{i,j}$），则式 (8-5) 可以轻微改写为如下形式：

$$\theta,E=\underset{\theta,E}{\arg\min}\sum_i\mathrm{Loss}(y_i,\hat{y}_i)$$

$$\hat{y}(x_{i,j})=M_\theta(x_i-\{x_{i,j}\}) \tag{8-6}$$

图 8.3展示了两种模式下词向量的表示学习模型。现在已经知道，自回归预测模式在语言处理和应用中具有特殊的重要意义，实际上，代表自回归模式的图 8.3(a) 就是深度学习肇始之作的词向量学习模型，而更为一般的预测模式的词向量表示学习 (图 8.3(b))

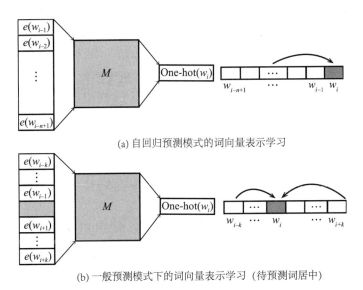

(a) 自回归预测模式的词向量表示学习

(b) 一般预测模式下的词向量表示学习（待预测词居中）

图 8.3　两种模式下词向量的表示学习模型

现在被称为掩码语言模型，也是后面即将介绍的第一个词嵌入模型 word2vec 实际采取的机器学习形式。

8.2.2 连续空间语言模型的机器学习解释

连续空间语言模型可以从词义获得的角度做出机器学习角度的解释。词义就是词所指代的概念或事物。传统的自然语言处理以两种方式之一处理词义相关的表示问题。

其一是语义词典。例如，对于英语，有 WordNet[①]；对于汉语，有知网[5]。这些语义词典根据同义词和词的上下位等关系或通过直接定义表示词义。但是这些人工编纂的语义词典也存在无法反映出同义词的一些细微差别、无法及时更新新词、词的含义是由人主观评价的、需要大量人力维护、难以量化词的语义相似度等缺陷。

其二是独热表示，它不提供任何语义信息，因此是一种无偏表示。这种方法简单易行、容易理解，能快速区分不同的词。但是，它的缺点也很明显：①不同词之间的语义差别或相似度无法计算；②词的数目是固定的，新词无法被表示；③离散地表示词具有主观性，因此要人工构建和适应模型。

独热表示将任意词编码为向量空间中的一个向量，该向量中只包含一个 1，其余均为 0。下面是词"linguistics"的独热表示示例：

$$\text{linguistics} = [0\ 0\ 0\ 0\ 0\ 0\ 0\ 0\ 1\ 0\ 0\ 0\ 0\ 0\ 0\ 0] \tag{8-7}$$

如有可能，有语义内涵的向量表示应该是下面的低维稠密形式：

$$\text{linguistics} = [0.286\quad 0.792\quad -0.177\quad 0.542\quad -0.349\quad 0.271] \tag{8-8}$$

下面就介绍如何获取这样的向量表示。

词义表达的直观方式除了使用类似同义词、反义词等词之间的直接语义关系之外，还可以用上下文共现的统计进行精确区分。共现矩阵（co-occurrence matrix）就是基于邻近词统计的一种词义编码方式，它延续了 TF-IDF 这样的加权独热表示的思想。

假设有整个语料中的词表 V，其大小为 $|V|$，由此创建的共现矩阵的大小为 $|V| \times |V|$。在统计时，一般设定一个固定尺寸的上下文窗口，对每一个词，对它的上下文窗口内的共现词进行统计，记录在共现矩阵中。共线矩阵的对角线被置为 0，且一定是对称矩阵。

表 8.1是在如下 3 句话构成的微型语料上统计出的共现矩阵的示例。

I like deep learning.

I like NLP.

I enjoy flying.

该共现矩阵的统计结果来自相邻距离为 1 的上下文窗口。也就是说，只统计直接相邻的词形成的共现。

共现矩阵中的一行即可以作为词向量。因为词义可以由共现词体现，所以这样的词向量之间的差别就可以用来表示词义之间的量化差异。

---

① https://wordnet.princeton.edu/。

表 8.1 一个微型语料的共现矩阵

词	计 数							
	I	like	enjoy	deep	learning	NLP	flying	.
I	0	2	1	0	0	0	0	0
like	2	0	0	1	0	1	0	0
enjoy	1	0	0	0	0	0	1	0
deep	0	1	0	0	1	0	0	0
learning	0	0	0	1	0	0	0	1
NLP	0	1	0	0	0	0	0	1
flying	0	0	1	0	0	0	0	1
.	0	0	0	0	1	1	1	0

当把共现矩阵应用于文档时，就是前面介绍过的文档 TF-IDF 表示的特殊情形。设有 $|M|$ 篇文档，共现矩阵将是大小为 $|V| \times |M|$ 的矩阵，共现矩阵体现的是词和文档之间的关系，从矩阵中抽取的一行代表相应的词在该文档中的语义。

共现矩阵获得的词向量也有诸多问题：

（1）词向量维度会随着语料中词汇的增多而无限制增长，这会导致所需存储空间增大，且共现矩阵会变得更加稀疏。

（2）无意义的功能词等停用词在没有过滤的情形下会因为其极高的出现频率而产生大量噪声。

为了解决共现矩阵稀疏性问题，传统方法会对其进行降维处理，将词向量转为一个低维稠密向量。降维方法在矩阵变换中运用的基础方法是奇异值分解（Singular Value Decomposition, SVD）。

对于方阵，其降维方式可以直接求解。给定 $n \times n$ 的方阵 $\boldsymbol{A}$，其特征值 λ 和特征向量 $\boldsymbol{v}$ 可由式 (8-9) 决定：

$$\boldsymbol{A}\boldsymbol{v} = \lambda \boldsymbol{v} \tag{8-9}$$

矩阵 $\boldsymbol{A}$ 的 n 个特征值为 $\lambda_1, \lambda_2, \cdots, \lambda_n$，其对应的特征向量为 $\boldsymbol{v}_1, \boldsymbol{v}_2, \cdots, \boldsymbol{v}_n$。将所有特征向量拼接形成的特征矩阵 $\boldsymbol{V} = [\boldsymbol{v}_1 \quad \boldsymbol{v}_2 \quad \cdots \quad \boldsymbol{v}_n]$，则 $\boldsymbol{A}$ 可以施行基于特征矩阵 $\boldsymbol{V}$ 的分解：

$$\boldsymbol{A} = \boldsymbol{V}\boldsymbol{\Sigma}\boldsymbol{V}^{-1} \tag{8-10}$$

其中 $\boldsymbol{\Sigma}$ 是以特征值为主对角线的 $n \times n$ 的方阵。如果特征矩阵被标准化，则 $\boldsymbol{V}$ 为酉矩阵，满足 $\boldsymbol{V}^{\mathrm{T}}\boldsymbol{V} = \boldsymbol{I}$，则 $\boldsymbol{A}$ 分解为

$$\boldsymbol{A} = \boldsymbol{V}\boldsymbol{\Sigma}\boldsymbol{V}^{\mathrm{T}} \tag{8-11}$$

如果 $\boldsymbol{A}$ 不是方阵，而是 $m \times n$ 的矩阵，则需先对 $\boldsymbol{A}$ 作奇异值分解：

$$\boldsymbol{A} = \boldsymbol{U}\boldsymbol{\Sigma}\boldsymbol{V}^{\mathrm{T}} \tag{8-12}$$

其中，$\boldsymbol{U}$ 是 $m \times m$ 的方阵，$\boldsymbol{\Sigma}$ 是 $m \times n$ 的矩阵，$\boldsymbol{V}$ 是 $n \times n$ 的方阵，$\boldsymbol{U}$ 和 $\boldsymbol{V}$ 均是酉

矩阵。求解 U、$\varSigma$、V 就能够实现对 A 的分解。

　　图 8.4 是使用最小二乘法分解矩阵的示例。其中 $\hat{X}$ 是最小二乘法意义下对于 X 的第 k 最优近似。

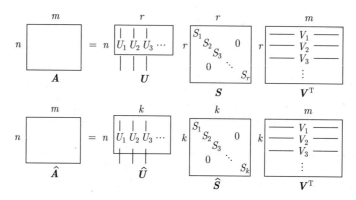

图 8.4　使用最小二乘法分解矩阵的示例

　　可以用分解后获得的 $\hat{U}$ 表示词向量。图 8.5 给出的词向量二维分布，是基于对应于最大的两个奇异值的 $\hat{U}$ 前两列而绘制的。

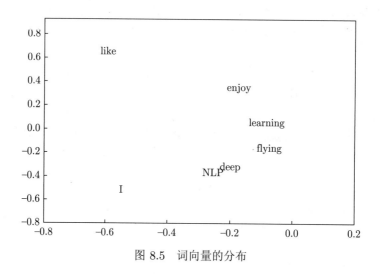

图 8.5　词向量的分布

　　在生成共现矩阵时，也应当注意一些技巧，例如：

- 为了减少功能词（如 "the" "he" "has" 等）过于频繁而引入的噪声，可以适当过滤或忽略这些词。
- 收窄窗口，使计数关注更近的词。
- 利用皮尔逊（Pearson）相关系数等高级统计度量取代计数。

然而，利用奇异值分解等矩阵变换方法进行降维也有诸多问题：

- 计算时间复杂度很高，对于 $n \times m$ 的矩阵，其时间复杂度为 $O(mn^2)$（$n < m$），这对于数百万个词的文档是非常不利的。

- 向共现矩阵中加入新词或者新文档非常困难，并且这种建模方式与深度学习模型存在较大的差异，难以搭建前后贯通的系统。

8.2.3　Word2Vec 和 GloVe 词嵌入

利用表示学习机制可以方便地构造自监督学习任务，直接学习词嵌入向量。

Word2Vec 是表示学习在 n 元语言模型上的直接应用[6]。在任意一个 n 元组（也可以理解为滑动窗口）内，如果用一部分内容作为上下文输入，预测另一部分，就能定义 Word2Vec 任务，训练所需的表示之后即可得到相应的模型。

对于词的 n 元组，Word2Vec 区分居中的词以及其他的周边词（单侧滑动窗口宽为 m），则假定 $n=2m+1$。以居中词预测周边词，再以周边词预测居中词，就可以得到两个版本的 Word2Vec 预测任务以及相应的模型。前者称为跳词（skip-gram）模型，后者称之为连续词袋（Continuous Bag-of-Word，CBOW）模型。

如图 8.6所示，"blanking" 是居中词，单侧窗口大小为 2 时，周边词包括 "turning""into""crises""as"。Word2Vec 认为居中词与周边词的距离是不重要的，周边词会被同等对待。跳词模型任务目标就是用居中词 "blanking" 预测其他 4 个周边词。连续词袋模型的预测目标和上下文则与跳词模型正好相反，它是以周边词预测居中词。

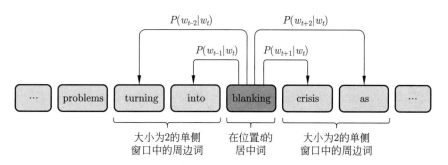

图 8.6　Word2Vec 样本窗口中的预测方向

Word2Vec 采用的网络模型是包含一个隐藏层的多层感知机。和 Bengio 的神经语言模型一样，Word2Vec 训练时的预测目标使用独热表示的编码方式，也就是并不直接预测词本身的表示向量内容，而是预测相应词在词表中的索引 ID（注意，这一输出的独热编码方式一直沿用到今天的几乎所有深度模型中）。另一方面，Word2Vec 的输出层使用对数-线性形式激活函数（现在称之为 softmax）。简言之，Word2Vec 采用的是一个带有隐藏层的最大熵模型。

以跳词模型为例说明 Word2Vec 的具体实现：对文中出现的每个词 w_t，Word2Vec 要预测它两侧宽 m 的窗口内其他词 $\{w_{t+j}|-m \leqslant j \leqslant m\}$ 出现的概率。Word2Vec 模型的目标函数为给定居中词时最大化周围词的对数概率：

$$J(\theta) = \frac{1}{T} \sum_{t=1}^{T} \sum_{-m \leqslant j \leqslant m, j \neq 0} \log p(w_{t+j}|w_t)$$

其中 θ 表示需要优化的参数。对于 $p(w_{t+j}|w_t)$，其 softmax 形式为

$$p(o|c) = \frac{e^{\boldsymbol{u}_o^{\mathrm{T}}\boldsymbol{v}_c}}{\displaystyle\sum_{w=1}^{W} e^{\boldsymbol{u}_w^{\mathrm{T}}\boldsymbol{v}_c}}$$

这里，o 是周边词（即输出）的 ID，c 是居中词的 ID，u 和 v 分别是居中词和周边词的词向量。

跳词模型的结构如图 8.7 所示。其算法步骤如下：

（1）给出以独热编码形式输入的向量 $\boldsymbol{x}$。

（2）得到针对上下文的嵌入的词向量 $\boldsymbol{v}_c = V\boldsymbol{x}$。

（3）不求平均值，直接令 $\hat{v} = \boldsymbol{v}_c$。

（4）使用 $\boldsymbol{u} = U\boldsymbol{v}_c$，生成 $2m$ 个得分向量：$\boldsymbol{u}_{c-m}, \cdots, \boldsymbol{u}_{c-1}, \boldsymbol{u}_{c+1}, \cdots, \boldsymbol{u}_{c+m}$。

（5）将每个得分转换为概率分布：$y = \mathrm{softmax}(u)$。

（6）生成的概率向量将与真实的概率 $y^{(c-m)}, \cdots, y^{(c-1)}, y^{(c+1)}, \cdots, y^{(c+m)}$（也就是实际输出的独热向量）进行匹配。

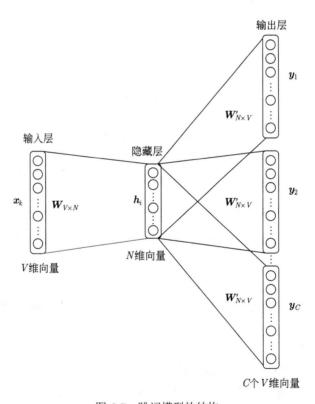

图 8.7 跳词模型的结构

跳词模型的优势在于在训练集较小时效果也比较好，并且更有利于表达稀有词。

连续词袋模型是和跳词模型预测方向相反的自监督学习任务，即给定上下文中的周

边词，要求预测居中词。连续词袋模型比跳词模型的训练速度快很多（一般前者的速度是后者的几倍），同时在高频词表达上效果稍好。

连续词袋模型的结构如图 8.8所示。其算法步骤如下：

（1）对于大小为 m 的输入上下文，生成 $2m$ 个独热向量：$(\boldsymbol{x}^{(c-m)}, \cdots, \boldsymbol{x}^{(c-1)}, \boldsymbol{x}^{(c+1)}, \cdots, \boldsymbol{x}^{(c+m)})$。

（2）对于给定上下文，得到嵌入词向量 $(\boldsymbol{v}_i = V\boldsymbol{x}^{(i)})$。

（3）对这些向量求平均值，得到 $\hat{\boldsymbol{v}} = \sum_{i=c-m}^{c+m} \boldsymbol{v}_i \big/ (2m)$。

（4）生成得分向量 $\boldsymbol{u} = U\hat{\boldsymbol{v}}$。

（5）将得分转换为概率 $\hat{y} = \mathrm{softmax}(\boldsymbol{u})$。

（6）生成的概率 $\hat{y}$ 将和真实的概率 y（实际词的独热向量）相匹配。

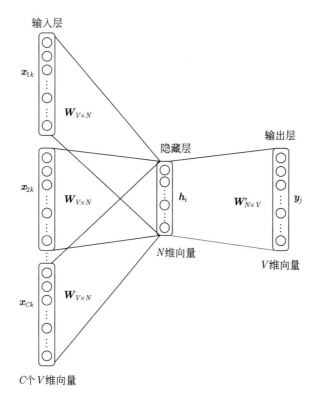

图 8.8　CBOW 的网络结构

将所有向量 $\boldsymbol{u}$ 和 $\boldsymbol{v}$ 分别拼接，最终得到 U 和 V，由于两组词向量都蕴含了共现信息，最佳使用方式是将它们直接相加：

$$E_{\mathrm{final}} = U + V$$

Word2Vec 词向量之间的线性关系展现了显著的句法和语义意义，例如：

$$e_{\text{apple}} - e_{\text{apples}} \approx e_{\text{car}} - e_{\text{cars}} \approx e_{\text{family}} - e_{\text{families}}$$

$$e_{\text{shirt}} - e_{\text{clothing}} \approx e_{\text{chair}} - e_{\text{furniture}}$$

$$e_{\text{king}} - e_{\text{man}} \approx e_{\text{queen}} - e_{\text{woman}}$$

词表示全局向量（Global Vectors for Word Representations，GloVe）[7]①同时参考了语言的统计信息和局部上下文的信息，在词向量训练上提出了一个新的复杂损失函数。Glove 在某种意义上既能快速训练且对大数据集保持可扩展性，又在小数据集、低维向量上效果良好。

GloVe 的训练目标函数是

$$J(\theta) = \frac{1}{2} \sum_{i,j=1}^{W} f(P_{ij})(\boldsymbol{u}_i^{\mathrm{T}} \boldsymbol{v}_j - \log P_{ij})^2$$

其中的函数 $f(\cdot)$ 定义为

$$f(x) = \begin{cases} (x/x_{\max})^{\alpha}, & \text{如果} x < x_{\max} \\ 1, & \text{否则} \end{cases}$$

GloVe 词向量不仅可以展示句法和语义意义，而且可以展示某种层面的知识。例如，对于蛙类动物（"frog"），GloVe 自动获得最近邻词如下所示：

1. frogs　2. toad　3. litoria　4. leptodactylidae
5. rana　6. lizard　7. eleutherodactylus

图 8.9(a) 展示了上述第 3、4、5 和 7 个词对应的动物形象，从外形看确实属于蛙类。图 8.9(b) 展示了公司和相应 CEO 之间的词向量差均在一个水平向量附近，说明 GloVe 词向量获得了公司和相应 CEO 之间的从属关系。

在训练神经网络时，通常使用预训练（pre-trained，如利用 Word2Vec、GloVe 等）的词嵌入矩阵初始化后续模型的大多数词向量：$\boldsymbol{L} \in \mathbb{R}^{n \times |V|}$，其中 n 为维度，$|V|$ 为词表大小。$\boldsymbol{L}$ 也称之为查找表（look-up table）。

词嵌入矩阵 $\boldsymbol{L}$ 左乘长为 $|V|$ 的独热矩阵 e 可以得到词向量：$\boldsymbol{x} = \boldsymbol{L}e$。这种深度学习到的低维词向量可以通过神经网络传递有启发性的信息，是后续所有语言处理模块的基础，包括用于更长的短语或句子计算组合表示等。

8.2.4　评估词向量

词嵌入意义下的词向量是以类似于 n 元语言模型的自监督学习方式获取的，但是它比后者包含更丰富的语言学信息乃至知识线索。从某种意义上说，词嵌入也是一种语言

---

① https://nlp.stanford.edu/projects/glove/。

litoria leptodactylidae

rana eleutherodactylus

(a) GloVe词向量 "frog" 最近邻词的动物形象

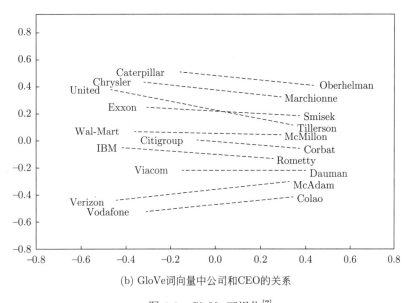

(b) GloVe词向量中公司和CEO的关系

图 8.9 GloVe 可视化[7]

模型。早期深度学习文献将类似 Word2Vec 的模型称之为连续空间语言模型。为了评估词向量的质量，类似于 n 元语言模型，也有两个策略：其一，寻找一个标准度量或者标准任务以进行广泛意义上的质量评估；其二，直接在真实、具体的下游任务上验证其好坏。前者称之为内在评估，后者则称之为外在评估。以下集中介绍内在评估方式。

由于所获得的词向量作为一个整体具备远超一个概率分布的丰富信息，对其不再能

继续用 n 元语言模型的困惑度这样的简单信息论度量进行与任务无关的质量评估。内在评估常用的方案使用专门的类比（或称类推）任务评估词向量质量。类比任务形式上是对于 3 个已知词 a、b、c 求解 $a:b=c:?$ 的问题。具体而言，此时通过最大化余弦相似度确定最类似的词向量：

$$d = \arg\max_i \frac{(e_b - e_a + e_c)^{\mathrm{T}} e_i}{\|e_b - e_a + e_c\|}$$

这里 e 代表相应词嵌入。上式的直观解释是：类比关系 $e_b - e_a = e_d - e_c$ 等价于 $e_d = e_b - e_a + e_c$，与 e_d 最相似的 e_i 就是对 e_d 的最佳估计。

考虑到真实语料的多样性，使用类比评估时也需要考虑一些复杂的实时数据因素，这导致类比任务本身无法成为一个完美的评估任务。例如：

（1）在"城市：所属州"的语义类比任务中，仅仅类推出 Phoenix：Arizona 是不确切的，因为美国至少有 10 个城市叫 Phoenix。

（2）在"首都：国家"的语义类比任务中，类推出 Astana：Kazakhstan 则有很强的时效性。1997 年以前，Kazakhstan 的首都还是 Almaty；而在 2019 年，专门新建的首都 Astana 改名为 Nur-Sultan，2022 年 9 月，又重新改回 Astana。也就是说，仅在 1997—2019 年和 2022 年之后，Kazakhstan 的首都才叫 Astana。

（3）在"普通形容词：最高级形容词"和"进行时态动词：过去时态动词"这两个语法任务中，也存在类似的问题。

表 8.2 列出了相同参数下不同的词嵌入方法在同一类比任务中的评估结果。

表 8.2　相同参数下不同的词嵌入方法在同一类比任务中的评估结果[7]

模　　型	维　　度	窗口大小	语义精确度	语法精确度	总体精确度
ivLBL	100	1.5B	55.9	50.1	53.2
HPCA	100	1.6B	4.2	16.4	10.8
GloVe	100	1.6B	67.5	54.3	60.3
Skip-gram	300	1B	61.0	61.0	61.0
CBOW	300	1.6B	16.1	52.6	36.1
vLBL	300	1.5B	54.2	64.8	60.0
ivLBL	300	1.5B	65.2	63.0	64.0
GloVe	300	1.6B	80.8	61.5	70.3
SVD	300	6B	6.3	8.1	7.3
SVD-S	300	6B	36.7	46.6	42.1
SVD-L	300	6B	56.6	63.0	60.1
CBOW	300	6B	63.6	67.4	65.7
Skip-gram	300	6B	73.0	66.0	69.1
GloVe	300	6B	77.4	67.0	71.7

续表

模 型	维 度	窗口大小	语义精确度	语法精确度	总体精确度
CBOW	1000	6B	57.3	68.9	63.7
Skip-gram	1000	6B	66.1	65.1	65.6
SVD-L	300	42B	38.4	58.2	49.2
GloVe	300	42B	81.9	69.3	75.0

以 GloVe 为例，图 8.10 展示了不同参数设置对模型性能（词类比任务）的影响。作为数据驱动下的训练结果，词向量模型展示出对称窗口上下文、更大的训练集、更长的训练时间（图 8.11）会带来更好的模型性能的普遍趋势。特别是，该组图展示出两个关键的参数量化特性：

（1）词向量作为低维向量，需要维持某个最小维度设定才能获得较为理想的性能。例如，这里的经验结果表明要 200 维及以上。当然这个数量远小于典型的独热向量的维度。不过，词向量维度过低或过高时都影响效果。维度过低的词向量不能获得必要的性质，表达能力不足；而维度过高的词向量会引入不必要的噪声，导致泛化能力降低，这被称为高方差问题（high variance problem）。

（2）如果将词嵌入视为继续从 n 元组上学习到的语言模型，则其获得理想性能的窗口大小超过典型的 n 元语言模型。例如，这里展示的峰值精度出现在窗口大小为 8 附近。

表 8.3 展示了同样的词类比任务上基于词向量的预测结果与人工判定结果的相关性（基于斯皮尔曼相关系数）。

表 8.3 基于词向量的预测结果与人工判定结果的相关性[7]

模 型	窗口大小	任 务				
		WS353	MC	RG	SCWS	RW
SVD	6B	35.3	35.1	42.5	38.3	25.6
SVD-S	6B	56.5	71.5	71.0	53.6	34.7
SVD-L	6B	65.7	72.7	75.1	56.5	37.0
CBOW	6B	57.2	65.6	68.2	57.0	32.5
Skip-gram	6B	62.8	65.2	69.7	58.1	37.2
GloVe	6B	65.8	72.7	77.8	53.9	38.1
SVD-L	42B	74.0	76.4	74.1	58.3	39.9
GloVe	42B	75.9	83.6	82.9	59.6	47.8
CBOW	100B	68.4	79.6	75.4	59.4	45.5

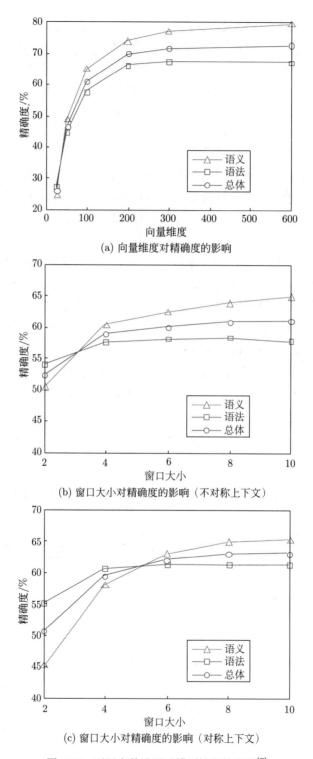

(a) 向量维度对精确度的影响

(b) 窗口大小对精确度的影响（不对称上下文）

(c) 窗口大小对精确度的影响（对称上下文）

图 8.10 不同参数设置对模型性能的影响[7]

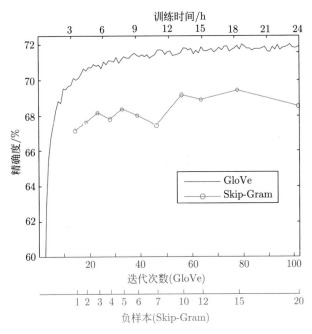

图 8.11　更长的训练时间会带来更好的模型性能[7]

8.3　神经网络的结构配置

神经网络是以神经元为基本节点，在其基础上进行有向连接的图结构。如图 8.12所示，一个神经元是有多个输入和一个输出的计算单元，其线性参数是权重向量 $\boldsymbol{w}$ 和偏差项 b。神经元一般的计算公式如下：

$$y = h_{\boldsymbol{w},b}(\boldsymbol{x}) = f(\boldsymbol{w}^{\mathrm{T}}\boldsymbol{x} + b)$$

其中 $f(\cdot)$ 是预定义的激活函数。对于偏差项 b，如果扩充输入，即用 $\boldsymbol{x}$ 代替 $[\boldsymbol{x}, 1]$，用 $\boldsymbol{w}$ 代替 $[\boldsymbol{w}, b]$，神经元计算式可以写为更简洁的如下形式：

$$h_{\boldsymbol{w}}(\boldsymbol{x}) = f(\boldsymbol{w}^{\mathrm{T}}\boldsymbol{x})$$

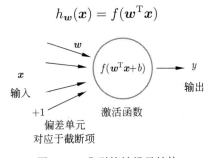

图 8.12　典型的神经元结构

对于同样的训练数据，神经网络模型作为一个整体等效于一个映射函数。当忽略学习到的参数差异而仅考虑模型类型区分时，神经网络模型的抽象模式由两大要素共同决定：其一是网络拓扑连接方式，即神经元之间如何连接；其二是神经元中的激活函数类型。

8.3.1　神经网络的拓扑连接方式

神经网络的拓扑结构受制于一个基本约束，它需要定义从输入层到输出层的数据流。因此，它必然是神经元构成的有向图，同时需明确定义两组神经元构成的线性层状结构，分别对应输入层和输出层。除此之外，机器学习任务对于网络的拓扑连接方式并没有硬性要求。另一方面，尽管有一些元学习（meta-learning）的工作试图实现自动寻找最优的拓扑连接方式，但到目前为止没有重大进展。因此，神经网络的拓扑设计还是基于既有经验并大体是启发式的。

我们重新回顾奥卡姆剃刀原则，如果寻求定义最简的拓扑结构，则只能是线性结构。因此，受输入层和输出层定义的启发，对于神经网络中互不相连但接收平行输入并平行输出的一组神经元，可以定义为一层神经元。如果一个网络中每一层的拓扑形式和输入层、输出层一致，各层之间默认采取全连接方式，即，从输入层开始，每一层神经元输出给下一层的每一个神经元，同时接收由上一层的每一个神经元的输出拼接而成的向量作为输入。这就是多层神经网络（Multilayer Neural Network，MNN），也叫多层感知机（MultiLayer Perceptron，MLP）或前馈网络（FeedForward Network，FFN）。

多层感知机定义了基本的神经网络拓扑结构形态，可以将其视为神经元在从输入层到输出层的数据流在纵横两个方向上线性扩展的自然结果。对于两个全连接层之间的前向计算，实际上可以用一个矩阵表达（简单拼接一层神经元所有的输入权值向量即可）。以图 8.13 为例，对于一层的矩阵计算：

$$a_1 = f(w_{11}x_1 + w_{12}x_2 + w_{13}x_3 + b_1)$$
$$a_2 = f(w_{21}x_1 + w_{22}x_2 + w_{23}x_3 + b_2)$$

(8-13)

用矩阵记号表示为

$$z = w^{\mathrm{T}}x + b$$
$$a = f(z)$$

(8-14)

其中 f 的元素级操作为

$$f([z_1, z_2, z_3]) = [f(z_1), f(z_2), f(z_3)]$$

(8-15)

如果视层为基本的线性单元，则在深度学习模型中出于不同的动机也允许非线性的连接方式，而不再严格遵守这样的线性层堆积方式。两个主要的非线性连接方式分别是注意力机制和高速连接。

1. 注意力机制

注意力机制（attention mechanism）是一种广泛使用的拓扑设计技巧。它的基本形式是在一层内若干需要注意的神经元之间单独提取数据流，将其汇总到一个或一层额外

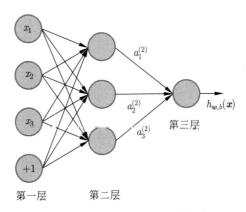

图 8.13　多层感知机前向计算示例

的注意力神经元上。这里的注意力神经元是一个虚拟节点，其作用其实是简单汇总加权
需要注意的输入数据流；也可以将其视为采取线性恒等的激活函数的真实神经元。如
图 8.14所示，其中输入即为 q，q 的注意力值由式 (8-16) 计算得出：

$$a_j = \mathrm{Attention}(q, k_j)$$

$$\boldsymbol{A} = [a_1, a_2, \cdots, a_n]$$

$$\mathrm{Output} = \boldsymbol{A}^{\mathrm{T}} \cdot \boldsymbol{V} = \sum_{j=1}^{n} a_j \cdot v_j$$

(8-16)

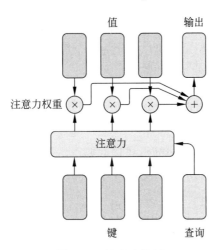

图 8.14　注意力机制

注意力机制的主要意图是以专门的拓扑连接方式迫使模型额外关注特定部分的特征，
从而达到令模型更有效地捕捉数据特征的目的。以线性层的视角来看，引入注意力神经
元及其相关注意力连接之后，数据流方向相关两层的线性层次关系会被破坏，也就是原
来同一层数据流在通过注意力神经元的数据流部分和未通过注意力神经元的部分的层次
计数将不再一致。

2. 高速连接

高速连接（highway connection）是一种非线性的神经网络连接方式[8]。如图 8.15 所示，其中 α 代表分配权重，它允许一部分数据流越过多层直接往更靠近输出层的方向进行输出。高速连接的设计动机是为了缓解过深的神经网络难以有效训练的困境。

3. 残差连接

残差连接（residual connection）是另一种用于改善深层网络的连接方式[9]，主要用于解决神经网络训练退化问题。如图 8.16 所示。残差连接将网络的输入全部加到输出上，而不是将一部分输入加到输出上。

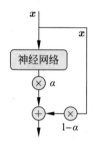

图 8.15　高速连接

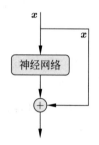

图 8.16　残差连接

8.3.2　激活函数

对于一般的学习任务来说，需要用非线性激活函数拟合真实数据之间的映射。之所以激活函数必须是非线性的，是因为线性映射的叠加或嵌套还是线性映射，例如，对于施加于向量 x 上的连续矩阵乘法，总是有 $\boldsymbol{W}_1\boldsymbol{W}_2\boldsymbol{x} = \boldsymbol{W}\boldsymbol{x}$。从而线性激活函数总是导致平凡的线性映射，此时的模型总是可以退化为一个等价的感知机。

最简单的非线性函数当属阶跃函数，定义为

$$f(z) = \begin{cases} 0, & z < 0 \\ 1, & z \geqslant 0 \end{cases} \tag{8-17}$$

其函数曲线如图 8.17 所示。基于最简形式选取要求，神经网络应该首选阶跃函数。但是神经网络的训练算法推导中要求激活函数可导，而在 0 点处甚至不连续的阶跃函数无法

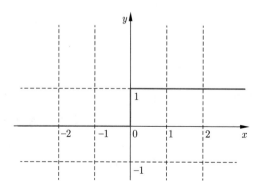

图 8.17　阶跃函数的函数曲线

满足这个要求。因此，人们设计了可以无限连续可导的 sigmoid 函数作为神经网络的激活函数，它和阶跃函数具有极为接近的增长趋势，同样在 0~1 范围内取值，其函数曲线如图 8.18所示，函数定义为

$$f(z) = \frac{1}{1 + \mathrm{e}^{-z}} \tag{8-18}$$

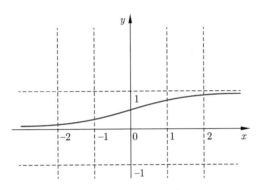

图 8.18　sigmoid 函数 $f(z) = \dfrac{1}{1 + \mathrm{e}^{-z}}$ 的函数曲线

在传统机器学习时代，sigmoid 函数是默认的激活函数设定，它有一个良好的导数性质，即

$$f'(z) = f(z)(1 - f(z))$$

深度学习时代过深的模型的训练对于激活函数提出了一些特殊要求。因此，研究者后来又提出了一系列改进的激活函数。

1. 双曲正切函数

双曲正切函数的形式为

$$f(z) = \frac{1 - \mathrm{e}^{-2z}}{1 + \mathrm{e}^{-2z}} \tag{8-19}$$

图 8.19展示了双曲正切函数的函数曲线。该函数取值为 $-1 \sim 1$，并以原点为对称中心。在原点附近，双曲正切函数的梯度值比 sigmoid 函数大得多，有利于缓解深度学习模型训练时的梯度消失问题。

2. ReLU 函数、PReLU 函数和 ELU 函数

1）ReLU 函数

ReLU 函数的形式为

$$f(z) = \begin{cases} z, & z \geqslant 0 \\ 0, & z < 0 \end{cases} \tag{8-20}$$

图 8.20展示了 ReLU 函数的函数曲线。该函数取值是非负数。

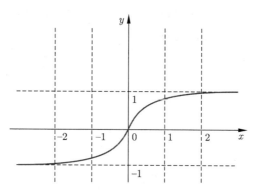

图 8.19　双曲正切函数的函数曲线

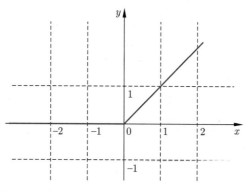

图 8.20　ReLU 函数的函数曲线

相比于 sigmoid 函数和双曲正切函数，ReLU 函数具有明显的两大优势：当输入为正时，不存在梯度饱和问题；由于只有线性关系，计算速度快得多。当然，ReLU 函数也有缺点：ReLU 函数不以原点为对称中心；当输入为负时，ReLU 函数梯度为 0，从而对于反向计算来说相当于完全失效，这称之为死亡 ReLU 问题（dead ReLU problem）。

后续又有一系列改进版 ReLU 函数被提出来，试图在一定程度上克服标准 ReLU 激活函数的缺陷。最主要的改进版 ReLU 函数有 PReLU 函数和 ELU 函数。

2）PReLU 函数

PReLU（参数化 ReLU）函数的定义为

$$f(z) = \begin{cases} z, & z > 0 \\ \alpha z, & z \leqslant 0 \end{cases} \tag{8-21}$$

其函数曲线如图 8.21所示。设置式 (8-21) 中 $\alpha = 0$，式 (8-21) 就退化为 ReLU 函数；若令 α 为可学习参数，就是 PReLU 函数。PReLU 函数的优点是：在负值域的斜率较小，从而可以避免死亡 ReLU 问题；另外，负值域是线性运算，尽管斜率很小，但不会趋于 0。

在 PReLU 函数的定义中如果令 $\alpha = 0.01$ 或其他较小的正数，就得到 Leaky ReLU 函数，它正是通过非 0 的 α 设置解决负值的零梯度问题，此时其函数值范围是负无穷到

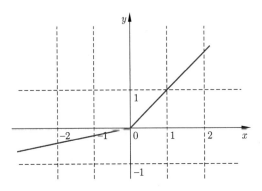

图 8.21　PReLU 函数的函数曲线

正无穷。理论上，Leaky ReLU 具有 ReLU 函数的所有优点，并有效缓解了死亡 ReLU 问题。

3）ELU 函数

ELU 函数的定义为

$$f(z) = \begin{cases} z, & z > 0 \\ \alpha(\mathrm{e}^z - 1), & z \leqslant 0 \end{cases} \tag{8-22}$$

ELU 函数的函数曲线如图 8.22所示。与 ReLU 函数相比，ELU 函数有负的函数值，这会使激活的平均值接近 0，从而可以使学习的过程更快。ELU 函数具有 ReLU 函数的所有优点，并且没有死亡 ReLU 问题，此外，ELU 函数在较小的输入下会饱和至负值，这有利于前向计算。ELU 函数的缺点是其计算强度更高。

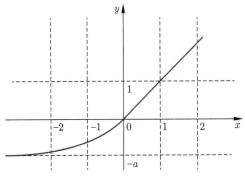

图 8.22　ELU 函数的函数曲线

3. Swish 函数

Swish 函数的定义为

$$f(z) = z \times \mathrm{sigmoid}(z) = \frac{z}{1 + \mathrm{e}^{-z}} \tag{8-23}$$

Swish 函数的函数曲线如图 8.23所示。Swish 函数的主要优点是其无界性，这有助于防止慢速训练期间梯度逐渐接近 0 并导致饱和。

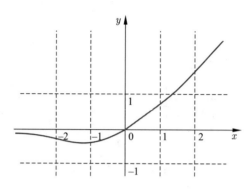

图 8.23　Swish 函数的函数曲线

4. softplus 函数

softplus 函数的定义为

$$f(z) = \log(1 + \mathrm{e}^z) \tag{8-24}$$

softplus 函数的函数曲线如图 8.24所示。softplus 函数的导数 $f'(z) = \dfrac{1}{1 + \mathrm{e}^{-z}}$，这恰好是 sigmoid 函数。softplus 函数的特性类似于 ReLU 函数，但是比较平滑，同时它像 ReLU 函数一样是单侧抑制，其值域范围是从 0 开始到正无穷。

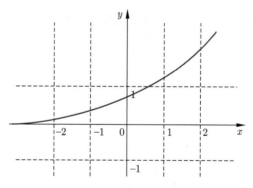

图 8.24　Softplus 函数的函数曲线

5. softmax 函数

softmax 函数的定义为

$$f(z_i) = \frac{\mathrm{e}^{z_i}}{\sum\limits_{j} \mathrm{e}^{z_j}} \tag{8-25}$$

如前所述，softmax 函数是常用于输出层的激活函数，其取值为 $0 \sim 1$，并且保证一层向量输出的总和为 1。softmax 函数的分母结合了原始输出值的所有因子，这意味着其输出值之间彼此相关。因此 softmax 函数是一个需要定义在层上的激活函数。

与仅输出最大值的最值函数 max 不同，softmax 函数能确保较小的值具有较小的概率，而不会直接丢弃。这是 softmax 函数被称为 max 函数的概率版本或软（soft）版本的原因。

最后提及一种特殊的神经元设计：门控（gate）单元。这种单元也可以视作一种具备特殊开关的激活函数的神经元，但是它和常规激活函数有 3 个明显区别：其一，它的激活条件更为自由，不完全依赖于输入向量的具体数值（这是定义常规激活函数的做法），而可能依赖于针对整个网络设计的特定目的更有弹性地控制数据流；其二，它允许完全阻断或通过数据流这样的开关操作，这是常规激活函数难以表达的功能；其三，它有时候甚至不限于一个神经元，而由多个神经元复合而成，以完成特定功能。

8.4　深度学习模型的训练

当引入表示学习机制之后，相应的机器学习模型需要足够大的规模且有足够多的数据才能有效工作，也就是成功的表示学习要求模型必须有一定的深度，因此，表示学习功能导致了对深度的要求，而不是相反。除了深度增加，深度学习模型在经典的神经网络做法的基础上保留了一些成功做法，同时还做了其他一些必要改进，以满足表示学习的大模型、大数据的支持性要求。

8.4.1　训练目标：输出表示和损失函数

表示学习的工作方式方便了自监督学习任务的自动构造，而无须人工标注数据。对比传统学习的训练目标公式 [式 (8-1)] 和表示学习目标公式 [式 (8-4)]，后者需要额外考虑获取表示。理论上，可以用两种方式设置机器学习模型以获取表示：

（1）将表示置于输出端。机器学习模型当然可以直接学习或预测所需的低维稠密向量形式的表示，也就是说，将表示置于输出端，或等价地将输出端编码为表示所需的稠密向量形式。这样做的优点是不需要修改训练算法，缺点是输出端表示总是要经由模型的前向计算才能得到。

（2）将表示置于输入端。这等价于将其视为模型参数的一部分，因此需要修改模型的训练算法，以使其能支持输入表示的更新操作。但是这个做法也有优点，表示在模型训练之后会立即得到，而不需要模型的前向计算过程。

尽管第一种直接预测表示方式看起来直观可行，但是在实践中或许从未被采用过。原因正如前面讨论过的那样，让机器学习模型直接有效地学习一个实值稠密向量目标或许超过了目前人类拥有的数据规模、平均价格下的算力乃至数学建模能力。

因此，目前实用、可行的支持表示学习深度学习模型的任务模式还是分类。而分类任务仅需预测一个离散标签符号的向量，甚至在极端情况下，可以仅预测一个标量数值（如一元回归或二分类）。到目前为止，普遍标识分类标签集的向量形式依然是独热向量形式。

当然，更大的深度学习模型在更大规模的数据支持下，相比于传统机器学习模型可以支持更多类别的分类任务。例如，典型的自然语言生成任务的目标是预测句子级文本，当把这种生成任务分解为逐个词的预测任务时，相当于在每个词预测上执行一个词表规模大小的分类任务。常规的人类语言词表规模通常为数万个词，也就是这会是一个数万个类别的分类任务，这相对于传统机器学习模型所能支持的数十个（至多数百个）类别的分类任务来说是一个巨大提升。

对于一般的分类问题，给定训练样本的数据集 $\{\boldsymbol{x}_i, \boldsymbol{y}_i\}_{i=1,2,\cdots,N}$。其中，$\boldsymbol{x}_i$ 是样本的输入特征向量；$\boldsymbol{y}_i$ 是待预测的类别标签，在默认情形下，这是一个类别标签的独热形式的向量。对于表示学习任务，$\boldsymbol{x}_i$ 由一组嵌入构成，即 $\boldsymbol{x}_i = \{e(x_{i1}), e(x_{i2}), e(x_{i3}), \cdots\}$，而 $\boldsymbol{y}_i$ 定义为待预测的嵌入的类别标签。

设定模型函数形式为 $y = M_\theta(x)$。与传统模型不同之处在于，深度学习模型的训练过程尽管也会力图获得某个损失函数意义下最优的模型参数 θ，但是深度学习模型服务于应用的更大价值在于提供同步学习到的表示 $e(x_i)$。也就是说，传统模型的工作方式仅在于执行模型函数 $M_\theta(\cdot)$ 的前向计算，但是深度学习模型会额外提供经过良好预训练的一组表示供其他任务直接使用，甚至有时候深度学习的任务构造就是为了获得某个精确的表示形式，而不是模型前向计算所意味的预测功能。此时，这样的深度学习模型就是纯粹的面向表示学习的机器学习模型。

作为一般深度学习模型的神经网络可以不严格视为多个层堆积的模块组合的结果。其中最开始的输入向量也会被视为一个层，称之为输入层，在表示学习意义下，这是一组实值稠密向量。对于输出最后结果的最后一层神经元，称之为输出层。相对于输出表示的编码方式（默认的独热向量），输出层需要对激活函数等进行专门设定，以适配预定的输出格式。

目前普遍采用的输出层配置称之为 softmax，针对输出层收到的前向计算的结果 $\boldsymbol{x}$，它以和最大熵模型一样的概率意义定义输出层向量形式，也就是说，预测最终类别的条件概率计算公式是如下的对数-线性形式：

$$P(y|\boldsymbol{x}) = \frac{e^{\boldsymbol{W}_y \cdot \boldsymbol{x}}}{\sum_{c=1}^{C} e^{\boldsymbol{W}_c \cdot \boldsymbol{x}}}, \boldsymbol{W} \in \mathbb{R}^{C \times d} \tag{8-26}$$

其中，d 是向量 $\boldsymbol{x}$ 的维度，C 是类别数量，$\boldsymbol{W}$ 是输出层的输入权值矩阵。

之所以将这一输出层设计专门称为 softmax，是因为由于归一化因子的存在，式 (8-26) 并不能通过直接定义一个单一的神经元激活函数来表达。当然，一些文献也不严格地称 softmax 层对应的对数-线性函数形式为 softmax 激活函数。

确定输出表示以及输出层形式之后，可以精确选用合理的损失函数。和传统机器学习没有什么不同，可以继续采用各类损失函数，例如算术距离类损失（如 0-1 损失、铰链损失等）或信息距离类损失。后一类以交叉熵损失为代表，在深度学习模型中更为常用。

结合预测类别标签的独热表示以及 softmax 层概率化设定，假设正确类别的真实概率是 1，所有其他情形是 0：

$$\boldsymbol{p} = [0, \cdots, 0, 1, 0, \cdots, 0]$$

模型计算出来的概率是 q，则交叉熵损失为

$$H(\boldsymbol{p}, q) = -\sum_{c=1}^{C} p(c) \log q(c) \tag{8-27}$$

此处因为 $\boldsymbol{p}$ 是独热向量，因此留下的唯一一项就是真实类别的负对数概率。

交叉熵可以写为信息熵与两个分布之间的 KL 散度（Kullback-Leibler divergence）之和：

$$H(\boldsymbol{p}, q) = H(\boldsymbol{p}) + D_{\mathrm{KL}}(\boldsymbol{p}\|q) \tag{8-28}$$

其中，KL 散度是衡量两个概率分布 $\boldsymbol{p}$ 和 q 差异的不对称度量：

$$D_{\mathrm{KL}}(\boldsymbol{p}\|q) = \sum_{c=1}^{C} p(c) \log \frac{p(c)}{q(c)} \tag{8-29}$$

在这里，$\boldsymbol{p}$ 是常量，因此它对于梯度不会有贡献，从而最小化交叉熵等价于最小化 KL 散度。

无论是从最大似然估计的角度最大化每一个样本预测的负对数概率，还是直接将式 (8-26) 代入式 (8-27) 对所有样本求和，都可以得到一样的完整损失函数形式，用于训练目标优化：

$$J(\theta) = \frac{1}{N} \sum_{i=1}^{N} -\log \frac{\mathrm{e}^{\boldsymbol{W}_y \cdot \boldsymbol{x}}}{\sum\limits_{c=1}^{C} \mathrm{e}^{\boldsymbol{W}_c \cdot \boldsymbol{x}}} \tag{8-30}$$

对于上述两类情形，softmax 输出层及预测的独热编码形式有一个概率论解释，即这等同于伯努利（Bernoulli）分布[①]上的逻辑斯谛分类预测。

大规模的机器学习模型极易陷入过拟合或过学习的困境。过拟合是泛化能力的负面表达，它表现在模型能够很好地拟合训练数据，但是无法泛化到新的数据样本。对于典型的在线训练过程，过拟合的表现是：随着训练过程不断持续，训练误差（或损失函数取值）逐渐变小，但基于开发集或测试集的测试误差不再变小，而是保持不变甚至开始变大。

为了抑制过拟合，可以在训练过程中将一定百分比的最不重要的特征的权值置为 0 或使权值变小，这导致了称之为丢弃（或失活，dropout）的训练操作。

在损失函数方面，可以模仿最大熵模型的平滑方法，在上面施加额外的惩罚项。在深度学习中，此类做法也称为正则化。对应于最大熵模型的高斯先验（形式上都是模型参数的二次项），作用于式 (8-30) 中参数 θ 上的正则化项表达式如下：

$$J(\theta) = \frac{1}{N} \sum_{i=1}^{N} -\log \frac{\mathrm{e}^{\boldsymbol{W}_y \cdot \boldsymbol{x}}}{\sum\limits_{c=1}^{C} \mathrm{e}^{\boldsymbol{W}_c \cdot \boldsymbol{x}}} + \lambda \sum_{k} \theta_k^2 \tag{8-31}$$

---

① Bernoulli 分布是一种离散分布，有两种可能结果：1 表示成功，出现的概率为 p（注意 $0<p<1$）；0 表示失败，出现的概率为 $q=1-p$。

8.4.2 误差反向传播算法

即使在传统机器学习时代，神经网络也是最大规模的机器学习模型。因此，出于明显的计算效率的考虑，似乎从未有人尝试过对于一般的神经网络模型提出一次更新所有样本关联参数的离线训练算法。在深度学习时代，所有的神经网络训练都广泛采用称之为误差反向传播算法（error back propagation）算法的在线训练算法。

一般认为，Rumelhart、Hinton 以及 Williams 在 1986 年首次提出了适用于多层感知器的反向传播算法[10]，他们采用 sigmoid 激活函数有效解决了非线性分类问题，掀起了神经网络的第二次热潮。但也有新的科学史研究的结论是 Werbos 和 Yann 等人分别于 1974 年和 1988 年独立提出了反向传播算法[11,12]。

反向传播算法的数值优化实现基于一个简单的数值化过程。设有损失或目标函数 $J_\theta(\boldsymbol{x})$，其中 $\boldsymbol{x}$ 为模型输入，则对于模型参数 θ 的在线数值优化可以简单地由其导数形式 $\dfrac{\partial J_\theta(\boldsymbol{x})}{\partial \boldsymbol{x}}$ 确定。在获得的导数或梯度形式中将参数 θ 差分化，即为相应参数的在线修正量即可。

不过神经网络一般情况下是多个神经元的激活函数复合、向量化的结果，相应的求导或求梯度过程也因此需要运用两个法则。

（1）对于来自网络中多个数据流路径汇合的结果，需要运用加法法则：

$$\boldsymbol{z} = f(\boldsymbol{x}) + g(\boldsymbol{x}), \quad \frac{\partial \boldsymbol{z}}{\partial \boldsymbol{x}} = \frac{\partial f(\boldsymbol{x})}{\partial \boldsymbol{x}} + \frac{\partial g(\boldsymbol{x})}{\partial \boldsymbol{x}} \tag{8-32}$$

（2）对于复合函数，需要运用求导的链式法则：

$$\boldsymbol{z} = f(\boldsymbol{y}), \quad \boldsymbol{y} = g(\boldsymbol{x}), \quad \frac{\partial \boldsymbol{z}}{\partial \boldsymbol{x}} = \frac{\partial \boldsymbol{z}}{\partial \boldsymbol{y}} \frac{\partial \boldsymbol{y}}{\partial \boldsymbol{x}} \tag{8-33}$$

对于类似图 8.25 的从输入 $\boldsymbol{x}$ 到输出 $\boldsymbol{z}$ 的前向传播路径，相应的求导综合运用这两个法则，有

$$\frac{\partial \boldsymbol{z}}{\partial \boldsymbol{x}} = \sum_i \frac{\partial \boldsymbol{z}}{\partial y_i} \frac{\partial y_i}{\partial \boldsymbol{x}} \tag{8-34}$$

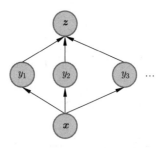

图 8.25　误差反向传播计算的复合路径

反传算法的实质是利用后一层的梯度计算前一层的梯度。现在我们来推导多层感知机的反传公式。对一多层感知机，其第 i 层与第 $i-1$ 层之间存在有如下的递推关系：

$$z^i = f(x^i) = f(W^i z^{i-1} + b^i)$$

其中，z^i 为第 i 层的输出，f 为激活函数，W^i 为该层的权重矩阵，为了表达方便，我们在此省去了转置标记。

对误差函数 J，需要对其求梯度，第 i 层的相应梯度记为 δ^i，计算公式如下：

$$\delta^i = \frac{\partial J}{\partial x^i} = \frac{\partial x^{i+1}}{\partial x^i} \cdot \frac{\partial J}{\partial x^{i+1}} = \frac{\partial z^i}{\partial x^i} \cdot \frac{\partial x^{i+1}}{\partial z^i} \cdot \frac{\partial J}{\partial x^{i+1}} \tag{8-35}$$

其中的 $\dfrac{\partial J}{\partial x^{i+1}}$ 即第 $i+1$ 层的梯度 δ^{i+1}。

根据感知机的层间关系，可以对式 (8-35) 中的前两项分别进行计算。由 $z^i = f(x^i)$，得到

$$\frac{\partial z^i}{\partial x^i} = f'(x^i)$$

对于第 $i+1$ 层，有

$$x^{i+1} = W^{i+1} z^i + b^{i+1}$$

因此

$$\frac{\partial x^{i+1}}{\partial z^i} = W^{i+1}$$

综合以上，就得到反传算法的第 i 层和第 $i+1$ 层的梯度递推公式：

$$\delta^i = (W^{i+1} \cdot \delta^{i+1}) \cdot f'(x^i) \tag{8-36}$$

此处，权重 W^{i+1} 是一个矩阵，梯度 δ^{i+1} 是一个向量，两者相乘得到新的一个向量。这个向量将与 $f'(x^i)$ 进行点对点乘，后者是一个与 x^i 相同形状的向量，最终得到前一层的梯度 δ^i。

8.4.3　深度学习的训练管理器

深度学习的训练过程通常能够取得成功，在一定程度上是由于在计算代价和计算效果方面做出了大量的平衡。针对原有反向传播算法的运算过程，现代深度学习在其中关键的梯度批量更新策略和学习率管理上都进行了一定程度的改进。

目前的深度学习过程广泛采取了小批量（mini-batch）梯度下降方法：不是利用所有训练数据计算梯度（即批量训练），也不是使用一个训练样本计算梯度（即随机训练），而是使用用户指定数量（即批量大小，batch size）的训练样本作为一个批次进行训练。训练中整个训练集数据都被遍历一遍称为一个训练周期（training epoch）。在每个批次中，小批量梯度下降方法的具体做法是：针对这个批次中的样本，分别计算其相关梯度，然后使用这个批次的累积梯度更新相关参数。

学习率（learning rate）是反向传播算法中的关键训练参数。传统的神经网络模型通常使用固定的学习率设置。关于学习率的主要矛盾在于：更稳定、效果更好的训练需要

更低的学习率设定，但是这会导致训练过程极慢；而更快的训练则需要更高的学习率，但是高学习率会增大训练陷入局部极小甚至不收敛的风险。因此，现在极少采取固定的学习率设定，而是最开始设定较高的学习率，然后按照某种规则降低学习率。随着模型加深，一些模型的训练一开始并不能接受高学习率，而需从较低学习率逐步提高，从而导致了对于学习率设定的预热（warmup）要求。

深度学习提出之后，针对学习率的复杂管理要求，为了平衡学习的效率和精度，研究者提出了不同的优化器策略，以有效地动态管理学习率：

- SGD（Stochastic Gradient Descent，随机梯度下降）。固定学习率，只依赖于当前迭代给定的样本数量（或批量大小）。
- AdaGrad。当梯度很大时，根据历史梯度变化，针对每个参数调整学习率，此时学习率递减；反之亦然。
- Adam。该策略是 AdaGrad 的推广，其更新规则根据历史梯度的一阶和二阶动量的估计决定，这些估计在每次迭代时都会得到校正[13]。

8.5　编码器-解码器建模

表示学习机制自动蕴含了特征自学能力，这使得对很多具体任务的建模变得很直接。对于人类语言这样的符号系统来说，大量相关处理是语言的文本片段本身，如词、句、篇等。因此模型的处理就是简单将其视为一组词嵌入作为输入。在这个过程中，自然语言处理从小心翼翼的结构分解中解放出来。也就是说，原学习任务需要学习什么特征对象，就直接把它交给对应的神经网络作为输入。如果需要学习的对象是句子，那就把整句作为输入。甚至有时不再区分是句子还是多句构成的篇章，只要模型输入端的最大长度允许，就可以把所有这些文本对象都直接按照原来的顺序和位置注入模型。原任务关注的文本对象内部的结构信息不再需要特别关注。

表示学习带来了自监督学习的便利，因此，有时需要考虑两类不同的任务动机。对于依然需要标注数据才能学到的任务，姑且定义为非自监督学习。例如，基于标注树库学习句法分析器，这是非自监督学习，或许可以称之为"真正"的机器学习；而对于 n 元语言模型以及前述的词向量学习，这是自监督学习任务，它仅使用现成的未标注数据，根据数据的一部分预测另一部分。

下面讨论如何从表示学习的角度理解神经网络模型的构成框架。

从输入到输出，不失一般性，总是可以理解模型在将输入向量转为输出向量。当然，实际情形（特别是在自然语言处理中），这里的输入向量是一组嵌入的拼接或其他形式集成的结果，这里的输出一般是某种独热编码形式的向量，期待的输出是严格的独热编码向量，预测的输出是试图逼近独热形式的向量。忽略向量的内容含义，如果一个模型以前向计算形式将一个向量不断再编码，最终转为另一个向量，那么在这个过程中，应该能看到一些节点性的中间向量，也就是模型在此之前的部分的所有输出必然最终导致这个向量，在此之后的部分的全部输入必然来自这个向量。如果按这个定义，从输入向量 $\boldsymbol{x}$ 开始，就可以经历多个关键中间结果向量 $\boldsymbol{h}_1, \boldsymbol{h}_2, \cdots, \boldsymbol{h}_{k-1}$，最终到达输出向量 $\boldsymbol{y}$。一旦我们能辨识出关键的数据流节点，那么就可以据此将神经网络构成分解为层的线性堆积。在多层感知机的情形下，垂直于前向后向计算方向的一组神经元就是一层。但是，一般的深度模型今天已经允许多种非线性设计，乃至在基础模块之上再次非线性地堆积复合结构。因此，这里指的层已经是某些复杂中间结构的结果，虽然在最简单、最直观情形下的确可以理解为多层感知机中的一组垂直于数据流方向的互不连接的神经元。

在多层感知机中，所有输入层和输出层之间的层被称为隐藏层或隐层（hidden layer），这一术语也被继续沿用，指代一般深度学习模型中接收上一个节点性向量作为输入，并输出下一个节点性向量的神经网络层次结构。一个神经网络的前向工作数据流可以公式化为

$$\begin{aligned} &\boldsymbol{h}_i = f_{i,\theta_i}(\boldsymbol{h}_{i-1}), \quad i = 1, 2, \cdots, k \\ &\boldsymbol{h}_0 = \boldsymbol{x}, \ \boldsymbol{h}_k = \boldsymbol{y} \end{aligned} \tag{8-37}$$

其中，$f_{i,\theta_i}(\cdot)$ 定义为一层的前向计算的算子，θ_i 是该层模型参数。

神经网络的反向计算意味着模型训练，按照反向传播算法的工作方式，可以公式化为

$$\begin{aligned} &\theta_i = \theta_i + \nabla(f_{i+1,\theta_{i+1}}), \ i = k-1, k-2, \cdots, 1 \\ &f_{k,\theta_k} = J \end{aligned} \tag{8-38}$$

其中，J 是整个模型的损失函数，$\nabla(\cdot)$ 是梯度算子。

注意，在式 (8-37) 中，为了方便起见，已经记输入 $\boldsymbol{x} = \boldsymbol{h}_0$，输出 $\boldsymbol{y} = \boldsymbol{h}_k$。无论是表示学习还是非表示学习，它们都需要共享与式 (8-37) 同样的计算方式。表示学习的特殊之处在于训练阶段。式 (8-38) 表达的是传统机器学习模式，它只需要反向逐一更新各层参数 θ_i 即可完成训练。在传统机器学习任务的基础上（学习到 $\theta_{k-1}, \theta_{k-2}, \cdots, \theta_1$），表示学习仅提出了一个额外要求，它希望还能给出 $\boldsymbol{h}_0$ 的有意义的估计。这在反向传播算法框架下很容易做到，简单设置 $\theta_0 = \boldsymbol{h}_0$，并让式 (8-38) 的反向计算更新执行到索引 $i = 0$ 即可。

因此，在一般化的神经网络模式下，使用反向传播算法进行模型训练时，表示学习与传统的非表示学习的区别仅在于是否将输入向量纳入模型参数更新的范围内。

表示学习功能的加入使得深度学习模型能够提供额外的运用训练结果的方式。在以往的传统机器学习模式下，通常只有一种工作方式：令模型做前向计算执行某种预测任务。但是表示学习额外提供一个学习到的向量集，可以用来搭建语义词典，或者直接作为预训练好的输入形式提供给另外的机器学习任务和模型。当一个模型在其训练或测试中选择装载另外的单独预训练好的输入向量时，有时（例如，当该任务自身训练数据不

足时）会选择在其训练过程中不再更新这个学习到的表示。在涉及的任务是自监督学习类型时，表示学习的模型工作方式有可能完全不需要前向计算，而仅仅提供固定的学习到的输入端嵌入形式，例如前面类似 Word2Vec 这样的词嵌入模型即是如此。

另一方面，虽然深度学习模型返回的表示在默认情形下的确如任务定义那样会存储在输入端，但是深度学习模型是多层结构，已经训练好的深度模型能将输入端（h_0）不断编码为更深的隐藏层向量 $(h_i, i > 0)$。在到最终的任务输出层 y 之前，所有的 h_i 都是有意义的表示，并且追根溯源是输入表示 h_0 的某个有意义的编码结果。这个对于深度学习模型的理解启发我们，不仅可以使用训练结束后最终留在输入端的向量表示，还可以让网络按照训练好的参数执行前向计算，提取某个阶段的隐藏层向量 h_i 作为有效表示。在大量语言处理的实践中，一般会使用最后一层隐藏层输出 h_{k-1}。在这种模型使用方式下，相当于把任意一个深度学习模型分为两个模块，在提取动态编码表示的位置之前的模型部分相当于完成了输入的编码操作，因此称之为编码器（encoder）模块；这个提取表示之后的模型部分（很多时候仅为一个输出层）在有效表示输入的基础上执行具体任务，称之为解码器（decoder）模块。图 8.26 描绘了多层感知机模式下的编码器-解码器结构。这里展示出可以按照功能和任务结果使用方式将一般的深度学习模型理解为编码器和解码器的串联体。

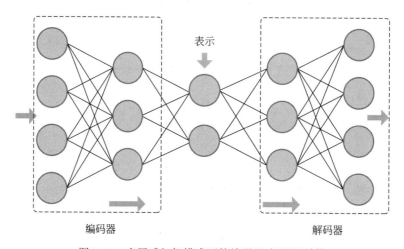

图 8.26 多层感知机模式下的编码器-解码器结构

在设定任务是自监督学习任务的情形下，解码器和任务目标都是构造性的，整个模型有意义的部分仅为编码器，此时称这样的编码器为自动编码器[14]。按照传统机器学习的观点，自动编码器起到自动特征提取器的作用。

大量自然语言任务普遍以文本片段为输入。而极具语言学意义且作为人类语言交流的最小完整单元的文本对象是句子，这使得对于句子或短的篇章的编码处理成为一个常态性任务。这引发了对于有效的句子编码器设计的广泛需求，人们在实践中提出了若干有效设计模式。8.6 节将依次介绍 3 个主流的编码器设计方案。

另一方面，对于类似句子这样的语言片段以嵌入拼接方式输入，并在多层编码后输出强有力的表示结果，一定程度上相当于一次性捕捉了输入文本的语言单元语义和语言结构信息。自然语言处理可以在编码器输出的语言表示基础上不用再特意考虑结构化分解方式，而以端到端（end-to-end）的方式进行便利处理，或者说，深度学习模型在引入编码器输出表示方式的时候就已经自动获得了一定程度上针对输入端的结构化学习能力。

自然语言处理中有大量任务类型是针对一串符号序列输入预测另一串符号输出。这里的符号可以是自然语言本文本身，也可以是通过专门的任务编码得到的专门符号系统。如前所述，深度学习模型能自然地接收一串符号表示的嵌入拼接向量作为输入，同时，基于被证明行之有效的独热表示，可以令模型在输出层逐一输出目标序列每一个符号的独热向量，从而实现序列的目标生成。采用这个直观做法，深度学习能相当自然地实现今天通称为序列到序列（sequence to sequence, seq2seq）的模型，有效解决这一大类任务。在最开始，序列到序列任务首先在机器翻译领域得到成功实现，到今天发展为主流的神经机器翻译[15,16]。

8.6　编码器架构：循环神经网络

在编码器架构设计方面，最关键的问题其实是如何设定网络的拓扑连接方式，以最大程度捕捉输入符号（或其他信号）序列的内在结构依赖性。如果假定输入序列的各个元素是孤立的，采用默认的多层感知机应该就能让模型作为编码器有效工作，但这个设定很少被采用。相反，研究者通过大量思考和实践，发现只有极为有限的几种编码器设计方案才可以有效工作。从本节开始，依次介绍 3 个典型编码器结构：循环神经网络、卷积神经网络和 Transformer。

最简单的处理序列方式是将序列上所有节点按照先后顺序遍历一遍，依次处理各个节点。在每处理其中一个单元时，都要考虑该单元和前面已经处理过的单元之间的关系，即这个单元的上下文。这种考虑称之为记忆。因此，神经网络处理时序序列①时，我们希望赋予它这种记忆以前处理过的序列单元的能力，继而依次处理每个单元。

循环神经网络（Recurrent Neural Network，RNN）是以"人的认知是基于过往的经验和记忆"为基本思想而提出的。因此，在描述 RNN 结构时，传统上用时间步骤索引序列单元。RNN 起源于 1986 年的 Jordan 网络[17]和 1990 年在此基础上改进的 Elman 网络[18]。RNN 处理序列时遵循其时序进行递归操作，综合之前时刻的输出和当前时刻的输入进行共同处理，得到这一时刻的输出；在每获得一个时刻的输出时，模型就会记忆该时刻的输出，以用于未来的处理。

为了反映序列当前时刻的输出和前面的输出之间的联系，RNN 让同一隐藏层的节点相互连接，也就是隐藏层节点的输入不仅包括输入层的输出，还包括相邻（上一时刻）隐藏层节点的输出。用以下公式表示 RNN 的隐藏层计算过程：

$$h_t = f(h_{t-1}, x_t) \tag{8-39}$$

---

① 针对需要考虑其中单元顺序的序列，在很多文献里将这个顺序索引称为时间，因此相应的序列也称为时序序列。

其中，h_t 是 t 时刻的输出，x_t 则是 t 时刻的输入。可以看出，函数 f 被循环调用，依次处理每一时刻的输入，同时在处理第 t 时刻时，前面的 $t-1$ 个时刻必须先全部被处理好。

一般 RNN 的隐藏层由一组称为细胞（cell）的结构互联构成。细胞有着特定的复杂内在设计，通常不是一个简单的神经元。虽然 RNN 中同一隐藏层的节点相互连接，但是一般 RNN 中仅有一个细胞。细胞有一条指向自己的循环连接，以完成将当前时刻的输出传递给下一个时刻。可以认为 RNN 的细胞数和输入长度是一样的，但是所有的细胞均共享参数。图 8.27 最左侧是 RNN 的示意图，可以看出，一层 RNN 中只有一个细胞。图 8.27 中间的部分是将 RNN 隐藏层层级展开的示意图。可以看出，展开后每一时刻都有一条指向下一个时刻的连接。图 8.27 右侧是一个典型 RNN 的示意图，其中默认使用 tanh 激活函数。RNN 可以公式化表示为

$$
\begin{aligned}
h_t &= f(\boldsymbol{W}_x \cdot \boldsymbol{x}_t + \boldsymbol{W}_h \cdot h_{t-1} + b) \\
&= \tanh([\boldsymbol{W}_x, \boldsymbol{W}_h] \cdot [x_t, h_{t-1}] + b) \\
o_t &= \boldsymbol{W}_o \cdot h_t + b_o \\
\widehat{y}_t &= \mathrm{softmax}(o_t)
\end{aligned}
\tag{8-40}
$$

其中 $\boldsymbol{W}_x$、$\boldsymbol{W}_h$、$\boldsymbol{W}_o$ 分别表示样本输入权重、隐藏层输入权重和隐藏层输出权重，前两个权重也可拼接写为 $\boldsymbol{W} = [\boldsymbol{W}_x, \boldsymbol{W}_h]$。$\boldsymbol{W}_x$、$\boldsymbol{W}_h$、$\boldsymbol{W}_o$ 每个时刻都相等（权重共享）。隐藏层激活函数 $f(\cdot)$ 在 RNN 中一般使用 tanh，即 $f(x) = \tanh x = \dfrac{\mathrm{e}^x - \mathrm{e}^{-x}}{\mathrm{e}^x + \mathrm{e}^{-x}}$。使用 tanh 激活函数的目的之一是为了避免 RNN 训练时出现梯度消失的问题，但是，tanh 在 RNN 中解决梯度消失问题的效果有时并不好。在下面对 RNN 变体的描述中，将介绍梯度消失的问题和解决方法。

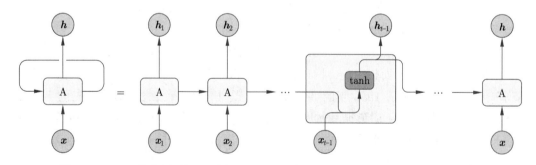

图 8.27　RNN 隐藏层层级展开图：$t-1, t$ 是索引 (时间) 序列，x 表示输入的样本

给定输入序列 $\{x_1, x_2, \cdots, x_\tau\}$，和 x 配对的 $\{y_1, y_2, \cdots, y_\tau\}$，其中 τ 为序列中的最大时刻。RNN 结构上的损失函数表示为

$$
L(x_1, x_2, \cdots, x_\tau, y_1, y_2, \cdots, y_\tau) = \sum_{t=1}^{\tau} L_t
\tag{8-41}
$$

如果这里的单元损失函数 L_t 使用交叉熵，则有

$$L_t = -y_t \log \widehat{y}_t \tag{8-42}$$

8.6.1　循环神经网络的 BPTT 训练算法

和全连接神经网络不同，RNN 是和时间序列相关的，这使得训练 RNN 比训练常规的神经网络更为困难。RNN 每一步输出不仅依赖于当前时刻的网络状态，还需要前若干时刻的网络状态，因此将标准的反向传播算法推广为通过时间反向传播（Back-Propagation Through Time，BPTT）算法以计算梯度。

从序列的末尾开始进行反向计算：

$$\nabla_{h_\tau} L = \frac{L}{h_\tau} = \boldsymbol{W}_o^{\mathrm{T}} \frac{L}{o_\tau} \tag{8-43}$$

从时刻 $t = \tau - 1$ 到 $t = 1$ 反向迭代，通过时间反向传播梯度，则梯度为

$$\nabla_{h_t} L = \left(\frac{\partial h_{t+1}}{\partial h_t} \right)^{\mathrm{T}} (\nabla_{h_{t+1}} L) + \left(\frac{\partial_t}{\partial h_t} \right)^{\mathrm{T}} (\nabla_{o_t} L) \tag{8-44}$$

$$= \boldsymbol{W}_h^{\mathrm{T}} (\nabla_{h_{t+1}} L) \mathrm{diag}(I - (h_{t+1})^2) + \boldsymbol{W}_o^{\mathrm{T}} (\nabla_{o_t} L) \tag{8-45}$$

其中，$\mathrm{diag}(I - (h_{t+1})^2)$ 表示包含元素 $I - (h_{t+1})^2$ 的对角矩阵。这里梯度分为两部分是因为 h_t 被分别传递给 o_t 和 h_{t+1} 各一部分。

在获得这两部分梯度之后，就可以求出神经网络中各个参数的梯度：

$$\nabla_{b_o} L = \sum_{t=1}^{\tau} \left(\frac{\partial o_t}{\partial b_o} \right)^{\mathrm{T}} \nabla_{o_t} L = \sum_{t=1}^{\tau} \nabla_{o_t} L \tag{8-46}$$

$$\nabla_b = \sum_{t=1}^{\tau} \left(\frac{\partial h_t}{\partial b_t} \right)^{\mathrm{T}} \nabla_{h_t} L = \sum_{t=1}^{\tau} \mathrm{diag}(I - (h_t)^2) \nabla_{h_t} L \tag{8-47}$$

$$\nabla_{W_o} = \sum_{t=1}^{\tau} \sum_{i=1}^{t} \left(\frac{\partial L}{\partial o_i^t} \right) \nabla_{W_o} o_i^t = \sum_{t=1}^{\tau} (\nabla_{o_t} L) h_t^{\mathrm{T}} \tag{8-48}$$

$$\nabla_{W_h} L = \sum_{t=1}^{\tau} \sum_{i=1}^{t} \left(\frac{\partial L}{\partial h_i^t} \right) \nabla_{W^t} h_i^t = \sum_{t=1}^{\tau} \mathrm{diag}(I - (h_t)^2)(\nabla_{h_t} L) h_{t-1}^{\mathrm{T}} \tag{8-49}$$

$$\nabla_{W_x} L = \sum_{t=1}^{\tau} \sum_{i=1}^{t} \left(\frac{\partial L}{\partial h_i^t} \right) \nabla_{U^t} h_i^t = \sum_{t=1}^{\tau} \mathrm{diag}(I - (h_t)^2)(\nabla_{h_t} L) x_t^{\mathrm{T}} \tag{8-50}$$

RNN 梯度是一系列雅可比矩阵乘积，很容易面临两个数值计算问题：

（1）梯度消失（vanishing）。对应解决方法有初始化矩阵技巧[19] 和改用 ReLU 激活函数[20] 等。

（2）梯度爆炸（exploding）。对应解决方法包括 Mikolov 梯度修剪（clipping），基本思路是：当梯度大于一定阈值的时候，将其截断为一个较小的数。

序列处理有时需要模型关注整个序列，而 RNN 循环递归的序列处理方式让一个

时刻的模型无法获得此刻之后的输出。为此可以使用双向循环神经网络（Bi-directional Recurrent Neural Network，Bi-RNN）。Bi-RNN 由两个单独的 RNN 构成，其中一个负责正序处理，另一个则负责逆序处理，通过这种方式让一个时刻的模型能感知所有时刻的输出。

8.6.2　长短时记忆网络

RNN 在使用时存在着对长距离依赖或长程依赖（long-term dependency）捕捉失效的问题，这是由反传算法执行过程中梯度消失或者梯度爆炸现象引起的。当序列过长时，距离当前时刻较远的时刻的梯度因为逐层迭代回传而很快导致连乘效应，这时就会出现梯度消失或者梯度爆炸。

虽然梯度修剪等数值计算技巧能有效解决梯度爆炸问题，但是依然无法有效解决梯度消失问题。因此，有研究者从改进 RNN 结构着手，从根本上改善 RNN 的学习效果。

扩展 RNN 的主要方式就是重新设计更精细的细胞单元，包括引入门控机制，从而产生了多种 RNN 变体模型。门控 RNN（gated RNN）是目前常用的 RNN 类型，其中，尤以长短时记忆网络（Long Short-Term Memory，LSTM）[21] 最为典型。

LSTM 设计的基本思想是用门控机制对以前时刻输出的权重进行合理调整，使其从固定权重变为可根据上下文调整的权重。因此，LSTM 在不同时刻处理不同输入时给出的权重会因上下文的不同而发生变化。

图 8.28 是 LSTM 细胞单元的结构示意图。其中的 σ 就是一个门（gate），在 LSTM 中，它由一个 sigmoid 激活函数和一个点乘运算组成。LSTM 的细胞包含 3 个门：输入门（input gate）、遗忘门（forget gate）和输出门（output gate）。

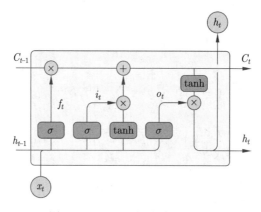

图 8.28　LSTM 细胞单元的结构

注意，LSTM 在编码时共有两个输出（状态）由上一时刻传递给当前时刻，除了上一时刻的输出外，LSTM 还增加了细胞状态（state）以保存以前所有时刻的信息并保证这些信息能够被所有时刻获取。LSTM 一个细胞单元的数据流描述为如下 3 个步骤。

（1）获取输入后，LSTM 首先判断要从细胞状态中遗忘多少信息。这一步可以表示为

$$f_t = \sigma(\boldsymbol{W}_{\mathrm{f}} \cdot [h_{t-1}, x_t] + b_{\mathrm{f}}) \tag{8-51}$$

其中，f_t 为遗忘门，$\boldsymbol{W}_{\mathrm{f}}$ 是参数矩阵，$\sigma(\cdot)$ 是取值为 $0 \sim 1$ 的 sigmoid 激活函数。这一步得到的值决定模型要忘记多少内容，0 表示不保留，1 表示都保留。

（2）LSTM 要判断在细胞状态中添加哪些新信息。这一步可以表示为

$$i_t = \sigma(\boldsymbol{W}_{\mathrm{i}} \cdot [h_{t-1}, x_t] + b_{\mathrm{i}}) \tag{8-52}$$

$$\tilde{C}_t = \tanh(\boldsymbol{W}_C \cdot [h_{t-1}, x_t] + b_C) \tag{8-53}$$

其中，i_t 为输入门，它决定要将哪些信息添加到细胞状态中；式 (8-53) 计算具体要被加入细胞状态的信息。在经遗忘门和输入门处理之后，就可以更新状态了。具体的操作为从细胞状态中遗忘一部分信息，并将新信息加入细胞的当前状态中。这个过程表示为

$$C_t = f_t * C_{t-1} + i_t * \tilde{C}_t \tag{8-54}$$

式 (8-54) 中，$*$ 表示向量元素间的逐项乘法运算。

（3）在更新状态之后，LSTM 计算输出结果。这一步可以表示为

$$o_t = \sigma(\boldsymbol{W}_{\mathrm{o}} \cdot [h_{t-1}, x_t] + b_{\mathrm{o}}) \tag{8-55}$$

$$h_t = o_t * \tanh(C_t) \tag{8-56}$$

其中，o_t 为输出门。LSTM 更新完细胞状态后需要根据输入的 h_{t-1} 和 x_t 判定要输出细胞的哪些状态特征，这由输出门的 sigmoid 层判定，然后将细胞状态经过 tanh 层得到一个 $-1 \sim 1$ 的向量，该向量与输出门的判定条件相乘就得到最终该细胞单元的输出。需要注意的是，LSTM 在计算输出时，并不是和 RNN 一样直接用上一时刻的输出，而是先将信息更新到细胞状态中，然后再将信息从细胞状态中抽取出来作为输出。这意味着上一时刻的输出并不能直接和当前时刻的输出建立连接。

下面讨论 LSTM 为何能够解决梯度消失和梯度爆炸的问题。从根本上看，LSTM 实际上是通过细胞状态为每个时刻建立了直接访问以前每个时刻的连接，而并非像 RNN 一样必须通过迭代获取以前时刻的输出。这种直接连接既保证了以前时刻的输出能够直接被当前时刻获取，同时也保证了梯度在回传时可以从任意时刻直接传播给以前的任一时刻。这种方式的梯度传播保证了梯度不会过大或过小，也因此保证了训练时参数的正常更新。

除了 LSTM 之外，门控循环单元（Gated Recurrent Unit, GRU）也是一个常用的 RNN 变体。GRU 只使用了两个门，比 LSTM 简单[22]。具体来说，GRU 将遗忘门和输入门合并成一个新的门，称为更新门，用于决定前面的记忆保存到当前时刻的量。GRU 的另一个门称为重置门，它决定如何将新的输入信息与前面的记忆相结合。GRU 的结构如图 8.29 所示。GRU 可表示为

$$\begin{aligned} z_t &= \sigma(\boldsymbol{W}_z \cdot [h_{t-1}, x_t]) \\ r_t &= \sigma(\boldsymbol{W}_r \cdot [h_{t-1}, x_t]) \\ \tilde{h}_t &= \tanh(\boldsymbol{W} \cdot [r_t * h_{t-1}, x_t]) \\ h_t &= (1 - z_t) * h_{t-1} + z_t * \tilde{h}_t \end{aligned} \tag{8-57}$$

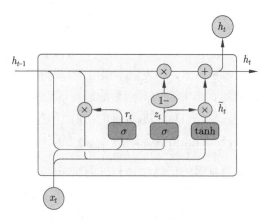

图 8.29 GRU 的结构

8.7 编码器架构：卷积神经网络

卷积神经网络（Convolutional Neural Network，CNN）[23] 起源于计算机视觉应用，也是 Transformer 架构被注意到之前在图像处理中采用的主流编码器。

Fukushima 于 1980 年提出的 Neocognitron [24] 是第一个真正意义上的级联卷积神经网络，如图 8.30 所示。尽管它并不完全是现在的卷积形式，但它已经有了卷积神经网络的基本特征，例如输入是原始的图像信号，大小为 19×19 像素，是一个无监督学习的过程。

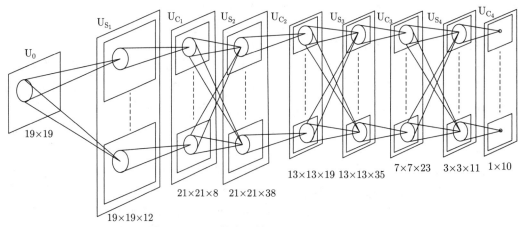

图 8.30 最早的卷积神经网络 Neocognitron

1989 年，Yann LeCun 和 Yoshua Bengio 等人开始研究卷积神经网络。在随后的 10 年里，Yann LeCun 提出的 LeNet 系列网络开始迭代，其中，1998 年的 LeNet5 是 CNN 的经典结构，其效果在手写字体识别任务上得到验证。LeNet5 由 7 层神经网络组成，如图 8.31所示，输入的原始图像大小为 32×32 像素，卷积层用 C_i 表示，子采样（池化）层用 S_i 表示，全连接层用 F_i 表示。

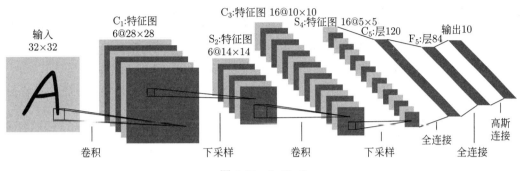

图 8.31　LeNet5

因为 CNN 最初是以图像为典型数据处理对象而发展起来的，因此它特别考虑了数据的通道特性。所谓通道是指在时间上或空间上的某一点对事物的一个观测量。多通道数据可以简单理解为其中各个元素能由同构向量定义。如果将图像按照不同颜色分为不同的灰度图，例如分为红、绿、蓝三色的 3 幅灰度图，则数据就可以被视为通道数为 3。在自然语言处理中，大多只需考虑单通道数据形式。

8.7.1　卷积

卷积神经网络建立在卷积（convolution）这一特殊算子的基础之上。卷积是指在给定两个函数（f 和 g，均为实数域 $\mathbb{R}$ 上的可积函数）的前提下，生成第三个函数的数学算子 $f * g$，它可以表示为

$$(f * g)(x) = \int_{-\infty}^{\infty} f(t)g(x - t)\mathrm{d}t \tag{8-58}$$

如果对几乎所有 $x \in (-\infty, \infty)$，式 (8-58) 的积分都是存在的，则 $h(x) = (f * g)(x)$ 就是一个新的函数，h 称之为 f 和 g 的卷积。

式 (8-58) 中的 f、g 和 $f * g$ 都是定义在实数域 $\mathbb{R}$ 上的连续函数。如果 f 和 g 的定义域为整数域 $\mathbb{Z}$，则类似地有

$$(f * g)(n) = \sum_{m=-\infty}^{\infty} f(m)g(n - m) \tag{8-59}$$

如果 f 和 g 为多元函数，则 $f * g$ 定义为多重积分形式：

$$(f * g)(x_1, x_2, \cdots, x_n)$$
$$= \int_{-\infty}^{\infty} \int_{-\infty}^{\infty} ... \int_{-\infty}^{\infty} f(t_1, t_2, \cdots, t_n)g(x_1 - t_1, x_2 - t_2, \cdots, x_n - t_n)\mathrm{d}t_1\mathrm{d}t_2 \cdots \mathrm{d}t_n \tag{8-60}$$

卷积具有以下性质：

- 交换律：$f * g = g * f$。
- 结合律：$f * (g * h) = (f * g) * h$。
- 分配律：$f * (g + h) = (f * g) + (f * h)$。

- 数乘结合律：$a(f * g) = (af) * g = f * (ag)$, $a \in \mathbb{R}$。

卷积神经网络常用的是离散卷积，它的两个函数参数在机器学习的语境下分别称为输入（input）和核函数（kernel function），卷积的输出则被称为特征图（feature map）。也就是说，CNN 中的卷积执行的是输入和预定义核函数之间的卷积操作。

按照卷积的定义，核函数相当于对于输入执行某种特定模式的加权。使用定义良好的核函数能帮助模型关注数据的特定部分，从而实现有效的特征提取。

除了标准的卷积以外，还有些有特定设置的卷积：

- 1×1 卷积。这种卷积的卷积核函数大小为 1×1。1×1 卷积在输入通道为 1 时相当于对输入进行了一次缩放；而当输入通道超过 1 时，1×1 卷积可以用来将通道合并降维。
- 反卷积（deconvolution），或者叫转置卷积（transposed convolution）。这种卷积会处理输入中的每一个单元，而效果则是将尺寸较小的输入上采样为尺寸较大的输出。

卷积神经网络至少会用到一个**卷积层**执行卷积操作。该层主要的作用就是从输入中提取特征，而提取特征的方法就是卷积。以计算机视觉情形为例，卷积层具有以下作用和特点：

- 局部感知。整个图像分为多个局部重叠的小窗口，通过滑窗方法进行图像的局部特征识别（每个神经元只与上一层的部分神经元局部相连）。
- 参数共享。每个神经元使用一个固定的卷积核（convolutional kernel）卷积整个图像，即，一个神经元只关注一个特征，不同神经元则关注多个不同特征。卷积层中每一个神经元可以视为一个过滤器（filter）。
- 滑动窗口重叠。相邻的滑动窗口允许有部分重叠。如果针对图像，这样能保持处理后的各个窗口边缘的平滑度。
- 卷积计算。每一个神经元固定的卷积核矩阵与窗口矩阵的对应位置相乘、求和，再加上偏置项，就得到代表该神经元所关注的特征在当前窗口中的值。

8.7.2 池化

池化（pooling）属于一种子采样（subsampling）或下采样（downsampling）方式，是卷积神经网络的另一个关键处理操作。池化层一般在卷积层的后面。池化能降低特征图的尺寸，以降低计算量，提高鲁棒性，并降低过拟合风险。

具体而言，池化操作用一个位置相邻输出的总体统计特征代替该位置的输出。首先，将收到的特征图按照相同大小逐一分块。例如，对尺寸为 300×300 的特征图，可以设置池化核为 3×3，则特征图会被分为 100×100 块。在分块完成之后，对每一个块，用某个函数值代替这一块所有的值，这样最终得到一个 100×100 大小的特征图。

在数据形式上，池化缩小了特征图的尺寸，减少了参数量。不仅如此，池化还有以下作用：

- 降维。例如上面的例子显示出特征图的尺寸变为之前的 1/9，从而起到了降维的作用。

- 非线性变换。池化操作整体上提供了类似于 ReLU 激活函数的变换效果。
- 提高模型的鲁棒性。池化用一个值代替了原来的多个值，相当于对输入的特征图进行了抽象或数据平滑，从而能抑制模型过拟合风险。
- 扩大感受野（receptive field）。对于计算机视觉而言，一个像素点对应原图区域的大小称为感受野。通过池化操作，一个像素的感受野被放大。

池化的方式有很多，常用的有最大池化（max-pooling）和平均池化（mean-pooling）。最大池化是选取当前池中所有值的最大值作为输出，而平均池化则将当前池中所有值的平均值作为输出。

8.7.3　卷积神经网络的结构

不严格地说，任何包含卷积操作的网络都可以称之为卷积神经网络，但是完整而"标准的"卷积神经网络通常由以下 3 部分按照一定顺序构成（图 8.32）：

（1）卷积层（convolutional layer）。由若干卷积单元组成，完成对输入的卷积操作，实现局部特征提取。

（2）池化层（pooling layer）。通常在卷积层之后会得到维度很大的特征，池化层将特征切成几个区域，对其池化，取其最大值或平均值，得到新的、维度较小的特征。

（3）全连接层（fully connection layer）。将前面输出的局部特征重新合成为带有完整（全局）信息的输出。

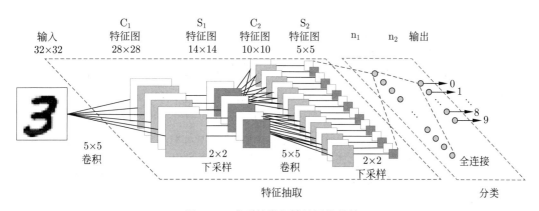

图 8.32　典型的卷积神经网络结构

卷积神经网络设计的基本思路是：先用卷积操作进行局部感知，然后在全连接层将这些局部信息综合起来，得到全局感知。因此，在一般的卷积神经网络的配置中，低层由卷积层和池化层交替组成；高层是全连接层，对应传统多层感知机的隐藏层和分类层，第一个全连接层的输入是由卷积层和池化层提取得到的特征，最后一层是分类器层。

卷积神经网络与普通神经网络类似，它们都由具有可学习的权重和偏置量的神经元组成。每个神经元都接收一些输入，并做点积计算，最终输出是每个类别的分数。普通神经网络里的一些计算技巧在这里依旧适用。但是卷积神经网络和普通神经网络又有很多不同之处：

- 完整的卷积神经网络由卷积层、池化层和全连接层依顺序组成。
- 卷积神经网络默认使用 ReLU 作为激活函数，而非普通神经网络惯用的 sigmoid 等函数。

8.8　编码器架构：Transformer

Transformer 是 Vaswani 等[25] 提出的一种基于自注意力（self-attention）机制[26] 的深度学习模型。Transformer 在提出之初面向的是典型的序列到序列的学习任务，即机器翻译，其后才广泛用于其他任务，其自注意力编码器设计也被不断拓展改进。

8.8.1　自注意力机制

从网络结构设计角度来说，注意力机制引入了局部的非线性连接，它用专门的网络连接设计迫使网络数据流"注意"到输入的专门部分。这是神经网络弹性设计的优势，它能以特定的网络拓扑结构设定"模仿"输入数据结构的内在依赖关系。

注意力机制最早用于基于 RNN 的序列到序列（seq2seq）模型的改进[27,28]。Bahdanau 等[15]将注意力机制引入神经机器翻译模型中。在生成输出序列时，每翻译一个词，就用注意力机制让模型关注输入句子的不同部分，从而优化输出词时要获得的信息和细节。

注意力机制的实现本质是在网络中对于一部分数据流输入做额外的加权汇总，假想存在一个注意力神经元实现这部分的网络连接和汇总计算，它的激活函数甚至只需要是一个恒等线性函数。注意力机制这个设计能发挥特殊作用的原因在于它对于部分数据流的选择技巧。另外，相对于线性层堆积的多层感知机网络来说，注意力机制的引入相当于破坏了这种线性层次关系，因为只有"值得注意"的上下游的表示之间才值得有网络连接的存在。

注意力机制的动机也启发了对于存在内在结构依赖关系的序列进行有效编码的思路。我们希望找到最能匹配、最能有效捕捉这种内在关系的网络连接结构作为编解码设计方案。注意力机制启发我们，只需要在网络结构中连接那些需要关联的数据对象就可以。

两个序列之间的注意力是一个序列中的单元对另一个序列中各个单元不同的关注度。如果两个序列是同一序列，则注意力能就表达同一个序列中各个单元之间的关系。自注意力机制表示的就是这种关系。

Transformer 使用的自注意力机制称为多头缩放点乘注意力（multi-head scaled dot-product attention），它包含两个要素：点乘和多头。

如图 8.33所示，首先介绍缩放点乘注意力。假定模型输入 X 经 3 个可学习矩阵变换后生成 Q、K 和 V 3 个输入向量，点乘注意力由式 (8-61) 计算得出：

$$\text{Attention}(Q, K, V) = \text{softmax}\left(\frac{QK^\mathrm{T}}{\sqrt{d_k}}\right)V \tag{8-61}$$

其中，d_k 是模型中向量的宽度。式 (8-61) 首先计算出 $\boldsymbol{QK}^{\mathrm{T}}$ 这个 $n \times n$ 的实值矩阵，其中 n 是序列长度。该矩阵中每个值都是序列中两个单元之间的注意力。softmax 函数保证了每一行的注意力之和为 1。整个公式计算输出是一个 $n \times d_k$ 的矩阵。这里要注意 d_k，它缩放了 $\boldsymbol{QK}^{\mathrm{T}}$，这是"缩放"（scaled）的由来。

多头注意力（multi-head attention）如图 8.34 所示。多头注意力把输入特征向量不同位置上的维度以注意力方式投射到多个表达子空间中（其结果称之为"头"）。在计算权值时，各个子空间相互独立。然后，将所有子空间上得到的特征向量直接拼接，即可得到最后编码输出的特征向量：

$$\mathrm{MultiHead}(\boldsymbol{Q}, \boldsymbol{K}, \boldsymbol{V}) = \mathrm{Concat}(\mathrm{head}_1, \cdots, \mathrm{head}_h)W^O$$
$$\mathrm{head}_i = \mathrm{Attention}(\boldsymbol{Q}W_i^Q, \boldsymbol{K}W_i^K, \boldsymbol{V}W_i^V \tag{8-62}$$

其中，$W_i^Q \in \mathbb{R}^{d_{\mathrm{model}} \times d_k}$，$W_i^K \in \mathbb{R}^{d_{\mathrm{model}} \times d_k}$，$W_i^V \in \mathbb{R}^{d_{\mathrm{model}} \times d_v}$，$W^O \in \mathbb{R}^{hd_v \times d_{\mathrm{model}}}$，而 d_{model}、d_Q、d_K、d_V 分别是所有头以及一个头中 $\boldsymbol{Q}$、$\boldsymbol{K}$、$\boldsymbol{V}$ 的维度。

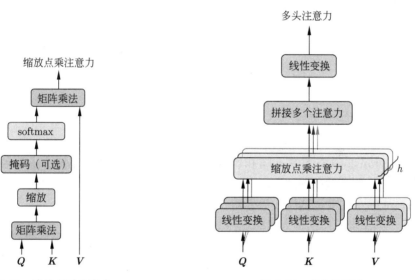

图 8.33　缩放点乘注意力　　　　　　图 8.34　多头注意力

8.8.2　Transformer 网络结构

图 8.35 展示了 Transformer 的单层结构。和 RNN 一样，Transformer 也由多个相同模式的结构单元堆积而成。大部分文献为简化起见，称 Transformer 这个和 RNN 的细胞单元地位类似的结构为层（layer），也有些文献称其为块（block）。为了体现其自注意力机制构造特征，在不提及 Transformer 模型时，这个结构单元会被称为自注意力网络（Self-Attention Network，SAN）层或自注意力网络块。

一个 Transformer 层又分为两个子层（sublayer）：自注意力子层和全连接子层。每个子层的输入和输出用残差（residual）连接起来，同时，每个子层的输出加入层正则化（layer normalization）。下面逐一介绍 Transformer 中的结构模块。

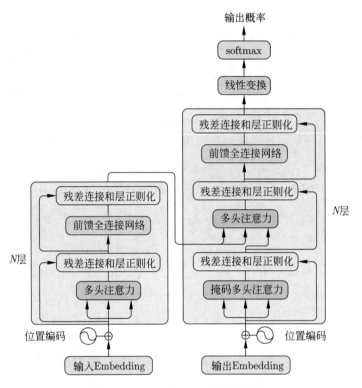

图 8.35 Transformer 的单层结构

自注意力子层顾名思义就是使用上面介绍的多头缩放点乘注意力的子层。这里要注意的是，Transformer 的编码器和解码器两部分的层配置略有不同①。

Transformer 编码器的一层一般只包含一个注意力层，它接收输入序列的表示向量。Transformer 解码器则一般有两个注意力层。

第一个注意力层的输入是输出序列的表示向量，这一层的设置和编码器内的注意力层只是稍有不同。为了在解码端体现出生成序列只能看到过去已经生成的序列部分，而不能看到未生成的序列部分，解码器端的注意力点乘操作后生成的注意力矩阵其实是一个下三角阵，从而赋予解码器对序列顺序的感知能力。

第二个注意力层则更特殊，其中的 Q 是输出端的序列，而 K 和 V 则取自编码器对输入端序列编码的结果。因此该注意力层执行的其实是普通注意力计算，而非自注意力计算。

全连接层则用于非线性变换。这一层包含两个线性变换模块，两个模块通过激活函

---

① 或者可以理解为：Transformer 作为模型架构提供了两类 Transformer 层配置设定，靠近输入端的那些相同配置的层构成编码器，靠近输出端的另一种配置的层构成解码器。文献中提及 Transformer 层的解码器或编码器属性更多强调的是这种配置设定，而不是一般意义上模块位置相关的编码器（更靠近输入端）或解码器（更靠近输出端）。实际上，也存在大量的仅用 Transformer 解码器层（配置）的模型（典型的如 GPT 系列模型）。同理，理论上也可以仅用 Transformer 编码器层构造模型。无论在哪一类模型之中，机器学习或模块位置意义上的编码器和解码器的概念依然有效。我们依然可以将靠近输入端的前面若干层理解为编码器功能部分，将剩下的层理解为真正的解码器。Transformer 模型构造如果仅有 Transformer 解码器层，就意味着模型仅能执行"从前往后"的学习和预测，有时也说这样的 Transformer 模型是单向的；反之，只要 Transformer 模型构造包含 Transformer 编码器层，就可以说这样的 Transformer 模型是双向的。

数相连接。这一层可以被表示为

$$\text{FFN}(\boldsymbol{x}) = \max(0, \boldsymbol{x}\boldsymbol{W}_1 + b_1)\boldsymbol{W}_2 + b_2 \tag{8-63}$$

其中，$\boldsymbol{W}_1$ 和 $\boldsymbol{W}_2$ 的矩阵形状互为转置，如果 $\boldsymbol{W}_1$ 是 $n \times m$ 的矩阵，则 $\boldsymbol{W}_2$ 就是 $m \times n$ 的矩阵。

仅依赖自注意力机制会让模型无法感知序列顺序，为此，Transformer 引入了位置编码（Positional Encoding，PE）[29]，用于标记单元的位置。Transformer 使用的位置编码由三角函数定义：

$$\text{PE}(\text{pos}, 2i) = \sin \frac{\text{pos}}{10\,000^{\frac{2i}{d_{\text{model}}}}} \tag{8-64}$$

$$\text{PE}(\text{pos}, 2i + 1) = \cos \frac{\text{pos}}{10\,000^{\frac{2i}{d_{\text{model}}}}} \tag{8-65}$$

其中，i 是向量中的维度的位置，pos 是单元的位置。除此之外，也可以使用可学习的位置编码。

如前所述，解码器端的三角矩阵已经保证了解码器能够获得序列的顺序信息，位置编码更多地有利于编码器。完全去掉位置编码会造成巨大的性能损失。然而，一些经验性研究显示，编码器对位置编码带来的顺序信息的获取其实并不敏感，或者说位置编码能够转化为顺序的能力有时是不稳定的。同时，即使引入位置编码的支持，Transformer 对顺序信息的获取能力也无法和 RNN 相提并论。

Transformer 在训练时一般使用 Adam 优化器[13]，并且学习率设置上使用了预热（warmup）机制：

$$l_{\text{rate}} = d_{\text{model}}^{-0.5} \cdot \min\left(\text{step}_{\text{num}}^{-0.5}, \text{step}_{\text{num}} \cdot \text{warmup}_{\text{steps}}^{-1.5}\right) \tag{8-66}$$

在训练步数小于热身步数时，学习率处于线性增长的趋势；当训练步数大于热身步数时，学习率则开始下降。这种机制可以保证模型在训练时首先以较快速度收敛到极点的附近，然后再逐渐逼近极点。

相比 RNN，Transformer 的优势和劣势都很明显：

- Transformer 在编码时对并行性的支持优于 RNN。因为 Transformer 编码时可以对序列中的所有单元同时编码，而 RNN 则必须按顺序逐个处理序列中的单元。
- Transformer 比 RNN 能支持更深（也就是更多层）的网络设置，这是因为 RNN 会随着序列的增长而出现梯度消失或者梯度爆炸问题。尽管 LSTM 的提出使得相关问题有所改善，但并不能从根本上解决这一问题，从而 RNN 一般不能很好地支持长序列学习。而 Transformer 则完全没有这些问题，能以更深的网络有效实现长距离依赖关系的捕捉。
- Transformer 抽取特征时，作用的范围是序列内的所有单元，因此其编码时会忽略序列中单元之间的距离。当然，这也意味着 Transformer 编码时不能区分距离的远近，因此需要额外引入位置编码作为补偿。相比之下，RNN 虽然进行的是某种意义上的局部特征提取，但能精确地进行距离感知。

8.9 编码器比较：RNN、CNN 和 Transformer

表 8.4比较了 RNN、CNN 和 Transformer 3 种编码器架构的一些简单特性。

表 8.4　RNN、CNN 和 Transformer 编码器架构的特性

特　　性	RNN(LSTM)	CNN	Transformer
出现时间	1986	1980	2017
基础	门控	卷积	自注意力
分层	有	有	有
处理序列方式	迭代	并行	并行
获取顺序方式	编码操作支持	位置编码	位置编码
位置编码	无	可用	有
使用注意力	可用	可用	有
并行性	差	好	好
长程依赖	差	差	好
顺序获取	好	中	差
多层叠加	差	好	好
距离区分	好	中	差
常用领域	自然语言处理、语音处理	计算机视觉	自然语言处理、语音处理、计算机视觉
典型语言模型	ELMo[30]	文献 [31]	BERT[32]

无论是 RNN、CNN 还是 Transformer，它们的编码设计动机都是企图以网络结构设计捕捉输入序列的内在结构依赖性。而为了实现这个目标，就要在一开始运用某种自监督学习方式，将输入序列分为上下文和预测目标两部分，并有效地对上下文进行建模，有效提取上下文特征。不过，受制于模型架构约束，RNN 和 CNN 对上下文建模的范围大体是局部性的，而 Transformer 则是全局的。RNN 只能获得局部上下文是因为其循环机制让距离较远的单元之间的关系无法被有效学习，而 CNN 的上下文特征提取则受制于核函数定义的大小范围。

在捕捉顺序或距离特征时，RNN 显得更为擅长，这是其拥有的循环迭代机制自动赋予的。与此相反，由于全局化的自主注意力机制，Transformer 特别不擅长获取这类特征，而需要辅助手段进行弥补。

8.10 序列生成的解码过程

序列到序列模型的解码理论上可以做到一次性解码，并一次性输出整个序列，即，可以期待

$$\{\hat{y}_1, \hat{y}_2, \cdots, \hat{y}_m\} = M_\theta(\{x_1, x_2, \cdots, x_n\})$$

或者以样本预测来说，形如

$$\{x_1, x_2, \cdots, x_n\} \to \{\hat{y}_1, \hat{y}_2, \cdots, \hat{y}_m\}$$

然而，实际的序列到序列模型的解码过程并非如此，通常会使用注意力机制，令模型"注意"到已经生成的部分序列，继而以贪心方式逐词生成完整序列，可以公式化为

$$\hat{y}_i = D(\{\hat{y}_1, \hat{y}_2, \cdots, \hat{y}_{i-1}\}) \oplus \mathrm{Attention}(M_\theta(\{x_1, x_2, \cdots, x_n\}) | \{\hat{y}_1, \hat{y}_2, \cdots, \hat{y}_{i-1}\})$$

其中的 D 是模型的解码器模块，$\oplus$ 代表某种向量间的融合方式。以样本预测来说，形如

$$\{x_1, x_2, \cdots, x_n, \ \hat{y}_1, \hat{y}_2, \cdots, \hat{y}_{i-1}\} \to \hat{y}_i$$

这就是自回归预测方式。也就是说，强大的序列到序列模型在深度学习实践上其实是以自回归分类器形式实现的。

图 8.36 展示了两种解码方式的对比。图 8.37 展示了这种情况下基于注意力机制的解码输出融合过程。

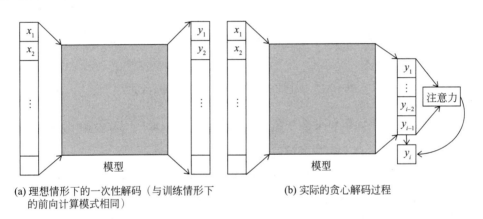

(a) 理想情形下的一次性解码（与训练情形下　　　　　　　(b) 实际的贪心解码过程
　　的前向计算模式相同）

图 8.36　序列生成的解码模式对比

目前，序列到序列的学习在模型实现上实际采用的贪心解码方式和编解码器架构没有关系。下面分别给出循环神经网络和 Transformer 情形的较为具体的解码流程。

1. 循环神经网络序列生成的解码过程

对编码器的隐藏状态输出 $h_1, h_2, \cdots, h_N \in \mathbb{R}^h$，在时间步 t，有解码器隐藏状态 $s_t \in \mathbb{R}^h$，据此可以得到针对这一步注意力分数：

$$e^t = [s_t^{\mathrm{T}} h_1, s_t^{\mathrm{T}} h_2, \cdots, s_t^{\mathrm{T}} h_N] \in \mathbb{R}^N$$

施加一个 softmax 层，可得针对这个时间步的注意力分布：

$$\alpha^t = \mathrm{softmax}(e^t) \in \mathbb{R}^N$$

用这个 α^t 对编码器隐藏输出的权重加和，得到注意力输出：

$$\alpha_t = \sum_i^N \alpha_i^t h_i \in \mathbb{R}^h \tag{8-67}$$

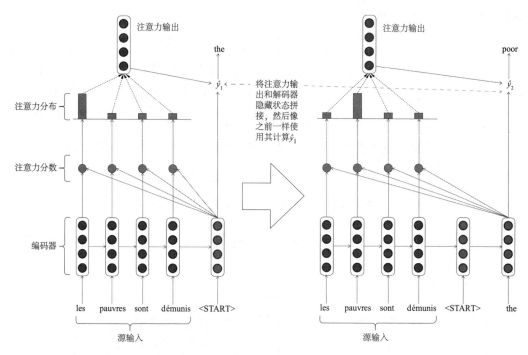

图 8.37　基于注意力机制的解码输出融合过程

最后，将解码器的隐藏状态和注意力 α_t 进行拼接，即得到最终的解码输出 $[\alpha_t; s_t] \in \mathbb{R}^{2h}$。

2. Transformer 序列生成的解码过程

Transformer 序列生成的解码过程与循环神经网络序列的解码过程类似，即使用注意力机制将编码器的隐藏状态输出与解码器的隐藏状态进行融合，用于解码预测。

假设解码器已经预测了 $i-1$ 个词，现在要预测第 i 个词。在解码器的第 j 层，首先将在该层的第一个注意力层对第 $j-1$ 层的隐藏状态进行编码，获得中间隐藏状态 $S^j \in \mathbb{R}^h$ 后，直接使用该层的第二个注意力层将编码器隐藏状态 $H \in \mathbb{R}^N$ 加入到解码器隐藏状态：

$$\hat{S}^j = \text{MultiHead}(S^{j-1}, H, H) + S^{j-1} \in \mathbb{R}^h$$
$$S^j = \text{FFN}(\hat{S}^j) + \hat{S}^j \in \mathbb{R}^h$$

$$(8\text{-}68)$$

解码器输出的第 $i-1$ 个位置的隐藏状态直接用于预测第 i 个词。该解码过程持续进行，每次生成一个词，直到预测出序列结束符为止。在实际解码中，为了减少计算量，解码器一般会对前面已经完成编码的词的隐藏状态、注意力的 Q、K、V 进行缓存，以避免在解码中的重复计算。

默认情况下，序列到序列模型的解码就用如上所述的类似自回归预测的方式，以贪心算法对输出序列做出逐一预测。在实践中，为了缓解贪心过程中的错误传递，会用束搜索算法改进解码性能。

8.11 符号主义对阵联结主义

人工智能自从诞生以来形成了 3 个思想流派：符号主义、联结主义和行为主义。不同的思想流派支持以相应的哲学思考为主导的人工智能实现的最佳路线。自然语言处理就目标（符号）来说似乎是符号主义的代表，而深度学习的神经网络基础则是联结主义的代表。那么发生了什么事情使得符号主义和联结主义这两个人工智能思想流派在自然语言处理的实践之中会师？

要回答这个问题，在机器学习背景下的自然语言结构化预测需求是一个始终不能回避的出发点。我们把神经网络视为目前能想象的机器学习模型的最一般形态。的确，神经网络具备图的形式，似乎只要设计得当，神经网络内的图结构也能有效拟合要学习的语言内部的潜在结构依赖关系。但是，这个理想情形在传统机器学习时代并没有发生。

其原因在于，没有表示学习机制，传统的神经网络模型（不管它形式上多复杂、多"先进"）和任何一个其他的传统机器学习模型并无实质区别，它在结构化学习背景下的角色都是执行区分度量化功能的打分器。在此情形下，网络内的数据流始终不具备特定的语义含义，因为从模型输入端开始，其特征向量都是独热向量各个孤立维度不断加权变换的结果，因此，传统神经网络内的拓扑连接关系非常难以表达特定语义联系。

引入表示学习机制的深度神经网络看起来只是重新定义了输入端，并在训练目标中加入表示向量。在神经网络的反传训练算法框架下，这一变动甚至看起来只是让反传算法的误差回传多更新一层，直至输入层而已。但是这一变动被证实有巨大的颠覆性意义。因此，我们希望能极其明确地区分两类神经网络：一类是传统的不支持表示学习的网络模型；另一类是今天通称为深度学习模型、支持表示学习的神经网络模型。

如果输入端被指定为有意义的表示，模型也必须进行有针对性的训练以获取这样有意义的表示。那么，可以想象，这样有意义的表示的前向编码计算结果也会具备一定的意义。这是我们能将深度学习模型的前半部分截取视为编码器的直觉思考的基础。从经验上说，选取不特定的隐藏层输出就能轻松发现其中蕴含的编码语义，这一点就验证了这一推断，说明网络数据流方向（前向或反向）的网络设计的确能感知语义。这也意味着，深度学习模型内的特定网络拓扑结构设计会具备一定程度上针对输入表示的结构拟合语义。这个解释有助于理解为什么 RNN 这样的网络结构能有效执行序列编码，Transformer 能有效利用自注意力机制编码同一序列的上下文相关性——前者的循环结构有效地模拟了序列的线性顺序关系，后者的自注意力机制用网络模块的连接模拟了输入内上下文和预测对象之间的依赖关系。

结合已有的机器学习模型的向量到向量的映射学习形式，表示学习带来的另一个不为人所察觉而其实又极其关键的变化就是输入结构的顺序语义也能被感知。这一点可以对比独热编码向量表示情形，其中的每一维都是独立的特征编码索引，调换任意两维的位置，甚至重排整个向量，都不会影响同样配置下机器学习模型的学习效果。也可以用数据流的方向理解这个现象：在网络数据流流动方向（即前向或反向）的垂直方向，基于独热向量输入的模型结构和相应习得的模型参数也是语义中立的。但是表示学习机制与此不同，它在接收一定顺序的序列输入时，在模型结构和习得的模型参数支持下，事实上能感知这种输入顺序。假定输入 $x = x_1 \oplus x_2 \oplus \cdots \oplus x_n$，其中 $\oplus$ 代表向量拼接，x_i 代表嵌入。如果这个输入对应某个有意义的 n 元组，如 $w_1 w_2 \cdots w_n$，假设 w_i 嵌入表示为 x_i，那么我们希望编码结果能反映出至少在这个 n 元组里 w_{i-1} 曾出现在 w_i 前面。幸运的是，这个能做到！因为深度学习模型训练时将每一个 x_i 的值都作为一个整体更新，在合理的损失函数和网络结构条件下（Transformer 是这里讨论的情形的一个反例），编码器会把输入序列 x 作为整体反复编码，并将重排了内部顺序的 x 编码为不同的表示向量。在这个情形中，模型已经成功捕捉了以嵌入为单元的 x 的结构信息。

概括而言，深度学习模型能在结构组成上从输入表示开始持续提供数据流纵横两个方向的结构语义。也就是深度学习以自身结构拟合性自动地获得了某种结构化学习能力。一般的机器学习模型的输入和输出形式总是可以假定为向量形式，而输入向量是线性序列的天然量化表达形式。从文本到图像的广泛信息处理对象都可以自然展示为序列数据，从而在深度学习模型中得到强大而有效的处理。

进一步假定序列输入不失一般性。前面讨论过，对于任意的非线性结构，总是可以用某一个线性化遍历算法对于图中所有的节点和边完成线性排序，将其转为某个线性序列而不丢失信息。也就是说，深度学习模型理论上对于任意的图结构都能进行有效的结构化学习。

至此，我们解释了为什么源自联结主义的深度学习能有效服务于符号主义天然的自然语言处理领域。似乎我们可以愉快地突破前面所有结构化分解的窠臼，而只需要使用深度学习建模的方法即可有效解决一切结构化学习问题，但是真实情况比这个直觉思路要复杂得多。

上面讨论的是深度学习模型为何能捕捉输入序列的结构语义。而结构化学习更大的困难其实在于输出结构预测。不幸的是，深度学习模型和传统学习模型一样，都受制于现有数值优化算法而难以有效预测复杂实值向量。尽管理论上模型可以一般地预测一个任意值向量，但受制于数据的规模、多样性和复杂性，在目前数值优化算法的具体实践上，模型的预测力难以超越分类任务难度[①]。因此，即使是深度学习模型，其实也只能在独热输出编码向量的名义下实现分类任务。对于一般的序列到序列任务的预测，深度学习模型仅仅选择了一个逐一预测的贪心方式实现整个序列的输出，而在每个序列单元的预测上，依然是传统的分类模式。

综合深度学习模型对于结构化学习在输入端和输出端的处理差异，就能更客观地看待深度学习对于自然语言处理的结构化学习任务的贡献。这要从两个侧面来看：对于输入端而言，深度学习模型是强大的自动特征提取器，的确能有效表达输入，产生强有力的编码结果，从而有效捕捉输入端结构语义；但是对于输出端而言，针对具体的语言处理任务，如果涉及复杂的预测结构，深度学习模型作为整体只能发挥打分器的作用，而依然需要结构化分解等经典做法的配合才能有效改进任务效果。

[①] 当然，我们意识到对比学习（contrastive learning）是这里的一个反例，它就提供了一种成功的非分类模式的自监督学习方式。但是，对比学习的工作方式必须在同时符合好几个限制条件时才能起作用。

8.12　深度学习工具包

由于深度学习模型涉及的网络设计极具弹性，模型训练算法需要补充大量的技巧性补丁，并且高算力需求通常需要 GPU 加速，业界在多年的实践中推出了深度学习工具包的模式。通常这些工具包封装了细节上稳定有效的优化算法，并提供了弹性的网络结构定义接口，使得开发者和研究者能专注于任务难点和模型设计本身，从而做到快速实现和开发调试。值得一提的是，这些工具包大多使用了一种高度面向对象的脚本编程语言——Python。

常用的深度学习工具包有以下几个：

- CNTK，网址为 https://www.microsoft.com/en-us/research/product/cognitive-toolkit/。
- Keras，网址为 https://keras.io/。
- MXNet，网址为 http://mxnet.incubator.apache.org/。
- PyTorch，网址为 https://pytorch.org。
- TensorFlow，网址为 https://www.tensorflow.org/。
- Theano，网址为 http://www.deeplearning.net/software/theano/。
- Torch，网址为 http://torch.ch/。

针对理想的深度学习工具包有两大基本功能：一是执行高效的自动微分（用于自动化推导反传算法）；二是透明使用多 CPU 和 GPU（方便硬件加速）。幸运的是，大部分流行工具包都支持这些功能，如表 8.5所示。

表 8.5　深度学习工具包支持功能的比较

工 具 包	开 源	平 台	接 口	多 核	GPU	自动微分
CNTK	支持	Linux Windows	Python C++	支持	支持	支持
Keras	支持	Linux Windows	Python	支持	支持	支持
MXNet	支持	Linux Android iOS Windows AWS	Python C++ Julia MATLAB Go R Scala	支持	支持	支持
PyTorch	支持	Linux macOS Windows	Python C++	支持	支持	支持
TensorFlow	支持	Linux Windows	Python C++	支持	支持	支持
Torch	支持	Linux Android iOS Windows	Lua C++	支持	支持	支持
Theano	支持	交叉平台	Python	支持	支持	支持

为了方便弹性网络结构设计（注意，神经网络一般情况下是一个没有太多约束的图），绝大部分工具包支持一种符号使用方式：首先生成一个表示计算过程的符号化的图，称为计算图，然后将计算图转化为可以调用的函数，最后调用函数开始实际的计算。代码 8.1 展示了一个 TensorFlow 示例程序。

代码 8.1　TensorFlow 示例程序

```python
# Train the model, and also write summaries.
# Every 10th step, measure test-set accuracy, and write test summaries
# All other steps, run train_step on training data, & add training summaries

def feed_dict(train):
  """Make a TensorFlow feed_dict: maps data onto Tensor placeholders."""
  if train or FLAGS.fake_data:
    xs, ys = mnist.train.next_batch(100, fake_data=FLAGS.fake_data)
    k = FLAGS.dropout
  else:
    xs, ys = mnist.test.images, mnist.test.labels
    k = 1.0
  return {x: xs, y_: ys, keep_prob: k}

for i in range(FLAGS.max_steps):
  if i % 10 == 0:  # Record summaries and test-set accuracy
    summary, acc = sess.run([merged, accuracy], feed_dict=feed_dict(False))
    test_writer.add_summary(summary, i)
    print('Accuracy at step %s: %s' % (i, acc))
  else:  # Record train set summaries, and train
    if i % 100 == 99: # Record execution stats
      run_options = tf.RunOptions(trace_level=tf.RunOptions.FULL_TRACE)
      run_metadata = tf.RunMetadata()
      summary, _ = sess.run([merged, train_step],
                            feed_dict=feed_dict(True),
                            options=run_options,
                            run_metadata=run_metadata)
      train_writer.add_run_metadata(run_metadata, 'step%03d' % i)
      train_writer.add_summary(summary, i)
      print('Adding run metadata for', i)
    else:  # Record a summary
      summary, _ = sess.run([merged, train_step], feed_dict=feed_dict(True))
      train_writer.add_summary(summary, i)
```

针对自然语言处理任务，例如句法分析和机器翻译，每个训练样本会有不同的结构，使用支持动态结构的编程方法会非常便利。面向这个目标开发的工具包有目前主流的 PyTorch 和另一个较为小众的 DyNet，后者的示例程序见代码 8.2。

代码 8.2　DyNet 示例程序

```python
# create network
network = OurNetwork(m)

# create trainer
trainer = dy.SimpleSGDTrainer(m)

```

```
7  # train network
8  for epoch in range(5):
9      for inp,lbl in ( ([1,2,3],1), ([3,2,4],2) ):
10         dy.renew_cg()
11         out = network(inp)
12         loss = -dy.log(dy.pick(out, lbl))
13         print(loss.value()) # need to run loss.value() for the forward prop
14         loss.backward()
15         trainer.update()
16  print
17  print(np.argmax(network([1,2,3]).npvalue()))
```

参考文献

[1] MCCULLOCH W S, PITTS W, 1943. A Logical Calculus of the Ideas Immanent in Nervous Activity. Bulletin of Mathematical Biophysics, 5: 127-147.

[2] BENGIO Y, DUCHARME R, VINCENT P, et al., 2003. A Neural Probabilistic Language Model. Journal of Machine Learning Research, 3: 1137-1155.

[3] HORNIK K, STINCHCOMBE M, WHITE H, 1989. Multilayer Feedforward Networks are Universal Approximators. Neural Networks, 2(5): 359-366.

[4] CYBENKO G, 1989. Approximation by Superpositions of a Sigmoidal Function. Mathematics of Control, Signals and Systems, 2(4): 303-314.

[5] DONG Z, DONG Q, HAO C, 2010. HowNet and Its Computation of Meaning. in: COLING 2010: Demonstration: 53-56.

[6] MIKOLOV T, SUTSKEVER I, CHEN K, et al., 2013. Distributed Representations of Words and Phrases and their Compositionality. in: Advances in Neural Information Processing Systems 26: 27th Annual Conference on Neural Information Processing Systems 2013 (NIPS'13). 3111-3119.

[7] PENNINGTON J, SOCHER R, MANNING C, 2014. GloVe: Global Vectors for Word Representation. in: Proceedings of the 2014 Conference on Empirical Methods in Natural Language Processing (EMNLP): 1532-1543.

[8] SRIVASTAVA R K, GREFF K, SCHMIDHUBER J, 2015. Highway Networks. in: ICML 2015 Deep Learning Workshop.

[9] HE K, ZHANG X, REN S, et al., 2016. Deep residual learning for image recognition. in: 2016 IEEE conference on computer vision and pattern recognition (CVPR): 770-778.

[10] RUMELHART D E, HINTON G E, WILLIAMS R J, 1986. Learning Representations by Backpropagating Errors. Nature, 323: 533-536.

[11] WERBOS P, 1974. Beyond Regression: New Tools for Prediction and Analysis in the Behavioral Sciences. Harvard University.

[12] LECUN Y, 1988. A Theoretical Framework for Back-Propagation. in: Proceedings of the 1988 Connectionist Models Summer School: 21-28.

[13] KINGMA D P, BA J, 2015. Adam: A Method for Stochastic Optimization. in: 3rd International Conference on Learning Representations, ICLR 2015.

[14] BALLARD D H, 1987. Modular Learning in Neural Networks. in: Proceedings of the sixth National Conference on Artificial intelligence (AAAI): 279-284.

[15] BAHDANAU D, CHO K, BENGIO Y, 2015. Neural Machine Translation by Jointly Learning to Align and Translate. in: 3rd International Conference on Learning Representations (ICLR).

[16] LUONG T, PHAM H, MANNING C D, 2015. Effective Approaches to Attention-based Neural Machine Translation. in: Proceedings of the 2015 Conference on Empirical Methods in Natural Language Processing (EMNLP): 1412-1421.

[17] JORDAN M I, 1986. Serial Order: A Parallel Distributed Processing Approach. Technical Report No. 8604, San Diego: University of California, Institute for Cognitive Science.

[18] ELMAN J L, 1990. Finding Structure in Time. Cognitive Science, 14: 179-211.

[19] SOCHER R, BAUER J MANNING C D, et al., 2013. Parsing with Compositional Vector Grammars. in: Proceedings of the 51st Annual Meeting of the Association for Computational Linguistics (ACLL): vol. 1: Long Papers: 455-465.

[20] LE Q V, JAITLY N, HINTON G E, 2015. A Simple Way to Initialize Recurrent Networks of Rectified Linear Units. CoRR, abs/1504.00941. arXiv: 1504.00941.

[21] HOCHREITER S, SCHMIDHUBER J, 1997. Long Short-Term Memory. Neural Computation, 9(8): 1735-1780.

[22] CHUNG J, GÜLÇEHRE Ç, CHO K, et al., 2014. Empirical Evaluation of Gated Recurrent Neural Networks on Sequence Modeling. in: NIPS 2014 Deep Learning and Representation Learning Workshop.

[23] LECUN Y, BOTTON L, BENGIO Y, et al., 1998. Gradient-based Learning Applied to Document Recognition. Proceedings of the IEEE, 86(11): 2278-2324.

[24] FUKUSHIMA K, 1980. Neocognitron: A Self-organizing Neural Network Model for a Mechanism of Pattern Recognition Unaffected by Shift in Position. Biological Cybernetics, 36(4): 193-202.

[25] VASWANI A, SHAZEER N, PARMAR N, et al., 2017. Attention is All You Need. in: Advances in Neural Information Processing Systems 30: Annual Conference on Neural Information Processing Systems 2017 (NIPS'17): 5998-6008.

[26] LIN Z, FENG M, DOS SANTOS C N, et al., 2017. A Structured Self-Attentive Sentence Embedding. in: 5th International Conference on Learning Representations, ICLR 2017.

[27] CHO K, VAN MERRIËNBOER B, GULCEHRE C, et a., 2014. Learning Phrase Representations Using RNN Encoder-Decoder for Statistical Machine Translation. in: Proceedings of the 2014 Conference on Empirical Methods in Natural Language Processing (EMNLP): 1724-1734.

[28] SUTSKEVER I, VINYALS O, LE Q V, 2014. Sequence to Sequence Learning with Neural Networks. in: Advances in Neural Information Processing Systems 27: Annual Conference on Neural Information Processing Systems 2014 (NIPS'14). 3104-3112.

[29] GEHRING J, AULI M, GRANGIER D, et al., 2017. Convolutional Sequence to Sequence Learning. in: Proceedings of the 34th International Conference on Machine Learning, ICML 2017: 1243-1252.

[30] PETERS M, NEUMANN M, IYYER M, et al., 2018. Deep Contextualized Word Representations. in: Proceedings of the 2018 Conference of the North American Chapter of the Association for Computational Linguistics: Human Language Technologies (NAACL: HLT): vol. 1 (Long Papers): 2227-2237.

[31] DAUPHIN Y N, FAN A, AULI M, et al., 2017. Language Modeling with Gated Convolutional Networks. in: Proceedings of the 34th International Conference on Machine Learning, ICML 2017: 933-941.

[32] DEVLIN J, CHANG M W, LEE K, et al., 2019. BERT: Pre-training of Deep Bidirectional Transformers for Language Understanding. in: Proceedings of the 2019 Conference of the North American Chapter of the Association for Computational Linguistics: Human Language Technologies (NAACL:HLT): vol. 1(Long and Short Papers): 4171-4186.

第9章　预训练语言模型

9.1　从表示学习到自监督学习

预训练语言模型是深度学习模型的表示学习本质自然呈现的成果。

表示学习带来的一大便利是学习结果的可复用性大大增强。注意输入表示也伴随着模型参数一起习得，因此深度学习模型不仅提供一个可以执行预测任务的模型，而且提供一组被良好习得的表示，后者有时候更有用。为了得到这样一个有用的表示，很值得构造一个专门用来获得这个表示的机器学习任务。现在，习惯上把这样的任务叫作自监督学习任务。当然，自监督学习任务字面意义上指的任务范围比这里实际所指的要广泛得多。

首先回顾预训练。习得的表示可以方便地被静态复用，这就是我们常说的使用预训练的（pre-trained）词向量等方式。对于模型，装载预训练好的表示，并约定模型训练时不更新这个输入端。如果可能，还可以动态复用模型本身，但是这在实际应用中有些冲突。因为下游任务要求的预测目标形式是多种多样的，不太可能训练出一个万能模型，使之能在经历良好预训练之后解决一切下游任务。回顾前面对于深度学习模型的内在架构理解，一般来说，它可以分为编码器和解码器两个前后贯通的模块。解码器和下游任务预测目标形式密切联系，因此的确不太可能做出万能的解码器。但是对于占据模型主要部分的编码器模块，倒是可以大做文章，因为编码器并不和具体下游任务的预测目标直接联系，此外，编码器还接收相对固定的输入形式。因此，非常有可能预训练出一个通用编码器供多种下游任务使用。在完成下游任务时，直接装载这个预训练好的编码器（继续在新模型内承担编码器的角色）后，仅需微调部分模型参数即可让相应的模型投入使用。

为了训练这个编码器，需要设计一个专门的机器学习任务，并构造用于其训练的样本集 $\{x_i \rightarrow y_i\}_{i=1,2,3,\cdots}$，这里 x_i 和 y_i 分别是输入端的上下文条件和输出端的预测目标。幸运的是，表示学习也便利了自监督学习任务设计。共现的个体或单元之间互相提供了表示学习的上下文和预测对象，这令自监督学习的构造极其自然。从形式上看，只要给出如下的集合集 $\mathcal{W}$：

$$\mathcal{W} = \{W_i\}_{i=1,2,3,\cdots}$$
$$W_i = \{w_{i1}, w_{i2}, \cdots, w_{iL_i}\}, \quad \forall i \tag{9-1}$$

总是可以定义一个表示学习的预测任务如下：

$$W_i - W_i^{'} \rightarrow W_i^{'}, \forall i \tag{9-2}$$

这里的"−"代表差集，$W_i^{'} \subseteq W_i$。注意到 $W_i - W_i^{'} \subseteq W_i$ 也同时成立，也就是说，这里将 W_i 拆为两个子集，从其中一个预测另一个的表示。

在以获取有意义的表征为纯粹目的的自监督学习中，其实并不会真的让模型预测一个 W_i'，原因有两个：首先，在模型训练开始时，包括 W_i' 在内，整个 W_i 的表示形式也是未知的，因为它也是待学习的表示之一；其次，从零启动的表示学习通常并不习惯于在输出端获取表示，而是更多在输入端通过更新获得最后的稳定表示形式。因此合理的做法将式 (9-2) 中的预测目标改为 W_i' 的类型（例如 W_i' 的独热表示形式），而不是 W_i' 的表示自身，这样就得到如下更可行的预测任务形式：

$$W_i - W_i'|_{f(W_i)} \to f(W_i'), \forall i \tag{9-3}$$

其中 $f(\cdot)$ 代表类型函数。注意到模型在输入端总是能感知到整个 W_i 的类型信息，式 (9-3) 左侧也标注了 $f(W_i)$ 作为实际任务训练时可选的上下文（即作为特征的一部分）。考虑到 $W_i - W_i'$ 和 W_i' 相对于 W_i 本质上是对等的，式 (9-3) 也有如下的对偶形式：

$$W_i'|_{f(W_i)} \to f(W_i'), \forall i \tag{9-4}$$

到目前为止，仅讨论了 W_i' 是 W_i 的任意子集的情况，这个概念可以进一步作出推广，将 W_i' 视为在 W_i 上做了任意改变的结果（这个改变的相关操作称之为加噪，ennoising）。自监督学习就是预测加噪操作类型的学习任务。从另一个角度来看，如果自监督学习模型能得知加噪操作，也就能恢复出被加噪数据的原始形式，这等价于预测一个去噪（denoising）过程以恢复 W_i' 原有的预期形式 W_i。

在很多情形下，甚至无须定义 $f(\cdot)$，而仅需要区分 W_i' 是否是 W_i 的某个改变即可，即针对式 (9-4) 可以定义

$$f(W') = \begin{cases} 1, & \text{如果} W_i' = W_i \\ 0, & \text{否则} \end{cases} \tag{9-5}$$

也就是说，做如下约定：当对 W_i 不做任何改变的时候，即可按照式 (9-4) 得到一类样本，称之为正样本；反之，当对 W_i 做出任何实际的改变时导致的样本称之为负样本。一般来说，正样本数量较为稳定，但数量较少；而负样本可选的情形通常极多，需要考虑某些采样方法以控制最后用于训练的训练集的构成。

上面展示了一个简单自监督学习任务构造的例子。只要符合上述形式，不仅对于自然语言这样的符号系统，其他的智能信息处理对象（如图像、语音）也都可以受益于这个自监督学习过程训练出来的通用编码器。

9.2　从 n 元语言模型到预训练语言模型

预训练语言模型是语言处理任务中对通用编码器的需求和自监督学习任务的构造条件机缘巧合下的天作之合。

首先，自然语言处理的深度模型设计的一个常见需求就是句子编码器模块，而句子是由词构成的。如果有强大的句子编码器为其中每个词给出句子上下文敏感的有效编码表示，这样获得的模块将有广泛用途。

其次，构造自监督学习任务需要枚举一组集合。例如，句子是词的集合。更重要的是，句子是词之间有意义的组合。将句子视为词集，即可按照上面表示学习机制支持的默认流程构造出强有力的自监督学习任务。

预训练语言模型的构成要素在已有的自然语言处理工作中都能找到来源，它实际上是多个已有模型和相关思想要素的集大成者，并不是凭空出现的。

语言模型是自然语言处理界长久以来把全部语言处理建立在精确、自动化的量化基础上而不断尝试的结果[1-3]。

作为预训练语言模型任务基础的自监督学习，其思想来源可以追溯到 n 元语言模型，实际上后者就是最早的自监督学习模型。的确，n 元语言模型定义为 n 元组序列上的概率分布，但是，它同样可以被方便地视为从 $n-1$ 元组预测最后一元组的学习任务的结果。这种直接在连续结构上作前后单元间的预测现在也被称之为自回归（autoRegressive）学习。即，就学习任务构造来说，今天所说的预训练语言模型和经典的 n 元语言模型并非有本质不同，其形式上最大的不同在于：前者采用词嵌入表示，而后者采用独热向量表示。

词嵌入本身也被视为第二代语言模型，实际上很多文献中也将其称为连续空间语言模型。这一命名体现了它和 n 元语言模型的最大不同。而就训练任务构造而言，词嵌入的训练模式依然是句子滑动窗口 n 元组上的自监督学习，只是它和预测最后一元组的原 n 元语言模型有轻微不同。以 Word2Vec 为例，它要求 n 元组的居中词和周边词互为预测对象，这导致了两个不同的模型变体——CBOW 和 Skip-gram[4]。

从词嵌入这样的连续空间语言模型到今天的预训练语言模型似乎只经历了平凡的一步扩展：将滑动窗口大小 n 持续扩大，直至语言模型能支持最大宽度的序列（整个句子乃至篇章）边界并选用句子编码器的上下文敏感化表示。但是，实际上这一改变具有巨大的语言学和机器学习建模意义：

- 句子是人类使用语言时能完整传递信息的最小单位。语言模型扩大到句子建模使得语言模型不再只是"词"语言模型。以往的"词"语言模型只能将每个词建模为唯一的表示，即静态的查找表中的相应词嵌入，而无视其语义歧义，更遑论其使用多样性；但是，将建模目标和上下文扩展到整个句子，并选取编码器输出的上下文敏感的动态表示，让这些问题都烟消云散。

- 深度学习在自然语言处理中提出了广泛的句子编码器需求，以至于句子编码器几乎是所有自然语言处理深度学习模型的默认模块或组件。由于句子的深刻语言学意义，我们甚至能够看到（例如句法分析和语义分析的图模型），即使对于非句级的语言处理任务（例如某些词对分类任务），句子编码器给出的上下文敏感表示依然能提供很强的预测性能。

即使在完全同样的训练上下文和预测方式下，相比于连续空间模型，预训练语言模型的运用方式也发生了根本的改变。图 9.1 比较了两种语言模型的运用方式。对于连续空间语言模型，我们期待提取最后学得的输入端的嵌入 $e(w_i)$，这可以保存在查找表中作为其他模型的输入表示。在这个情形下，不仅输出层（即输出训练目标 $y(\cdot)$ 的解码器部分）不再需要，模型本身 $M(\cdot)$ 也不再需要。对于训练模型，需要提取上下文敏感的编码 $h(w_i)$，它是 $e(w_i)$ 经历了模型 $M(\cdot)$ 前向编码计算后得到的，在这个情形下，解码器部分可以丢弃,但是必须运行模型才能得到这个编码表示。也就是说,预训练语言模型还额外需要用到模型本身 $M(\cdot)$。

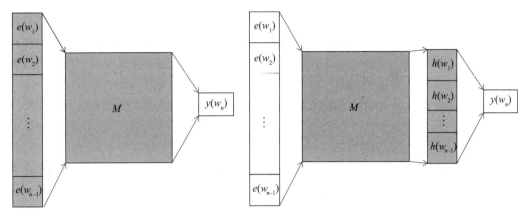

(a) 连续空间语言模型利用输入表示   (b) 预训练语言模型利用输出编码表示

图 9.1 连续空间语言模型和预训练语言模型的运用方式对比

需要注意的是,超长超宽的输入文本序列对应于语言学上的句子和篇章,但语言学上的短句和长句、长句和段落篇章的界限在很多具体自然语言中是模糊的。大规模的语言预训练在预处理中也不太可能精确识别这些本来就难以界定的界限,因此,实际的操作其实是每次简单地注入能容纳的最长文本序列。这样,在预训练语言模型语境下经常提及的“句子”其实很多时候指的是这样一个简化预处理所涉及的超长(或超宽)文本序列。

表 9.1 给出了 3 种主要语言模型的构成要素。

表 9.1 3 种主要语言模型的构成要素

语 言 模 型	表 示 形 式	上 下 文	训 练 目 标	使 用 方 式
n 元语言模型	独热	n 元组滑动窗口	n 元语言模型自回归	查找表
连续空间语言模型	嵌入	n 元组滑动窗口	n 元语言模型自回归	查找表
预训练语言模型	嵌入	整句(全部序列)	n 元语言模型自回归、自监督学习	查找表、上下文表示

机器学习是数据驱动的,当把语言模型的预测对象从 n 元组定长滑动窗口扩展到整个句子时,就打开了对训练数据的猛烈需求这一汽水瓶。相比于前两代语言模型,预训练语言模型的预测任务复杂性急剧提升:在以前,只要待预测的词(一元组)一样,也就是只要预测对象一样,以分类任务来看,这就是在预测同一个类别的目标。但是,由于预训练语言模型的预测目标是句子上下文敏感的,这意味着稍有不同的句子即使对于相同的预测对象来说也不能认为是相同预测目标下的样本。预测对象的大幅度复杂化必然要求模型要在超大规模数据上进行训练。幸运的是,自然语言并不缺乏文本数据。但是,要在这么多数据上进行超大规模的模型训练,让研究开发者普遍产生了算力匮乏焦虑症。

算力需要从时间和空间综合度量。本章引入"GPU·小时"这个单位以更好地表达这一概念，因为一个模型所需的算力和同时投入的 GPU 数量以及累计运行时间都成正比。比如说，24 个 GPU·小时代表 24 个 GPU 运行 1 小时的算力，或者等价于一个 GPU 运行 24 小时。常规的自然语言任务通常仅需数十 GPU·小时，稍大的任务也仅需数百 GPU·小时。然而，从头开始训练的预训练语言模型的算力需求超过上万 GPU·小时。

诚然，人类社会已经进化到这样的阶段：有两三个超级企业能够并且愿意支付这样的算力以完成一个大规模语言模型的预训练，服务于大家更美好的未来。然而，剩下几乎所有的机器学习从业者并无这样的算力基础设施完成这一工作。在过去，针对每个任务，各个用户习惯于自主搭建整个模型，自主完成从头到尾的机器学习的训练工作。但是预训练语言模型的庞大算力需求让这种模式难以为继。"预训练"本来曾经是表示学习带来的额外福利，现在突然变为必需品。一个深度学习模型的训练现在分为两个在不同场合、由不同用户完成的工作，其中的预训练过程走向中心化。通常，中心节点（算力充足的上游大厂）完成一般化的语言模型的大规模预训练，提供接近完成的模型模块；其他下游用户节点借用现成的预训练模型作为标准模块并进一步微调（fine-tuning），再运用到各个下游任务上。中心化预训练加个体化微调成为自然语言处理或许也是将来整个机器学习领域的新范式。训练模式的变迁如图 9.2所示。

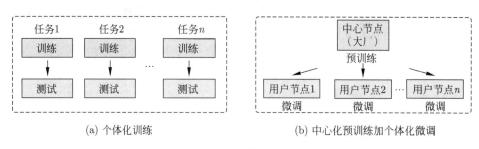

(a) 个体化训练   (b) 中心化预训练加个体化微调

图 9.2   训练模式的变迁

下面顺便澄清相关术语问题。现在把这个模型叫作预训练语言模型。显然，"预训练"并非其最重要的特征，因为"预训练"不过是目前阶段人类科技发展水平以及算力的历史性和阶段性缺乏导致的（长远来说，算力必将越来越便宜并越来越普及）暂时性结果。如果人人用得起上万 GPU·小时的算力，或许中心化预训练加个体化微调模式不会一统天下。

预训练语言模型真正区别于前代语言模型的特性是整句上下文相关特性，文献里将这个特性称为上下文敏感化或上下文化（contextualized）。因此，预训练语言模型应该严格地称为预训练上下文化语言模型（pre-trained contextualized language model）。遗憾的是，一如既往，在劣币驱逐良币的人类语言运用的普遍现实面前，我们不得不暂时接受预训练语言模型这一不确切的名称。

基于自监督学习的预训练语言模型的成功引发了更多的热潮，研究人员试图将其和更多的预训练语言模型结合起来。深度学习模型本来就天然支持"预训练"的工作模式：给出任何一个模型，进行若干次反传算法训练后都可以得到一个或多或少具有理性预测能力的模型。另一个用户在此基础上可以以其自身动机或新方式继续训练（反传算法是增量式在线训练算法）。也就是说，深度学习模型在架构和训练方式上都支持良好的可复用性。语言生成任务的结果如果以预训练语言模型的方式提供给下游用户，就会产生今天所说的生成式预训练语言模型，例如典型代表之一 GPT[5]。但是，本质上，这类模型的任务设计动机完全不同于以自监督学习为基础的预训练语言模型。因为生成式模型其实就是语言生成任务所得到模型的简单复用。注意，语言生成任务（例如摘要、机器翻译、对话生成等）是真实存在的，而不像自监督学习任务那样需要刻意构造。更重要的是，模型供给结构上也会有差异，因为和真实生成任务对应，生成式模型在提供编码器的同时还需提供解码器才可以支持下游任务工作，而自监督模型仅需提供编码器。后面为了和生成式模型对应，将这类"血统纯正"、自监督学习意义下的模型称为判别式模型或区分式模型。

判别式模型具有很强的通用性，因此其任务模式也可以方便加入现成的生成式模型，这导致了判别式模型加生成式模型的混合架构，例如 BART[6] 的训练就包含真实的语言生成任务以及虚拟的判别式（即自监督学习）任务。UniLM[7] 和 T5[8] 都包含了生成模式下的序列到序列（Seq2Seq）的预测任务（T5 称之为文本到文本任务）。图 9.3 对比了 3 类不同的预训练语言模型的架构模式。

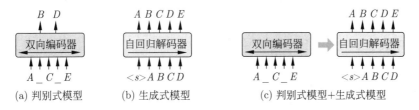

图 9.3　3 类不同的预训练语言模型的架构模式

9.3　输入单元管理

尽管深度学习模型支持对于任何单元的嵌入表示学习，但是受制于硬件，特别是用于加速的 GPU 显存大小的限制，模型不可能同时支持所有这些单元（典型而常用的语言单元就是词）的表示学习。在独热表示中，词表的增加只是全部向量都增加一个维度，但是对于表示学习而言，一个词嵌入向量通常就已具有几十个乃至数百个浮点数的宽度，而且，词嵌入通常以查找表形式在一个稠密矩阵中被复用。这样，一个包含数万个词的词表很快就不能被任何现在的合理硬件配置所容纳。另外，真实语料会包含比我们想象的多得多的词。当然，其中绝大部分这样的词都是以极低频次出现的。

词嵌入学习采取的普遍做法是仅保留最高频的那部分词，形成需要学习的词表，剩下的所有在语料中出现的低频词都用一个特殊符号（例如"[UNK]"）作为默认标识。这事实上相当于抛弃了所有高频词表之外其他词的学习负担。

这一做法在预训练语言模型里面有两个严重隐患。其一，预训练语言模型要用到规模大得多的文本数据，那么真正的完整词表会大得多。如果想要保留最低限度的词表信息，按照同样比例，就要留下比词嵌入训练所需的词表更大的高频词表，也就是会有更大的查找表，但是这会被目前硬件配置上限所严重制约。其二，更重要的是，相对于 n 元组滑动窗口上的词嵌入学习，预训练语言模型是一个更为精密的学习任务，它需要精细的整句上下文信息，过多的"[UNK]"式信息丢失会严重影响学习效果，乃至学习效果不可接受。

因此，实际的预训练语言模型采取了更精确的方式标识每一个词，而回避了"[UNK]"陷阱。

ELMo（Embeddings from Language Models）使用了字符级输入精确表示每一个词[9]。这个做法不会丢失任何具体词的信息，而且对于任何语言来说，字符集都是一个可控大小的集合。在拼音语言中，这里的字符就是字母；在类似中文这样的语言中，字符就是汉字等符号。

稍后，BERT（Bidirectional Encoder Representation from Transformers）采取了另一个今天预训练语言模型普遍采用的词表示方案[10]：子词（subword）。这个做法可以认为是 ELMo 的字符方法的推广，对于每个真实的词，运用非监督子词切分算法（如 BPE 算法）将其切分为子词的序列，而切分出的子词像字符那样来自一个可控大小的子词词表。

9.4　预训练语言模型的自回归解释

式 (9-2) 展示了一般的自监督学习的集合化定义。对于语言来说，该定义所关注的集合为 n 元组文本，相应的元素为其中的词，则对 n 元组施行一个划分，让其中一个子集作为上下文，让另一子集作为预测目标，即可完成任务定义。

给定任意包含 n 个词的文本序列 $\boldsymbol{w} = w_{i-n+1:i}$，如图 9.4所示，该序列的概率估计为

$$p(\boldsymbol{w}) = p(w_i \mid w_{i-n+1:i-1}) \tag{9-6}$$

这是上下文 $w_{i-n+1:i-1}$ 前提下 w_i 的条件概率，它相当于针对自监督学习样本 $w_{i-n+1:i-1} \rightarrow w_i$ 进行概率估计方式的学习。

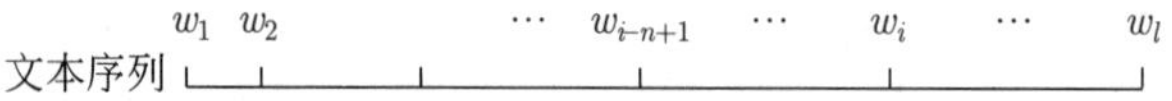

文本序列 | w_1 w_2　$\cdots$ w_{i-n+1} $\cdots$ w_i $\cdots$ w_l |

图 9.4　n 元组文本

n 元语言模型可以采用最大似然估计进行训练：

$$\max_{\theta} \sum_{\boldsymbol{w}} \log p_{\theta}(\boldsymbol{w}) \tag{9-7}$$

其中 θ 代表模型参数。

n 元语言模型训练目标是式 (9-2) 定义的自监督学习模式的特殊情形。也就是在集合划分时，总是假定最后一个元组作为被预测对象，同时前面的 $n-1$ 元组总是供预测的上下文。注意，这个特殊模式被称为自回归。自监督学习任务尽管是构造性任务，但是如有可能，我们希望它能贴合真实语言处理任务场景。自回归方式提供的前后顺序化的上下文和预测目标之间的关系被证明确实能拟合众多真实任务场景。

　　我们寻求 n 元语言模型训练目标在两个维度上的推广，从而得到目前普遍的预训练语言模型的任务设定。

　　第一个关键的推广是关于上下文范围和上下文感知的使用方式的。令 n 扩展到模型编码器能支持的最大长度——当 n 扩展到最大时，条件上下文会对应于整个输入句子乃至篇章序列。同时规定：模型利用的词表示依赖于整个输入序列上下文生成句子上下文敏感的动态表示，而不再是查找表上的静态词向量。这样导致的模型就是如图 9.5所示的上下文化的语言模型。进一步用表示学习的公式化展示这个差异：

$$f_\theta : [e(w_1), e(w_2), \cdots, e(w_m)] \to [h_1, h_2, \cdots, h_m] \tag{9-8}$$

这里 f 是编码器，θ 是其模型参数；$e(w_1), e(w_2), \cdots, e(w_m)$ 就是过去所用的静态词向量，它在模型输入端，可以经表示学习的训练更新自然获得，而 $h_1, h_2, \cdots, h_m$ 就是经过编码器模型 f_θ 编码后的动态的、上下文敏感的词向量。这在使用方式上将模型集成方式复杂化了。在过去，其他模型仅需在输入端装载预训练好的 $e(w_1), e(w_2), \cdots, e(w_m)$ 即可。现在，其他模型不仅需要装载 $e(w_1), e(w_2), \cdots, e(w_m)$，还需要动态调用预训练好的 f_θ 编码器以便计算出 $h_1, h_2, \cdots, h_m$。但是考虑到此时 f_θ 是已经训练得"差不多了"的编码器，而大部分深度学习模型本身就需要一个编码器模块，更直接的做法是直接将这样的预训练好的编码器用作相应模型的编码器模块。

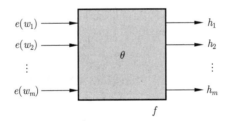

图 9.5　从静态词向量表示到动态的、上下文敏感的编码表示

　　第二个关键的推广是关于预测方向的。对于输入句子 $\boldsymbol{s} = w_{1:L}$，按照式 (9-7) 继续考虑 n 元语言模型训练目标：

$$\sum_{k=c+1}^{L} \log p_\theta(w_k \mid w_{1:k-1}) \tag{9-9}$$

其中，c 是将序列分为非目标条件子序列 $k \leqslant c$ 和目标子序列 $k > c$ 的切分点。式 (9-9) 仅考虑了前向，还可以后向预测，并和前向预测结合，可得双向形式的训练目标：

$$\sum_{k=c+1}^{L} (\log p_\theta(w_k \mid w_{1:k-1}) + \log p_\theta(w_k \mid w_{k+1:L})) \tag{9-10}$$

式 (9-10) 对应于 ELMo 中使用的双向语言模型训练，它通过独立训练的前向和后向 LSTM 的串联实现[9]。

　　为了能够同时进行双向（或非定向）训练，BERT[10] 采用了掩码语言模型（Masked

Language Model，MLM）以更充分地利用上下文：将句子中的一些词以小概率随机替换成一个特殊的掩码标记，然后训练模型预测被遮盖的词。掩码语言模型的训练方式是式 (9-2) 的一般化实现，相当于将句子随机提取一部分词执行遮盖（预测目标），句中剩下词作为上下文进行被遮盖词的预测。

用 D 表示使用掩码符号 $[M]$ 的掩码位置集。记 w_D 为掩码标记集，s' 为被掩码的句子。如图 9.6(b) 所示，$\mathcal{D} = \{2,3\}$，$w_D = \{w_2, w_3\}$，$s' = \{w_1, [M], w_4, [M], w_5\}$。掩码语言模型的目标是使以下目标最大化：

$$\sum_{k \in \mathcal{D}} \log p_\theta(w_k \mid s') \tag{9-11}$$

掩码语言模型可以被粗略地视为 n 元语言模型的双向自回归的叠加（严格来说很多情形并不等价）。与式 (9-10) 相比，式 (9-11) 中的预测是基于整个句子前后上下文的，而不是每次仅从一个方向进行预测，这对应了 BERT 与 ELMo 在训练目标上的关键区别。但是，掩码语言模型在下游任务上微调时既不存在手工定义的掩码符号，也会有后面的上下文预测前面的先行词这种不合常理的情形。这种预训练和微调预设场景不匹配一定程度上会影响预训练语言模型的应用效果。

为了缓解这个问题，XLNet[11] 利用排列语言模型（Permutation Language Model，PLM）最大化所有可能的排列顺序的预期对数似然。简单来说，排列语言模型通过重新排列输入上下文位置的方式让训练目标维持形式上的自回归的先后顺序关系。

对于输入句 $s = w_{1:L}$，有 Z_L 作为集合 $\{w_1, w_2, \cdots, w_L\}$ 的排列组合。对于一个排列 $z \in Z_L$，将 z 分割成一个非目标条件子序列 $z \leqslant c$ 和一个目标子序列 $z > c$，其中 c 是切割点。训练目标是最大化目标标记的对数似然，条件是非目标标记。

$$\mathbb{E}_{z \in Z_L} \sum_{k=c+1}^{L} \log p_\theta(w_{z_k} \mid w_{z_{1:k-1}}) \tag{9-12}$$

在模型对标记的绝对输入顺序不敏感的情形下，掩码语言模型的训练目标也可以写成排列形式：

$$\mathbb{E}_{z \in Z_L} \sum_{k=c+1}^{L} \log p_\theta(w_{z_k} \mid w_{z_{1:c}}, M_{z_{k:L}}) \tag{9-13}$$

其中，$M_{z_{k:L}}$ 为位置 $z_{k:L}$ 上的特殊掩码符号 $[M]$。

综合式 (9-9)、式 (9-12) 及式 (9-13) 可以看出，掩码语言模型、排列语言模型和 n 元语言模型的训练目标仅在 $p(s)$ 的上下文条件部分有所不同。掩码语言模型的条件是 $w_{z_{1:c}}$ 加上 $M_{k:L}$，而排列语言模型的条件是 $w_{z_{1:k-1}}$。掩码语言模型和排列语言模型都可以视为 n 元语言模型的自回归训练目标的扩展，甚至可以统一成同样的一般形式（参考图 9.6）。基于这个想法，MPNet[12] 结合了掩码语言模型和排列语言模型，声称同时取得了两者的优点。

回顾式 (9-2) 定义的一般化自监督学习模式，如果设定其中集合为词构成的句子，那

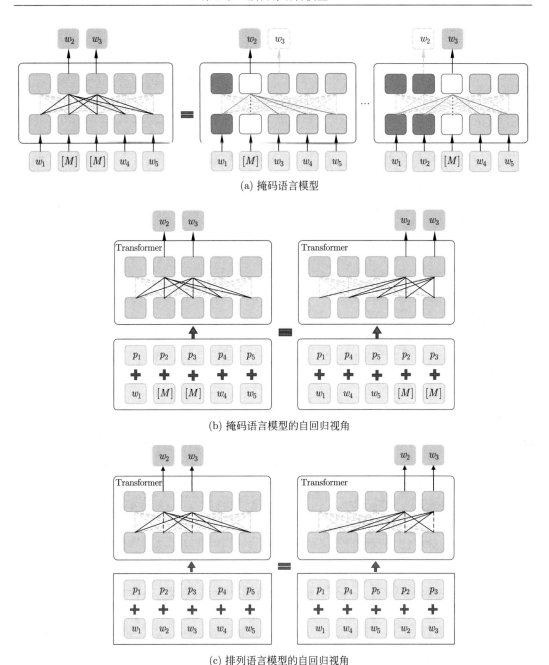

(a) 掩码语言模型

(b) 掩码语言模型的自回归视角

(c) 排列语言模型的自回归视角

图 9.6　掩码语言模型和排列语言模型的自回归解释

么它实际上也能同时涵盖这里的掩码语言模型和排列语言模型。需要注意的是，式 (9-2) 仅定义集合划分，并不涉及集合内的元素顺序，也就是刚刚讨论过的句中的词序因素。

如果模型本身对输入的内在顺序不敏感，并且相应的处理对象对于集合内元素的顺序不敏感，那么这里讨论的两大模型，即掩码语言模型和排列语言模型，就没有任何区别。机器学习模型采取独热表示（说明这是非表示学习模型）时，相应的模型对输入的内在顺序就是无法感知的。一个直接的证据就是相应于 n 元语言模型的训练目标，我们一直声称可将其解释为前面 $n-1$ 元组预测最后面的一元组；但是，其实如果将其理解为后面的 $n-1$ 元组预测最前面的一元组，对于模型公式来说不会有实质性区别。

对于深度学习模型（也就是表示学习模型），其模型特性就决定了它能感知输入的内在顺序。同时，显然一个自然语言句子的语序具有高度的语言学意义。启发自经典的 n 元语言模型的自回归训练目标所默认的前向预测方式也被认为适合众多应用场景。现代预训练语言模型所追求的目标是：一方面尽可能模拟自回归学习方式，另一方面希望给定义的自监督学习任务配置最一般、最广泛的上下文条件。但是，这两个目标显然有时是冲突的，因此就有了从掩码语言模型到排列语言模型的进化。进一步，还要考虑模型实现的训练代价因素。相比掩码语言模型，排列语言模型已被证明需要更高的算力才可以获得良好的训练效果。

9.5　以编辑操作定义自监督学习

兼顾输入的内在顺序，并考虑到预训练语言模型的实际实现条件，可以从符号序列上的改变动作着手定义一般化但是有最低限度语言学意义的自监督学习任务。这有助于以更一般化的训练任务实现更鲁棒、更有效的自监督学习。

预训练语言模型需要对完整的句子（当然严格来说，其实是模型输入能容纳的最宽文本序列）表示建模，同时还需兼顾句子内的词序。因此，方便的也是实际的做法是始终按照原语序输入整个句子，但是改变个别输入词的嵌入内容，预测目标默认情况下这样改变动作的类型。当然也可以是正负类判别式的，即判断这样的改变是否正确。

这里之所以强调改变（即加噪操作）需要有语言学意义，是因为深度学习模型本身在训练开始前只能感受到接收的输入是连续实值向量而非词嵌入拼接，最为一般化的加噪操作是在这个向量上逐个维度直接进行的，但这个一般化加噪操作极有可能会破坏词嵌入训练的完整性，从而最后得不到有意义的输入端词嵌入。因此，语言学上合理的自监督学习设计的加噪操作需要至少定义在输入序列中能表示为嵌入的字符（字、词或子词）上，然后在实现中将其"翻译"为每个嵌入的相应数值操作。举个例子，在进行删除操作的时候，并不会真的从输入序列（向量）中删除对应的词或词向量部分，这会导致模型实现上的巨大困难。合理的做法是：始终维持完整的输入，删除某个词的操作表现为将其对应的词嵌入替换为某个或某些约定的特殊数值。这也是掩码语言模型的遮盖动作的实际做法。

视句子为由词构成的符号序列，改变一个句子只需堆积少数几种基本的符号编辑操作即可。这些操作从原句角度来看，都是对其有破坏性的操作；这些操作从信息保持角度来看，称为加噪处理，而预训练过程正是以去噪预测的形式获取有意义的模型。这些符号编辑操作可以分成如下 4 类：

- 删除。
- 添加。

- 替换。
- 调序。

这些操作在词级改变句子。但是，现代预训练语言模型得益于强大的算力和模型架构支持，实际上允许输入很长的连续文本（即使不考虑大语言模型，早期预训练语言模型也可以支持长达 512 个词）。虽然本书一直假定输入的是句子，甚至是超长的句子，但是，在很多情形下，给模型注入的真实语料已经是段落和篇章级文本。因此，模型同样可以操作句级的训练目标。上述 4 类编辑操作同样可以运用到句级。

如果组合词级和句级各 4 类编辑操作构造自监督学习任务，总共可以获得 8 类不同的训练目标。这些目标在已实现的预训练语言模型中大部分都有体现，如表 9.2 所示。通常一个预训练语言模型会支持多个训练目标。以 BERT 为例，实际上它实现了两个词级操作，即删除（以掩码语言模型名义）和替换，同时还支持句级训练，即下一句预测（Next Sentence Prediction，NSP）。值得注意的是，"添加"这一编辑操作衍生的训练目标暂未看到有效实现的例子。

表 9.2　预训练语言模型的训练目标对应的编辑操作类型

编辑操作类型	删　除	添　加	替　换	调　序
词级	掩码语言模型		BERT	排列语言模型 StructBERT[13], BART
句级	下一句预测			句子顺序预测 StructBERT, BART

9.6　采样与预测目标的单元选择

当用自监督学习方式定义样本映射 $W_i' \rightarrow f(W_i')$ 的时候，对于 W_i 的改变可以是任何方式。从文本角度来说，即使限定于符号序列上的编辑操作也会由于全部可选操作的排列组合数量极大，最后生成巨量的可选样本。在所有这些样本中，不做任何改变的原序列映射 $W_i \rightarrow f(W_i)$ 其实只有一个，而这也是唯一的正例样本。所有其他对于 W_i 做了改变（加噪）导致的 W_i' 都是负例样本。因此，交付模型训练的样本必须是对于生成的庞大的负样本集采样的结果。

为了实现有效的负采样的目标，继续从语言的符号书写形式上着手考虑。既然负样本来自加噪操作对相应符号对象的改变，就可以对这样的符号对象采取有选择的处理，抛弃其中大量无意义的形式，这必然有助于降低自监督学习的预测难度，从而提升训练效果。实际上，在不同层次的预测任务上，经验结果也证实，使用更完整、更有整体意义的句子片段作为预测目标能改善模型训练。

受制于实际模型实现的硬件配置条件，现有的预训练语言模型普遍采用子词切分表示的句子输入。但是这不意味着在预训练样本生成的时候仍然继续受制于子词的不便之处。以下是几个主要模型。

（1）BERT$_{\text{WWM}}$ 在原始 BERT 模型基础上使用了整词遮盖（Whole Word Masking,WWM）预测[①]。这个做法确保被遮盖的对象必须是完整的词。

（2）SpanBERT[14] 经验性地验证了一个让人惊讶的结果：即使只要求掩码语言模型下的预测目标为连续片段，哪怕这个策略仅仅是随机挑选的片段，都能产生比类似实体、短语遮盖更强的模型性能。进 步，SpanBERT 使用了附加的片段边界目标（Span Boundary Objective, SBO），要求模型根据片段边界预测遮盖的片段，从而迫使模型意识到词和成分边界。具体做法是使用掩码片段左右边界的未遮盖词以及被遮盖词的位置预测当前被遮盖的词，相应的公式化形式为

$$y_i = f(x_{s-1}, x_{e+1}, p_i) \tag{9-14}$$

其中，x_i 是所属片段中的任意一个词，p_i 是其位置，y_i 是其预测输出。s、e 分别指示片段起始和结束位置。

（3）通用语言表示（Universal Language Representation，ULR）模型[15] 提出使用广义的点互信息（Point-wise Mutual Information，PMI）选择遮盖片段，取得更强的模型效果。对于 n 元组 $w = x_1 x_2 \cdots x_{|w|}$，具体的 PMI 打分公式是

$$\text{PMI}(w) = \frac{1}{|w|}(\log p(w) - \sum_{k=1}^{|w|} \log p(x_k)) \tag{9-15}$$

按照式 (9-15) 计算所有可能 n 元组的 PMI 得分，选定指定 PMI 得分阈值以上的 n 元组构成一个词表。然后，对于给出的一个句子 S，逐一遮盖其中包含的选定 n 元组，并根据式 (9-16) 选择其中的最低分 n 元组遮盖作为训练掩码语言模型的样本。

$$\text{Score}_w = \frac{1}{|w|} \sum_{k=1}^{|w|} \log p(x_k | S^w) \tag{9-16}$$

这里的 S^w 代表 S 中 w 的所有词被替换为 $[M]$ 掩码。

9.7 编码器架构

预训练语言模型，特别是其中的判别式类型，需要提供的是训练好的编码器模块。对于自然语言处理来说，编码器架构选择已经相对固化。因为预训练语言模型通常要求编码很长的输入文本，并非所有普通的神经网络结构都能满足这个要求（例如多层感知机）。大量实践显示，实际用到的编码器类型仅限两个主要选项：循环神经网络（RNN）和 Transformer。对于后者，还有一个可选变体：Transformer-XL。图 9.7 给出了这 3 种编码器的架构。

当选择一个编码器实现自监督学习的时候，相对于引入的自监督学习目标（可以理解为加噪过程），编码器是在学习如何去噪，因此也把这样的编码器称为去噪自动编码器（denoising autoencoder）。

---

① https://github.com/google-research/bert。

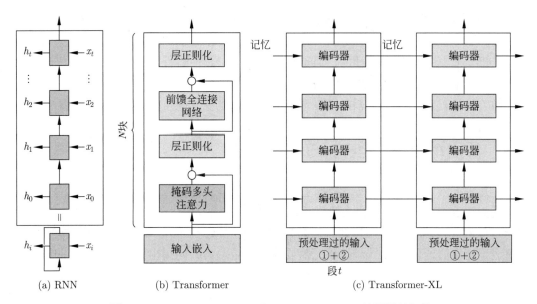

(a) RNN　　　　(b) Transformer　　　(c) Transformer-XL

图 9.7　RNN、Transformer 和 Transformer-XL 编码器的架构

1. RNN

有意思的是，文献里习惯提到的 RNN 编码器其实具体指的是长短时记忆网络（LSTM）[16] 而不是真正原生的 RNN 细胞单元下的循环神经网络。在编码器的输入文本是句子的情况下，对其结构最基本的要求就是其中的网络连接至少能反映出词之间的线性联系。RNN 的网络连接模式是：在垂直于数据流方向，令隐藏层之间互连，从而在一定程度上能以网络拓扑捕捉输入词之间的线性依赖。但是，有大量经验证据表明，RNN 学习文本长距离依赖性的能力极其有限。

2. Transformer

目前主流的预训练语言模型编码器采用的是 Transformer[17]，该模块接收一个语言单元（即子词）序列和相应的位置嵌入作为输入，采用多头自注意力机制让序列内各个单元直接互相关注，从而能一次性学习整个序列的上下文表示。Transformer 对于输入序列的长距离依赖性的捕捉能力有了明显提升。

3. Transformer-XL

作为 Transformer 变体，Transformer-XL[18] 声称结合了 RNN 和 Transformer 的优点，它在每段输入数据上使用自注意力模块，并使用递归机制学习连续段之间的依赖性。具体来说，它提出了如下两种新设计：

- **段级别递归**（segment-level recurrence）。这种机制的提出，是为了通过使用前一段的信息模拟长距离依赖关系。在训练过程中，为前一个片段计算的表征被固定并缓存起来，以便在模型处理下一个片段时作为扩展上下文重新使用。这种机制也能有效地解决上下文碎片问题，为新片段前面的标记提供必要的上下文。

- **相对位置编码**（relative positional encoding）。原始的位置编码分别处理每个段。因此，来自不同段的标记具有相同的位置编码。新的相对位置编码是作为每个注意力模块的一部分设计的，而不是只在第一层之前进行位置编码。它基于标记之间的相对距离，而不是它们的绝对位置。

经验结果表明，Transformer-XL 能有效捕捉到的文本长度比 RNN 大 80%。

9.8 预训练语言模型方法的普适化

在几乎无限的自然语言文本数据上设计自监督学习方案，即可训练出强大的预训练语言模型。这个模式的成功启发我们可以通过自监督学习充分利用大规模无标注数据改善特定任务。在这个场景，预训练语言模型实际上起到了类似半监督学习工具的作用，负责进行定向的迁移学习[19,20]。但是需要注意的是，最开始提出的自监督学习的训练目标是为了习得"普适"的文本表示，而不是为了任何具体的任务，因此更不可能为特定任务执行优化。

一个典型场景是多轮对话，涉及多个人之间的话语交叉和主题跳转，面临来自长话语、多重意图和话题转换的挑战。对预训练语言模型进行领域适应的常见手段是使用相应领域的语料进行无监督预训练[21-23]。

在对话文本数据严重不足的情况下，可以以专门的预训练目标设计进行弥补。为了更精细地对话语间的逻辑关系建模，可以对对话上下文进行句子增加、删除和替换（即上文提及的句级编辑加噪操作)[24]，让模型检测输入样本是否发生了相应的操作，从而促使模型挖掘对话数据的连续性和一致性，如图 9.8 所示。

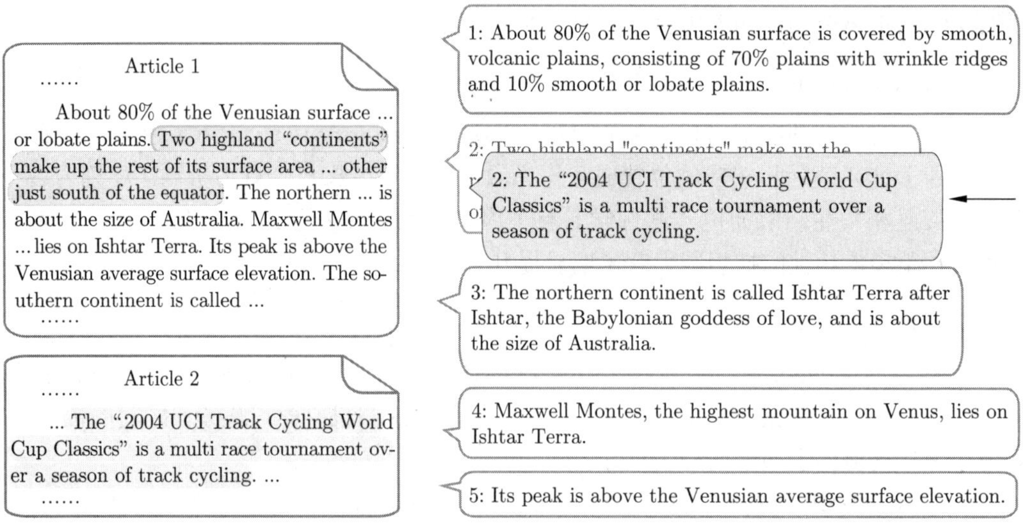

(a) 替换

图 9.8 适用于对话任务的预训练

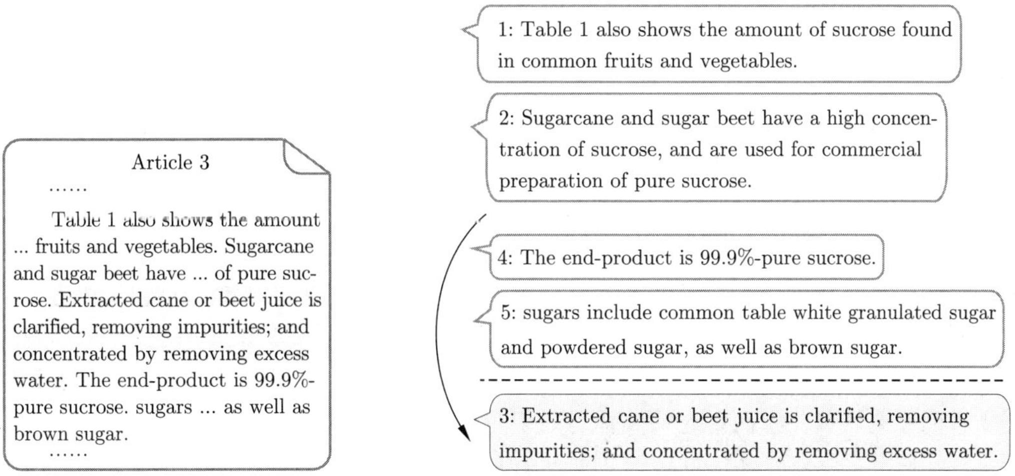

1: Table 1 also shows the amount of sucrose found in common fruits and vegetables.

2: Sugarcane and sugar beet have a high concentration of sucrose, and are used for commercial preparation of pure sucrose.

4: The end-product is 99.9%-pure sucrose.

5: sugars include common table white granulated sugar and powdered sugar, as well as brown sugar.

3: Extracted cane or beet juice is clarified, removing impurities; and concentrated by removing excess water.

Article 3

......

Table 1 also shows the amount ... fruits and vegetables. Sugarcane and sugar beet have ... of pure sucrose. Extracted cane or beet juice is clarified, removing impurities; and concentrated by removing excess water. The end-product is 99.9%-pure sucrose. sugars ... as well as brown sugar.

......

(b) 删除

Article 4

......

Pearl Zane Grey was born January 31, 1872, in Zanesville, Ohio. His birth name may have originated from newspaper descriptions of Queen Victoria's mourning clothes as "pearl grey." He was the fourth ...

......

Both Zane and his brother Romer were active, athletic boys who were enthusiastic baseball players and fishermen. From an early age, he was intrigued by history. Soon, he developed an interest in ...

......

A : Pearl Zane Grey was born January 31, 1872, in Zanesville, Ohio.

B : Both Zane and his brother Romer were active, athletic boys who were enthusiastic baseball players and fishermen.

B: From an early age, he was intrigued by history.

A: His birth name may have originated from newspaper descriptions of Queen Victoria's mourning clothes as "pearl grey."

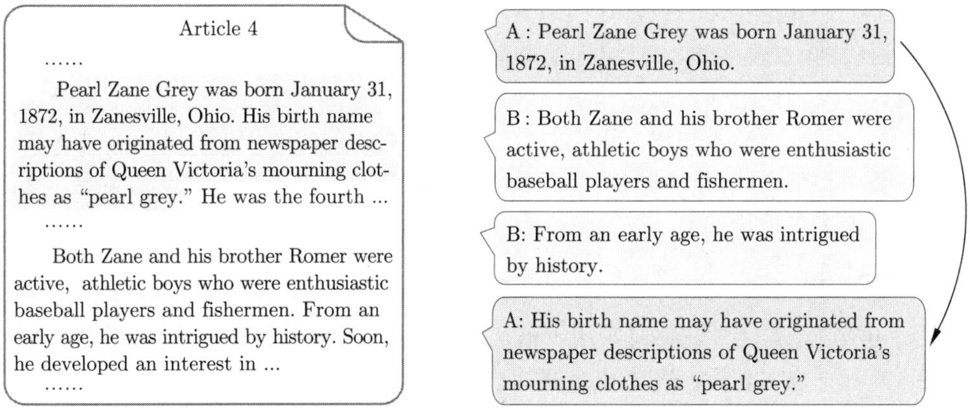

(c) 插入

图 9.8　（续）

为了克服对话文本的高噪声提取困境，Zhang 提出了一组训练目标，以更好地对话语内的事件逻辑和话语间的语篇关系建模[25]：

（1）抽取每个句子内的主谓宾三元组，参考 TransE[26]，要求主语和谓语的表示加和与宾语尽可能接近，以迫使模型学习三元组的逻辑关系。

（2）打乱对话上下文中的一小部分话语顺序，让模型预测话语顺序。

9.9　预训练语言模型的强化策略

预训练语言模型还可以在其他有益的信息源和附加技巧的支持下得到更强的表征结果。

9.9.1 知识增强

1. 知识图谱

基于符号化的表示手段描述知识，对于复杂的语言理解和推理问题具有重要意义。常规的预训练语言模型基于简单的训练策略，侧重了捕获词之间的共现关系，尽管一定程度上能够捕获一些浅层的语义，但由于知识层面的常识和逻辑推理具有一定的复杂性，仅靠词的共现规律实现认知推理依然不够充分。因此，结合知识图谱增强预训练语言模型，有助于提升预训练语言模型处理复杂问题的能力。将知识图谱融入预训练语言模型有 3 种常见方法：

（1）将检索的知识信息通过向量化方式嵌入语言表示中。ERNIE-THU [27] 能够识别文本中的命名实体，继而将这些实体与知识图谱中的实体进行匹配，对知识图谱的图结构进行编码，最终将实体信息融入文本表示中。

（2）通过新的预训练目标实现知识注入。WKLM [28] 能够将文档中提到的实体链接随机使用同类型的其他实体替换，让模型分辨文本中的实体是否被替换；ERNIE [29] 采用实体和短语级别的遮盖目标，一定程度上有利于模型学习实体和短语级别的知识结构。

（3）通过使用额外的知识融入模块注入知识。K-ADAPTER [30] 在语言模型外部使用模块化的知识适配器注入知识，用不同的学习器学习不同的知识型任务。在注入知识的预训练过程中，预训练语言模型的参数是固定的，模型只更新知识适配器参数，这样有利于缓解知识遗忘问题。

2. 语言学知识

语义、句法等结构化标注信息常用于语言表示的增强。SemBERT [31] 通过融合语义角色标签嵌入和词嵌入表示，产生更丰富的语义级语言表示，在多项语言理解任务上取得了显著的性能提升。SG-Net [32] 提出了一种基于依存句法分析的自注意力机制裁剪策略，将句法信息作为约束条件，以获得更好的语言学启发性表示。为了进一步发挥语言学知识的优势，LIMIT-BERT [33] 采用语义和句法意义的遮盖单元预训练，并将语言学分析任务和语言模型预训练联合建模为多任务学习，如图 9.9所示。这样训练出来的语言模型不仅在传统的句法和语义分析任务上获得了明显的性能提升，而且在语言理解任务上取得了不错的成绩。

9.9.2 多模态预训练语言模型

"一图胜千言"，人们通常通过看图像、听声音、读文字的多模态方式综合地理解世界，而纯文本处理是只学习文本特征的单模态方式，缺乏对其他模态信息的必要支持。而且，多模态建模更接近人类认知的真实模式，也更有利于全面地理解语言。随着算力进步提供了更多的系统实现的可能性，将听觉信息、触觉信息、视觉信息等丰富的多模态信息与语言联合建模已引起研究者的广泛兴趣，并展示出对实现认知智能的重要意义。

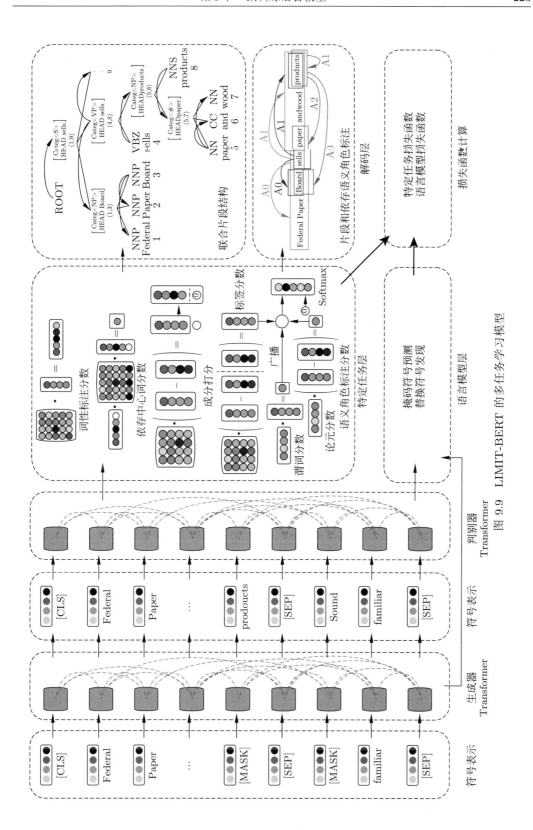

图 9.9　LIMIT-BERT 的多任务学习模型

　　文本上的预训练语言模型方法一定程度上也启发了其他模态领域的类似灵感。以图像-文本模态为例，多模态预训练语言模型通常继续以 Transformer 作为骨架编码器，根据图像和文本使用共享编码器还是各自使用独立编码器，神经网络可分为单塔和双塔两种结构。预训练任务模仿类似的文本加噪预训练目标，涵盖图像处理中的元素掩码、图文对齐、图像类别预测、图像问答等任务。在多模态融合方式上，以 ViLBERT[34] 为例，输入的文本经过文本编码层提取上下文信息。同时，使用预训练 Faster R-CNN 对于图片生成候选区域提取特征，并送入图像编码层生成图像特征表示。然后将获取的文本和图像表示通过 Co-attention-Transformer 模块进行交互融合，得到最后的多模态表征。

　　从语言理解的视角看，多模态的预训练语言模型增强涉及两大开放问题：一是在什么时候、通过什么样的方式有效融合多模态信息；二是多模态信息如何应用才能更有效地帮助语言理解。这些问题都有待继续探索[35]。

9.9.3　模型优化

　　RoBERTa[36] 的模型实践发现，通过以下方法可以大幅提高模型的性能：

（1）使用更长的训练时间、更多的训练数据、更大的批次。

（2）去除下一句预测目标。

（3）在更长的序列上进行训练。

（4）训练时应用动态掩码策略采样。

　　Megatron 提出了一种层内模型并行方法，可以支持对非常大的 Transformer 模型的高效训练[37]。

　　为了获得轻量级而又强大的模型供实际使用，模型压缩是一种有效的解决方案。知识蒸馏（Knowledge Distillation，KD）作为一种相对标准的深度模型压缩方法得到了普遍应用：

- Q-BERT 应用基于 Hessian 的混合精度方法对模型进行压缩，能够在精度损失最小的条件下获得很高的推理效率[38]。
- BERT-PKD 提出了一种耐心知识蒸馏机制，从教师模型的多个中间层学习，进行增量知识提取[39]。
- DistilBERT 在前期训练阶段利用了知识蒸馏机制，引入了语言建模、提炼和余弦距离损失相结合的三重损失[40]。
- TinyBERT 采用了层对层的精细知识蒸馏，并采用嵌入输出、隐藏状态和自注意力分布方法[41]。
- MiniLM 对教师模型最后一个 Transformer 层的自注意力分布和值关系进行了提炼，以指导学生模型训练[42]。

9.10　典型的预训练语言模型

　　本章介绍 6 个典型的预训练语言模型。

1. ELMo

ELMo 是第一个引起普遍关注的判别式预训练语言模型[9]，它采用 RNN 架构的编码器。ELMo 的学习利用了预训练的深度双向语言模型（biLM）的内部状态，如图 9.10 所示，其训练输入是字符序列的嵌入，之后经过卷积神经网络和高速连接网络的编码形成词表示序列（T_1，T_2，$\cdots$，T_N），最后双向语言模型计算相应序列的概率。语言模型以上下文无关的词表示作为输入，经 LSTM 处理之后输出上下文化的词表示。

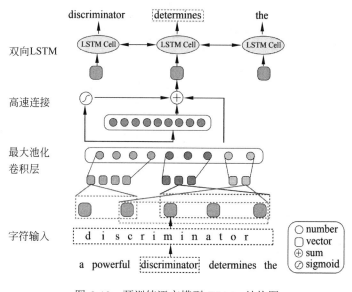

图 9.10　预训练语言模型 ELMo 结构图

2. BERT

BERT 是第一个具有广泛影响力的判别式预训练语言模型[10]，在很多方面开了先河。BERT 的输入是以分隔符分开的文本序列，输入序列可以是一句话，也可以是多个句子。每个输入序列开头用"[CLS]"符号进行标记，每个句子的句尾用"[SEP]"符号分隔不同的句子。这里的"[CLS]"符号在经过 BERT 编码后能起到作为整个输入序列的上下文表示的作用。

BERT 输入部分的嵌入主要由符号嵌入、段嵌入和位置嵌入构成，分别用来表示输入序列中的词信息、句子信息与位置信息。

- 符号嵌入（token embedding）。也称词嵌入（word embedding），即每个词（实际上在 BERT 中均切分成子词）的向量表示，在预训练前通过随机初始化得到，并在训练中不断更新。
- 段嵌入（segment embedding）。用于对输入的两个句子进行区分，指示哪部分序列属于第一个句子，哪部分序列属于第二个句子。
- 位置嵌入（position embedding）。引入位置顺序信息，以对输入序列的词序建模。

BERT 是第一个使用 Transformer 编码器-解码器架构（即所谓的"双向"Transformer）的判别式模型[17]，也是第一个明确引入预训练加微调两阶段应用方式的模型。BERT 的结构如图 9.11所示。

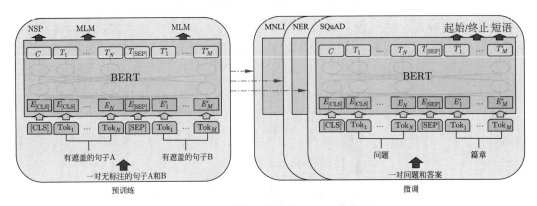

图 9.11　预训练语言模型 BERT 结构图

BERT 采用了掩码语言模型（MLM）和下一句预测（NSP）两个目标进行预训练，两个训练目标的损失直接相加，作为训练优化目标。

（1）对于掩码语言模型训练目标，BERT 随机选取句子中 15％的词，以下面 3 种方式之一处理：其中的 10％被替换为任意一个其他词，10％保留原本的词，剩下的 80％被替换为一个特殊的掩码标记 [M]。模型训练目标是预测被处理过的词原本的内容。

（2）BERT 称之为下一句预测的训练目标，其实实现为句对预测任务。这个任务的每一个样本是一个句对，其中 50％的句对来自同一个文档的上下句（标签判定为正类），另外 50％的句对是其他情形（标签判定为负类）。模型通过学习正类和负类，能获得判断句子间连贯性的能力。

3. XLNet

XLNet 通过使用排列语言模型上的自回归方法避免了在文本中出现不自然的掩码标记[11]，有利于保持预训练和下游任务上的场景一致性。除了采用 Transformer-XL 编码器架构外，XLNet 还对模型设计做了其他改进，包括用双流注意力（two-stream attention）机制提升语言建模能力。

4. ALBERT

ALBERT 是 BERT 模型的一个参数配置优化版，它采用跨层参数共享和因子化嵌入参数化以减少模型参数量，并且设计了句子顺序预测任务以捕捉句子间的关系[43]。

5. ELECTRA

ELECTRA（Efficiently Learning an Encoder that Classifies Token Replacements

Accurately，意为"有效学习一个精确区分字符替换的编码器"）采用一种类似对抗生成网络（GAN）的架构[44]，使用一个较小的生成器将随机遮盖的字符再预测出来，然后再将重新修复后的句子交给判别器进行判断，判断输入中的每个词是否被该生成器替换过。这种训练方法能大幅度提升训练效率。

6. GPT

GPT（Generative Pre-Training）意为生成式预训练。GPT-1[5] 也较早接受了预训练加微调两阶段工作方式，它也是第一个采用 Transformer 模型（仅采用其解码器层）的预训练语言模型。在训练方式上，GPT-1 采用标准语言模型的训练方式，即单向的自回归损失，根据已有的历史信息预测每一时刻的词。GPT-2[45] 沿用单向 Transformer 模型，舍弃了微调过程，使用更多数据（800 万个网页，40GB 数据）和更大规模的参数（从 12 层到 48 层，隐藏层维度为 1600，参数达到 15 亿个）训练。GPT-3[46] 进一步将参数量增大到 1750 亿个，使用 45TB 数据训练。因此，GPT-3 可基于更少的领域数据，而且无须微调即可应用到下游任务中。

表 9.3 给出了预训练语言模型的主要特性对比。

表 9.3　预训练语言模型的主要特性对比

模　　型		训 练 目 标	辅助目标	建模方向	编码器架构	输入单元
判别式模型	ELMo	n 元语言模型		双向	RNN	字符
	BERT	掩码语言模型	NSP	双向	Transformer	子词
	SpanBERT	掩码语言模型	SBO	双向	Transformer	子词
	RoBERTa	掩码语言模型		双向	Transformer	子词
	ALBERT	掩码语言模型	SOP	双向	Transformer	子词
	XLNet	排列后的 n 元语言模型		双向	Transformer-XL	子词
	ELECTRA	掩码语言模型	RTD	双向	GAN Transformer	子词
生成式模型	GPT-1,2,3	n 元语言模型		单向	Transformer	子词
判别式加生成式模型	UniLM	n 元 + 掩码 +Seq2Seq		单向和双向	Transformer	子词
	BART	Seq2Seq	多种去噪策略	单向和双向	Transformer	子词
	T5	Seq2Seq		单向和双向	Transformer	子词

表 9.4 给出了预训练语言模型的训练代价对比。

表 9.4　预训练语言模型的训练代价对比

模　　型	数据规模/GB	步长	模 型 大 小 M	训练硬件	数量	训练时间/天	GPU・天/TPU・天
ELMo	约 4		96	GTX 1080 GPU	3	14	42
BERT$_{large}$	16	1M	340	TPU	64	4	256
				V100 GPU	8	21	168
SpanBERT$_{large}$	16	2.4M	340	V100 GPU	32	15	480
RoBERTa$_{large}$	160	500K	340	V100 GPU	1024	1	1024
ALBERT$_{xxlarge}$	16	125K	235	TPU	512	1.3	666
XLNet$_{large}$	160	500K	360	TPU	512	2.5	1280
ELECTRA$_{large}$	160	1.75M	335				
GPT-1	约 4.5	约 1.2M	117	P6000 GPU	8	25	200
UniLM$_{large}$	16	770K	340	V100 GPU	8	22.5	180
BART$_{large}$	160	500K	400				
T5-11B	750	1M	11B	TPU	1024	25	25 600

注：K 代表 1000，M 代表 1 000 000，B 代表 1 000 000 000。

参考文献

[1] BROWN P F, DESOUZA P V, MERCER R L, et al., 1992. Class-based n-gram Models of Natural Language. Computational Linguistics, 18(4): 467-479.

[2] ANDO R K, ZHANG T, 2005. A Framework for Learning Predictive Structures from Multiple Tasks and Unlabeled Data. Journal of Machine Learning Research, 6: 1817-1853.

[3] BLITZER J, MCDONALD R, PEREIRA F, 2006. Domain Adaptation with Structural Correspondence Learning. in: Proceedings of the 2006 Conference on Empirical Methods in Natural Language Processing (EMNLP): 120-128.

[4] MIKOLOV T, SUTSKEVER I, CHEN K, et al., 2013. Distributed Representations of Words and Phrases and their Compositionality. in: Advances in Neural Information Processing Systems 26: 27th Annual Conference on Neural Information Processing Systems 2013 (NIPS'13): 3111-3119.

[5] RADFORD A, NARASIMHAN K, SALIMANS T, et al., 2018. Improving Language Understanding by Generative Pre-training. OpenAI blog.

[6] LEWIS M, LIU Y, GOYAL N, et al., 2020. BART: Denoising Sequence-to-Sequence Pre-training for Natural Language Generation, Translation, and Comprehension. in: Proceedings of the 58th Annual Meeting of the Association for Computational Linguistics (ACL): 7871-7880.

[7] DONG L, YANG N, WANG W, et al., 2019. Unified Language Model Pre-training for Natural Language Understanding and Generation. in: Advances in Neural Information Processing Systems 32: Annual Conference on Neural Information Processing Systems 2019, NeurIPS 2019: 13042-13054.

[8] RAFFEL C, SHAZEER N, ROBERTS A, et al., 2020. Exploring the Limits of Transfer Learning with a Unified Text-to-Text Transformer. Journal of Machine Learning Research, 21(140): 1-67.

[9] PETERS M, NEUMANN M, IYYER M, et al., 2018. Deep Contextualized Word Representations. in: Proceedings of the 2018 Conference of the North American Chapter of the Association for Computational Linguistics: Human Language Technologies (NAACL: HLT): vol. 1 (Long Papers): 2227-2237.

[10] DEVLIN J, CHANG M W, LEE K, et al., 2019. BERT: Pre-training of Deep Bidirectional Transformers for Language Understanding. in: Proceedings of the 2019 Conference of the North American Chapter of the Association for Computational Linguistics: Human Language Technologies (NAACL: HLT): vol. 1 (Long and Short Papers): 4171-4186.

[11] YANG Z, DAI Z, YANG Y, et al., 2019. XLNet: Generalized Autoregressive Pretraining for Language Understanding. in: Advances in Neural Information Processing Systems 32: Annual Conference on Neural Information Processing Systems 2019, NeurIPS 2019: 5754-5764.

[12] SONG K, TAN X, QIN T, et al., 2020. MPNet: Masked and Permuted Pre-training for Language Understanding. in: Advances in Neural Information Processing Systems 33 (NeurIPS 2020): 16857-16867.

[13] WANG W, BI B, YAN M, et al., 2020b. StructBERT: Incorporating Language Structures into Pre-training for Deep Language Understanding. in: 8th International Conference on Learning Representations, ICLR 2020.

[14] JOSHI M, CHEN D, LIU Y, et al., 2020. SpanBERT: Improving Pre-training by Representing and Predicting Spans. Transactions of the Association for Computational Linguistics, 8: 64-77.

[15] LI Y, ZHAO H, 2021. Pre-training Universal Language Representation. in: Proceedings of the 59th Annual Meeting of the Association for Computational Linguistics and the 11th International Joint Conference on Natural Language Processing (ACL-IJCNLP): vol. 1: Long Papers: 5122-5133.

[16] HOCHREITER S, SCHMIDHUBER J, 1997. Long Short-Term Memory. Neural Computation, 9(8): 1735-1780.

[17] VASWANI A, SHAZEER N, PARMAR N, et al., 2017. Attention is All you Need. in: Advances in Neural Information Processing Systems 30: Annual Conference on Neural Information Processing Systems 2017 (NIPS'17): 5998-6008.

[18] DAI Z, YANG Z, YANG Y, et al., 2019. Transformer-XL: Attentive Language Models beyond a Fixed-Length Context. in: Proceedings of the 57th Annual Meeting of the Association for Computational Linguistics (ACL): 2978-2988.

[19] GURURANGAN S, MARASOVIĆ A, SWAYAMDIPTA S, et al., 2020. Don't Stop Pre-training: Adapt Language Models to Domains and Tasks. in: Proceedings of the 58th Annual Meeting of the Association for Computational Linguistics (ACL): 8342-8360.

[20] ROGERS A, KOVALEVA O, RUMSHISKY A, 2020. A Primer in BERTology: What We Know About How BERT Works. Transactions of the Association for Computational Linguistics, 8: 842-866.

[21] ALSENTZER E, MURPHY J, BOAG W, et al., 2019. Publicly Available Clinical BERT Embeddings. in: Proceedings of the 2nd Clinical Natural Language Processing Workshop: 72-78.

[22] LEE J, YOON W, KIM S, et al., 2020. BioBERT: A Pre-trained Biomedical Language Representation Model for Biomedical Text Mining. Bioinformatics, 36(4): 1234-1240.

[23] ZHANG Y, SUN S, GALLEY M, et al., 2020b. DIALOGPT: Large-Scale Generative Pre-training for Conversational Response Generation. in: Proceedings of the 58th Annual Meeting of the Association for Computational Linguistics (ACL): System Demonstrations: 270-278.

[24] XU Y, ZHAO H, 2021. Dialogue-oriented Pre-training. in: Findings of the Association for Computational Linguistics: ACL-IJCNLP 2021: 2663-2673.

[25] ZHANG Z, ZHAO H, 2021. Structural Pre-training for Dialogue Comprehension. in: Proceedings of the 59th Annual Meeting of the Association for Computational Linguistics and the 11th International Joint Conference on Natural Language Processing (ACL-IJCNLP): vol. 1, Long Papers: 5134-5145.

[26] BORDES A, USUNIER N, GARCIA-DURAN A, et al., 2013. Translating Embeddings for Modeling Multi-relational Data. in: Proceedings of the 26th International Conference on Neural Information Processing Systems (NIPS'13): vol. 2: 2787-2795.

[27] ZHANG Z, HAN X, LIU Z, et al., 2019. ERNIE: Enhanced Language Representation with Informative Entities. in: Proceedings of the 57th Annual Meeting of the Association for Computational Linguistics (ACL): 1441-1451.

[28] XIONG W, DU J, WANG W Y, et al., 2020. Pretrained Encyclopedia: Weakly Supervised Knowledge-Pretrained Language Model. in: 8th International Conference on Learning Representations, ICLR 2020.

[29] SUN Y, WANG S, LI Y, et al., 2019b. ERNIE 2.0: A Continual Pre-training Framework for Language Understanding. in: Proceedings of the AAAI Conference on Artificial Intelligence (AAAI): vol. 34: 05: 8968-8975.

[30] WANG R, TANG D, DUAN N, et al., 2020a. K-Adapter: Infusing Knowledge into Pre-Trained Models with Adapters. in: Findings of the Association for Computational Linguistics: ACL-IJCNLP 2021: 1405-1418.

[31] ZHANG S, ZHAO H, ZHOU J, et al., 2020a. Semantics-Aware Inferential Network for Natural Language Understanding. in: Proceedings of the AAAI Conference on Artificial Intelligence (AAAI): vol. 35: 16: 14437-14445.

[32] ZHANG Z, WU Y, ZHOU J, et al., 2020c. SG-Net: Syntax Guided Transformer for Language Representation. IEEE Transactions on Pattern Analysis and Machine Intelligence.

[33] ZHOU J, ZHANG Z, ZHAO H, et al., 2020. LIMIT-BERT : Linguistics Informed Multi-Task BERT. in: Findings of the Association for Computational Linguistics: EMNLP 2020: 4450-4461.

[34] LU J, BATRA D, PARIKH D, et al., 2019. ViLBERT: Pretraining Task-Agnostic Visiolinguistic Representations for Vision-and-Language Tasks. in: Advances in Neural Information Processing Systems 32: Annual Conference on Neural Information Processing Systems 2019, NeurIPS 2019: 13-23.

[35] ZHANG Z, YU H, ZHAO H, et al., 2022. Which Apple Keeps Which Doctor Away Colorful Word Representations with Visual Oracles. IEEE/ACM Transactions on Audio, Speech, and Language Processing (TASLP), 30: 49-59.

[36] LIU Y, OTT M, GOYAL N, et al., 2019. RoBERTa: A Robustly Optimized BERT Pre-training Approach. ArXiv preprint arXiv: 1907.11692.

[37] SHOEYBI M, PATWARY M, PURI R, et al., 2019. Megatron-LM: Training Multi-Billion Parameter Language Models Using Model Parallelism. ArXiv preprint arXiv: 1909.08053.

[38] SHEN S, DONG Z, YE J, et al., 2020. Q-BERT: Hessian Based Ultra Low Precision Quantization of BERT. in: Proceedings of the AAAI Conference on Artificial Intelligence (AAAI): vol. 34: 5: 8815-8821.

[39] SUN S, CHENG Y, GAN Z, et al., 2019a. Patient Knowledge Distillation for BERT Model Compression. in: Proceedings of the 2019 Conference on Empirical Methods in Natural Language Processing and the 9th International Joint Conference on Natural Language Processing (EMNLP-IJCNLP): 4323-4332.

[40] SANH V, DEBUT L, CHAUMOND J, et al., 2019. DistilBERT, A Distilled Version of BERT: Smaller, Faster, Cheaper and Lighter. in: The 5th Workshop on Energy Efficient Machine Learning and Cognitive Computing of NeurIPS 2019.

[41] JIAO X, YIN Y, SHANG L, et al., 2020. TinyBERT: Distilling BERT for Natural Language Understanding. in: Findings of the Association for Computational Linguistics: EMNLP 2020: 4163-4174.

[42] WANG W, BI B, YAN M, et al., 2020c. StructBERT: Incorporating Language Structures into Pre-training for Deep Language Understanding. in: 8th International Conference on Learning Representations, ICLR 2020.

[43] LAN Z, CHEN M, GOODMAN S, et al., 2020. ALBERT: A Lite BERT for Self-supervised Learning of Language Representations. in: 8th International Conference on Learning Representations, ICLR 2020.

[44] CLARK K, LUONG M, LE Q V, et al., 2020. ELECTRA: Pre-training Text Encoders as Discriminators Rather Than Generators. in: 8th International Conference on Learning Representations, ICLR 2020.

[45] RADFORD A, WU J, CHILD R, et al., 2019. Language Models are Unsupervised Multitask Learners. OpenAI blog.

[46] BROWN T B, MANN B, RYDER N, et al., 2020. Language Models are Few-shot Learners. ArXiv preprint arXiv: 2005.14165.

第10章 句法分析

句法（syntax）是关于句子内成分的相对位置关系的形式化描述的理论。例如，它提供让词组合在一起构成句子成分，继而将句子成分进一步组成句子的规则。

首先澄清句法和语法（grammar）这两个语言学术语之间的关系。在理论语言学中，语法有时也被称为文法，它指广泛内涵下的语言构造规则。句子是人类语言中总是能表达完整语义的最小语言单位，因此，语法针对的分析对象默认是句子。语法的提出是试图用形式化规则解释句子的构成方式。语言作为有意义指向的符号系统，也自然地提供了两种方式完成这个解释：其一，按照符号之间的惯常位置关系；其二，按照符号的意义。一般的语法是一个复杂的规则体系，通常会综合用到这两个手段完成语言构成的解释。人类语言虽然构成复杂，但幸运的是，似乎大部分语言现象都可以仅用位置关系解释，这就是句法的概念，但是一般情形下，的确需要求助于形式语义学解释。因此，可以以如下方式理解术语所指范畴：语法约等于句法加上形式语义学。同时，考虑到一个语法体系的绝大部分都来自纯粹的句法，在不严格的场合也会将语法视为句法的同义语，即此时语法约等于句法。需要注意的是，由于历史文献惯例，很多句法和语法（或文法）的名称已经固化，因此，后文提及相关具体句法或语法名称时，以文献传统为准。

需要指出的是，理论语言学提出了数十种不同动机之下的语法体系，从各种角度解读人类语言构成。但是从现代计算机科学角度量化表达符号体系构成，只需要追溯到乔姆斯基（Avram Noam Chomsky）关于句法结构的开创性工作[1]。这一结合了计算机科学的早期关于符号主义的理论成果后来进一步启发了自动机理论乃至计算复杂性理论（复杂性类用符号集表达）。

很长一段时间，自然语言处理（或计算语言学）所关注的句法类型都来自乔姆斯基所最早刻画的短语结构文法及其推广——广义短语结构文法（Generalized Phrase Structure Grammar，GPSG）[2]。在世纪交替之际，出于明显的计算便利性的动机，自然语言处理界的关注点大量转向了以依存语法为基础的句法分析。

句法分析（syntactic parsing）或句法解析是自然语言处理关注到句法之后产生的一种语言结构解析任务。其工作模式是：按照语言学上的句法定义，从给定的句子中自动解析出其实际运用的句法规则，或是直接输出其相应的句法结构形式。从数据驱动或者机器学习的角度看，自然语言处理界并不关注何种句法或语法"值得"解析，因为任何句法分析的结果都能提供一定的语言学线索供其他下游任务使用。在这个因素主导下，自然语言处理的句法分析工作倾向于选择最为简单、直接的句法作为工作对象，乃至选择更容易计算的句法类型（例如最近 20 年流行的依存句法）。

如上所述，目前自然语言处理界主要关注分别基于短语和依存这两个核心概念的两大类句法。其中基于短语的句法也在相关文献中被不严格地称之为基于成分（constituent）或基于片段（span）的句法。在对句法的处理方式上，自然语言处理和理论语言学另一个显著不同的地方是：后者力图寻找更完善的句法理论以更精确地描述自然语言，而前者只关心用现有的句法规则最大限度地解释实际的语言文本。因此，自然语言处理界在句法分析领域的工作方式越来越变得数据驱动。现在，几乎所有的句法分析器都是在标注了句法结构信息的语料（即树库）上通过机器学习训练获得的。

　　由于现代句法分析是数据驱动的，因此它甚至完全忽略了相关树库的句法或语法的语言学基础，而仅关注树库本身的标注特性。这是为什么目前自然语言处理领域内不严格地谈及"短语句法"或"依存句法"的原因。例如，当在计算机科学领域说一个树库是基于短语句法的时候，并不意味着它严格遵守广义短语结构文法的所有理论规范，仅仅想表达这个树库的句法标注形式能使用同一种基于短语的分析模式处理。而能用来训练同一类短语句法分析器的不同语种、不同类型的所谓短语句法树库有可能在理论语言学上基于完全不同的语法类型或语法变体。实际上，如果查阅严肃的理论语言学文献，会发现并不存在一个叫"基于短语的语法"或"短语句法"的语言学理论。

10.1　句法分析概要

　　本节以短语句法形式为例，展示句法分析任务的直观概念。

　　短语句法结构可以用树状结构表示，因此通常称为句法分析树。例如，给出输入英文句子：

Fact is hidden in mystery.

其对应输出的句法分析树如图 10.1所示。

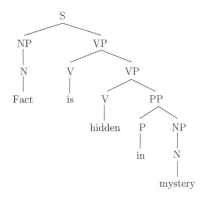

图 10.1　句法分析树示例

　　句法分析作为一个语言处理任务要完成的是：给出句子，输出树状结构的句法标注。训练句法分析器依赖于手工标注了句法结构信息的语料库或数据集，在句法分析领域，这种标注语料库专门被称为树库（treebank）。

　　英文常用的宾夕法尼亚大学树库（Penn Treebank，PTB）[3] 包含 50 000 个带有句法分析树结构标注的句子。图 10.2是该树库中的一个例子，其对应的句子如下：

Canadian Utilities had 1988 revenue of C\$ 1.16 billion, mainly from its natural gas and electric utility businesses in Alberta, where the company serves about 800,000 customers.

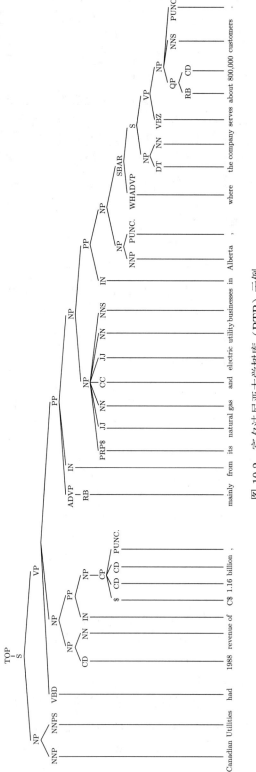

图 10.2 宾夕法尼亚大学树库（PTB）示例

以图 10.3中的句子为例，短语句法分析树中不同的节点标签代表了不同的结构标识信息：S 表示句子；NP、VP、PP 分别是名词短语、动词短语、介词短语（短语级别）；N、V、P 分别是名词、动词、介词。除了这些确切的成分标识及其组合关系之外，从这个句法分析树还能进一步导出主-谓-宾（Subject-Verb-Object，SVO）这样的概要性语序信息。

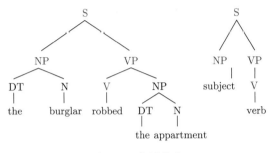

图 10.3　句法信息

短语或成分句法由两个重要概念解释。一个是成分，它指任何合理的句子片段，可以是词、任何短语乃至句子。另一个是句法角色类型（syntactic role category）。在上面的示例中已经出现了 NP、VP、N、V 等句法角色标签。这些类型落在词上，就是人们常说的词性。简单来说，短语句法就是将句子结构解释为不同类型的成分的组合关系。短语句法分析很大程度上可以建立在词性基础上，而无须词汇化（即，将一个词性标签具体化为某个词）过程。

句法分析树提供的明确的语言学信息能帮助多种下游语言处理任务，例如机器翻译。语序相差巨大的语言对之间的翻译较为困难，因此调序信息非常有用。在英语到日语的翻译中需要考虑基本语序的差异。英语的主要语序是主-谓-宾（SVO），而日语的主要语序是主-宾-谓（SOV），因此英日翻译需要一个明确的调序过程。句法分析树能提供显式的语序指示性信息将英语调成主-宾-谓的语序后再进行翻译。例如下面的两个例子：

- 原始英语：IBM bought Lotus
- 调整后：IBM Lotus bought
- 日语：IBM はロータスを買収した

- 原始英语：Sources said that IBM bought Lotus yesterday
- 调整后：Sources yesterday IBM Lotus bought that said
- 日语：情報筋によれば、昨日 IBM はロータスを買収したと言うことだ

图 10.4展示了英语到日语的机器翻译中利用句法分析树进行调序处理的示例[4]。

10.2　成分/短语句法分析

10.2.1　乔姆斯基文法层次体系

自然语言处理中的成分或短语句法都可以追溯到乔姆斯基的文法理论。

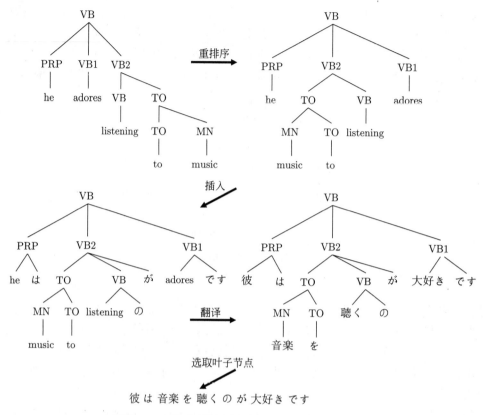

图 10.4　句法分析树应用于机器翻译中的调序示例

　　乔姆斯基按照文法的表达力把文法分成 4 种类型：0 型、1 型、2 型和 3 型。随着类型编号的增大，相应文法的约束依次增多，表达力依次减弱。乔姆斯基文法层次体系最初的动机是试图对人类语言进行形式化建模，但是事实证明，它也是人造语言（如各类程序设计语言）的良好定义工具。因此，乔姆斯基文法理论也成为程序设计语言设计、处理（如编译器设计）的理论基础。同时，这个理论启发了计算理论，给各类抽象计算模型提供了符号集（有意思的是，相关文献将这样的符号集也称为"语言"）这样的直观表达方式[5]。表 10.1列出了乔姆斯基文法层次体系的对应特性。

表 10.1　乔姆斯基文法层次体系

文 法 类 型	可接受的文法	可接受的语言	自 动 机
0 型	不受限文法（短语文法）	递归可枚举语言	图灵机
1 型	上下文有关文法	上下文有关语言	线性有界自动机
2 型	上下文无关文法	上下文无关语言	下推自动机
3 型	正则文法	正则语言	有限状态自动机

　　现代自然语言处理中的句法分析如上所述，已经不再必须建立在乔姆斯基文法体系的基础上。但是乔姆斯基文法依然提供了句法分析最初的形式化方法，首次将理论语言

学严格意义上的短语结构语法和计算机科学联系起来，构造了今天计算理论、编程语言设计和处理、自然语言结构解析的统一数学基础。因此下面给出乔姆斯基文法的简要介绍，说明乔姆斯基文法体系下的自然语言句法分析如何展开，以及为什么句法分析从乔姆斯基文法这样的符号主义方法最终转向数据驱动的统计机器学习方法。

针对一般符号系统刻画的乔姆斯基文法可以用字符集和产生式规则表示。形式上，文法 G 可用三元组表示：

$$G = (N, \Sigma, R)$$

其中：

- N 是非终结符号集合。
- Σ 是终结符号集合。
- R 是形如 $\alpha \to \beta$ 的产生式规则的集合，$\alpha, \beta \in (N \cup \Sigma)^*$ 且 α 非空并至少包含一个非终结符。这里的 $*$ 操作符代表从符号集生成任意的字符串。

需要注意的是，乔姆斯基文法是针对抽象的符号系统而定义的，因此它定义的此"字符"非彼"字符"。对于实际的语言，无论是编程语言还是自然语言，需要考虑的有意义的基本单元都从词开始，因此，其中的词就对应乔姆斯基文法所指的"字符"。而乔姆斯基文法定义的"字符集"其实对应于具体语言中的词典或词表。另外，形如 $\alpha \to \beta$ 的产生式对应于词的重写，因此也被称为重写规则，又由于最后得到的句法结构来自应用这一系列规则推导的结果，这些规则也被称为推导规则。

上述不加任何约束的文法三元组即定义了 0 型文法。

1 型文法也叫上下文有关文法、上下文相关文法或上下文敏感文法（Context-Sensitive Grammar，CSG）。此文法在 0 型文法的基础上对于每一条规则 $\alpha \to \beta$, 都有 $|\alpha| \leqslant |\beta|$。这里 $|\cdots|$ 表示字符串长度。

注意：尽管要求 $|\alpha| \leqslant |\beta|$，但特例情况 $\alpha \to \varepsilon$（空字）也被定义为满足 1 型文法。

2 型文法也叫上下文无关文法（Context-Free Grammar，CFG），它在 1 型文法的基础上要求每一条规则 $\alpha \to \beta$ 都必须满足 $\alpha \in N$ 是非终结符。

3 型文法也叫正则文法、正规文法，它在 2 型文法的基础上要求规则只能是如下形式之一：

- $\alpha \to \tau$ 或 $\alpha \to \tau\beta$（右线性）。
- $\alpha \to \tau$ 或 $\alpha \to \beta\tau$（左线性）。

其中，$\alpha, \beta \in N$ 都必须是非终结符，$\tau \in \Sigma$ 是终结符。

10.2.2 上下文无关文法

自然语言就一般形式来说应该用 0 型文法才能进行完备刻画。但是，基于最简建模的动机以及最大程度上的计算便利，在实践中，还是选取 2 型文法（即上下文无关文法）刻画自然语言的句法体系。

如上所述，文法形式上由词表和规则集（即产生式集）两部分构成。注意，计算理论所指的"符号集"对应于语言学上所指的"词表"或"词典"。对于终结符和非终结符的区分，短语句法将前者定义为具体的词，也就是终结符集合构成语言学意义上的词表或词典，而将后者定义为语言学意义上的句法角色标识（如词性标签），其中，通常还会指定一个特殊的起始符 S 代表整个句子。

考虑到上下文无关文法的定义约束，总是可以把其中每条产生式规则写为 $X \rightarrow Y_1Y_2 \cdots Y_n$ 的形式，其中 $n \geqslant 0, X \in N, Y_i \in \Sigma \cup N$。当 Y_i 分别属于词表 Σ 和句法角色表 N 时，可以区分两类规则，前者被称为词汇化规则，它将词性标签具体化为词，后者被称为句法规则。注意，真实语料上的句法角色数量会远少于词汇数量，因此相应的句法规则数量远少于词汇化规则的数量。如果句子上的词都完成了词性标注（注意，词性标注是一个比较容易高质量完成的语言处理任务），那么句法分析可以简化为只是检索少量句法规则的过程。也可以将短语句法简化为仅建立在句法角色类型重写规则之上。

在每条上下文无关文法规则 $X \rightarrow Y_1Y_2 \cdots Y_n$ 里面，把 X（或任意 Y_i）对应的句子片段称为成分或短语。这是自然语言处理里面把此类句法称为成分句法或短语句法的命名由来。从规则符号来看，这些规则在实施句法角色标签的重写或推导；但是对于真实的成分或短语来说，这些规则是在对各个成分或短语进行不断拆分。

下面具体给出一个小型英语上下文无关文法。N 和 Σ 由表 10.2 给出。

表 10.2　句法角色类型表 N 与词表 Σ

N	S	NP	VP	PP	DT	Vi	Vt	NN	IN
	（句子），	（名词短语），	（动词短语），	（介词短语），	（限定词），	（不及物动词），	（及物动词），	（名词），	（介词）
Σ	sleeps,	saw,	man,	woman,	telescope,	the,	with,	in	

句法产生式规则集和推导过程如表 10.3 所示。其中，产生式规则集的第一列是句法规则，第二列是词汇化规则。

表 10.3　句法产生式规则和推导过程

产生式规则集 R		推 导 过 程	
S→ NP VP	Vi→ sleeps	S	S→ NP VP
VP→ Vi	Vt→ saw	NP VP	NP→ DT NN
VP→ Vt NP	NN→ man	DT NN VP	DT→ the
VP→ VP pp	NN→ woman	the NN VP	NN→ dog
NP→ DT NN	NN→ telescope	the dog VP	VP→ Vi
NP→ NP PP	DT→ the	the dog Vi	Vi→ laughs
PP→ IN NP	DT→ with	the dog laughs	
	IN→ in		

一个上下文无关文法定义所有可能的推导集合。如果至少有一种推导方法可以产生字符串（即句子）$s \in \Sigma$，那么就说句子 s 属于由这个上下文无关文法所定义的语言。由上下文无关文法生成的语言中的每个句子都至少会存在一种推导方式，不同的推导方式称为歧义（ambiguity）。在基于词表和规则集定义的上下文无关文法上完成句法分析就

是找到一个推导过程,能够产生相应的句子。把推导过程完整记录下来,就是相应句子上得到的句法分析树。

为简化起见,默认采取最左推导的方式完成推导过程。最左推导是一串序列 $s_1 s_2 \cdots s_n$,其中 $s_1 = S$ 是起始符,且 $s_n \in \Sigma$,即 s_n 仅由终结符构成。每个 $s_i (i = 2, 3, \cdots, n)$ 都是从 s_{i-1} 中挑选其最左非终结符 X 置换为 β 而推导出来的,其中 $X \to \beta$ 是 R 中的一条规则。

给出一个简单句子:

The dog laughs

其推导过程和对应的规则如表 10.3 右侧所示。

基于上下文无关文法的精确句法分析在理想情形下是一个平凡的贪心规则选取过程。如果最终目标是建立一个句法分析树结构,那么有两个算法方向可以选取:

(1)自顶向下。从起始符 S 开始不断寻找并运用可以重写左侧符号的规则,直到所有句子中的所有词都被重写完毕。

(2)自底向上。从句子中的每个词开始,不断寻找能将其组合、抽象(重写规则的反操作)为某个左侧符号,直到最终能运用起始符 S 的规则。

表 10.3 右侧的推导过程如果自上往下看是自顶向下算法,如果自下往上看是自底向上算法。

当然,值得注意的是,实际的上下文无关文法的分析过程有可能会遇到局部性意外。例如,在多个规则可选的某个局部决策中,选取其中某个规则有可能会导致最后整句无法被完整接受,从而导致分析失败。因此,完整的句法分析算法需要包含某种回溯机制以避免此类情形。

对于相同的句子,按照上下文无关文法可以得到多种不同的推导过程,从而对于相同的输入句子给出不同的句法分析结果。表 10.4 展示了同一句子的两种推导过程,相应的两棵句法分析树如图 10.5 所示。

表 10.4　同一句子的两种推导过程

推导过程 1		推导过程 2	
推导步骤	使用的规则	推导步骤	使用的规则
S	S→ NP VP	S	S→ NP VP
NP VP	NP→ he	NP VP	NP→ he
he VP	VP→ VP PP	he VP	VP→ VB PP
he VP PP	VP→ VB PP	he VB PP	VB→ drove
he VB PP PP	VB→ drove	he drove PP	PP→ down NP
he drove PP PP	PP→ down the street	he drove down NP	NP→ NP PP
he drove down the street PP	PP→ in the car	he drove down NP PP	NP→ the street
he drove down the street in the car		he drove down the street PP	PP→ in the car
		he drove down the street in the car	

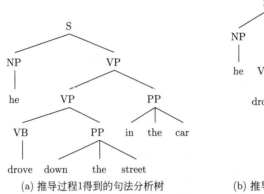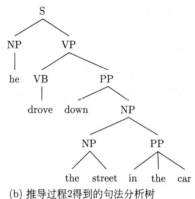

(a) 推导过程1得到的句法分析树   (b) 推导过程2得到的句法分析树

图 10.5　不同的推导过程对应的句法分析树

有些句子按照上下文无关文法能得到大量不同的句法分析树。例如，对于以下的句子：

She announced a program to promote safety in trucks and vans.

其可能的句法分析树远多于两棵。

我们当然希望句法分析的结果具有唯一性，但是上下文无关文法在上面的句法分析示例中出现了歧义。

以英语为例，句法分析歧义的来源主要可归结为 3 个因素：

- 词性歧义。例如，NNS→ walks 和 Vi→ walks 这两条词汇化规则都重写出 "walks"，原因就是 "walks" 可以有不同的词性。
- 介词短语附着歧义。它是介词短语修饰不明确所带来的歧义。例如，对于如下句子：

  the fast car mechanic under the pigeon in the box

  其中的介词短语 "in the box" 作为连续后置修饰语的最后一个成分，往前看，它既可以修饰 "mechanic" 也可以修饰 "pigeon"，从而带来了分析上的歧义，相应的两棵句法分析树如图 10.6 所示。
- 名词前置修饰语歧义。它源自连续修饰语往后看而无法确定被修饰对象的情形。如图 10.7所示，"fast" 既可以修饰 "car" 也可以修饰 "car mechanic"。

  在宾夕法尼亚大学树库中，针对这种有名词前置修饰语歧义的结构采用了过度简化标注，也就是将连续前置修饰语标注成扁平化结构或者不指明，如图 10.8所示。

以上下文无关文法方式定义自然语言结构，为了消除不必要的句法歧义能采取的手段其实相当有限。在理论语言学设计上，我们能做的只是定义更为精细的词性和句法角色类型标签。但是在句法规则制定上实际上有很大限制，在给出句法角色类型词典之后，实际的句法规则必须符合真实语言的组合规律，而不能随意而为。

因此，句法分析歧义的根源来自自然语言的天然结构复杂性。上面虽然仅以英语为例展示了 3 类歧义来源，但是实际上在以短语或成分方式描述句法时，这个情况会存在于几乎所有人类语言中。对于词性歧义，在大量人类语言里面，一个词表现为多个不同

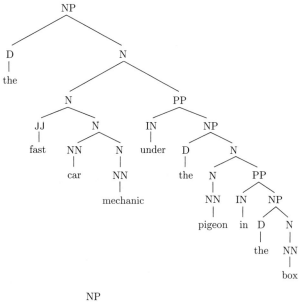

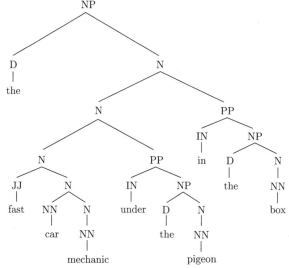

图 10.6 介词短语附着的歧义

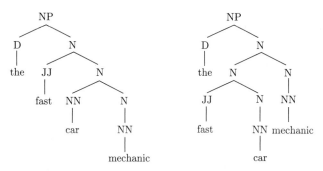

图 10.7 名词前置修饰语的歧义

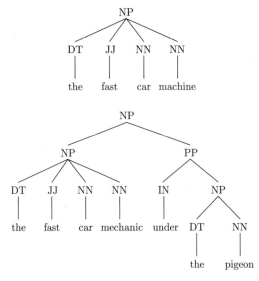

图 10.8　过度简化的连续前置修饰语标注

词性是普遍现象（术语称为词性兼类），各语言之间只有程度不同。例如中文的词性兼类就比英文严重得多。介词短语附着和名词修饰语歧义问题来自同一侧连续修饰语的对象确定难题。任何语言，只要允许同一侧的修饰语连续使用，这种修饰语附着歧义问题就必然存在。

　　句法定义仅关注语言在形式上的位置关系，然而语言表达本身是语义结合的。句法歧义就发生在仅靠位置和组合关系无法解释语义关系的场合。修饰语附着问题就是这样的一个情形，它的歧义消除需要一定的语义乃至知识辅助才可以有效完成，纯粹的句法规则设计或者句法分析算法的改进均不能根本解决问题。

10.2.3　概率上下文无关文法

　　上下文无关文法导致的大量句法分析歧义一定程度上是因为每条规则从符号选择意义上看是等同的。如果两条规则左侧符号一样，自顶向下分析算法就无法区分两者的优劣；如果两条规则右侧符号一样，自底向上分析算法也无法区分两者的优劣。解决这个问题的方式也比较直接：给每一条规则附加一个评估得分。模仿 n 元语言模型在计数上的最大似然估计，就可以得到概率上下文无关文法（Probabilistic Context-Free Grammar，PCFG）[6,7]。

　　对上下文无关文法允许的每条最左推导 (或句法分析树) 规则指定一个概率：

$$\alpha_i \to \beta_i : p(\alpha_i \to \beta_i) \tag{10-1}$$

就可以依据概率值对这些规则进行选择或排序。给定一个句子（或任意句子片段）S，设能导出其句法分析树的推导序列中的所有规则，构成集合 $T(S)$。假定选取规则的决策各自独立，那么 S 上导出的句法结构出现的概率应该是所有这些规则的概率之积。这个结果也对应于所有这些规则的对数概率之和。

以表 10.5 给出的概率上下文无关文法为例，给出下面的句子：

The dog laughs.

其句法分析树出现的概率是导致这个句法分析树的所有推导规则概率之积：

$$1.0 \times 0.3 \times 1.0 \times 0.1 \times 0.4 \times 0.5 = 0.006$$

表 10.5 概率上下文无关文法产生式规则及推导过程示例

产生式规则	概率值	产生式规则	概率值	推导过程	使用的规则	概率值
S→ NP VP	1.0	Vi→ sleeps	1.0	S	S→ NP VP	1.0
VP→ Vi	0.4	Vt→ saw	1.0	NP VP	NP→ DT NN	0.3
VP→ Vt NP	0.4	NN→ man	0.7	DT NN VP	DT→ the	1.0
VP→ VP pp	0.2	NN→ woman	0.2	the NN VP	NN→ dog	0.1
NP→ DT NN	0.3	NN→ telescope	0.1	the dog VP	VP→ Vi	0.4
NP→ NP PP	0.7	DT→ the	1.0	the dog Vi	Vi→ laughs	0.5
PP→ IN NP	1.0	IN→ with	0.5	the dog laughs		
		IN→ in	0.5			

相应地，我们寻求的最好的也是唯一的句法分析结果应该能最大化这个对数概率之和，也就是 S 上的句法分析树 $\text{Parse}(S)$ 来自如下目标函数：

$$\text{Parse}(S) = \arg\max_{T(S)} \sum_{t \in T(S)} \log p(t, S) \tag{10-2}$$

从包含句法标注的树库中可以方便地导出概率上下文无关文法。首先，从中抽取所有出现过的句法规则即可定义上下文无关文法。然后，采用最大似然估计即可得到每条规则的概率值：

$$P_{\text{MLE}}(\alpha_i \rightarrow \beta_i | \alpha_i) = \frac{\text{count}(\alpha_i \rightarrow \beta_i)}{\text{count}(\alpha_i)}$$

这里的计数统计来自树库中的样本。

如前所述，针对上下文无关文法的分析算法在一般情形下并不能用贪心算法一次性地直接获得最后的推导序列以及相应的句法分析树，原因就在于每次贪心算法选取的某条规则有可能使最后整句无法被接受，从而导致分析失败。针对式 (10-2) 的目标函数的贪心算法还会有另一个风险，受制于规则选择约束，局部的每次最大化概率的贪心选择未必导致最后全局的最大化联合概率值。因此，需要小心设计一个全局的图模型解码算法才能实现正确的句法分析。

概率上下文无关文法上的句法分析很容易推广到机器学习的一般情形。此时，同样从标注树库中提取上下文无关文法规则，但式 (10-1) 定义的最大似然概率估计改由机器学习模型通过学习得到。分析算法的目标函数继续由式 (10-2) 确定。这样的短语句法分析是前面介绍的结构化分解的图模型的一个变体形式。

前面介绍的原始的图模型工作方式中，直接分解待预测的结构，然后让机器学习模型学习分解后的子图得分。但是在这里的上下文无关文法分析的情形下，将待预测结构视为一系列结构构造动作（即推导规则）作用的结果，机器学习模型转而学习每一个构造动作的得分。

在完美的理想情形下，如果贪心算法总是能满足式 (10-2) 的全局约束并且能保证最后的分析结果能接受输入句子，那么这里讨论的图模型的结构化分解方式将退化为转移模型。

句法分析歧义源于句法形式不足以覆盖语言的语义丰富度。因此，尽管概率上下文无关文法引入了最起码的最大似然估计区分各条产生式规则，但是它依然存在语义捕捉能力不足这样的明显缺陷，例如对词汇信息和对结构频率都缺乏敏感度。当然，后面会看到，改用机器学习模型捕捉词特征和结构频率特征都能改善这些情况。

表 10.6 对以下两个句子或成分做出了两种不同但均合法的分析：

（1）worker dumped sacks into a bin

（2）dogs in houses and cats

表 10.6　句法分析树的推导过程

(a) 推导过程	(b) 推导过程	(c) 推导过程	(d) 推导过程
S→NP VP	S→NP VP	**NP→NP CC NP**	**NNP→NP PP**
NP→NNS	NP→NNS	**NP→NP PP**	**PP→IN NP**
VP→VP PP	VP→VBD NP	NP→NNS	**NP→NP CC NP**
VP→VBD NP	**VP→NP PP**	**PP→IN NP**	NP→NNS
NP→NNS	NP→NNS	NP→NNS	NP→NNS
PP→IN NP	PP→IN NP	NP→NNS	NP→NNS
NP→DT NN	NP→DT NN	NNS→dogs	NNS→dogs
NNS→workers	NNS→workers	IN→in	IN→in
VBD→dumped	VBD→dumped	NNS→houses	NNS→houses
NNS→sacks	NNS→sacks	CC→and	CC→and
IN→into	IN→into	NNS→cats	NNS→cats
DT→a	DT→a		
NN→bin	NN→bin		

概率上下文无关文法在整个推导过程中仅能用到每条规则的有限的概率信息，无法利用词信息帮助判断。

对于例句（1），图 10.9 和表 10.6 中 (a) 和 (b) 展示了介词短语附着歧义导致的两棵不同的句法分析树，可以看到它们的推导过程只有一步不同（在表 10.6 中加粗表示），而这一步差异导致了两种完全不一样的结果。如果 $p(\text{NP}→ \text{NP PP}|\text{NP}) > p(\text{VP}→ \text{VP PP}|\text{VP})$，那么 (b) 更有可能；否则 (a) 更有可能。

除了不同规则选择会导致句法分析树的差异外，相同规则但不同运用顺序也会导致

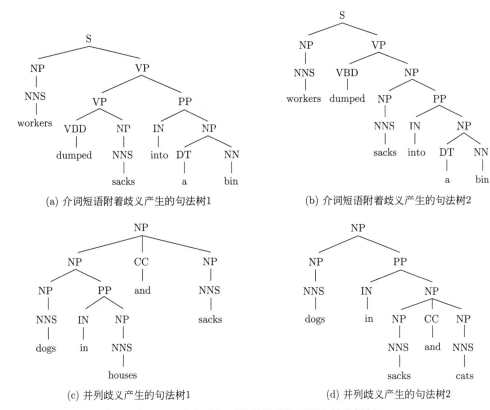

(a) 介词短语附着歧义产生的句法树1

(b) 介词短语附着歧义产生的句法树2

(c) 并列歧义产生的句法树1

(d) 并列歧义产生的句法树2

图 10.9 产生式规则差异导致的不同句法分析树

不同的结果。例句（2）就是这样的情况，图 10.9和表 10.6中 (c) 和 (d) 展示了并列歧义的情形。可以看到这里的两个推导过程用了相同的规则集（仅顺序不同），因此，在任何概率上下文无关文法的概率分配中，所有推导规则都有相等的概率，但形成的句法分析树却完全不一样。

概率上下文无关文法缺乏结构敏感度，因而难以表达必要的结构化偏好。对于下面的句子：

president of a company in Africa

图 10.10给出的两棵句法分析树都有可能形成，因为这两棵句法分析树用了相同的规则

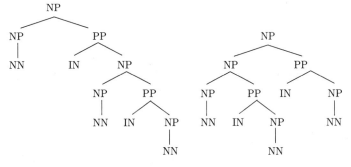

图 10.10 结构偏好

集，概率上下文无关文法用于判断的整句概率因此也相等，从而无法给出结构化偏好的判断。但是，"近附着"（图 10.10 左边的句法分析树）在宾夕法尼亚大学树库中出现的可能是右边的句法分析树的两倍，这意味着合理捕捉结构化偏好信息可以进一步提升分析性能。

10.3　依存句法

10.3.1　带中心词标注的成分句法

对成分或短语句法所定义的成分还可以进一步做出丰富化标注。成分句法的每条产生式规则实际上定义了一个成分如何拆分为多个合法的子成分。在成分拆分过程中，指出规则中哪个子成分是中心词（或更严格地称之为"中心成分""中心语"，head），相当于把所有子成分按照语法意义上的重要程度进行了区分。

例如，对于下面的句法重写规则，可以分别识别出中心词：

- S→ NP VP（VP 是中心词）
- VP→ Vt NP（Vt 是中心词）
- NP→ DT NN NN（NN 是中心词）

成分句法引入中心词标注是受到 X-bar 理论的启发[8,9]。而中心词这个概念进一步发展之后和短语文法结合，导致了更为现代化的中心词驱动的短语结构文法（Head-driven Phrase Structure Grammar，HPSG）[10]。

中心词是同一个成分内最为重要的那个子成分，某种意义上扮演所有子成分中的语义谓词的角色。如果从修饰和被修饰关系理解，基本上仅需考虑两大类句法角色类型搭配，即副词修饰动词和形容词修饰名词。在这样的搭配中，被修饰的成分即中心词。同时，设定动词性成分的优先级高于名词成分，则可以形成基本的中心词确定规则，如表 10.7 所示。

表 10.7　基本的中心词确定规则示例

名词性成分	动词性成分
NP→ DT NNP **NN**	VP→ **Vt** NP
NP→ DT NN **NNP**	VP→ **VP** PP
NP→ **NP** PP	
NP→ DT **JJ**	
NP→ **DT**	

详细的中心词确定规则按照名词性和动词性两种成分分述如下。对于涉及的句法角色标签，N 开头的代表名词性成分，V 开头的代表动词性成分，JJ 是形容词，CD 是基数词，DT 是限定词，PP 是介词短语。

名词短语的中心词确定规则如下：

- 如果规则包括 NN、NNS 或 NNP，选择最右的 NN、NNS 或 NNP。
- 否则，如果规则包括 NP，选择最左的 NP。

- 否则，如果规则包括 JJ，选择最右的 JJ。
- 否则，如果规则包括 CD，选择最右的 CD。
- 否则，选择最右的子成分。

动词短语的中心词确定规则如下：

- 如果规则包括 Vi 或者 Vt，选择最左的 Vi 或 Vt。
- 否则，如果规则包括 VP，选择最左的 VP。
- 否则，选择最左的子成分。

按照中心词确定规则，一个成分从其中心子成分得到它的中心词，在成分句法分析树中向上不断传递最细粒度成分的中心词及词性标签，即可在树结构上加上完整中心词标识。图 10.11 展示了给成分句法分析树添加中心词标识的一个例子。

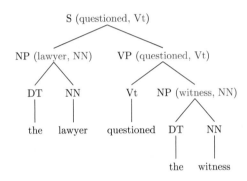

图 10.11　在成分句法分析树上添加中心词标识

10.3.2　依存结构

中心词的概念不仅能丰富成分句法的表示，而且在同一组成分中区分中心成分和非中心成分还能启发我们建立新的句法。

依存句法的中心概念是依存。句法结构包含了通过二值化的不对称关系联系的词汇项，这样的词对之间的关系就称为依存（dependency）。Lucien Tesnière[11] 说：“句子是一个有组织的整体，成分元素是词。属于句子的每个词靠自身摆脱了词典那样的孤立状态。每个词和其相邻词之间的联系能被思维所感知，所有这些联系的总体构成了句子结构。这些结构化联系建立了词之间的依存关系。原则上，每个联系都结合了一个上级项和一个下级项。上级项称为管辖者（governor），下级项称为从属者（subordinate）。”

依据 Lucien Tesnière 的见解，一个句子中所有词对的依存关系的总和就形成了一种句法结构。在每一个词对的依存关系中，其中一个词称为中心词（head），另一个则称为依赖（dependent）。在数学形式上，依存结构可以定义为一个有向图 G，其中包括：

- 一个节点集合 V。
- 一个边（弧）的集合 E。
- V 的一个线性偏序关系 $<$。

依存结构允许定义节点和边的类型标签：

- V 中的节点按词性（及标注）加上标签。
- E 中的边按依存的类型加上标签。

这时依存图就是有标签图。

定义节点关系 $i \rightarrow j$ 代表 j 依赖于 i，则具备充分语言学意义的依存结构通常还会满足如下更强的形式化条件：

- G 是（弱）连通的。对于每个节点 i，总存在一个节点 j 满足 $i \rightarrow j$ 或 $j \rightarrow i$。
- G 是无环的。如果有 $i \rightarrow j$，则不会有 $j \rightarrow i$。
- G 遵循单中心词限制。如果有 $i \rightarrow j$，则对任何 $k \neq i$，不会有 $k \rightarrow j$。
- G 是投影的（projective）。如果有 $i \rightarrow j$，则 $i \rightarrow k$ 对于任何满足 $i < k < j$ 或 $j < k < i$ 的 k 都成立。

在一个句子上建立一个依存图结构时，如果同时满足弱连通性、无环性、单中心词限制，则整个依存图结构在最一般情形下是一个森林。幸运的是，此时可以通过添加一个虚拟根（root）节点管辖各个树的根节点，使强连通性得以实现，从而在整个句子上总是可以建立一棵完整的依存句法分析树。

投影性（projectivity）是用于描述依存关系之间的关系的一种特性。对于绝大部分人类语言，其中几乎所有的（或者至少绝大部分）依存关系都是投影性的。树库的句法结构标识来自人工标注，但是投影性这个特性在真实数据中广泛存在是人类语言的一个普遍特征，是在自然地确定成分的中心词之后一个自然的结果，而非来自刻意的人工标注。

下面以图示解释投影性的几何特征。习惯上，有时也将依存图中代表依存关系的边称为依存弧（arc），依存图节点其实就是句子中的词。可以直接在一个句子的词之间绘制依存弧，从而获得依存图结构表示（确切地说这是依存句法分析树）。

图 10.12展示了投影型和非投影型的依存句法分析树。当把所有的依存弧绘制于句子同一侧的时候，投影型的依存句法分析树展示的特性是任意两个依存弧都不会有交叉点，此时就说这棵依存树是投影性的；反之，依存树中只要存在一对依存弧有交叉点，相应的依存树就是非投影性的。

经验表明，充分考虑投影性约束能大幅度改善依存句法分析的效果和效率。

10.3.3 成分/短语结构到依存结构的转换

作为来自不同动机的句法结构表示形式，成分结构或短语结构和依存结构之间其实是密切联系的。带中心词标注的成分结构可以方便地精确转为依存结构形式。

这里介绍 Lin（林德康）的转换方法，其主要思路是让中心子成分管辖所有其他的兄弟子成分[12]。该转换方式不提供依存类别标签。

Lin 的方法使用一个规范的树中心词表完成转换，该表由一系列中心词确定规则三元组条目构成。每个条目包含成分（非终结符）、确定中心词优先级的搜索方向以及候选的中心词列表。这里的成分和中心词都记为句法角色类型标签。例如，在表 10.8第一行的条目中，一个 S 成分的中心词要通过从右往左搜索其子成分获得，它应该是右数第一个 Aux 成分；如果该 S 重写规则中不存在 Aux，则中心词就是右数第一个 VP。以此类推。

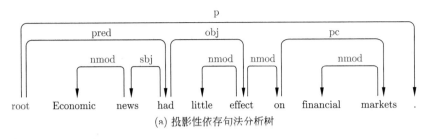

(a) 投影性依存句法分析树

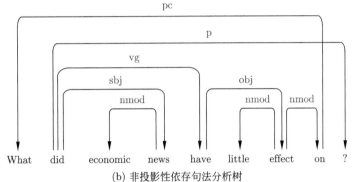

(b) 非投影性依存句法分析树

图 10.12 投影性与非投影性的依存句法分析树

表 10.8 树中心词表示例

成 分	搜索方向	候选的中心词列表
S	从右到左	(Aux VP NP AP PP)
VP	从左到右	(V VP)
NP	从右到左	(Pron N NP)

根据树中心词表得到每一个中心词后，让成分中的中心词管辖所有兄弟子成分，即可得到依存句法分析树。以图 10.13 中的成分句法分析树为例，应用表 10.8 给出的树中心词表，可以得到 VP_1 管辖 NP_1，即 like 管辖 I；VP_2 管辖 ADV，即 like 管辖 really。按这种方法即可从成分句法分析树得到依存句法分析树。图 10.13 即为转换后的结果。

Collins[13] 提出用句法规则中的成分的句法角色标签标记依存关系类型。如果中心词 $(Y_h) \rightarrow$ 中心词 (Y_d) 从成分产生式规则 $X \rightarrow Y_1 Y_2 \cdots Y_n$ 推得，那么这两个词的依存关系的类型标签就是 $< Y_d, X, Y_h >$。通常会将这样的标签用简写形式表达，如表 10.9所示。

因为宾夕法尼亚大学树库（PTB）是用于英文成分句法分析主要的评估数据集，甚至是某种意义上的基准树库，现代的依存句法分析通常选择从经其转换后的依存树库上开展工作。考虑不同语言学动机下的中心词确定规则以及依存关系类型定义，目前已有多种转换规范和相应工具：

- PTB-YM: Penn2Malt3[14] ① 最早的成分到依存转换规范及工具。转换方法由

---

① https://cl.lingfil.uu.se/ nivre/research/Penn2Malt.html。

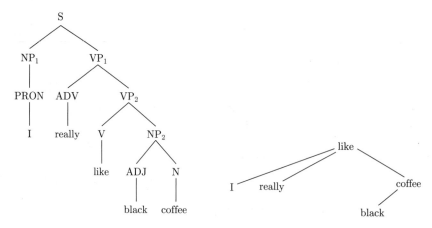

图 10.13　Lin 的转换方法示例：成分结构到依存结构

表 10.9　依存关系类型标签的简写形式

句法规则	依存关系类型	
	Collins 标签	简写标签
S→NP VP	<NP, S, VP>	sbj
VP→VBD NP	<NP, VP, VBD>	obj
VP→VBD PP	<PP, VP, VBD>	vmod
PP→ NP IN	<NP, PP, IN>	nhd
NP→ DT NN	<DT, NP, NN>	nhd

Yamada（山田）和 Matsumoto（松本）提出，工具发布由瑞典乌普萨拉（Uppsala）大学的 Nivre 教授完成。

- PTB-SD: Dependency converter in Stanford parser v3.3.0 with Stanford Basic Dependencies [15]。目前主流的成分结构到依存结构转换规范及工具。转换规范遵循斯坦福大学提出的依存表示方案。
- PTB-LTH: LTH Constituent to Dependency Conversion Tool for Penn-style Treebanks [16]。瑞典隆德（Lund）大学发布的另一个语言学意义丰富的依存表示方案及实现。

10.4　句法标注语料：树库

在句子上标注了完整句法分析树信息的数据集或语料库称为树库。依据句法类型，树库分为成分树库（constituent treebank）和依存树库（dependency treebank）。对于不同的语言有不同的树库，如表 10.10 和表 10.11 所示。

成分树库可以通过相对简洁的转换规则较为方便地转为依存树库，但反之则较为困难或较为烦琐（虽然一定条件下也可以高精度实现）。一些依存树库可以直接转换自成分树库。

表 10.10 主要的成分树库

树库名称	语言种类	版本	数据大小	获取限制
Penn Treebank	英语	3	约 100 万词	付许可证费用
BulTreebank	保加利亚语		约 14 000 句	付许可证费用
Penn Chinese Treebank	汉语	9.0	约 132 000 句	付许可证费用
Sinica Treebank	汉语		约 61 000 句	付许可证费用
Alpino Treebank for Dutch	荷兰语		约 150 000 词	免费下载
TIGER/NEGRA	德语		约 50 000/20 000 句	自由获取，许可协议
TüBa-D/Z	德语	11.0	约 105 000 句	自由获取，许可协议
TüBa-J/S	日语		约 18 000 句	自由获取，许可协议
Cast3LB	西班牙语		约 18 000 句	免费下载
Talbanken05	瑞典语		约 300 000 词	免费下载

表 10.11 主要的依存树库

树库名称	语言种类	数据大小	获取限制
Prague Arabic Dependency Treebank	阿拉伯语	约 100 000 个词	付许可证费用
Prague Dependency Treebank	捷克语	约 1 500 000 个词	付许可证费用
Danish Dependency Treebank	丹麦语	约 5500 棵树	自由下载
Bosque: Floresta sintá(c)tica	葡萄牙语	约 10 000 棵树	自由下载
Slovene Dependency Treebank	斯洛文尼亚语	约 30 000 个词	免费下载
METU-Sabanci Turkish Treebank	土耳其语	约 7000 棵树	免费下载
Universal Dependency Treebanks	83 种语言	146 个树库	免费下载

近年来发展起来的通用依存树库（Universal Dependency treebank，缩写为 UD）针对不同的人类语言提供了一致的语法标注框架（词性、形态特征和句法依存），实现了多语种大规模的树库标注。该系列树库还在持续扩张更新。

10.5 成分/短语句法分析算法

成分/短语句法分析算法的主要类型是采用动态规划思想、基于线图（也称图表，chart）数据结构的分析算法，按照算法搜索策略可以分为两类：自底向上的分析算法和自顶向下的分析算法。本节介绍自底向上的 CYK 算法[17-19] 和自顶向下的 Earley 算法[20]。

10.5.1 CYK 算法

CYK 算法以三位独立提出该算法的作者 John Cocke、Daniel H. Younger 和 Tadao Kasami（嵩忠雄）的姓氏首字母命名。对于任意的上下文无关文法，CYK 算法的时间

复杂度是 $O(n^3|G|)$，其中 $|G|$ 是文法的规则数目，实际上由于规则数目是固定的，因此 CYK 算法的时间复杂度通常写作 $O(n^3)$。当有一些输入句子并不能为所给的文法所接受时，CYK 算法也能判断出该句子是否合法。

CYK 算法处理的文法必须具备乔姆斯基范式（Chomsky Normal Form，CNF）[21] 形式。如果上下文无关文法 G 的产生式规则只有以下两种形式：

（1）$A \to BC$，A、B、C 为任意非终结符。

（2）$A \to a$，a 为任意终结符。

那么就称 G 是乔姆斯基范式。对于任意上下文无关文法，可以通过以下方法将其转为一个弱等价的乔姆斯基范式：

步骤 1 为每个产生式规则中长度大于或等于 2 的终结符 a 创建一个新的变元 A，该变元只有一个产生式 $A \to a$。接着，用 A 替代所有原产生式中出现的 a。如此，所有产生式右侧要么为单个终结符，要么为两个及以上的非终结符。

步骤 2 把所有形如 $A \to B_1 B_2 \cdots B_k (k \geqslant 3)$ 的产生式分解为以下一组产生式：

$$A \to B_1 C_1$$

$$C_1 \to B_2 C_2$$

$$\vdots$$

$$C_{k-3} \to B_{k-2} C_{k-2}$$

$$C_{k-2} \to B_{k-1} B_k$$

如此，G 中的所有产生式均符合乔姆斯基范式的定义。

在成分句法分析中，线图是一种常用的数据结构，用于保存分析过程中已经建立的成分（包括终结符和非终结符）、位置（包括起点和终点）。CYK 算法如算法 10.1 所示，给定符合乔姆斯基范式的文法 $G = (N, \Sigma, R)$，以 $S \in N$ 为起始符。CYK 算法为输入序列 $\omega = a_1 a_2 \cdots a_n (a_i \in \Sigma)$ 构造一个 $(n+1) \times (n+1)$ 的线图 chart。执行完该算法后，

算法 10.1 CYK 算法

输入: 序列 $\omega = a_1 a_2 \cdots a_n (a_i \in \Sigma)$, 文法 $G = (N, \Sigma, R)$

输出: 线图 chart

```
1  for j ← 1 to n do
2  │   chart[j − 1, j] ← {A | A → ω[j] ∈ R}
3  for i ← j − 2 downto 0 do
4  │   for k ← i + 1 to j − 1 do
5  │   │   chart[i, j] ← chart[i, j]∪
6  │   │           {A | A → BC ∈ R,
7  │   │                 B ∈ chart[i, k],
8  │   │                 C ∈ chart[k, j]}
```

如果 $S \in \text{chart}[0,n]$，则表示输入序列 ω 为合法序列，此时，从该位置向前回溯每一步使用的产生式规则，即可得到完整的分析结果；否则，说明该输入序列针对所给文法 G 不合法。

　　以表 10.12所示乔姆斯基范式的文法为例，对于句子 the rat ate the cheese，CYK 算法生成的线图如图 10.14所示。

表 10.12　乔姆斯基范式示例

终 结 规 则	非终结规则
S → NP VP	DT → the
NP → DT NN	NN → rat
VP → VT NP	NN → cheese
	VT → ate

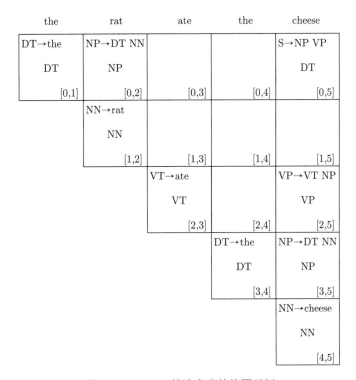

图 10.14　CYK 算法生成的线图示例

　　概率上下文无关文法为每条产生式规则及每棵文法树赋予一个对应的概率值，概率值最大的那棵树就被认为是该句的分析树。CYK 算法也有其相应的概率上下文无关文法版本，详见算法 10.2，其中 $\pi(\cdot,\cdot)$ 表示线图符合文法规则的概率，$q(\cdot)$ 表示每条产生式规则的概率。

算法 10.2　概率上下文无关文法的 CYK 算法

输入: 序列 $\omega = a_1 a_2 \cdots a_n (a_i \in \Sigma)$, 文法 $G = (N, \Sigma, R, S, P)$

输出: 线图 chart

1 **for** $j \leftarrow 1$ **to** n, $X \in N$ **do**
2 　　$\pi(\text{chart}[j-1, j], X) \leftarrow q(X \to \omega[j] \in R)$
3 **for** $i \leftarrow j - 2$ **downto** 0 **do**
4 　　**for** $k \leftarrow i + 1$ **to** $j - 1$ **do**
5 　　　　$\text{chart}[i, j] \leftarrow \text{chart}[i, j] \cup$
6 　　　　　　　$\{\max(q(X \to YZ) \times \pi(\text{chart}[i, k], Y) \times \pi(\text{chart}[k+1, j], Z),$
　　　　　　　　$Y \in N, Z \in N\}$

10.5.2　Earley 算法

Earley 算法是自顶向下的上下文无关文法分析算法, 其时间复杂度对于一般的上下文无关文法为 $O(n^3)$, 对于无歧义文法为 $O(n^2)$, 而对于 LR(k) 文法[22] 可以降到 $O(n)$。类似 CYK 算法, Earley 算法也用线图记录分析的中间结果, 但它可以直接处理一般上下文无关文法, 而无须将其转为乔姆斯基范式。

给定文法 $G = (N, \Sigma, R)$（其中起始符为 S）以及输入序列 $\omega = a_1 a_2 \cdots a_n (a_i \in \Sigma)$, Earley 算法的步骤如下。

步骤 1　初始化分析线图 I_0:

① 若 $S \to \alpha \in R$, 把 $[S \to \cdot \alpha, 0]$ 加入 I_0。

② 若 $[B \to \cdot \gamma, 0] \in I_0$, 对于 I_0 中所有 $[A \to \alpha \cdot B\beta, 0]$, 把 $[A \to \alpha B \cdot \beta, 0]$ 加入 I_0。

③ 若 $[A \to \alpha \cdot B\beta, 0] \in I_0$, 对于 R 中所有形如 $B \to \gamma$ 的产生式, 把 $[B \to \cdot \gamma, 0]$ 加入 I_0。

④ 重复②和③, 直到没有新的项目加入 I_0。

步骤 2　根据 $I_0, I_1, \cdots, I_{j-1}$ 构建 $I_j (0 < j \leqslant n)$:

① 对于每个在 I_{j-1} 中的 $[B \to \alpha \cdot a_j \beta, i] (a_j$ 为 ω 中的第 j 个终止符), 把 $[B \to \alpha a_j \cdot \beta, i]$ 加入 I_j。

② 若 $[A \to \alpha \cdot, i] \in I_j$, 在 I_j 中寻找形如 $[B \to \alpha \cdot A\beta, k]$ 的项目, 把 $[B \to \alpha A \cdot \beta, k]$ 加入 I_j。

③ 若 $[A \to \alpha \cdot B\beta, i] \in I_j$, 对于 R 中所有形如 $B \to \gamma$ 的产生式, 把 $[B \to \cdot \gamma, j]$ 加入 I_j。

④ 重复②和③, 直到没有新项目加入 I_j。

步骤 3　如果 I_n 中存在形如 $[S \to \alpha \cdot, 0]$ 的项目, 那么输入序列 ω 合法; 否则, ω 不合法。

设有上下文无关文法 $G = (N, \Sigma, R)$, S 为起始符, 其中 $N = \{S, T, F\}$, $\Sigma = \{a, +, *\}$, $R = \{S \to S + T, S \to T, T \to T * F, T \to F, F \to a\}$, 对于字符串 $x = a * a$,

Earley 算法生成的线图如表 10.13所示。

表 10.13　Earley 算法生成的线图示例

I_0	I_1	I_2	I_3
$[S \to \cdot S + T, 0]$	$[F \to a \cdot, 0]$	$[T \to T * \cdot F, 0]$	$[F \to a \cdot, 2]$
$[S \to \cdot T, 0]$	$[S \to S \cdot + T, 0]$	$[F \to \cdot a, 2]$	$[T \to T * F \cdot, 0]$
$[T \to \cdot T * F, 0]$	$[S \to T \cdot, 0]$		$[S \to T \cdot, 0]$
$[T \to \cdot F, 0]$	$[T \to T \cdot * F, 0]$		$[T \to T \cdot * F, 0]$
$[F \to \cdot a, 0]$	$[T \to F \cdot, 0]$		$[S \to S \cdot + T, 0]$

10.6　依存句法分析算法

依存句法在世纪之交引起了自然语言处理界的关注，经历 20 余年的发展，在某种意义上已经改变了过去成分句法在这一领域的唯一主导地位。这一改变的原因是依存句法在计算上的显著便利性，而不是任何其他原因。长期以来，成分句法或短语句法以其明确、直观的表现形式，在理论语言学和计算语言学里都是主流的句法研究对象。如前所述，随着自然语言处理在方法和思路上越来越呈现数据驱动的特点，计算机科学背景的研究者倾向于选择能最有效处理的形式语言学理论作为研究和处理对象。以结构化学习的困难度而言，依存结构明显低于成分结构，因为前者仅需预测图中的边（节点是句子中的词，无须改变），而后者则需同时预测节点（产生式规则的左侧成分，或句法分析树的节点）和边（产生式规则的右侧成分，或句法分析树的边）。

无论是在形式化定义还是在分析算法上，和承载丰富的语言学意义的成分句法相比，依存句法的相关工作表现出"纯计算驱动"的风格。从结构化学习角度来看，依存句法分析是一个要求预测节点已知的树结构的学习任务。因而可以方便地使用标准的两大类结构化分解方式（即图模型和转移模型）对这个结构化学习任务建模。依存句法分析的具体算法的选择由结构化分解方式主导，这一点不同于成分句法分析。由于依存结构预测难度更高，其经典分析算法是一种专门设计的非标准的图模型算法。

10.6.1　基于图模型的依存句法分析

在依存句法的图模型分析算法中，第一个直观的解决方案就是直接借用成分句法的分析算法，原因是依存结构比成分结构更简单，可以视前者为后者的一个特殊情形，在成分句法的线图分析算法中重定义线图，即可得到依存线图分析算法。此时，套用的线图分析算法采用每个节点都词汇化的上下文无关文法，其中的线图条目（chart entry）是子树，即词带着它的所有左右依赖。算法执行时解决的问题是针对不同子树的不同线图条目生成一系列具有不同中心词的词。CYK 算法对任何文法的时间复杂度均为 $O(n^3|G|)$，其中 $|G|$ 代表图的规模；而依存线图分析算法的时间复杂度为 $O(n^5)$。

因为依存线图分析算法时间复杂度过高，所以后来又出现了一系列改进算法[23-27]，包括复杂度都为 $O(n^3)$ 的 Eisner 双词汇文法（后面简称 Eisner 算法）[25]。

在标准的 CYK 算法中，线图条目是子树结构，Eisner 算法对此加以改进：从中心词所在位置切开表示，不再存储子树，而改为存储片段（span)，相应的线图条目变为（完成或未完成的）半棵树。Eisner 算法规定：片段中的词没有和该片段外的词的任何依存连接。这样，一个片段中只有其边界词是激活的，也就是只有边界词仍然需要找到中心词。注意，可以定义这样的片段结构的前提是相应的依存句法分析树必须是投影型的。在简化线图条目存储结构之后，Eisner 算法能实现更为高效的递归推导。

线图算法属于动态规划算法。在句法分析的树结构递归生成过程中，Eisner 算法通过不断拼接线图数据结构里存储的子树的方式保证最后生成的是合法的树结构。Eisner 算法中的片段拼接如图 10.15所示，两个可拼接片段需满足以下条件：两个片段有一个词重合且该词由左右之一的片段内的某个词管辖。

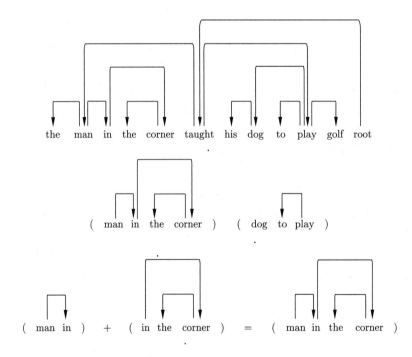

图 10.15　Eisner 算法中的片段拼接示例

图 10.16是 CYK 算法和 Eisner 算法的递归推导对比，其中，三角形代表依存句法分析树里的子树。在 CYK 算法中通过枚举所有可能的子树进行合并，所以复杂度偏高；Eisner 算法通过把子树分为完成型和未完成型（图 10.16 中的三角形和梯形）进行合并，从而将时间复杂度降至 $O(n^3)$。

Eisner 算法建立在双词汇语法的语言学基础上，相应的分析方法称为生成式依存分析。实际上，Eisner 算法属于标准的一阶图模型方法，其特殊之处仅在于它的打分器是概率方式的，也就是用概率值评估词对之间的依存关系。Eisner 先后给出了 3 个概率模型[24]：

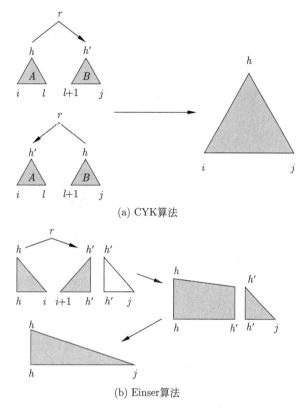

图 10.16 CYK 算法和 Eisner 算法的递归推导对比

- 模型 A：二元词汇亲和性（bigram lexical affinities）。
- 模型 B：选择性偏好（selectional preferences）。
- 模型 C：递归生成（recursive generation）。

其中前两个模型（A 和 B）均有漏洞，而模型 C 解决了前两个模型的问题。

McDonald 考虑了一般形式的图模型用于依存句法分析[26,27]。对于一阶图模型分解，Eisner 模型相当于对每一个词对上的依存关系进行（对数）概率估计，但 McDonald 模型定义一般形式的得分如下：

$$\text{score}_{ij} = \boldsymbol{w} \cdot \boldsymbol{f}_{ij} \tag{10-3}$$

其中，i、j 代表句中的任意两个词，$\boldsymbol{w}$ 是代表模型参数的向量，而 $\boldsymbol{f}_{ij}$ 是特征向量。

McDonald 模型和 Eisner 模型一样，假定结构分解（McDonald 称之为因子化）后的各个子图（这里的情形确切地说是子树）之间相互独立，因此方便继续使用标准图模型目标函数：

$$
\begin{aligned}
T^* &= \underset{T \in T(\text{S})}{\arg\max} \sum_{(i,j) \in T(\text{S})} \text{score}_{ij} \\
&= \underset{T \in T(\text{S})}{\arg\max} \sum_{(i,j) \in T(\text{S})} \boldsymbol{w} \cdot \boldsymbol{f}_{ij}
\end{aligned}
\tag{10-4}
$$

其中 $T(S)$ 代表句子 S 上的依存句法分析树。

式 (10-4) 从计算几何角度来说定义了最大生成树（Maximum Spanning Tree，MST）问题，求解这个问题的解码算法则取决于目标依存树是否是投影型的。

投影型依存句法分析在一阶图模型分解方式下能采用的有效解就是上述 Einser 片段-线图算法；在非投影型的情形下，则需采用 Chu-Liu-Edmonds（CLE）算法[28,29]，该算法的时间复杂度为 $O(n^2)$。

Chu-Liu-Edmonds 算法的核心思路是：一个收缩图的最大生成树等价于原始图的最大生成树。因此，该算法的基本步骤是：为每个节点找到打分最高的入边，如果得到的最优路径破坏了无环条件，就把这样导致的环收缩成一个节点，再重新计算打分最高的入边。根据算法的最大生成树不变性最后能到正确的结果。

作为最大生成树图模型可配置的机器学习模块，式 (10-3) 定义的机器学习模型其实是感知机形式。可以采取任何合适的感知机训练算法进行参数估计以获得 $\boldsymbol{w}$，例如前面的平均感知机训练算法。不过 McDonald 最开始采用了一种特殊的在线训练算法——MIRA（Margin Infused Relaxed Algorithm，边界注入松弛算法）[30]。

图模型分解可以向更高阶推广，这只需要令式 (10-3) 中的打分器面向更高阶的子树即可。这里暂时只考虑投影型分析的情形，可以肯定：任意高阶投影型依存句法分析都有多项式时间复杂度的分析算法可供使用。具体的算法依然可以来自一阶模型的片段-线图算法的推广，算法只需要针对分解出的所有类型的子树提供递归推导阶段的拼接操作即可。对于高阶图模型，因子化得到的子树类型数量随着阶数提升会急剧增长。考虑到依存关系有方向性，因此这些子树也是有方向的。在一阶模型情形下，只需考虑两个节点和一条边的情形，兼顾父节点在子节点原句左侧还是右侧这个变量，那么需要考虑的一阶子树类型仅有两种；而在二阶模型情形下，则需考虑多达 9 种二阶子树。考虑到子树类型增多对于分析算法复杂度的负面影响，实际的高阶模型对于多样化的因子化子树类型有所选择，而不会照单全收。图 10.17 展示了分别针对一阶到三阶的因子化子树的选择结果。

表 10.14 展示了投影型高阶图模型依存句法分析的复杂度和分析精度。评估是在宾夕法尼亚大学树库的标准数据集划分上完成的，分析精度度量是无标签标注评分（Unlabeled Attachment Score，UAS）。可以看到，随着阶数增高，分析精度的确能得到提升，但这是以时间复杂度和空间复杂度变高为代价的。

表 10.14　投影型高阶图模型依存句法分析的复杂度和分析精度

阶　　数	时间复杂度	空间复杂度	UAS/%	模　　型
一阶	$O(n^3)$	$O(n^3)$	90.0	文献 [26]
二阶	$O(n^3)$	$O(n^3)$	91.5	文献 [31]
三阶	$O(n^4)$	$O(n^3)$	93.0	文献 [32]
四阶	$O(n^5)$	$O(n^4)$	93.4	文献 [33]

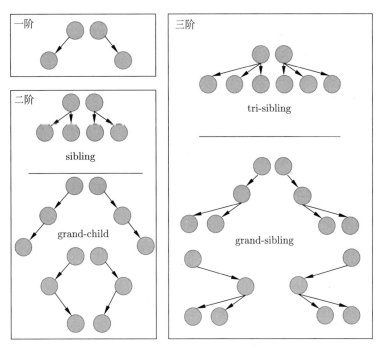

图 10.17　一阶到三阶的因子化子树的选择结果

10.6.2　基于转移模型的依存句法分析

考虑到依存句法分析的目标本质上是在节点已知的图结构上确定边的位置和类型，可以直接用邻接矩阵的图表示方法将结构化学习任务分解为邻接矩阵内每个单元的分类任务。这就是 Covington 增量算法[34]。

如算法 10.3 所示，Covington 增量算法检查每个新词及其后的每个词之间的关系，其中 LINK(w_i, w_j) 操作定义如下：

- 如果 w_j 是 w_i 的依赖：$E \leftarrow E \cup (i, j)$。
- 如果 w_i 是 w_j 的依赖：$E \leftarrow E \cup (j, i)$。
- 否则 $E \leftarrow E$。

算法 10.3　Covington 增量算法

1　PARSE$(x = (w_1, w_2, \cdots, w_n))$
2　**for** $i = 1$ **up to** n **do**
3　　　**for** $j = i - 1$ **down to** 1 **do**
4　　　　　LINK(w_i, w_j)

由于使用了普通的邻接矩阵方法分解，Covington 增量算法的时间复杂度为 $O(n^2)$。当然，可以考虑一些有用的依存结构约束（如单中心词和投影型等）集成到 LINK(w_i, w_j) 操作里，例如，每读入一个词，用约束条件判断这个词是否可以充当前面某个词的父节点或子节点。

　　然而，需工作 n^2 次的 Covington 算法相对于仅需预测 n 条边的任务来说无疑是低效的，这激发了研究者设计线性时间复杂度的转移模型的热情。依存句法分析的转移模型设计的要点在于有效定位到需要建立依存弧的两个词的位置。如果需要获得近乎线性的遍历效率，最直接的方案是从句子开头到结尾逐一检查（这个动作称为"移进"）每个词及其相邻词是否存在依存关系，如有，就建立相应的依存弧。但是，相邻的词不一定有依存关系，因此需要引入一个额外操作临时屏蔽这些不相干的词（这个动作称为"规约"），让每个词和与其有关系的词直接相邻。在这样的思路启发下，研究者发展了一大类算法，称之为移进-规约（shift-reduce）算法。

　　移进-规约算法就是依存句法分析的转移模型所采用的基本转移操作方案，有以下主要特点：

- 利用栈和队列等数据结构，分别管理已处理好的字符部分和待处理的输入字符部分。
- 分析动作构建自原子（基本）动作，例如添加（依存）弧 $(w_i \rightarrow w_j, w_i \leftarrow w_j)$、栈和队列上的操作。
- 在 $O(n)$ 时间内完成从左到右的分析（限于投影型分析）。

　　表 10.15 是 Yamada 和 Nivre 两种转移系统的对比。其中，S 代表栈，Q 代表队列，w_i 是句子中的词。初始化时，设置栈为空，而队列存储整个句子。分析过程是：由左至右遍历整个句子，通过在栈顶词和队首词之间的左弧（left）或右弧（right）操作建立依存子树，通过移进操作实现分析窗口向前推进，通过规约操作屏蔽阻隔在有依存关系的两个词之间的多余词（这些词处理后既不在栈内也不在队列内）。各个操作有选择地连续进行，直到建立完整的依存树。

表 10.15　Yamada 和 Nivre 转移系统的对比

Yamada 转移系统		Nivre 转移系统	
操作	栈 变 化	操作	栈 变 化
移进	$[\cdots]_S \quad [w_i, \cdots]_Q$ $[\cdots, w_i]_S \quad [\cdots]_Q$	移进	$[\cdots]_S \quad [w_i, \cdots]_Q$ $[\cdots, w_i]_S \quad [\cdots]_Q$
左弧	$[\cdots, w_i, w_j]_S \quad [\cdots]_Q$ $[\cdots, w_i]_S \quad [\cdots]_Q \quad w_i \rightarrow w_j$	归约	$[\cdots, w_i]_S \quad [\cdots]_Q \quad \text{if } w_k \rightarrow w_i$ $[\cdots]_S \quad [\cdots]_Q$
右弧	$[\cdots, w_i, w_j]_S \quad [\cdots]_Q$ $[\cdots, w_j]_S \quad [w_j, \cdots]_Q \quad w_i \leftarrow w_j$	左弧	$[\cdots, w_i]_S \quad [w_j, \cdots]_Q \quad \text{if not } w_k \rightarrow w_i$ $[\cdots]_S \quad [w_j, \cdots]_Q \quad w_i \leftarrow w_j$
		右弧	$[\cdots, w_i]_S \quad [w_j, \cdots]_Q \quad \text{if not } w_k \rightarrow w_j$ $[\cdots, w_i, w_j]_S \quad [\cdots]_Q \quad w_i \rightarrow w_j$

　　Yamada 转移系统针对日语（严格的中心词结尾语法）而设计，因此只包含移进和右弧操作[35]；后来又通过添加左弧操作而适用于英语[14]。因为要不断地重复遍历整个句子，直到建立完整的依存树，出现输入句子上的多条路径，所以时间复杂度为 $O(n^2)$。

　　相比于 Yamada 转移系统，Nivre 转移系统[36]增加了归约操作，是一种对右依赖项

的建边操作（贪心弧策略, arc-eager）, 从而只需对句子进行一次遍历, 把时间复杂度降
为 $O(n)$。

转移模型作为确定性分析决策, 需要一个判定器进行每一步的决策, 也就是决定应
该执行表 10.15 中哪一种操作。该决策可以通过一个在树库上训练好的分类器完成。为了
训练这个分类器, 需要在树库各个句子上执行转移系统定义的各类操作, 从而逐一构造
出该分类器所需的训练样本。分类目标就是转移操作类型。如果必要, 也可以将依存类
型集成到左弧和右弧操作的类别标签中, 从而实现一次性的带依存类型预测的依存句法
分析。

转移模型的分析操作预测本质上是一个简单分类任务, 因此可选择任意的分类器模
型完成工作:

- 支持向量机[14,35]。
- 记忆学习（Memory-based Learning, MBL）[37]。
- 最大熵模型[38]。
- 深度神经网络, 典型的如多层感知机[39] 和 LSTM [40]。

10.6.3　非投影型依存分析

依存关系的投影特性普遍存在于人类语言中。表 10.16 列出了根据 CoNLL-X 评测
的多语种树库的非投影型依存关系和句子的比例[41]。可以看到, 非投影型依存关系的比
例在每一种语言中都是绝对少数, 因此, 利用投影型算法就能很好地解决大部分依存句
法分析问题。

表 10.16　多语种树库的非投影型依存关系和句子的比例

语　　言	非投影型依存关系/%	非投影型句子/%
荷兰语	5.4	36.4
德语	2.3	27.8
捷克语	1.9	23.2
斯洛文尼亚语	1.9	22.2
葡萄牙语	1.3	18.9
丹麦语	1.0	15.6

的确, 在很多情况下, 即使非投影型依存关系占据可观的比例, 使用投影型分析器
依然能达到良好的效果。实际上, 如果一个依存句法分析器不能很好地兼顾大量存在的
投影型约束, 要想达到理想的分析精度也是不可能的。

投影型是一种特别的结构约束。如果完全将其忽略, 而寻求"一般的"依存结构预
测, 的确能立即实现非投影型分析。但是, 不幸的是, 下面的解决方案已经被证实是低
效的:

- 约束满足方法[42-44]。
- Covington 算法[45]。

另一个引入非投影型分析能力的工作方向是基于标准的结构化分解模式，但作出额外扩展，或者直接运用其潜在的一般性分析能力：

- 图模型：最大生成树分析[27]（高阶模型较慢）。
- 转移模型：添加交换（swap）操作于转移系统[46]（稳健的性能）。

我们已经了解到最大生成树方式的图模型本身就是一般的依存句法分析模型，其对于非投影型分析的支持仅需选取适当的解码算法即可实现。但是，除了一阶的"例外"（非投影型算法快于投影型），非投影型的图模型分析在一般高阶情形下其复杂度会远高于投影型。表 10.17对比了各类模型对于投影型和非投影型分析的计算复杂度。其中，P 代表确定型图灵机的多项式时间复杂度；NP 难代表非确定型图灵机的多项式时间复杂度，它意味着并不存在可用的多项式时间复杂度的确切分析算法。考虑到高阶图模型非投影型分析具有 NP 难的时间复杂度，也就是说，从计算效率上看这一建模方式在实践中不可行。

表 10.17　投影型和非投影型分析的计算复杂度

模　　型	投　影　型	非　投　影　型
完全的文法分析[47,48]	P	NP 难
转移模型[34,36]	$O(n)$	$O(n^2)$
图模型：一阶[27]	$O(n^3)$	$O(n^2)$
图模型：n 阶（$n \leqslant 2$）[31]	P	NP 难

幸运的是，将转移系统增强即能有效实现非投影型分析，并能在分析精度和效率上取得合理折中。

在转移系统中引入额外的转移操作即可支持非投影型依存关系的构造。Nivre 建议的做法是：在原有的投影型操作基础上增加一个交换操作以交换栈顶与队首的两个词：$(\sigma|i, j|\beta, A) \rightarrow (\sigma, j|i|\beta, A)$，其中，$\sigma$ 代表栈，β 代表队列，A 是已建成的依存弧集合，l 是弧类别标签[46]。包含非投影型操作的设计在内，Nivre 对转移系统作了比较详细的总结，如表 10.18所示[46]。

表 10.18　Nivre 对转移系统的总结

标准弧策略（Arc-Standard）		贪心弧策略（Arc-Eager）	
操作	栈和队列变化	操作	栈和队列变化
左弧	$(\sigma|i, j|\beta, A) \rightarrow (\sigma, j|\beta, A \cup (j, l, i))$	左弧	$(\sigma|i, j|\beta, A) \rightarrow (\sigma, j|\beta, A \cup (j, l, i))$
右弧	$(\sigma|i, j|\beta, A) \rightarrow (\sigma, i|\beta, A \cup (i, l, j))$	右弧	$(\sigma|i, j|\beta, A) \rightarrow (\sigma|i|j, \beta, A \cup (i, l, j))$
移进	$(\sigma, i|\beta, A) \rightarrow (\sigma|i, \beta, A)$	移进	$(\sigma, i|\beta, A) \rightarrow (\sigma|i, \beta, A)$
		归约	$(\sigma|i, j|\beta, A) \rightarrow (\sigma|j, i|\beta, A)$
交换 [Non-proj]	$(\sigma|i, j|\beta, A) \rightarrow (\sigma|j, i|\beta, A)$	交换	$(\sigma|i, j|\beta, A) \rightarrow (\sigma, j|i|\beta, A)$
前提条件		前提条件	
左弧	$\neg[i = 0]$　　$\neg\exists k\exists l[(k, l, i) \in A]$	左弧	$\neg[i = 0]$　　$\neg[(k, l, i) \in A]$
右弧	$\neg\exists k\exists l[(k, l, j) \in A]$	右弧	$\neg\exists k\exists l[(k, l, j) \in A]$
		归约	$\exists k\exists l[(k, l, i) \in A]$

另一个非投影型分析支持方案是直接增加两个非投影型弧的建造操作，例如下面的方案：

- 非投影型左弧（NP-Left）：$(\sigma|i|k, j|\beta, A) \to (\sigma|k, j|\beta, A \cup (j, r, i)), \ i \neq 0$。
- 非投影型右弧（NP-Right）：$(\sigma|i|k, j|\beta, A) \to (\sigma|i, k|\beta, A \cup (i, r, j))$。

非投影型分析的两难问题在于如何既能识别数量较少的非投影型关系，又要兼顾数量更多的投影型关系。因此，后续研究者引入了一类补偿性处理性质的近（nearly）投影型分析方法。这基于一个事实：绝大多数"自然的"依存图结构的确都是投影型的，而仅有少数几条边属于非投影型的例外。因此，可以考虑一个两步走策略：首先编码或推导出与正确的非投影型依存图最接近的投影型近似，然后把其中部分投影型的边恢复为（可能正确的）非投影型的边。这个思路的方法有以下 3 种：

- 伪投影型分析[49]。
- 纠正模型[50]。
- 非投影型近似图模型分析[31]。

伪投影型分析的方法如图 10.18 所示。该方法实际上以对树库数据进行重标注来实现。对于一个非投影型依存关系，在训练数据的句法树上重新指定中心词，使其转为投影型依存关系。具体策略是：将该非投影中心词重置为可允许的最接近原中心词的祖先节点，然后使用真实中心词上的依存类型扩展新的依存弧上的标签。这样模型就可以按照投影型分析器进行精确训练。分析器工作时再实施去投影化操作，策略是利用扩展的弧标签信息进行搜索，以自顶向下、广度优先方式搜索真正的中心词。

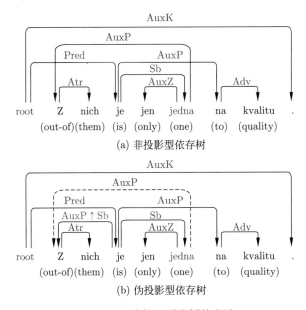

(a) 非投影型依存树

(b) 伪投影型依存树

图 10.18　伪投影型分析的方法

纠正模型通过定义一个非投影发现的后处理机器学习任务来实现非投影型分析。对于任意一个投影型分析器，如果其预测中心词输出是 h_i，期望输出（很可能是非投影型的）是 $h_i^{'}$。基于所有（或挑选出的）样本 $(h_i, h_i^{'})$，可以再训练一个"纠正"模型，使它能把 h_i 纠正为 $h_i^{'}$。

最开始的纠正模型采用最大熵模型定义分析器输出和正确分析结果之间的条件概率：

$$P(h_i^{'} \mid w_i, N(h_i))$$

其中，原分析器为 w_i 预测的中心词是 h_i，正确的中心词是 $h_i^{'}$，$N(h_i)$ 是 h_i 的局部邻近上下文。纠正模型训练完毕之后，对于每个词 w_i，根据下式的结果替换 h_i：

$$\arg\max_{h_i^{'}} P(h_i^{'} | w_i, N(h_i))$$

注意，最大生成树方式的图模型分析在一阶情形有高效的 Chu-Liu-Edmonds 算法（时间复杂度仅为 2 次），因此对于二阶或更高阶的图模型的非投影型分析才有做近似处理的必要。一般的做法是对生成的投影型依存树进行贪心的后处理：在运用投影型分析器获得一个投影型依存树（或子树）之后，不断地用能最大程度提升依存树得分的 $h_i^{'} \rightarrow w_i$ 贪心地替换 $h_i \rightarrow w_i$。这样最高分数的非投影型依存树可以被近似找到。

10.7　句法分析的深度学习方法改进

句法分析是一种在难以线性化表达的结构（即树结构）上进行的预测任务。此外，句法是一种对于人类语言形式化解释的中间层次，它既不像词法或词义那样专注于无结构的语言单元，也有别于更高、更深层次的语义理解上的解释。甚至，认知科学对于句法或语法是否真的存在于真实的认知过程中还有争议，更不用说针对乔姆斯基的普遍语法（Universal Grammar，UG）理论上的争议[51]。

深度学习对于句法分析的改进继续保持在表示学习方面。尽管前面的讨论和分析表明，由于表示学习的特性，深度学习模型自带一定的结构化建模能力，但是近年来的实践表明，深度学习不太可能通过这样自带的结构化建模能力进一步增强句法分析器。这样，深度学习模型继续像传统机器学习模型一样承担着非结构化的打分器乃至分类器的角色。

在两大类结构化分解方式中，转移模型比图模型更容易接受多样化的分类器，因为后者严格地说更偏好近回归任务的打分器模式。因此，并不奇怪，深度学习首先很早就被尝试用于转移模型[39]。其做法也是简单直接的：在转移模型的转移动作决策分类器上改用 LSTM 神经网络，并自然地采用传统模型反映栈与队列状态所能采用的类似特征集，例如已解析出的子树结构中的词、词性等。唯一的区别是，使用了表示学习机制后，这些特征改用嵌入表示。考虑到表示学习机制下的特征集相当于传统模型中所有这些特征的任意组合，可以认为，Chen 的 LSTM 转移模型分析器也在很大程度上得益于这样的特征工程。尽管如此，在多种技巧支持下，Chen 的分析器的性能也仅略好于传统转移模型，而和传统图模型下的最大生成树分析器相当。

相比之下，基于图模型的分析向深度学习的迁移显得尤为艰难。除了将同样的特征改为嵌入形式外，直接替换打分器模块为一个神经网络的做法被证明是无效的：和传统机器学习下的图模型分析器相比，深度学习模型几乎不会带来性能提升[52]。

很快，研究者意识到，句法分析器的特征需要在更大的上下文范围内提取。例如，Pei 的图模型分析器最终包含特殊的短语特征[52]，Zhang 的图模型分析器引入句子级的卷积特征[53]，Wang 的图模型分析器则引入句子片段嵌入特征[54]，等等。

毫无疑问，这些扩大 n 元组特征的参数范围的方式并未从根本上改善情况。最终，研究者意识到，对于句法分析的深度学习建模而言，需要引入整句上下文敏感化（contextualized）编码器以表达每一个分析器的特征。

下面引入局部化特征和全局化特征的概念，以此说明深度学习模型的表示学习机制在句法分析这样的任务中依然是不充分的。

无论是转移模型还是图模型，直觉的特征都来自因子化子树或分析状态中选取的 n 元组：对于图模型，特征会选取子树节点词及其邻域滑窗内的 n 元组；对于转移模型，特征会选取栈顶词和队首词及其邻域滑窗内的 n 元组，另外附带部分分析好的子树关键节点（如最左和最右子节点）词及其邻近 n 元组。在简化设置下，无论针对什么模型，大体上都可以将其特征集写成以下两个 n 元组形式：

$$[w_i] \overset{\text{def}}{=} \{w_{i-m}, w_{i-m+1}, \cdots, w_{i-1}, w_i, w_{i+1}, \cdots, w_{i+m}\}$$

$$[w_j] \overset{\text{def}}{=} \{w_{j-m}, w_{j-m+1}, \cdots, w_{j-1}, w_j, w_{j+1}, \cdots, w_{j+m}\}$$

无论是对于传统模型还是深度学习模型，总是可以建模出局部特征编码器模式，如图 10.19(a) 所示。实践证明，在同样的局部特征编码器模式下，基于嵌入表示的深度学习模型在此情形下并不比基于独热表示的传统模型优越多少，如表 10.19 所示。

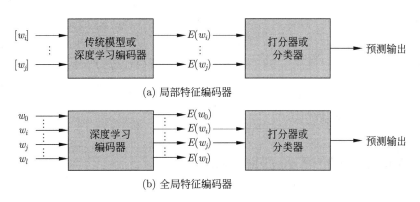

(a) 局部特征编码器

(b) 全局特征编码器

图 10.19　局部特征编码器和全局特征编码器

说传统的特征运用方式是"局部的"，是指它无法感知所在特定句子的整体上下文。解决这个问题的方式是从一开始就对于整句输入引入编码器，如图 10.19(b) 所示。经过这样的整句上下文化编码器，承担打分任务的解码器模块将接收到感知特定句子全局信息的特征输入。

作为一个直接的对比，以下两个模型同样是转移模型并都使用了 LSTM 深度学习模型：Dyer 的模型包含图 10.19(b) 所示的全局特征编码器[40]，而 Chen 的模型继续遵从

图 10.19(a) 所示的局部特征编码器[39]。从表 10.19可以看到，前者提供了明显更高的分析精度。

表 10.19　依存句法分析器建模与特征提取方式的经验结果对比

模型或方法		PTB-SD		CTB		PTB-YM		
		UAS/%	LAS/%	UAS/%	LAS/%	UAS/%	LAS/%	
Malt:eager	转移	90.17	88.7	80.2	78.4			传统模型
MSTParser	一阶	92.0	90.5	83.0	81.2	91.6	90.4	传统模型
Chen 等[39]	转移	91.8	89.6	83.9	82.4			LSTM
Dyer 等[40]	转移	93.1	90.9	87.2	85.7			LSTM 全局编码
	转移	92.3	90.1	86.1	84.6			RNN 全局编码
Pei 等[52]	一阶					92.1	90.9	MLP
＋ 短语特征	一阶					92.6	91.4	MLP
Zhang 等[53]	三阶	93.4	91.2	87.7	86.2	93.3	92.2	MLP+CNN
Dozat 等[55]	一阶	95.5	93.8					LSTM 全局编码
		95.7	94.1					＋ 双仿射解码

深度学习模型以提供全局上下文化编码器的模型设计的方式可以产生全局感知的表示，但这并不是深度学习模型做到全局感知的唯一方式。近年来，利用上下文化方式预训练的语言模型也可以提供这样的预训练嵌入，并直接注入相应的模型。更进一步，深度学习模型可以同时采取这两种方式（接收预训练模型输入外加内置全局上下文化编码器）以获得更强的分析性能。事实上，目前为止的深度学习模型下的句法分析器的性能提升绝大部分都可以归因于此。

除了编码器模块设计上的改进，在解码器模块上，最为显著的进展是由双仿射打分器带来的[55]。对于二项向量输入 H_i 和 H_j，双仿射变换加权方式是

$$\text{score}_{ij} = H_i^\mathrm{T} W H_j + U^\mathrm{T} H_i + V^\mathrm{T} H_j + B \tag{10-5}$$

其中，W、U、V 是加权矩阵，B 是偏移向量。

10.8　依存分析的序列到序列建模

序列到序列建模在深度学习上的成功掀起了将其移植到其他相关任务的热潮。依存句法分析也是这样的一个移植对象之一。

将依存句法分析转为序列到序列学习模式时，首先要解决的问题是如何将精确地"线性化"输出的树结构转为序列形式。目前有两种方式：

第一种方式是用转移模型的建树操作序列表达依存句法树，也就是一串动作序列（SHIFT，LEFT-ARC_d，RIGHT-ARC_d，其中 d 表示弧的标签），模型预测完毕之后，再执行这个转移操作序列构建合法的句法树。

第二种方式是利用依存结构可以用中心词在句中索引位置进行标识的特点，创建一个和原句等长的序列。因为每个词仅有一个中心词，每个词的中心词表示完毕后，整个依存树也就表达出来了，所以无类型标签的依存结构可以用一串和原句一样长的数字序列表示。数字序列可以是中心词在句子中的绝对位置（从句首开始计数），也可以是相对于当前词位置的相对位置。这个线性化依存树结构的做法的优点在于其不依赖于任何具体的转移模型设计。

在预测转移操作序列的方式下，现有工作集中于编码器侧的改进。Zhang 等[56] 一方面添加了两个二元向量以模拟词在栈中的状态（压入或弹出），另一方面还加入了多层注意力以捕捉已建立的部分树中的依存关系。Liu 和 Zhang[57] 则将编码器的隐藏层分为两部分以分别代表栈和队列，而且每部分分别使用一个注意力模型。

在直接预测中心词相对位置的方式下，Li 等[58] 在一定意义上实现了真正基于序列到序列框架的依存句法分析。为了解决长距离依存难以捕捉的问题，他们又引入了子根分解（sub-root decomposition）策略，以根节点指向的词为中心，将原来的句子分为两部分分别处理。Li 的序列到序列建模方式如图 10.20所示。其中，R 和 L 分别代表中心词相对于输入词的位置偏移方向。

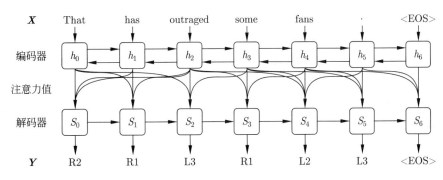

图 10.20 序列到序列建模方式

显然，如前所述，深度学习仅擅长在输入端产生强有力的表示，但是对于输出端，特别是复杂结构预测方面仍然力有不逮。因此，依存句法分析的序列到序列建模还有很长的路要走。

10.9 从容易优先分析到全局贪心分析

容易优先（easy-first）模式的句法分析[59] 提供了转移模型和图模型之外的第三种结构化建模方案。它可以理解为融合了前两者的特性的新模型，也可以理解为一种特殊的转移模型。

简单来说，容易优先依存分析器的工作原理是利用一个带排序器（ranker）功能的机器学习模型依次挑选出"最容易的"依存弧进行逐一搭建。在整个结构预测方面，容易优先依存分析器类似于转移模型，因为每一条依存边（弧）是逐一添加的，但是它不再像标准的转移模型那样从句首到句尾线性遍历。在机器学习的训练过程和每一条边的具体预测中，容易优先依存分析器又像图模型，因为它需要在当前分析状态基础上进行全局性考虑，决定下一条依存边在哪里搭建。在训练过程中，容易优先依存分析器将会自行学习容易和困难的概念，并推迟那些困难类型的决策，直到有足够的信息可用于高置信度的决策。

容易优先依存分析器中的主要数据结构称为待定表（pending list），这是用于保存尚未连接的节点的列表。容易优先依存分析器从允许的操作集合中选择特定操作（依存弧附着），并应用于待定表中的节点，这个过程不断进行，直到待定表仅包含依存树的根节点，此时分析过程完成。

在每个决策的步骤中，分析器使用打分函数 score($\cdot$) 在位置 i 上选择特定的操作 $\hat{a}$，该函数根据分析器当前状态为每个位置上的每个可能操作决策进行打分。设分析状态由待定表 $P = \{p_0, p_1, \cdots, p_N\}$ 表示，依存弧附着操作由下面的公式给出：

$$\hat{a} = \underset{\mathrm{act} \in \mathcal{A},\, 1 \leqslant i \leqslant N}{\arg\max}\ \mathrm{score}(\mathrm{act}(i))$$

其中 $\mathcal{A}$ 表示允许的操作集，i 是待定表中节点的索引。除了区分正确的附着和不正确的附着之外，打分函数还应该分配得分最高的"最简单"的附着，这实际上决定了输入句子的分析顺序。此处打分函数可选用任何机器学习模型，如神经网络[59]。

允许的操作集中包括两类依存弧附着操作：ATTACHLEFT(i) 和 ATTACHRIGHT(i)，如图 10.21所示。p_i 表示待定表中的第 i 个元素所指的节点，那么允许的操作可以正式定义如下：

- ATTACHLEFT(i)：将节点 p_{i+1} 附着到节点 p_i 上，生成中心词为 p_i 的依存弧 (p_i, p_{i+1})，并且将节点 p_{i+1} 从待定表中移除。
- ATTACHRIGHT(i)：将节点 p_i 附着到节点 p_{i+1} 上，生成中心词为 p_{i+1} 的依存弧 (p_{i+1}, p_i)，并且将节点 p_i 从待定表中移除。

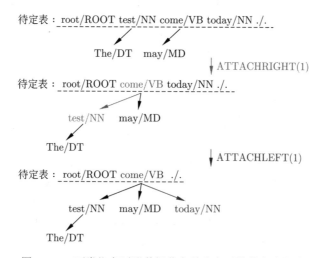

图 10.21　两类依存弧附着操作之前和之后的待定表状态

尽管容易优先依存分析器理论上能同时获得转移模型和图模型建模的好处，然而传统机器学习模型下的容易优先依存分析却仅仅取得了中规中矩的性能，深度学习支持下的容易优先分析器还带来了新的问题。容易优先算法依赖于在待定表上逐个执行的决策动作，在其训练阶段，每一步动作都需单独累计一次损失，并根据预设的固定步数通过梯度反向传播更新模型。

传统容易优先模型的训练目标是最大化如下概率：

$$P_\theta(y|x) = \prod_{i=1}^{l-1} P_\theta(y_i^{\mathrm{act}}|\mathrm{pending}_i)$$

其中 $\mathrm{pending}_i$ 是第 i 步的待定表状态。神经网络版本的容易优先模型依赖于增量的子树打分过程和逐步损失反向传播，通过局部打分函数形成子树结构，这类模型需要通过打分器和损失反向传播来反映解析的难易顺序。因此，需要动态预言（dynamic oracle）训练方法使模型充分暴露于错误决策导致的树结构下。此外，训练过程是在词级而不是句子级完成的。这意味着增量打分阻止了并行化训练并容易导致错误传播，从而影响最终分析效果。以增量样式构建依存树会迫使树的形成必须遵循从叶节点到根节点或根节点到叶节点的固定顺序。在容易优先依存分析实践中，这会让分析器在构建跨层的依存弧时可能由于存在一些兄弟的父节点无法被找到而产生错误。

为了实现准确并且快速的分析，Li 等[60] 提出了一种全局贪心分析模型。该模型使用基于图的全局打分方案，而不是基于转移或容易优先模型中的逐步局部打分方案，这被证明对于实现竞争性能、高效训练和快速解码至关重要。此外，为了支持线性时间复杂度的贪心解码算法，该模型中引入了分析顺序打分的设计，以实现顺序推断功能，能够像转移和容易优先模型那样完成贪心弧决策。

Li 等提出的全局贪心分析模型的训练损失包含 3 部分：

- 边预测损失。通过优化期望结构 y^{arc} 的负对数似然损失训练模型，这可实现为交叉熵损失：

$$\mathcal{L}^{\mathrm{arc}}(x) = -\log P_\theta(y^{\mathrm{arc}}|x)$$

- 关系预测损失。采用基于期望边 y^{arc} 的期望关系 y^{rel} 的负对数似然损失进行模型训练：

$$\mathcal{L}^{\mathrm{rel}}(x, y^{\mathrm{arc}}) = -\log P_\theta(y^{\mathrm{rel}}|x, y^{\mathrm{arc}})$$

- 分析顺序预测损失。定义依存树中每加深一层，分析顺序分数增加 1。可以将这个打分过程作为分类问题，平行训练一个单独的分类器预测其分析顺序得分 y^{order}：

$$\mathcal{L}^{\mathrm{order}}(x) = -\log P_\theta(y^{\mathrm{order}}|x)$$

最后，整个训练损失是上述 3 个损失的总和：

$$\mathcal{L} = \mathcal{L}^{\mathrm{arc}} + \mathcal{L}^{\mathrm{rel}} + \mathcal{L}^{\mathrm{order}}$$

通过采用这种损失对模型进行训练，全局贪心模型既可以进行贪心的容易优先解码，也可以使用基于图的最大生成树进行全局解码。

表 10.20 展示了全局贪心分析器和竞争性分析器的性能对比。表 10.21 展示了相应的效率对比。两个比较展示了全局贪心分析器能在分析性能和效率之间取得较好的折中。

表 10.20　全局贪心分析器和竞争性分析器的性能对比

模　　型	模 型 类 型	PTB-SD		CTB	
		LAS/%	UAS/%	LAS/%	UAS/%
Dyer 等[40]	转移 (贪心)	90.90	93.10	85.50	87.10
Kiperwasser 等[61]	转移 (贪心)	91.90	93.90	86.10	87.60
Andor 等[62]	转移 (束搜索)	92.79	94.61		
Zhu 等[75]	转移 (重排序)		94.16		87.43
STACKPTR [63]	转移 (贪心)	94.19	95.87	**89.29**	**90.59**
Wang 等[54]	图 (一阶)	91.82	94.08	86.23	87.55
Kiperwasser 等[61]	图 (一阶)	90.90	93.00	84.90	86.50
BIAF [55]	图 (一阶)	94.08	95.74	88.23	89.30
Zhou 等[64] 单模型	图	93.09	94.32	87.31	89.14
Zhou 等[64] 联合学习	图	**94.68**	**96.09**	89.15	**91.21**
全局贪心分析器[60]	图	94.57	95.93	**89.45**	90.55
Kiperwasser 等[59]	容易优先	90.90	93.00	85.50	87.10
全局贪心分析器[60]	容易优先	94.54	95.83	89.44	90.47

表 10.21　分析器的效率对比

分 析 器	模 型 类 型	训练时间/小时	测试速度/ 千词·秒$^{-1}$
容易优先[59]	容易优先	16	8.5
BIAF [55]	图 (一阶)	8	2.5
STACKPTR [63]	转移	12	1.5
全局贪心[60]	容易优先	8	8.5

10.10　句法分析的经验结果

表 10.22 展示了依存句法分析近年来代表性工作的经验性结果，包括英文数据集和中文数据集，依存句法分析所用的评价指标为无标签标注准确率（Unlabeled Attachment Score，UAS）和带标签标注准确率（Labeled Attachment Score，LAS）。成分句法分析的准确率评价指标为带标签的 F_1 值，写为 LF_1。

表 10.22 依存句法分析近年来代表性工作的经验性结果

模 型		PTB-YM		PTB-SD		CTB	
		UAS/%	LAS/%	UAS/%	LAS/%	UAS/%	LAS/%
转移模型（深度）	Chen 等[39]			91.80	89.60	83.90	82.40
	Weiss 等[65]			93.99	92.05		
	Dyer 等[40]			93.10	90.90	87.20	85.70
	Zhou 等[66]	93.28	92.53				
	Kiperwasser 等[59]			93.00	90.90	87.10	85.50
	Kuncoro 等[67]			94.51	92.70	89.80	88.56
图模型（深度）	Pei 等[52]	93.29	92.13				
	Zhang 等[53]	93.31	92.23	93.42	91.26	87.65	86.17
	Wang 等[54]	93.51	92.45	94.08	91.82	87.55	86.23
	Dozat 等[55]			95.44	93.76	90.07	85.98
	Ma 等[63]			95.87	94.19	90.59	89.29
	Zhou 等[64]			96.09	94.68	91.21	89.15
	Wang 等[68]			96.12	94.47		
	Zhang 等[69]			96.14	94.49		
	Zhou 等[70]			96.03	94.65		
传统模型	Ma 等[33]（四阶）	93.40				87.40	
	Zhang 等[71]	93.10				86.90	

目前英文依存句法分析研究所使用的语料和对语料的划分比较一致，采用宾夕法尼亚大学树库（PTB）转换而来的依存树结构，通常用其中的 02~21 节作为训练集，22节作为开发集，23 节作为测试集。但转换方式如 10.3.3所述有 3 种，分别是 PTB-YM、PTB-SD 和 PTB-LTH，其中 PTB-SD 为目前主流的转换方式。

中文依存句法分析采用宾夕法尼亚大学中文树库（Chinese Penn Treebank，CTB）。表 10.22中的中文相关评估工作都是在该树库上得到的结果，数据集划分遵从 Zhang 建议的划分规范[72]：001~815 节和 1001~1136 节作为训练集，886~931 节和 1148~1151节作为开发集，816~885 节和 1137~1147 节作为测试集。成分句法到依存句法的转换方式采用的是 Penn2Malt①提供的针对中文的短语中心词提取规则。

表 10.23展示了成分句法分析近年来代表性工作的经验性结果。

---

① https://cl.lingfil.uu.se/ nivre/research/Penn2Malt.html。

表 10.23　成分句法分析近年来代表性工作的经验性结果

模　　型		PTB			CTB		
		LP/%	LR/%	LF$_1$/%	LP/%	LR/%	LF$_1$/%
转移模型	Sagae 等[73]	86.10	86.00	86.00			
	Sagae 等[74]	87.80	88.10	87.90			
	Zhu 等[75]	90.70	90.20	90.40	84.30	82.10	83.20
	Wang 等[76]			89.40			83.20
	Dyer 等[77]			92.40			82.70
	Cross 等[78]	90.50	92.10	91.30			
	Liu 等[79]			91.80			86.10
	Liu 等[80]	91.30	92.10	91.70	85.90	85.20	85.50
图模型	Stern 等[81]	93.20	90.30	91.80			
	Shen 等[82]	92.00	91.70	91.80	86.60	86.40	86.50
	Gaddy 等[83]	91.76	92.41	92.08			
	Kitaev 等[84]	93.20	93.90	93.55			
	Fried 等[85]			92.20			87.00
	Teng 等[86]	92.20	92.50	92.40	87.10	87.50	87.30
	Kitaev 等[87] (w/ BERT)	95.51	96.03	95.77	91.55	91.96	91.75
	Zhou 等[64]	93.64	93.92	93.78	92.03	92.33	92.18
序列到序列模型	Stern 等[88]	92.57	92.56	92.56			

参考文献

[1] CHOMSKY N, 1957. Syntactic Structures. The Hague Mouton.

[2] GAZDAR G, KLEIN E, PULLUM G K, et al., 1985. Generalized Phrase Structure Grammar. Harvard University Press.

[3] MARCUS M P, SANTORINI B, MARCINKIEWICZ M A, 1993. Building a Large Annotated Corpus of English: The Penn Treebank. Computational Linguistics, 19(2): 313-330.

[4] YAMADA K, KNIGHT K, 2001. A Syntax-based Statistical Translation Model. in: Proceedings of the 39th Annual Meeting of the Association for Computational Linguistics (ACL): 523-530.

[5] HOPCROFT J E, MOTWANI R, ULLMAN J D, 2001. Introduction to Automata Theory, Languages, and Computation. ACM SIGACT News, 32(1): 60-65.

[6] BOOTH T L, 1969. Probabilistic Representation of Formal Languages. in: 10th Annual Symposium on Switching and Automata Theory (SWAT 1969): 74-81.

[7] BOOTH T L, THOMPSON R A, 1973. Applying Probability Measures to Abstract Languages. IEEE Transactions on Computers, 100(5): 442-450.

[8] CHOMSKY N, 1970. Remarks on Nominalization. Jacobs, RA and PS Rosenbaum (eds.) Readings in English Transformational Grammar. Waltham: Ginn, pp. 184-221.

[9] JACKENDOFF R, 1977. X Syntax: A Study of Phrase Structure. Linguistic Inquiry Monographs Cambridge, Mass, 2: 1-249.

[10] POLLARD C, SAG I A, 1994. Head-Driven Phrase Structure Grammar. University of Chicago Press.

[11] TESNIÈRE L, 1959. Eléments de Syntaxe Structurale. Klincksieck.

[12] LIN D, 1998. A Dependency-based Method for Evaluating Broad-coverage Parsers. Natural Language Engineering, 4(2): 97-114.

[13] COLLINS M, 2003. Head-Driven Statistical Models for Natural Language Parsing. Computational Linguistics, 29(4): 589-637.

[14] YAMADA H, MATSUMOTO Y, 2003. Statistical Dependency Analysis with Support Vector Machines. in: Proceedings of the Eighth International Conference on Parsing Technologies: 195-206.

[15] DE MARNEFFE M C, MACCARTNEY B, MANNING C D, 2006. Generating Typed Dependency Parses from Phrase Structure Parses. in: Proceedings of the Fifth International Conference on Language Resources and Evaluation (LREC'06).

[16] JOHANSSON R, NUGUES P, 2007. Extended Constituent-to-Dependency Conversion for English. in: Proceedings of the 16th Nordic Conference of Computational Linguistics (NODALIDA 2007): 105-112.

[17] COCKE J, 1969. Programming Languages and Their Compilers: Preliminary Notes. New York University.

[18] YOUNGER D H, 1967. Recognition and Parsing of Context-Free Languages in Time n^3. Information and Control, 10(2): 189-208.

[19] KASAMI T, 1966. An Efficient Recognition and Syntax-analysis Algorithm for Context-Free Languages. Coordinated Science Laboratory Report No. R-257.

[20] EARLEY J, 1970. An Efficient Context-Free Parsing Algorithm. Communications of the ACM, 13(2): 94-102.

[21] CHOMSKY N, 1959. On Certain Formal Properties of Grammars. Information and Control, 2(2): 137-167.

[22] KNUTH D E, 1965. On the Translation of Languages from Left to Right. Information and Control, 8(6): 607-639.

[23] EISNER J M, 1997. An Empirical Comparison of Probability Models for Dependency Grammar. University of Pennsylvania Institute for Research in Cognitive Science Technical Report No. IRCS-96-11.

[24] EISNER J M, 1996. Three New Probabilistic Models for Dependency Parsing: An Exploration. in: The 16th International Conference on Computational Linguistics (COL-ING): vol. 1: 340-345.

[25] EISNER J M, 2000. Bilexical Grammars and their Cubic-Time Parsing Algorithms. in: Advances in Probabilistic and Other Parsing Technologies. Springer: 29-61.

[26] MCDONALD R, CRAMMER K, PEREIRA F, 2005a. Online Large-Margin Training of Dependency Parsers. in: Proceedings of the 43rd Annual Meeting of the Association for Computational Linguistics (ACL'05): 91-98.

[27] MCDONALD R, PEREIRA F, RIBAROV K, et al., 2005b. Non-Projective Dependency Parsing using Spanning Tree Algorithms. in: Proceedings of Human Language Technology Conference and Conference on Empirical Methods in Natural Language Processing (HLT/EMNLP): 523-530.

[28] CHU Y J, 1965. On the Shortest Arborescence of a Directed Graph. Scientia Sinica, 14: 1396-1400.

[29] EDMONDS J, 1967. Optimum Branchings. Journal of Research of the National Bureau of Standards B, 71(4): 233-240.

[30] CRAMMER K, SINGER Y, 2003. Ultraconservative Online Algorithms for Multiclass Problems. Journal of Machine Learning Research, 3: 951-991.

[31] MCDONALD R, PEREIRA F, 2006. Online Learning of Approximate Dependency Parsing Algorithms. in: 11th Conference of the European Chapter of the Association for Computational Linguistics (EACL): 81-88.

[32] KOO T, COLLINS M, 2010. Efficient Third-Order Dependency Parsers. in: Proceedings of the 48th Annual Meeting of the Association for Computational Linguistics (ACL): 1-11.

[33] MA X, ZHAO H, 2012. Fourth-Order Dependency Parsing. in: Proceedings of COLING 2012: Posters: 785-796.

[34] COVINGTON M A, 2001. A Fundamental Algorithm for Dependency Parsing. in: Proceedings of the 39th Annual ACM Southeast Conference: 95-102.

[35] KUDO T, MATSUMOTO Y, 2002. Japanese Dependency Analysis using Cascaded Chunking. in: COLING-02: The 6th Conference on Natural Language Learning 2002 (CoNLL-2002).

[36] NIVRE J, 2003. An Efficient Algorithm for Projective Dependency Parsing. in: Proceedings of the Eighth International Conference on Parsing Technologies (IWPT'03): 149-160.

[37] NIVRE J, SCHOLZ M, 2004. Deterministic Dependency Parsing of English Text. in: Proceedings of the 20th International Conference on Computational Linguistics (COLING 2004): 64-70.

[38] ZHAO H, KIT C, 2008. Parsing Syntactic and Semantic Dependencies with Two Single-Stage Maximum Entropy Models. in: Proceedings of the Twelfth Conference on Computational Natural Language Learning (CoNLL 2008): 203-207.

[39] CHEN D, MANNING C, 2014. A Fast and Accurate Dependency Parser using Neural Networks. in: Proceedings of the 2014 Conference on Empirical Methods in Natural Language Processing (EMNLP): 740-750.

[40] DYER C, BALLESTEROS M, LING W, et al., 2015. Transition-Based Dependency Parsing with Stack Long Short-Term Memory. in: Proceedings of the 53rd Annual Meeting of the Association for Computational Linguistics and the 7th International Joint Conference on Natural Language Processing (ACL-IJCNLP): vol. 1, Long Papers: 334-343.

[41] BUCHHOLZ S, MARSI E, 2006. CoNLL-X Shared Task on Multilingual Dependency Parsing. in: Proceedings of the Tenth Conference on Computational Natural Language Learning (CoNLL-X): 149-164.

[42] TAPANAINEN P, JARVINEN T, 1997. A Non-projective Dependency Parser. in: Fifth Conference on Applied Natural Language Processing: 64-71.

[43] DUCHIER D, DEBUSMANN R, 2001. Topological Dependency Trees: A Constraint-Based Account of Linear Precedence. in: Proceedings of the 39th Annual Meeting of the Association for Computational Linguistics (ACL): 180-187.

[44] FOTH K A, DAUM M, MENZEL W, 2004. A Broad-coverage Parser for German based on Defeasible Constraints. Constraint Solving and Language Processing: 88.

[45] NIVRE J, 2006. Constraints on Non-Projective Dependency Parsing. in: 11th Conference of the European Chapter of the Association for Computational Linguistics (EACL): 73-80.

[46] NIVRE J, 2009. Non-Projective Dependency Parsing in Expected Linear Time. in: Proceedings of the Joint Conference of the 47th Annual Meeting of the ACL and the 4th International Joint Conference on Natural Language Processing of the AFNLP (ACL-IJCNLP): 351-359.

[47] GAIFMAN H, 1965. Dependency Systems and Phrase-structure Systems. Information and Control, 8(3): 304-337.

[48] NEUHAUS P, BROKER N, 1997. The Complexity of Recognition of Linguistically Adequate Dependency Grammars. in: 35th Annual Meeting of the Association for Computational Linguistics and 8th Conference of the European Chapter of the Association for Computational Linguistics (ACL/EACL): 337-343.

[49] NIVRE J, 2005. An Efficient Algorithm for Projective Dependency Parsing. in: Proceedings of the Eighth International Conference on Parsing Technologies (IWPT'03): 149-160.

[50] HALL K, NOVÁK V, 2005. Corrective Modeling for Non-Projective Dependency Parsing. in: Proceedings of the Ninth International Workshop on Parsing Technology: 42-52.

[51] CHOMSKY N, 1986. Knowledge of language: Its Nature, Origin, and Use. Greenwood Publishing Group.

[52] PEI W, GE T, CHANG B, 2015. An Effective Neural Network Model for Graph-based Dependency Parsing. in: Proceedings of the 53rd Annual Meeting of the Association for Computational Linguistics and the 7th International Joint Conference on Natural Language Processing (ACL-IJCNLP): vol. 1, Long Papers: 313-322.

[53] ZHANG Z, ZHAO H, QIN L, 2016. Probabilistic Graph-based Dependency Parsing with Convolutional Neural Network. in: Proceedings of the 54th Annual Meeting of the Association for Computational Linguistics (ACL): vol. 1, Long Papers: 1382-1392.

[54] WANG W, CHANG B, 2016. Graph-based Dependency Parsing with Bidirectional LSTM. in: Proceedings of the 54th Annual Meeting of the Association for Computational Linguistics (ACL): vol. 1, Long Papers: 2306-2315.

[55] DOZAT T, MANNING C D, 2017. Deep Biaffine Attention for Neural Dependency Parsing. in: 5th International Conference on Learning Representations, ICLR 2017.

[56] ZHANG Z, LIU S, LI M, et al., 2017. Stack-based Multi-layer Attention for Transition-based Dependency Parsing. in: Proceedings of the 2017 Conference on Empirical Methods in Natural Language Processing (EMNLP): 1677-1682.

[57] LIU J, ZHANG Y, 2017a. Encoder-Decoder Shift-Reduce Syntactic Parsing. in: Proceedings of the 15th International Conference on Parsing Technologies: 105-114.

[58] LI Z, CAI J, HE S, et al., 2018. Seq2seq Dependency Parsing. in: Proceedings of the 27th International Conference on Computational Linguistics (COLING): 3203-3214.

[59] KIPERWASSER E, GOLDBERG Y, 2016a. Easy-First Dependency Parsing with Hierarchical Tree LSTMs. Transactions of the Association for Computational Linguistics, 4: 445-461.

[60] LI Z, ZHAO H, PARNOW K, 2020. Global Greedy Dependency Parsing. in: Proceedings of the AAAI Conference on Artificial Intelligence (AAAI): vol. 34: 05: 8319-8326.

[61] KIPERWASSER E, GOLDBERG Y, 2016b. Simple and Accurate Dependency Parsing Using Bidirectional LSTM Feature Representations. Transactions of the Association for Computational Linguistics, 4: 313-327.

[62] ANDOR D, ALBERTI C, WEISS D, et al., 2016. Globally Normalized Transition-Based Neural Networks. in: Proceedings of the 54th Annual Meeting of the Association for Computational Linguistics (ACL): 2442-2452.

[63] MA X, HU Z, LIU J, et al., 2018. Stack-Pointer Networks for Dependency Parsing. in: Proceedings of the 56th Annual Meeting of the Association for Computational Linguistics (ACL): vol. 1, Long Papers: 1403-1414.

[64] ZHOU J, ZHAO H, 2019. Head-Driven Phrase Structure Grammar Parsing on Penn Treebank. in: Proceedings of the 57th Annual Meeting of the Association for Computational Linguistics (ACL): 2396-2408.

[65] WEISS D, ALBERTI C, COLLINS M, et al., 2015. Structured Training for Neural Network Transition-Based Parsing. in: Proceedings of the 53rd Annual Meeting of the Association for Computational Linguistics and the 7th International Joint Conference on Natural Language Processing (ACL-IJCNLP): vol. 1, Long Papers: 323-333.

[66] ZHOU H, ZHANG Y, HUANG S, et al., 2015. A Neural Probabilistic Structured-Prediction Model for Transition-Based Dependency Parsing. in: Proceedings of the 53rd Annual Meeting of the Association for Computational Linguistics and the 7th International Joint Conference on Natural Language Processing (ACL-IJCNLP): vol. 1, Long Papers: 1213-1222.

[67] KUNCORO A, BALLESTEROS M, KONG L, et al., 2016. Distilling an Ensemble of Greedy Dependency Parsers into One MST Parser. in: Proceedings of the 2016 Conference on Empirical Methods in Natural Language Processing (EMNLP): 1744-1753.

[68] WANG X, TU K, 2020. Second-Order Neural Dependency Parsing with Message Passing and End-to-End Training. in: Proceedings of the 1st Conference of the Asia-Pacific Chapter of the Association for Computational Linguistics and the 10th International Joint Conference on Natural Language Processing (AACL-IJCNLP): 93-99.

[69] ZHANG Y, LI Z, ZHANG M, 2020. Efficient Second-Order TreeCRF for Neural Dependency Parsing. in: Proceedings of the 58th Annual Meeting of the Association for Computational Linguistics (ACL): 3295-3305.

[70] ZHOU J, LI Z, ZHAO H, 2020. Parsing All: Syntax and Semantics, Dependencies and Spans. in: Findings of the Association for Computational Linguistics: EMNLP 2020: 4438-4449.

[71] ZHANG H, MCDONALD R, 2012. Generalized Higher-Order Dependency Parsing with Cube Pruning. in: Proceedings of the 2012 Joint Conference on Empirical Methods in Natural Language Processing and Computational Natural Language Learning (EMNLP-CoNLL): 320-331.

[72] ZHANG Y, CLARK S, 2008. A Tale of Two Parsers: Investigating and Combining Graph-based and Transition-based Dependency Parsing. in: Proceedings of the 2008 Conference on Empirical Methods in Natural Language Processing (EMNLP): 562-571.

[73] SAGAE K, LAVIE A, 2005. A Classifier-Based Parser with Linear Run-Time Complexity. in: Proceedings of the Ninth International Workshop on Parsing Technology: 125-132.

[74] SAGAE K, LAVIE A, 2006. Parser Combination by Reparsing. in: Proceedings of the Human Language Technology Conference of the NAACL, Companion Volume: Short Papers: 129-132.

[75] ZHU M, ZHANG Y, CHEN W, et al., 2015. Fast and Accurate Shift-Reduce Constituent Parsing. in: Proceedings of the 51st Annual Meeting of the Association for Computational Linguistics (ACL): vol. 1, Long Papers: 434-443.

[76] WANG Z, MI H, XUE N, 2015. Feature Optimization for Constituent Parsing via Neural Networks. in: Proceedings of the 53rd Annual Meeting of the Association for Computational Linguistics and the 7th International Joint Conference on Natural Language Processing (ACL-IJCNLP): vol. 1, Long Papers: 1138-1147.

[77] DYER C, KUNCORO A, BALLESTEROS M, et al., 2016. Recurrent Neural Network Grammars. in: Proceedings of the 2016 Conference of the North American Chapter of the Association for Computational Linguistics: Human Language Technologies (NAACL: HLT): 199-209.

[78] CROSS J, HUANG L, 2016. Span-Based Constituency Parsing with a Structure-Label System and Provably Optimal Dynamic Oracles. in: Proceedings of the 2016 Conference on Empirical Methods in Natural Language Processing (EMNLP): 1-11.

[79] LIU J, ZHANG Y, 2017b. In-Order Transition-based Constituent Parsing. Transactions of the Association for Computational Linguistics, 5: 413-424.

[80] LIU J, ZHANG Y, 2017c. Shift-Reduce Constituent Parsing with Neural Lookahead Features. Transactions of the Association for Computational Linguistics, 5: 45-58.

[81] STERN M, ANDREAS J, KLEIN D, 2017a. A Minimal Span-Based Neural Constituency Parser. in: Proceedings of the 55th Annual Meeting of the Association for Computational Linguistics (ACL): vol. 1, Long Papers: 818-827.

[82] SHEN Y, LIN Z, JACOB A P, et al., 2018. Straight to the Tree: Constituency Parsing with Neural Syntactic Distance. in: Proceedings of the 56th Annual Meeting of the Association for Computational Linguistics (ACL): vol. 1: Long Papers: 1171-1180.

[83] GADDY D, STERN M, KLEIN D, 2018. What's Going On in Neural Constituency Parsers? An Analysis. in: Proceedings of the 2018 Conference of the North American Chapter of the Association for Computational Linguistics: Human Language Technologies, (NAACL: HLT): vol. 1, Long Papers: 999-1010.

[84] KITAEV N, KLEIN D, 2018. Constituency Parsing with a Self-Attentive Encoder. in: Proceedings of the 56th Annual Meeting of the Association for Computational Linguistics (ACL): vol. 1, Long Papers: 2676-2686.

[85] FRIED D, KLEIN D, 2018. Policy Gradient as a Proxy for Dynamic Oracles in Constituency Parsing. in: Proceedings of the 56th Annual Meeting of the Association for Computational Linguistics (ACL): vol. 2, Short Papers: 469-476.

[86] TENG Z, ZHANG Y, 2018. Two Local Models for Neural Constituent Parsing. in: Proceedings of the 27th International Conference on Computational Linguistics (COLING): 119-132.

[87] KITAEV N, CAO S, KLEIN D, 2019. Multilingual Constituency Parsing with Self-Attention and Pre-Training. in: Proceedings of the 57th Annual Meeting of the Association for Computational Linguistics (ACL): 3499-3505.

[88] STERN M, FRIED D, KLEIN D, 2017b. Effective Inference for Generative Neural Parsing. in: Proceedings of the 2017 Conference on Empirical Methods in Natural Language Processing (EMNLP): 1695-1700.

第11章 语义角色标注

11.1 从语义分析到语义角色标注

语义分析的目标是给出语言形式的语义解释。如果说语言形式（如书写文字、表达形式）是其外在表现的话，语义则是其内在意义。语义作为一种抽象所指，相对于多样的语言外在表现，具有更明显的唯一性和不变性。

形式语义学连同相关的理论计算机科学试图定义这种唯一性和不变性作为语义的表示形式，并产生了多种理论成果。而在形式语义学之外的数据驱动的语义分析方面，甚至还有更多的语义表达形式。语义分析对于自然语言处理来说就是给出语言文本，要求生成上述语义表达形式。

对于语义的处理需区分静态和动态两类不同的工作：如果只是枚举文本所有可能的语义项，这属于静态语义分析，它更接近于一种语义词典编撰的工作模式；如果针对某个语言使用上下文背景，要求给出确切的语义具体所指，这种工作称之为动态语义分析，也是本章关注的语义分析任务的求解目标。

语义分析任务是针对文本在其众多可选语义项中找到唯一适配上下文用法的语义项，这个分析任务在所有的语言粒度中都存在，例如对于句子中使用的词的义项消歧、对于句子本身整体的语义理解、对于更大粒度的篇章的意图分析等，而不像句法分析那样仅限于句子这个层次。

和前面的句法分析一样，本章继续考虑数据驱动模式下的语义分析。

对于词一级的语义消歧，传统上基于已知的语义词典，对于出现在句子中的词运用分类器模式学习消歧操作。深度学习引入的词嵌入改变了词的义项消歧的传统工作模式，预训练语言模型可以方便地提供句子上下文相关的词嵌入，而这已经是（消歧后的）词义的精确表示。因此，不管在传统机器学习还是深度学习中，词的义项消歧都是一个已得到良好解决的任务。

在大量关注的句子一级的语义分析上，大体上用两种模式表达句子语义。一种模式是用另一个语义等价的句子解释所给的输入句子，因为自然语言本身就是最好的语义解释方式。这一模式在深度学习背景下同样有直接的表示学习解决方案。获取句子嵌入表示，即可直接通过向量计算方式检索或生成语义匹配的句子。另一种模式是要求对输入句子给出形式语义学定义的规范语义形式。从任务形式上说，这种情况是一个句子级的结构化学习任务，要求模型预测一种预定义的、代表语义的结构。

当要求将句子语义解析为谓词逻辑形式的时候，就定义了语义角色标注（Semantic Role Labeling，SRL）任务。这是 21 世纪以来众多数据驱动的语义分析任务中最为活跃的分支。

简单来说，语义角色标注任务要预测的谓词逻辑形式是一个命题函数，该函数由谓词（predicate）以及附属的论元（argument）定义。对应到句子成分，谓词通常是句子的动词性成分，表明动作语义；而论元则是围绕着谓词的关联要素所对应的句子成分，例如动作的施事（agent）、受事（patient）、手段（instrument）等，也包括时间和地点等其他修饰性语义成分。习惯上，把语义标注的不同类型称之为语义角色。从处理形式上看，语义角色标注任务是在句子各成分上标注相应的谓词和论元的语义角色。从整体上看，所有这些谓词和论元构成一个完整的结构，称为谓词-论元（predicate-argument）结构。

语义角色标注能够抽取一个句子的不变语义信息，并不受句法形式变化的影响。例如下面 3 个句子：

（1）[我]$_{施事}$[吃]$_{谓词}$ 过 [饭]$_{受事}$ 了。

（2）[我]$_{施事}$ 将要 [吃]$_{谓词}$[饭]$_{受事}$。

（3）[饭]$_{受事}$ 被 [我]$_{施事}$[吃]$_{谓词}$ 了。

它们的时态和句式都不同，以句法分析而言，不同句子的主语分别是"我"和"饭"，但其表达的语义都是一样的。因此，语义角色标注能给出一样的分析结果："吃"（谓词）附带两个论元"我"（施事）和"饭"（受事）。

语言学上可以定义动词性和名词性两种谓词，但相应的语义角色标注任务均可以用一致的标注框架完成。

语义角色可以标注在不同的句法结构上。对应于成分句法和依存句法，语义角色标注同样可分为基于成分（constituent/phrase/span）的标注和基于依存（dependency）的标注。对于相应的任务，基于文献传统，前者被称为语义角色标注、成分/片段语义角色标注或成分/片段语义分析，后者则被称为依存语义角色标注或依存语义分析。

例如：

Marry borrowed a book from John last week.

以下是对该句进行两种不同语义角色标注的结果：

- 基于成分标注：

  [Marry]$_{A0}$ [borrowed]$_{01}$ [a book]$_{A1}$ [from John]$_{A2}$ [last week]$_{AM\text{-}TMP}$.

- 基于依存标注：

  [Marry]$_{A0}$ [borrowed]$_{01}$ a [book]$_{A1}$ from [John]$_{A2}$ last [week]$_{AM\text{-}TMP}$.

上面基于成分的语义角色 A1 就是一个短语"a book"；而基于依存的语义角色标注在论元短语的中心词上，对应的语义角色 A1 就是"book"。

对于语义角色标注任务，无论是基于成分还是基于依存的标注风格，都可以分解为以管线方式运行的 4 个子任务：

（1）谓词识别。 如上述例句中的"borrowed"被识别为谓词。

（2）谓词消歧。 对识别出的谓词进行词义消歧（或称谓词分类），如上述例句中识别"borrowed"义项为"borrow.01"，其中 01 来自已知的语义词典的预定义集。

（3）论元识别。 针对每个谓词识别出哪些成分（基于成分的标注）或词（基于依存的标注）是其真正的论元，如上述例句中"Marry"是"borrowed"的论元。

（4）论元分类。 为论元识别阶段的每个论元赋予一个语义角色标签，代表论元与当前谓词的语义关系，如上述例句中论元"Marry"相对于谓词"borrowed"的语义角色为A0，这代表施事。

11.2　句法分析树上的语义图

句法分析树主要有两种形式：依存句法分析树和成分句法分析树。语义角色标注的语义图也可以定义在这两大类句法分析树结构上，并导致相应的依存标注或片段标注的（谓词-论元结构）语义图。

图 11.1则是在成分句法分析树上的语义角色标注。其中的句子是

Scotty said the same words more loudly.

其谓词为"said"，相应附带 3 个论元："Scotty""the same words""more loudly"。

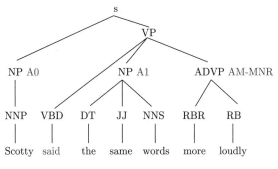

图 11.1　成分句法分析树上的语义图

对于基于成分的语义角色标注来说，定义在成分句法分析树上的论元一般是一个句法意义上的成分，也就是句法上的短语成分可能和语义论元成分是一致的，这也意味着句法关系和语义关系有一部分是重合的。

图 11.2和图 11.3展示了如下句子的依存句法分析树和语义图的对照情况：

Housing starts are expected to quicken a bit from August's annual pace of 1,350,000 units.

在图 11.2中，句法分析树为保持句子原线性语序的绘制方法，其中句子上方是依存句法结构，下方是依存语义结构。标有下画线的为谓词，谓词旁边的标注为谓词消歧后确定的义项标签，谓词与论元之间的依存语义关系弧上的标签显示的是对应的语义角色类型。在依存语义角色标注上，有时仿照依存句法的说法，称谓词为语义中心词（semantic head），称论元为语义依赖（semantic dependent）。

在这个例句中有 4 个谓词，分别是名词性的"starts"和"pace"以及动词性的"expected"和"quicken"。每一个谓词都有与其对应的作为其语义依赖的论元结构，每个谓词对应的谓词-论元结构在依存表示下都可以视为以该谓词为根节点的两层子树。但值得注意的是，一个句子的完整语义结构是所有这些谓词-论元结构的总和。

图 11.3是将所有的语义结构绘制在依存句法分析树结构上的结果。其中，实线为依存句法结构的依存弧，词右侧带括号的是谓词，括号中包含谓词原型以及谓词的义项类别标签，虚线为谓词与论元之间存在的语义关系弧，弧上的标签显示的是谓词与论元的关系。虽然每一个依存标注下的谓词-论元结构是一个简单的二层子树，但是对于通常拥

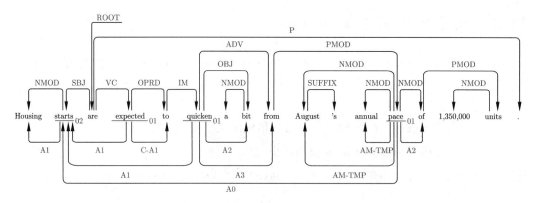

图 11.2　依存句法分析树

有多个谓词的一个句子而言，上面的全部语义结构作为整体是一个复杂的图结构。一般来说，这个语义图是有向图，有可能不连通并存在环。

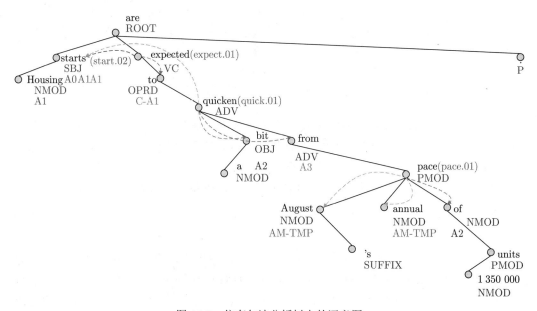

图 11.3　依存句法分析树上的语义图

如果需要从给定句子中识别出 n 个谓词，有些处理策略是将句子复制 n 份，对每个谓词分别进行论元的识别和分类，最终获取句子中所有的谓词-论元结构。

在数据驱动的句法分析中，成分句法和依存句法之间是密切联系的，甚至后者可以来自前者的规则转换。两类标注模式下的语义角色标注工作也直接继承了这一密切联系。依存语义标注可以大体上视为提取成分语义标注的中心词的结果。

在数据驱动的工作方式下，鉴于语义分析和句法分析的密切联系，语义角色标注的机器学习建模的一个重要主题（甚至曾经是最重要的主题）就是如何有效利用已知的句法信息改善语义分析的效果。这个句法增强的主要做法是将句法分析树信息表示为各类特征注入语义分析模型。另外，考虑到句法分析树主要提供了位置和结构性信息，语义分析任务还能从语义角色在句法分析树上的分布特性受到启发，从而改善任务定义（如对于样本进行有效裁剪）以及相应模型的架构设计等。

11.3 语义角色标注的规范和语料

语义角色标注任务的形式语义学规范起源于人工标注的命题库（Proposition Bank，PropBank）[1]，它以动词的论元角色为标注对象，通过在宾夕法尼亚大学树库的句法结构上增加谓词-论元信息实现语义表示，因此，PropBank 仅考虑了动词性谓词。其中，宾夕法尼亚大学树库是建立在《华尔街日报》（*Wall Street Journal*，WSJ）文本上的成分句法标注树库。PropBank 标注文本大部分来源于《华尔街日报》，小部分来源于布朗语料（Brown Corpus），后者文本标注规模较小，一般仅作为领域外（out-of-domain）测试集使用。

如表 11.1所示，PropBank 定义了两类语义角色：一类为核心语义角色，标记为A0~A5 共 6 种，例如，A0 表示动作的发起者（即施事），A1 表示动作的影响或接收者（即受事），A2~A5 则根据谓词的不同而有不同的语义含义；另一类是起修饰作用的附加语义角色，也称辅助语义角色，其角色标签以 AM 开头，常见的有 16 种。

表 11.1　PropBank 定义的语义角色

语 义 角 色		说　　明	语 义 角 色	说　　明
核心语义角色	A0	施事	AM- EXT	扩展
	A1	受事	AM- FRQ	频率
	A2	根据谓词的不同有特定含义	AM- LOC	地点
	A3	根据谓词的不同有特定含义	AM- MNR	方式
	A4	根据谓词的不同有特定含义	AM- PRP	目的或原因
	A5	根据谓词的不同有特定含义	AM- TMP	时间
附加语义角色	AM- ADV	附加的 (默认标记)	AM- TPC	主题
	AM- BNE	受益人	AM- CRD	并列论元
	AM- CND	条件	Am- PRD	谓语动词
	AM- DIR	方向	AM- PSR	持有者
	AM- DGR	程度	AM- PSE	被持有

支持名词性谓词的语义角色标注库是名词命题库 NomBank[2]，它和 PropBank 同样基于《华尔街日报》标注文本，对其中的名词性谓词进行了补充性的人工标注。

对于中文，还有相应的中文命题库（Chinese Proposition Bank，CPB）和中文名词命题库（Chinese NomBank）。这些数据主要是在对应的英语标注语料的基础上发展并建立起来的，只是针对中文做了适应性改变。

自然语言学习大会（The Conference of Natural Language Learning，CoNLL）组织的技术公开评测任务（shared task）选用并改进了 PropBank 风格的语义标注体系。基

于已有的语料资源以及组织者的适应性改进，语义角色标注国际评测 CoNLL-2004[3]、CoNLL-2005[3]、CoNLL-2008[4] 和 CoNLL-2009[5] 为语义角色标注任务提供了基准评估数据集，如表 11.2所示。其中，CoNLL-2004/2005 是基于成分形式的语义标注，CoNLL-2008/2009 是基于依存形式的语义标注。需要指出的是，CoNLL-2008 和前面的成分语义分析评测使用的 CoNLL-2004/2005 一样都只支持英语上的评估，而 CoNLL-2009 将语料拓展到加泰罗尼亚语、西班牙语、汉语、捷克语、德语、日语和英语 7 种语言。表 11.3 为 CoNLL-2009 数据集的字段说明。

表 11.2　语义角色标注资源

成分语义（PropBank）	依存语义（PropBank + NomBank）
CoNLL-2004 评测（仅英语） • PTB 训练集（15 节～18 节） • 最高 F_1 值：69.49%	CoNLL-2008 评测（仅英语） • PTB 训练集（完整） • 句法和语义联合分析
CoNLL-2005 评测（仅英语） • PTB 训练集（完整），完整句法特征 • 最高 F_1 值：79.44%	CoNLL-2009 评测 • 从仅英语到包含汉语在内的 7 种语言 • 不同于 CoNLL-2008，谓词假定已知

表 11.3　CoNLL-2009 数据集的字段说明

字　　段	属　　性	说　　明
1	ID	词索引，每个句子内的词从 1 开始计数
2	FORM	词型或标点符号
3	LEMMA	词的原型
4	PLEMMA	自动预测的词的原型
5	POS	词性标注
6	PPOS	自动预测的词性标注
7	FEAT	形态特征
8	PFEAT	自动预测的形态特征
9	HEAD	依存句法中心词 ID（0 代表根节点）
10	PHEAD	自动预测的依存句法中心词 ID
11	DEPREL	依存关系类型
12	PDEPREL	自动预测的依存关系类型
13	FILLPRED	谓词指示标识
14	PRED	谓词的词义项标识
15	$APRED_n$	第 n 个谓词的论元标签列（按谓词出现先后顺序逐一添加）

CoNLL-2012[6] 评测任务提供了一个更大、更现代的语义角色标注数据集，其文本从 OntoNotes v5.0 语料中提取，也同时支持名词性谓词和动词性谓词。

11.4 语义角色标注的建模方式

语义角色标注要求对每个输入句子解析出一个高度复杂的语义图。整体上，语义分析系统需要辨识两种类型的词或成分：谓词（即语义中心词）和论元（即语义依赖）。为了降低复杂的结构化学习的难度，传统上，语义角色标注任务分解为 4 个子任务：谓词识别、谓词消歧、论元识别和论元分类。大量的工作用多个独立的模型通过管线模式逐一运行各个子任务，最终获得完整的语义图。当然，这不意味着语义角色标注的管线系统必须运行 4 个独立模型分别完成这 4 个子任务。实际的系统有可能会将两个谓词子任务合并为一个更大的子任务，或者同时将两个论元子任务合并为一个更大的子任务。这样，管线系统可以运行 2~4 个模型完成全部任务目标。

近年来，研究者发现将语义图视为一个整体进行联合学习或端到端方式建模，有时候（但并不总是如此）能带来更好的性能和应用上的便利。基于语义角色标注中语义图的不同分解方式，下面介绍 4 种典型的建模策略：词对、序列、树以及图。

给定输入句子序列 $X = (w_1, w_2, \cdots, w_n)$，可以将成分语义图定义为带标签的谓词-论元对的集合：$\mathcal{S} = \{(p, \langle i, j \rangle, r), 1 \leqslant p \leqslant n, 1 \leqslant i \leqslant j \leqslant n, r^s \in \mathcal{R}\}$，其中 p 表示谓词的索引，i 和 j 分别是论元在句中左右界限的索引，r^s 表示相应的论元标签，$\mathcal{R}$ 则为预定义的语义标签集。一个句子的依存语义图可以定义为 $\mathcal{D} = \{(p, a, r), 1 \leqslant p \leqslant n, 1 \leqslant d \leqslant n, r^d \in \mathcal{R}\}$，其中 (p, a, r) 包括谓词 (x_p)、论元 (x_a) 以及角色标签 r^d，它包含于标签集 $\mathcal{R}$ 中。

1. 词对

语义角色标注旨在分析谓词-论元语义结构，在识别出谓词并对其作词义消歧预测的基础上，模型的主要任务是预测句子中任意词或成分与给定谓词组成的词对的语义关系（存在与否及类型）。下面以依存语义角色标注任务为例说明如何实现基于词对分类的端到端建模。

一般情况下，对输入句子 $X = (w_1, w_2, \cdots, w_n)$，因为语义关系可能存在于任何一对词之间，可以简单遍历所有可能的词对 (w_i, w_j) 以决定 w_i 是否是谓词以及 w_j 是否是对应的论元，或者更进一步，对于这个词对直接分类，确定其具体的语义角色。如果语义关系不存在，则添加一个额外的分类标签"None"。这样关系识别和分类可以在一个任务内完成。这个建模方式本质上是 Covington 算法，也就是将图结构作邻接矩阵方式的分解，因为任意的图结构学习总是能分解为邻接矩阵中每个元素的分类任务。但是这样做过于低效，因为会产生 n^2 个词对样本。另外，对于语义分析而言，还需要先解决识别谓词的问题。

为了让谓词识别和分类也贴合这样的词对方式，引入一个额外的虚拟根节点词（Virtual Root，VR）到原句 X 中，令其形如 $X = (<VR>, w_1, w_2, \cdots, w_n)$。对于谓词任务，定义词对 $(<VR>, w_j)$，其预测目标是 w_j 作为谓词消歧后的义项。如果 w_j 实际上不是谓词，则其标签设定为"None"。

为了减少不必要的词对生成，这里约定让谓词任务的词对先完成遍历，然后基于谓词任务的结果再遍历生成论元任务的词对。也就是说，对于论元任务的词对，总是假定第一个词是已经确认的谓词。同样，对于谓词任务的词对，第一个词是虚拟词<VR>，形式上也是确定的。也就是说，在这样的两阶段遍历生成词对的过程中，第一个词总是已确定的更重要的上位词，即语义中心词或上面引入的虚拟词<VR>；而第二个词总是需要确定其角色的某个候选的下位词，即论元候选或待定的谓词候选。

这里引入的两阶段词对生成方式能生成少得多的词对样本用于后续机器学习。原因是谓词在句子中数量极少，而这种生成方式只需对于每个谓词遍历一遍句子中的词来构造论元词对。假定有 n_p 个谓词，在不做任何候选词过滤或剪枝的情况下，仅需生成 $(n_p + 1) \times n$ 个词对。注意，$n_p << n$，因此这个做法产生的词对数也会远小于原始做法产生的词对数 n^2。

给出例句"警方正在调查事故主要原因"，其依存语义结构如图 11.4 所示。谓词"调查"与<VR>组成谓词任务的词对，预测目标"01"是该谓词的词义标签；其他词参与<VR>词对，其标签就会是"None"。然后，对于论元任务的词对，第一个词设为已知谓词"调查"，第二个词逐一遍历所有词（包括自身）。预测目标此时是论元的语义角色。注意，由于名词性谓词有时将自身作为其论元，因此谓词本身也需包含在论元候选列表中。表 11.4 列出了以上例句中的所有词对。

表 11.4 端到端建模的词对示例

语义中心词	语义依赖	标签
<VR>	调查	01
<VR>	警方	None
<VR>	…	None
调查	警方	A0
调查	正在	ADV
调查	调查	None
调查	事故	None
调查	主要	None
调查	原因	A1

以两阶段方式构造完所有词对之后，仅用一个分类器即可完成全部的语义角色识别和分类任务[7,8]，从而实现端到端建模。需要注意的是，词对分类建模不意味着分类器的输入特征仅能利用词对中的两个词。围绕着所给词对，两个词周边 n 元组、整个输入句子以及分类器当前完成的语义图状态都能作为有效特征输入。

2. 序列

尽管词对建模方式也允许使用复杂特征，但是它本质上是将语义结构做了词一级的结构分解，分解粒度太细会导致机器学习模型难以捕捉更广泛的全局特征。因此，继续用重标注方法将分解后的结构粒度上升到句子序列。

和词对建模的遍历一样，这里也需要定义两阶段的序列标注以分别完成谓词子任务和论元子任务。对于每个输入句子，首先定义谓词序列标注。以"小明昨天在公园遇到

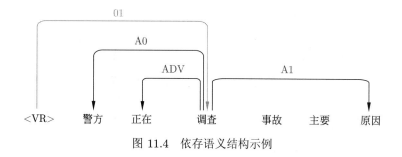

图 11.4　依存语义结构示例

小红在跳舞"这句话为例，表 11.5 展示了谓词序列标注方式，其中，"＿"符号代表非谓词，"01"表示谓词的义项标签。如这个例子所示，多个谓词可以在一个序列中一次性完成预测。

表 11.5　谓词序列标注示例

输入句子	小明	昨天	在	公园	遇到	小红	在	跳舞
谓词标签	＿	＿	＿		01	＿	＿	01

在完成谓词序列标注之后，就可以对于每个已知谓词定义一个论元序列标注。这样，假定有 n_p 个谓词，则只需 n_p+1 个序列标注就能完成全部的语义图分析任务。

图 11.5 展示了依存论元序列标注和成分论元序列标注两种模式的示例。注意，论元是依赖于相应谓词的，因此，谓词此时必须作为必要特征输入[9,10]。

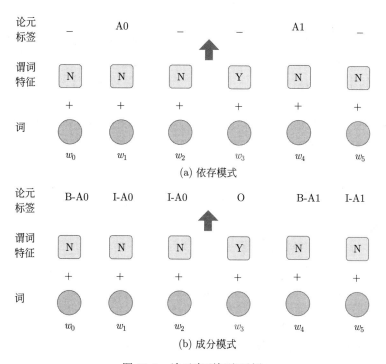

图 11.5　论元序列标注示例

对于成分语义分析，因为论元是多个词构成的成分，所以需要搭配 BIO 标签方法定义序列标注的标签集，其中，B 代表成分的开始，I 代表成分的接续，O 代表非关注成分。通过 B、I、O 和不同的语义角色搭配即可生成具体到每个词上的标签。例如，对于一个标注为角色 A 的成分，为该成分的第一个词赋予标签 B-A，为剩下的词都赋予标签 I-A。句子中不属于任何论元的都赋予标签 O。

表 11.6 展示了论元成分的 BIO 标注方法的示例。

表 11.6　论元成分的 BIO 标注方法示例

输入句子	小明	昨天	晚上	在	公园	遇到	了	小红
论元标签	B-A0	B-TMP	I-TMP	O	B-LOC	O	O	B-A1

在这些模型中，基于序列的建模中谓词的识别和分类以及论元的识别和分类被分为两个过程。模型首先用一个序列标注识别出全部谓词（如果未给出）构成的谓词集 $\mathcal{P} = \{p_1, p_2, \cdots, p_m\}$：

$$p_1, p_2, \cdots, p_n = \underset{p \in \mathcal{P}}{\arg\max}\, P(p|w_1, w_2, \cdots, w_n; ; \theta)$$

然后，对于谓词集中的 $p_i \in \mathcal{P}$，继续采用序列标签模型预测论元标签：

$$r_1, r_2, \cdots, r_n = \underset{r \in \mathcal{R}}{\arg\max}\, P(r|w_1, w_2, \cdots, w_n; p_i; \theta)$$

其中，θ 代表模型参数，r 和 $\mathcal{R}$ 分别代表成分语义分析中的 r^s 和 $\mathcal{R}^s$ 或者依存语义分析中的 r^d 和 $\mathcal{R}^d$。

对于论元序列的标注，为了获得一致性更好的解码结果，还会考虑一些容易得到的约束条件，如下所示。

（1）BIO 约束。该约束拒绝任何不会产生有效 BIO 转换的序列，例如 B-A0 紧接着 I-A1。

（2）Punyakanok 和 Tackstrom 建议的针对成分语义角色的全局约束[11]：

- 唯一核心角色（U）。每个核心角色（A0~A5 等）对于每个谓词最多只应出现一次（此条约束对于依存语义分析同样适用）。
- 延续角色（C）。延续角色 C-X 仅在实现其基本角色 X 之前才可以存在。
- 参考角色（R）。参考角色 R-X 仅在实现其基本角色 X 之后才可以存在（不一定在 R-X 之前）。

对于模型预测结果，依存语义任务的 a 和 r^d 在删除空标签后可直接获得；而对于成分语义任务，在删除空标签后，还需将 BIO 转换后的标签简单解码，以获取起始位置 i 和结束位置 j 以及该成分的语义角色标签 r^s。

3. 树

为了进一步帮助谓词线索集成，基于树的方法以谓词作为根节点，以相关论元作为其子节点，将语义图分解为深度为 2 的树，如图 11.6 所示。为了填充树，在非论元和谓词之间设置了一个空的关系：$\phi = \text{null}$。基于树的因子化可以被认为是基于序列的因子化的增强版本，因为谓词更加突出并且显而易见。同样，为了强调要处理的谓词，应用了谓词特定的嵌入。

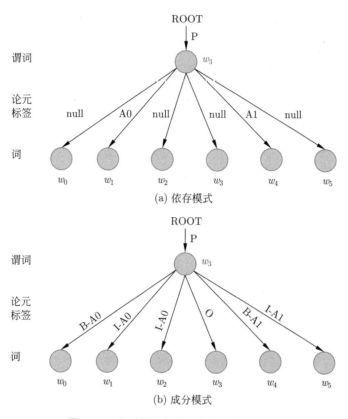

图 11.6 基于树分解的语义角色标注示例

在典型的树方式建模中，谓词的识别和分类以及论元的识别和分类分属两个独立的模型[8]。使用以下公式对每个已标识谓词的谓词-论元对进行打分，该式遵循依存句法分析器中基于注意力的弧节点对的打分模型，而不是仅对作为论元位置的可能性进行打分：

$$r_1, r_2, \cdots, r_n = \arg\max_{r \in \mathcal{R}}(P(r|\{w_1, w_2, \cdots, w_n\} \otimes p_i; \theta))$$

在基于树的建模中，执行渐进解码以输出每个谓词的所有可能论元。

4. 图

使用类似句法分析的图模型方式进行结构化学习也可以得到概念上简单的模型。语义图是所有三元组 {谓词、论元、语义角色标签} 的总和，以这样的三元组构造打分学习的子图单元（此时是一阶模型），从而允许模型同时处理多个谓词和论元。语义依存标注可以直接在词节点上进行，其使用图模型分解是直接的。但基于语义成分的标注并不那么简单，因为成分是包含多个词的句子片段。为了解决这个问题，此时令图模型对所有可能的片段范围进行枚举。但是这会导致太多需要枚举的片段候选，因此需要利用打分器适当地进行提前裁剪，排除那些最不可能的片段。该建模目标可以表示为

$$\{(p,a,r)\} = \arg\max_{p\in\mathcal{P},a\in\mathcal{A},r\in\mathcal{R}} \sum_i \mathrm{score}((p_i,a_i,r_i)|w_1,w_2,\cdots,w_n;\theta)$$

在依存语义标注中，候选论元集合 $\mathcal{A}$ 包括句子中所有的词，$\mathcal{A}=\{w_1,w_2,\cdots,w_n\}$；在成分语义标注中，$\mathcal{A}$ 包括所有可能的片段，$\mathcal{A}=\{(w_i,w_j),1\leqslant i\leqslant j\leqslant n\}$。在后一种情形，图模型也被称为片段模型（span model）。图 11.7 是基于图分解的语义角色标注示例，其中省略了非谓词和非论元之间的虚线（即空关系）。

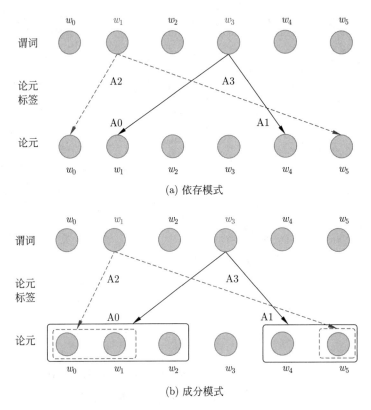

图 11.7　基于图分解的语义角色标注示例

以上从结构化分解的角度介绍了语义角色标注任务的主要建模方式，略去了一些非主流的方式，如基于转移模型的语义角色标注[12]，原因是语义图整体上通常不具备类似依存句法那样便于转移模型工作的天然的投影性。

语义角色标注和句法分析在数据和任务特性上有明显差异：

（1）两者都是作为带标签语义图的预测任务。对标签的预测，在语义分析中比在句法分析中更为重要。而无标签语义图结构预测对于句法分析来说更为重要。因为相对来说，语义图结构比句法图结构更为稀疏，纯粹的无标签语义图的预测更为容易。相应地，句法分析的标签预测更容易，在语义图结构确定之后，句法分析的标签预测更容易取得高的分析精度。

（2）语义图的一个重要特性是它由一系列二层子树构成。子树以谓词（语义中心词）为根节点，因此，谓词的确定非常关键，在结构分解和任务模式设定（如端到端还是管线）两方面，一个两阶段处理方式都是必要的，以便在其中将谓词子任务置为更高的优先级。

上面介绍的联合学习或端到端建模策略都支持用一个模型搭建系统一次性完成两类子任务。但是，这些建模策略也支持分别用两个甚至更多个模型搭建系统以管线方式完成各个子任务。

在实践中，研究者已发现，需要对谓词和论元任务作小心而平衡的处理以应对两个冲突的事实：

（1）谓词子任务的结果的确极其关键，因为它甚至决定了相应的论元任务是否需要执行。如果错误地丢失一个真正的谓词，则会失去识别所有关联它的论元的机会；反之，如果错误地将一个非谓词识别为谓词，则会增加大量的错误论元识别结果。

（2）在性能评估上，识别出一个谓词或一个论元都会同等地导致正确率的计数器加一，然而，论元数量通常是谓词数量的数倍，一个模型在谓词识别上投入太多的注意力也会导致模型忽视论元识别部分，从而在更多数量的论元识别上效果反而不佳，最终还是会伤害整体性能。

因此，综合这两个因素，有时比起联合学习更优的策略反而是：首先单独在一个模型内小心地优先处理好谓词子任务，继而再考虑其他工作。

11.5 句法特征集成：传统机器学习模型

鉴于句法和语义之间的密切联系，从给出的句法分析树中获取有益线索用于语义角色标注是一个自然的想法。句法分析和语义分析都是句子上的结构学习任务，前者对于后者的支持方式不限于提供特别设计的特征，还包括给后者发出提示性的结构化设计约束，例如基于句法信息对语义任务进行样本裁剪等。

有效集成句法特征并不是一个容易的事。自然语言的机器学习惯用的特征都是滑动窗口下的 n 元组形式。或者说，自然语言处理习惯于接收线性的特征堆积，而不是句法信息这样的树状呈现形式。此外，传统机器学习模型集成句法特征面临的更大挑战是：可选的句法特征的数量实在太多。我们知道，受制于独热表示方式，传统机器学习模型只方便支持符号特征，而不同符号的组合都会形成新的符号特征。如果不同意义的上下文符号类型较多，就会组合爆炸，产生极大的候选特征集，或者更确切地说是特征模板（feature template）集。

首先介绍如何针对语义角色标注任务定义一般的特征模板。

注意语义角色标注或许是句子层面最高层次的处理任务，因此它可以选取包括句法在内的几乎所有的语言学特征。一般来说，用于传统模型的符号特征可以由两个要素简单界定：范围和属性。范围是指对于所关注的对象，需在其邻近范围（比如以其为中心的滑动窗口）内指定类似词这样的语言单元或其组合。从形式上说，如果关注词是 w_i，那么在 w_{i-m} 到 w_{i+m} 范围内的所有词及任意组合都可以构成特征。属性指的是语言单元的一些附加维度的符号信息。例如，对于一个词，既可以用其词型（这是 n 元特征的默认情形），也可以考虑其原形、词性或更复杂的形态特征标识。

语义角色标注任务是解析谓词-论元结构，因此复杂的地方是它要求必须同时关注两个不同对象：谓词候选和论元候选。这样在范围选择时候需要围绕两个中心定位滑动窗口，导致特征模板类型加倍。既然存在两个关注点，那么沿着句子从一个关注词（如谓词候选）到另一个关注词（论元候选）会有一条路径，路径上的词或成分（及其多重属性）也会展现出一定的提示性信息，理论上可以作为新的特征模板。

当同时关注谓词候选和论元候选时，在线性句子路径上依据范围和属性就可以搭配出足够丰富而庞大的特征模板集。如果要引入句法特征，就把这样的特征提取做法移植到句法分析树上即可。但是句法分析树是非线性的图结构，此外，句法分析树上的节点和边有另外的新的属性或标签，这进一步能搭配出数量更多的符号特征组合。

当然，凭着有限的人工经验，能指定若干"一定有用"的特征用于模型训练，但是对于句法特征这样的庞大候选来说无异于杯水车薪。

语义角色标注的传统机器学习解决方案一般会选用最大熵模型。最大熵模型接受重叠的特征。因此，当同时选择两个特征模板对模型具有增强效果时，并不意味着两个模板都能单独对模型起增强效果；两个特征模板单独对模型起增强效果也并不意味着同时加入这两个模板一定能增强模型的效果。最大熵模型的这个特性导致特征选择更具有挑战性。

从大量的特征模板中提取一个最优的特征模板子集是一个复杂且需要大量算力的过程。如果基于开发集上的评估精度进行经验选取，理论上大小为 n 的候选集所有可能子集数量是 2^n。当 n 超过 30 的时候，所有可能子集数量会超过 10 亿，完全精确地逐一检查挑选最优特征子集已经不可能。

针对大规模的特征模板集优化问题，Zhao 等提出了一种逐步贪心策略下特征模板集优化算法[13]，根据开发集上的评估结果，该算法将所有特征模板分为选中集和候选集，重复向选中集内添加候选集中最有用的模板（算法 11.2）和从选中集中删除最没用的模板（算法 11.3），直到在给定的开发集上没有进一步的性能增益（算法 11.4）。最终实现有效的特征模板选择。添加和删除模板的具体操作如下：

- 将选中集之外的任何模板添加到其中，如果加入后能导致性能提升，则保留该模板。
- 按照每个模板删除后的性能贡献排序，逐一删除当前候选模板集中贡献最低的模板，直到删除某个模板导致性能下降。

这一算法在每轮迭代中仅需对所有模板进行线性次数的检查即可完成特征模板的选择，具体伪码见算法 11.1。与以前的工作相比，算法 11.1 的假设较少，选择效率较高，具有很大的通用性。在实践中，Zhao 等提出的模型从 781 个模板中最终挑选了 81 个模板构成优化特征集，并取得了传统模型在 CoNLL 评测数据集上的领先成绩[13]。

11.6 句法编码器：深度学习模型

相对于传统模型，利用深度学习的表示学习机制能更加方便地集成已知的句法信息。沿用深度学习惯用的编码器模型方案，结合适当的网络拓扑设计，可以运用专门的句法编码器给模型注入相对比较充分的句法信息。

算法 11.1　改进的特征模板选择算法

　　输入: 所有候选的特征模板的集合 FT，已经选好的特征模板集合 S_0

　　输出: 最终选好的特征模板集合 S_i

1　　$S_0=\{\}$

2　　设置计数器 $i = 1, S_i = S_0$

3　**while do**

4　　　　$C - \text{FT}\quad S_i$

5　　　　训练特征集 S_i 上的一个模型并在开发集上测试，记结果为 r_i

6　　　　$C_r = \text{check\_each\_FT\_routine\_add}\,(C, S_i, r_i)$

7　　　　$C = C - C_r, S_i^{'} = S_i + C_r, q = 0$

8　　　　**while do**

9　　　　　　$R = \text{check\_each\_FT\_routine\_sub}(S_i^{'})$

10　　　　　change, $q, S_i^{'} = \text{sort\_FT\_checking\_routine}\,(q, S_i^{'}, R)$

11　　　　　**if** change $== 0$ **then**

12　　　　　　　**break**

13　　　　**if** $S_i^{'} == S_{i-1}$ (即特征集在本轮没有变化) or $r_i < r_{i-1}$ **then**

14　　　　　　return $S = \underset{r_i,q}{\arg\max}\{S_i, S_i^{'}\}$，算法结束

15　　　　**else**

16　　　　　　$i = i + 1, S_i = S_i^{'}$

算法 11.2　改进的特征模板选择算法：添加模板测试

1　**function** check_each_FT_routine_add (C, S_i, r_i)

2　　$C_r = \{\}$

3　　**for** 每个特征模板 $f_j \in C$ **do**

4　　　　$S_i^{'} = S_i + \{f_j\}$

5　　　　训练特征集 $S_i^{'}$ 上的一个模型

6　　　　在开发集上测试，记结果为 $r^{'}$

7　　　　**if** $r^{'} > r_i$ **then**

8　　　　　$C_r = C_r + \{f_j\}$

9　　return C_r

　　为了将句法信息集成到序列标注神经网络中，下面介绍 Li 等提出的基于双向长短时记忆网络（BiLSTM）编码器的句法编码器方案[10]。

　　句法编码器作为一个嵌入模块能赋予相应模型感知句法信息的能力。Li 等提出的句法感知语义角色标注模型如图 11.8所示。它包括 3 个模块：①直接接收句子顺序输入的 BiLSTM 编码器；②softmax 输出层，它接收具有高速连接的多层感知机的输出；③可选的句法编码器，它接收 BiLSTM 编码器的输出，然后让自己的输出通过残差连接与 BiLSTM 输出集成。当完全移除句法编码器时，多层感知机只从 BiLSTM 编码器直接获取输入，模型成为无句法语义角色标注模型。

算法 11.3 改进的特征模板选择算法：删除模板测试

---

1 **function** check_each_FT_routine_sub (S_i')

2 $R = \{\}$

3 **for** 每个特征模板 $f_j \in S_i'$ **do**

4 │ TS $= S_i' - \{f_j\}$

5 │ 训练特征集 TS 上的一个模型

6 │ 在开发集上测试，记结果为 r_j

7 │ $R = R + \{r_j\}$

8 **return** R

算法 11.4 改进的特征模板选择算法：模板性能贡献排序测试

---

1 **function** sort_FT_checking_routine (q, S_i', R)

2 TS $= S_i'$

3 根据 R 的 r_j 降序排列 S_i' 中的所有 f_j

4 change $= 0$

5 **for** 每个排序后的 f_j **do**

6 │ TS $=$ TS $- \{f_j\}$

7 │ 训练特征集 TS 上的一个模型

8 │ 在开发集上测试，记结果为 q_j

9 │ **if** $q_j > q$ **then**

10 │ │ change $= 1$

11 │ │ $q = q_j$

12 │ │ $S_i' =$ TS

13 **return** change, q, S_i'

给定依存句法树 T，对于树 T 中的每个节点 n_k，让 $C(k)$ 表示 n_k 的所有句法子集，$H(k)$ 表示 n_k 的句法中心词，$L(k, \cdot)$ 是节点 n_k 与那些具有来自 n_k 或以 n_k 为目标的直接依存弧的节点之间的依存关系。句法编码器可表示为节点 n_k 上的一个转换 f^τ，该转换可以将 $C(k)$、$H(k)$ 或 $L(k, \cdot)$ 作为输入，并计算节点 n_k 的句法表示 v_k，即，$v_k = f^\tau(C(k), H(k), L(k, \cdot), x_k)$。如果未另行指定，在下文中，$x_k$ 表示 n_k 的输入特征表示，它可以是词表示 e_k 或 BiLSTM 的隐状态 h_k，σ 表示 sigmoid 函数，$\odot$ 表示向量元素间的逐项乘法。

转换 f^τ 可以是任何句法编码方法或模型。下面介绍 3 种句法编码器：句法 GCN（Graph Convolutional Network，图卷积网络）、句法感知 LSTM（Syntax-Aware LSTM，SA-LSTM）、树结构 LSTM（Tree-structured LSTM）。

1. 句法图卷积网络

Kipf 等[14] 提出了一种基于邻域性质的图中节点表示方法。鉴于其有效性，Marcheggiani 等[15] 为语义角色标注任务引入了一个通用版本，即句法 GCN，并表明句法 GCN 将句法信息整合到神经模型中是有效的。

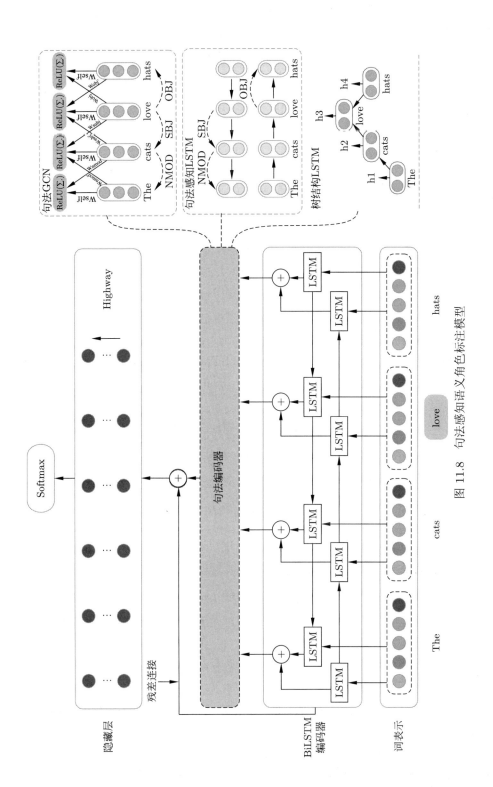

图 11.8　句法感知语义角色标注模型

句法 GCN 捕获两个方向的句法信息流：一个是从中心词到依赖；另一个是从依赖到中心词。此外，它还对节点到自身的信息进行建模，即假设一个句法图包含每个节点的自循环。因此，节点 n_k 的句法表示被定义在该节点的句法邻域：$N(k) = C(k) \cup H(k) \cup \{n_k\}$。对于连接节点 n_k 以及其邻域节点 n_j 的每条边，为其计算一个向量表示：

$$\boldsymbol{u}_{k,j} = W^{\mathrm{dir}(k,j)} \boldsymbol{x}_j + b^{L(k,j)}$$

其中，$\mathrm{dir}(k,j)$ 表示从 n_k 到 n_j 的边的方向类型（与依存方向一致、相反或自循环），$W^{\mathrm{dir}(k,j)}$ 是依存边方向类型的特定参数，$b^{L(k,j)}$ 是依存标签的特定参数。

考虑到来自所有相邻节点的句法信息可能对语义角色标记做出不同的贡献，句法 GCN 为每个节点对 (n_k, n_j) 引入了额外的门机制：

$$\boldsymbol{g}_{k,j} = \sigma(W_g^{\mathrm{dir}(k,j)} \boldsymbol{x}_k + b_g^{L(k,j)})$$

最终，节点 n_k 的句法表示 $\boldsymbol{v}_k$ 可以写为

$$\boldsymbol{v}_k = \mathrm{ReLU}\left(\sum_{j \in N(k)} \boldsymbol{g}_{k,j} \odot \boldsymbol{u}_{k,j} \right)$$

2. 句法感知 LSTM

句法感知 LSTM（SA-LSTM）是标准 BiLSTM 体系结构的扩展，其目的是同时对给定词的句法和句子上下文信息进行编码。一方面，SA-LSTM 像标准的 LSTM 一样，按时间顺序计算隐藏状态：

$$
\begin{aligned}
\boldsymbol{i}_g &= \sigma(W^{(i)} \boldsymbol{x}_k + U^{(i)} \boldsymbol{h}_{k-1} + b^{(i)}) \\
\boldsymbol{f}_g &= \sigma(W^{(f)} \boldsymbol{x}_k + U^{(f)} \boldsymbol{h}_{k-1} + b^{(f)}) \\
\boldsymbol{o}_g &= \sigma(W^{(o)} \boldsymbol{x}_k + U^{(o)} \boldsymbol{h}_{k-1} + b^{(o)}) \\
\boldsymbol{u} &= f(W^{(u)} \boldsymbol{x}_k + U^{(u)} \boldsymbol{h}_{k-1} + b^{(u)}) \\
\boldsymbol{c}_k &= \boldsymbol{i}_g \odot \boldsymbol{u} + \boldsymbol{f}_g \odot \boldsymbol{c}_{k-1}
\end{aligned}
\tag{11-1}
$$

另一方面，它通过引入一个额外的门，将句法信息进一步整合到每个词的表示中：

$$
\begin{aligned}
\boldsymbol{s}_g &= \sigma(W^{(s)} \boldsymbol{x}_k + U^{(s)} \boldsymbol{h}_{k-1} + b^{(s)}) \\
\boldsymbol{h}_k &= \boldsymbol{o}_g \odot f(\boldsymbol{c}_k) + \boldsymbol{s}_g \odot \tilde{\boldsymbol{h}}_k
\end{aligned}
\tag{11-2}
$$

其中，$\tilde{\boldsymbol{h}}_k = f\left(\sum_{t_j < t_k} \alpha_j \times \boldsymbol{h}_j \right)$ 是所有隐藏状态向量 $\boldsymbol{h}_j$ 的加权和，它来自以前的节点（词）n_j，权重因子 α_j 是与从 n_j 到 n_k 的有向边的依存关系 $L(k, \cdot)$ 有关的可训练的权重。

注意到 $\tilde{\boldsymbol{h}}_k$ 根据 α_j 的定义始终是 n_k 的句法中心词的隐藏状态向量，但同时每个词默认仅分配一个句法中心词，这样的约束有时过于严格，反而会阻止 SA-LSTM 捕捉复杂的句法结构。在 GCN 结构的启发下，可以放宽 α_j 的有向约束，允许只要有一个介于 n_j 和 n_k 之间的边即可参与计算。

在 SA-LSTM 转换之后，来自两个方向的 SA-LSTM 层的输出被串接起来作为 n_k 的句法表示，即 $\boldsymbol{v}_k = [\overrightarrow{\boldsymbol{h}_k}, \overleftarrow{\boldsymbol{h}_k}]$。与句法 GCN 不同，SA-LSTM 在一个向量 $\boldsymbol{v}_k$ 中同时编码句法和上下文信息。

3. 树结构 LSTM

树结构 LSTM[16] 可以看作标准 LSTM 的一个扩展，它旨在对树结构拓扑进行建模。在每个时间步，它由一个输入向量和任意多个神经元的隐藏状态组成。

树结构 LSTM 与标准 LSTM 的主要区别在于存储单元的更新和门向量的计算依赖于多个神经元。树结构 LSTM 神经元可以连接到任意数量的神经元，并为每个神经元分配一个遗忘门。这为树结构 LSTM 提供了从每个神经元合并或丢弃信息的灵活性。

给定一个句法树，在其节点 n_k 和其子节点 $C(k)$ 上定义树结构 LSTM 变换表达式为

$$\tilde{\boldsymbol{h}}_k = \sum_{j \in C(k)} \boldsymbol{h}_k$$

$$\boldsymbol{i}_g = \sigma(W^{(i)}\boldsymbol{x}_k + U^{(i)}\tilde{\boldsymbol{h}}_k + b^{(i)})$$

$$\boldsymbol{f}_g^{k,j} = \sigma(W^{(f)}\boldsymbol{x}_k + U^{(f)}\boldsymbol{h}_j + b^{(f)})$$

$$\boldsymbol{o}_g = \sigma(W^{(o)}\boldsymbol{x}_k + U^{(o)}\tilde{\boldsymbol{h}}_k + b^{(o)}) \qquad (11\text{-}3)$$

$$u = \tanh(W^{(u)}\boldsymbol{x}_k + U^{(u)}\tilde{\boldsymbol{h}}_k + b^{(u)})$$

$$\boldsymbol{c}_k = \boldsymbol{i}_g \odot \boldsymbol{u} + \sum_{j \in C(k)} \boldsymbol{f}_g^{k,j} \odot \boldsymbol{c}_j$$

$$\boldsymbol{h}_k = o_g \odot \tanh(\boldsymbol{c}_k)$$

其中 $j \in C(k)$，$\boldsymbol{h}_j$ 是第 j 个子节点的隐藏状态，$\boldsymbol{c}_k$ 是头节点 k 的内存单元，$\boldsymbol{h}_k$ 是节点 k 的隐藏状态。注意，在式 (11-3) 中，对于每个隐藏状态 $\boldsymbol{h}_j$ 都要计算一个遗忘门 $\boldsymbol{f}_g^{k,j}$。

树结构 LSTM 的原始形式并不考虑依存关系信息。可以通过添加一个额外的门 $\boldsymbol{r}_g$ 进一步扩展树结构 LSTM，让其具备依存关系感知能力，这需要重新构造式 (11-3) 的相关部分：

$$\boldsymbol{r}_g^{k,j} = \sigma(W^{(r)}\boldsymbol{x}_k + U^{(r)}\boldsymbol{h}_j + b^{L(k,j)})$$

$$\tilde{\boldsymbol{h}}_k = \sum_{j \in C(k)} \boldsymbol{r}_g^{k,j} \odot \boldsymbol{h}_j \qquad (11\text{-}4)$$

其中 $b^{L(k,j)}$ 是特定于依存关系标签的偏差项。树结构 LSTM 变换后，将依存树中每个节点的隐藏状态作为其句法表示，即 $\boldsymbol{v}_k = \boldsymbol{h}_k$。

11.7 句法裁剪

基于句法信息对生成的具体任务的样本、输入或者模型结构进行简化是运用句法提示信息的一种普遍方式，可以广泛用于传统模型和深度学习模型。

　　基于命题树（PropBank）的标注规范，谓词的论元通常是一个句法成分，这个先验知识有助于削减论元候选，从而提升论元标注学习效率。但一个完整的句法树包含大量节点，同时，对于给定谓词来说，句法树中离谓词过远的大量句法成分都极不可能是该谓词的论元。这一观察结论启发研究者根据句法结构输入设计有效的论元剪枝算法。

　　在使用词对建模语义分析任务的时候，大量的谓词-论元候选对被证明是无效的负例样本，即其实它们之间不存在语义关系，在词对样本生成时，这些样本会被分配标签"None"，但仅这一类就超过了全部样本的 50%，导致分类器工作低效，并受样本类别分布不平衡问题的严重影响。

　　针对传统模型，Zhao 等基于依存句法树提出了一个简单的启发式论元剪枝算法[7]：首先初始化遍历句法树的当前节点为谓词自身，反复执行以下两个步骤：

　　步骤 1　当前节点及其所有子节点都是论元候选。

　　步骤 2　重置当前节点为该节点的句法中心词，重复步骤 1，直至到达根节点。

　　尽管实际上论元通常倾向于邻近相应的谓词，但上述剪枝算法每次只考虑将谓词的句法树子节点作为候选论元，对论元的覆盖范围造成了太大的损害。以 CoNLL 英语评测数据为例，该算法导致了约 10% 的真实论元被错误削减，也就是说，这会导致最后的语义分析模型的精度上限停留在 90% 左右。

　　He 等后续针对深度学习模型扩展了这个方法，提出了 k 阶论元剪枝算法，这里 k 表示对于子节点的树遍历深度[9]。He 等提出的语义分析模型基于序列标注建模，采用他们提出的论元剪枝方法，直接将不可能是论元的词从输入序列中去除。

　　在给定的依存句法树中，已知节点 n 和它的子孙节点 n_d，定义阶为两个节点之间在句法树上的距离，标记为 $\mathcal{D}(n, n_d)$。其中，将满足 $\mathcal{D}(n, n_d) = k$ 的后代节点定义为 n 的 k 阶节点。确切地说，k 阶遍历将访问每个从节点 n 与到其距离不超过 k 阶的子节点。

　　具体的 k 阶候选论元剪枝方法如算法 11.5 所示。

算法 11.5　k 阶论元剪枝算法

　　输入: 谓词 p，给定的依存句法树 T，根节点 r，自定义阶数 k

　　输出: 论元候选集 S

1　**初始化**：　将谓词 p 设置为当前节点 c，即 $c = p$

2　**while do**

3　　　**for** $c \in T$ 的每个后代节点 n_i **do**

4　　　　　**if** $\mathcal{D}(c, n_i) \leqslant k$ **and** $n_i \notin S$ **then**

5　　　　　　　$S = S + n_i$

6　　　找到 c 的句法中心词 c_h，将其设置为当前节点 $c = c_\mathrm{h}$

7　　　**if** $c == r$ **then**

8　　　　　$S = S + r$

9　　　　　**break**

10　**return** 论元候选集 S

　　简单地说，在执行剪枝算法之前，先初始化给定的谓词为依存句法树中的当前节点。k 阶剪枝算法主要分为 3 步：

步骤 1　通过 k 阶遍历，在句法树上按从左到右、从上到下的顺序收集当前节点所有的后代节点作为论元候选。

步骤 2　将当前节点的父节点设置为当前节点，并重复步骤 1，直到当前节点是句法树的根节点。

步骤 3　将根节点加入论元候选集并停止。

图 11.9 为 k 阶候选论元剪枝示例。给出句子"She began to trade the art for money"和对应的依存句法树，图 11.9 中阴影处代表当前谓词。1 阶剪枝算法将裁剪候选论元"the""for""money"，剪枝后的结果为"She began to trade art"；2 阶剪枝结果为"She began to trade the art for"；而 3 阶剪枝会输出原句，即没有裁剪任何候选论元。

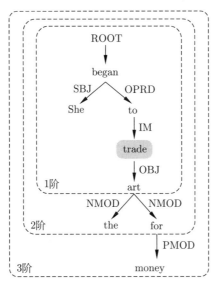

图 11.9　k 阶候选论元剪枝示例

从以上例子可以看出，传统剪枝算法等价于 1 阶剪枝算法（即 $k=1$ 的情况），错误地删除真正的论元的可能性过高。

11.8　统一建模成分和依存语义角色标注

Li 等报告了统一的图模型（即片段模型）用于成分和依存语义角色标注[17]，其打分器模型结构如图 11.10所示。为了执行统一的语义角色标注，该模型引入了统一的论元表示。一般的语义成分被定义为一个长度不限的片段，而对于语义依存，则定义为片段长度为 1 时的特殊情况。

使用一个统一模型之后，对于两类不同标注风格的语义分析结果，可以进行更好的经验性比较。Johansson 等[18] 提出金标准句法中心词搜索算法，可以为每个成分片段自动确定中心词。这样，可以将一个成分语义分析结果转换为依存语义分析结果形式。因为使用了金标准句法，这个转换过程达到了性能上限。

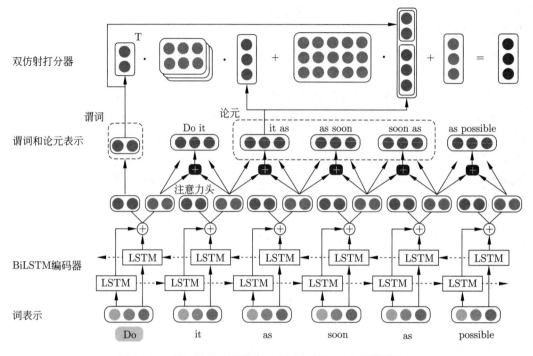

图 11.10 统一的成分和依存语义角色标注打分器模型结构

表 11.7展示了基于统一模型分析之后，在成分风格的 CoNLL-2005 测试集和依存风格的 CoNLL-2009 测试集 (WSJ 和 Brown) 上的语义分析结果对比。这两个测试集共享（绝大部分）相同的训练集文本内容。由于前者只包含动词性谓词及其论元结构，因此后者在性能统计中排除了所有与名词性谓词相关的结果以及谓词消歧结果。

表 11.7 在 CoNLL-2005/2009 测试集上的语义分析结果对比   单位：%

测　试　集		依存 F_1	成分转换依存 F_1	ΔF_1
WSJ	Johansson 等[18]	85.93	84.32	1.61
	Li 等[17]	90.41	89.20	1.21
WSJ+Brown	Johansson 等[18]	84.29	83.45	0.84
	Li 等[17]	88.91	88.23	0.68

从结果来看，Li 等基于统一模型完成的成分和依存语义角色标注任务得到了和 Johansson 相同的结论：依存语义分析在机器学习中的有效性好于成分语义分析。

11.9 语义角色标注中的句法角色变迁

将深度学习引入语义角色标注带来的最大变化是句法支持角色的根本性改变。

2015 年之前，基于成分形式的语义角色标注任务将句法输入作为有效建模的先决条件[11,19,20]。确切地说，绝大部分语义角色标注系统都是基于短语句法树先进行候选论元

的裁剪，辅以句法特征，以管道模式逐一实施各子任务以完成最终语义分析工作。直至
Zhou 等[24] 提出在无句法输入情况下使用长短时记忆网络（LSTM）进行序列化建模。
该模型在成分语义角色标注的标准测试集 CoNLL-2005 上获得了较好的成绩，一举打破
了长期以来语义分析必须依赖句法信息的观念。

依存形式的语义角色标注在 CoNLL-2008 评测任务中首次出现，这晚于对应的成分
形式的任务，但是发展更为迅猛，研究活跃程度后来居上。和成分语义分析一样，早期
基于传统机器学习模型的依存语义分析强烈依赖于句法特征信息[7,21]。句法输入对于此
任务必不可少的观念在研究者中甚至更为牢固。Roth 等[25] 提出的一个较早期的依存语
义分析的深度模型（PathLSTM）就继续依赖于句法，具体做法是，沿依存句法树路径
提取输入词嵌入，证明句法信息在深度模型中能继续帮助语义角色标注任务。但是很快，
Marcheggiani 等[27] 提出了一个简单的无句法依赖的序列标注模型（LSTM），立即获得
了和当时句法驱动模型相当甚至略好的成绩。

现在，深度学习模型下的语义角色标注不再像传统模型那样决定性地依赖于句法特
征，这已成为一定程度上的共识。

表 11.8 列出了不同建模方式搭配不同句法特征增强方式的结果[22]①。

表 11.8　CoNLL-2005/2009 英语域内 (WSJ) 测试集上的语义角色标注结果 单位：%

系　　统	句　法	CoNLL-2005		CoNLL-2009	
		F_1	ΔF_1	F_1	ΔF_1
基于序列[9,10]		86.5		88.7	
＋ k 阶硬裁剪算法[9]	＋			89.5	↑ 0.8
＋ 句法规则软裁剪算法[23]	＋			89.5	↑ 0.8
＋ GCN 句法编码器[10]	＋	87.0	↑ 0.5	89.8	↑ 1.1
＋ 句法感知 LSTM 句法编码器[10]	＋	86.8	↑ 0.3	89.7	↑ 1.0
＋ 树结构 LSTM 句法编码器[10]	＋	86.5	0.0	89.4	↑ 0.7
基于树[8]		87.4		89.8	
＋ k 阶硬裁剪算法	＋			89.9	↑ 0.1
＋ 句法规则软裁剪算法	＋			90.3	↑ 0.5
＋ GCN 句法编码器	＋	88.0	↑ 0.6	90.5	↑ 0.7
＋ 句法感知 LSTM 句法编码器	＋	87.6	↑ 0.2	90.5	↑ 0.7
＋ 树结构 LSTM 句法编码器	＋	87.3	↓ 0.1	90.2	↑ 0.4
基于图[17]		87.7		90.4	
＋ k 阶硬裁剪算法	＋			90.0	↓ 0.4
＋ 句法规则软裁剪算法	＋	87.9	↑ 0.2	90.2	↓ 0.2
＋ GCN 句法编码器	＋	88.6	↑ 0.9	91.1	↑ 0.7
＋ 句法感知 LSTM 句法编码器	＋	88.2	↑ 0.5	90.7	↑ 0.3
＋ 树结构 LSTM 句法编码器	＋	88.0	↑ 0.3	90.5	↑ 0.1

和句法分析的深度学习建模类似，句子上的语义角色标注的效果强烈依赖于能否有
效获取全局上下文化特征，而不取决于选取哪一种结构化分解的建模策略（即词对分类、
序列标注或图模型）。无句法语义角色标注是可行的这一论断首先在成分形式的任务上

---

① 本节后续报告的经验结果均来自此文献。

被发现，原因是传统的成分分析就是基于序列标注建模，而深度学习模型的序列标注建模会默认引入整句编码器，从而在客观上提供了全局上下文化特征，取得了良好效果。相应地，依存语义分析多用词对方式建模，较晚才无意中引入整句编码器。图模型在语义任务上的困境也和句法分析类似。FitzGerald 等较早引入了图模型用于两种形式的语义分析任务[20]，但是，尽管使用了极其复杂的句法特征增强手段，该方法仍然仅取得了极其有限的分析性能。这一情况后来在 Li 等提出的图模型中得到了根本纠正[17]，在成分和依存两类语义任务上都取得了无句法支持下当时领先的好成绩。原因就在于后者有意识地引入了整句上下文敏感化编码器模块。

同样，预训练语言模型能提供另一类全局编码特征。其使用方式包括预训练的词嵌入装载或者直接使用预训练语言模型作为语义分析模型的编码器进行微调。表 11.9列出了提供预训练语言模型之后的系统性能增长。仅看域内测试集（WSJ）上的表现：和句法特征增强带来的微弱性能提升相比（表 11.8中展示的 F_1 值提升幅度为 0.1%~1.1%），这里的预训练语言模型带来的性能增长要显著得多（提升幅度为 2.6%~5.5%）。

表 11.9   CoNLL 系列测试集上使用预训练语言模型增强后的语义角色标注结果   单位：%

系　　　统	CoNLL09	CoNLL09	CoNLL05	CoNLL05	CoNLL12
	WSJ	Brown	WSJ	Brown	
基线图模型	87.8	79.2	84.5	74.8	83.5
+ELMo	90.4（↑ 2.6）	81.5（↑ 2.3）	87.7（↑ 3.2）	80.5（↑ 5.7）	86.0（↑ 2.5）
+BERT	91.4（↑ 3.6）	82.8（↑ 3.6）	89.0（↑ 4.5）	82.3（↑ 7.5）	87.4（↑ 3.9）
+RoBERTa	91.4（↑ 3.6）	83.1（↑ 3.9）	89.3（↑ 4.8）	82.7（↑ 7.9）	87.9（↑ 4.4）
+XLNet	91.5（↑ 3.7）	84.1（↑ 4.9）	89.8（↑ 5.3）	85.2（↑ 10.4）	88.2（↑ 4.7）
+ALBERT	91.6（↑ 3.8）	84.0（↑ 4.8）	90.0（↑ 5.5）	84.9（↑ 10.1）	88.5（↑ 5.0）

表 11.10 和表 11.11分别列出了依存语义分析和成分语义分析在预训练语言模型增强基础之上的句法特征增强贡献度。这里引入了语义和句法分析器性能的比率（Sem-F_1/LAS）以便在句法分析器的贡献度中消除其句法质量差异的因素。有意思的是，这里的经验结果显示：依存语义分析模型能更有效地利用更低质的句法输入（超过 100% 的比率显示句法评估得分高于语义评估得分）。但是另一方面，句法特征增强效果极其微弱，即使在一个不算太强的预训练语言模型（ELMo）基础之上也是如此。依存语义分析的结果（参见表 11.10）显示，即使使用完全正确的金标准句法作为特征，此时 F_1 值最多仅再提升 1%，达到 90.5%，这可以视为使用句法特征增强手段所能获得的性能上限。对于成分语义分析来说，其情况则稍有不同。语义和句法分析器性能比率显示，成分语义分析器对不同质量句法的利用率似乎能保持稳定状态（根据表 11.11中的结果，在 92%左右一个百分点内浮动），但是句法质量提升带来的成分语义分析性能提升比依存语义分析的情形高很多：同样在预训练语言模型支持下，金标准句法能带来额外的 5.6% 的性能提升，远高于依存语义分析的 1% 的提升幅度。这也意味着成分语义分析对于句法质量比依存语义分析要敏感得多。

表 11.10 CoNLL-2009 英语 WSJ 测试集上的依存语义角色标注结果 单位：%

系　　统	句法分析器	预训练语言模型	LAS	P	R	Sem-F_1	Sem-F_1/LAS
序列 + k 阶硬裁剪	CoNLL-2009 预测句法错误生成器合成	ELMo	86.0	89.7	89.3	89.5	104.07
		ELMo	90.0	90.5	89.3	89.9	99.89
	金标准句法	ELMo	100.0	91.0	89.7	90.3	90.30
序列 + GCN 句法编码器	CoNLL-2009 预测句法	ELMo	86.0	90.5	88.5	89.5	104.07
	BIAF 分析器	ELMo	90.22	90.3	89.3	89.8	99.53
	BIST 分析器	ELMo	90.05	90.3	89.1	89.7	99.61
	金标准句法	ELMo	100.0	91.0	90.0	90.5	90.50

表 11.11 CoNLL-2005 英语 WSJ 测试集上的成分语义角色标注结果 单位：%

系　　统	句法分析器	预训练语言模型	Syn-F_1	P	R	Sem-F_1	Sem-F_1/Syn-F_1
序列 + GCN 句法编码器	Choe&Charniak		93.8	86.4	84.8	85.6	91.26
	Choe&Charniak	ELMo	93.8	87.2	86.8	87.0	92.75
	Kitaev&Klein	ELMo	95.4	88.3	89.1	88.5	92.77
	金标准句法	ELMo	100.0	93.2	92.4	92.6	92.60

11.10 语义角色标注的经验结果

基于成分和依存形式的语义角色标注还在不断发展进步。相关工作的时间线如表 11.12 所示。

表 11.12 成分和依存语义角色标注相关工作时间线（F_1 是相应标准测试集上单模型的结果）

成分语义角色标注 (CoNLL-2005)					依存语义角色标注 (CoNLL-2009)				
时间/年	系统	句法	方法亮点	F_1/%	时间/年	系统	句法	方法亮点	F_1/%
2008	Punyakanok 等[11]	+	ILP	76.3	2009	Zhao 等[7]	+	最大熵	86.2
2008	Toutanova 等[19]	+	DP	79.7	2010	Björkelund 等[21]	+		86.9
2015	FitzGerald 等[20]	+	图模型	79.4	2010	Björkelund 等[21]	+	图模型	87.3
2015	Zhou 等[24]		BiLSTM	82.8	2016	Roth 等[25]	+	PathLSTM	87.7
2017	He 等[26]		BiLSTM+highway	83.1	2017	Marcheggiani 等[27]		BiLSTM	87.7
2018	Strubell 等[28]	+	自注意力	83.9	2017	Marcheggiani 等[15]	+	GCN	88.0
2018	Tan 等[29]		自注意力	84.8	2018	He 等[9]	+	ELMo	89.5
2018	He 等[30]		ELMo	87.4	2018	Cai 等[8]		双仿射	89.6
2019	Li 等[17]		ELMo+ 双仿射	87.7	2018	Li 等[10]	+	ELMo	89.8
					2018	Li 等[10]	+	ELMo+ 双仿射	90.4
					2020	Li 等[31]		高阶图+BERT	91.8

参考文献

[1] PALMER M, GILDEA D, KINGSBURY P, 2005. The Proposition Bank: An Annotated Corpus of Semantic Roles. Computational Linguistics, 31(1): 71-106.

[2] MEYERS A, REEVES R, MACLEOD C, et al., 2004. The NomBank Project: An Interim Report. in: Proceedings of the Workshop Frontiers in Corpus Annotation at HLT-NAACL 2004: 24-31.

[3] CARRERAS X, MÀRQUEZ L, 2004. Introduction to the CoNLL-2004 Shared Task: Semantic Role Labeling. in: Proceedings of the Eighth Conference on Computational Natural Language Learning (CoNLL-2004) at HLT-NAACL 2004: 89-97.

[4] SURDEANU M, JOHANSSON R, MEYERS A, et al., 2008. The CoNLL 2008 Shared Task on Joint Parsing of Syntactic and Semantic Dependencies. in: Proceedings of the Twelfth Conference on Computational Natural Language Learning (CoNLL 2008): 159-177.

[5] HAJIČ J, CIARAMITA M, JOHANSSON R, et al., 2009. The CoNLL-2009 Shared Task: Syntactic and Semantic Dependencies in Multiple Languages. in: Proceedings of the Thirteenth Conference on Computational Natural Language Learning (CoNLL 2009): Shared Task: 1-18.

[6] PRADHAN S, MOSCHITTI A, XUE N, et al., 2012. CoNLL-2012 Shared Task: Modeling Multilingual Unrestricted Coreference in OntoNotes. in: Joint Conference on EMNLP and CoNLL-Shared Task: 1-40.

[7] ZHAO H, CHEN W, KAZAMA J, et al., 2009. Multilingual Dependency Learning: Exploiting Rich Features for Tagging Syntactic and Semantic Dependencies. in: Proceedings of the Thirteenth Conference on Computational Natural Language Learning (CoNLL 2009): Shared Task: 61-66.

[8] CAI J, HE S, LI Z, et al., 2018. A Full End-to-End Semantic Role Labeler, Syntacticagnostic Over Syntactic-aware? In: Proceedings of the 27th International Conference on Computational Linguistics (COLING): 2753-2765.

[9] HE S, LI Z, ZHAO H, et al., 2018b. Syntax for Semantic Role Labeling, To Be, Or Not To Be. in: Proceedings of the 56th Annual Meeting of the Association for Computational Linguistics (ACL): vol. 1, Long Papers: 2061-2071.

[10] LI Z, HE S, CAI J, et al., 2018. A Unified Syntax-aware Framework for Semantic Role Labeling. in: Proceedings of the 2018 Conference on Empirical Methods in Natural Language Processing (EMNLP): 2401-2411.

[11] PUNYAKANOK V, ROTH D, YIH W, 2008. The Importance of Syntactic Parsing and Inference in Semantic Role Labeling. Computational Linguistics, 34(2): 257-287.

[12] CHOI J D, PALMER M, 2011. Transition-based Semantic Role Labeling Using Predicate Argument Clustering. in: Proceedings of the ACL 2011 Workshop on Relational Models of Semantics: 37-45.

[13] ZHAO H, ZHANG X, KIT C, 2013. Integrative Semantic Dependency Parsing via Efficient Large-scale Feature Selection. Journal of Artificial Intelligence Research, 46: 203-233.

[14] KIPF T N, WELLING M, 2017. Semi-Supervised Classification with Graph Convolutional Networks. in: 5th International Conference on Learning Representations, ICLR 2017.

[15] MARCHEGGIANI D, TITOV I, 2017b. Encoding Sentences with Graph Convolutional Networks for Semantic Role Labeling. in: Proceedings of the 2017 Conference on Empirical Methods in Natural Language Processing (EMNLP): 1506-1515.

[16] TAI K S, SOCHER R, MANNING C D, 2015. Improved Semantic Representations From Tree-Structured Long Short Term Memory Networks. in: Proceedings of the 53rd Annual Meeting of the Association for Computational Linguistics and the 7th International Joint Conference on Natural Language Processing (ACL-IJCNLP): vol. 1, Long Papers: 1556-1566.

[17] LI Z, HE S, ZHAO H, et al., 2019. Dependency or Span, End-to-End Uniform Semantic Role Labeling. in: Proceedings of the AAAI Conference on Artificial Intelligence (AAAI): vol. 33: 01: 6730-6737.

[18] JOHANSSON R, NUGUES P, 2008. Dependency-based Semantic Role Labeling of PropBank. in: Proceedings of the 2008 Conference on Empirical Methods in Natural Language Processing (EMNLP): 69-78.

[19] TOUTANOVA K, HAGHIGHI A, MANNING C D, 2008. A Global Joint Model for Semantic Role Labeling. Computational Linguistics, 34(2): 161-191.

[20] FITZGERALD N, TÄCKSTRÖM O, GANCHEV K, et al., 2015. Semantic Role Labeling with Neural Network Factors. in: Proceedings of the 2015 Conference on Empirical Methods in Natural Language Processing (EMNLP): 960-970.

[21] BJÖRKELUND A, BOHNET B, HAFDELL L, et al., 2010. A High-Performance Syntactic and Semantic Dependency Parser. in: Coling 2010: Demonstrations: 33-36.

[22] LI Z, ZHAO H, HE S, et al., 2021. Syntax Role for Neural Semantic Role Labeling. Computational Linguistics, 47(3): 529-574.

[23] HE S, LI Z, ZHAO H, 2019. Syntax-aware Multilingual Semantic Role Labeling. in: Proceedings of the Conference on Empirical Methods in Natural Language Processing (EMNLP) & International Joint Conference on Natural Language Processing (IJCNLP) 2019: 5353-5362.

[24] ZHOU J, XU W, 2015. End-to-end Learning of Semantic Role Labeling Using Recurrent Neural Networks. in: Proceedings of the 53rd Annual Meeting of the Association for Computational Linguistics and the 7th International Joint Conference on Natural Language Processing (ACL-IJCNLP): vol. 1, Long Papers: 1127-1137.

[25] ROTH M, LAPATA M, 2016. Neural Semantic Role Labeling with Dependency Path Embeddings. in: Proceedings of the 54th Annual Meeting of the Association for Computational Linguistics (ACL): vol. 1, Long Papers: 1192-1202.

[26] HE L, LEE K, LEWIS M, et al., 2017. Deep Semantic Role Labeling: What Works and What's Next. in: Proceedings of the 55th Annual Meeting of the Association for Computational Linguistics (ACL): vol. 1, Long Papers: 473-483.

[27] MARCHEGGIANI D, FROLOV A, TITOV I, 2017a. A Simple and Accurate Syntax-Agnostic Neural Model for Dependency-based Semantic Role Labeling. in: Proceedings of the 21st Conference on Computational Natural Language Learning (CoNLL 2017): 411-420.

[28] STRUBELL E, VERGA P, ANDOR D, et al., 2018. Linguistically-Informed Self-Attention for Semantic Role Labeling. in: Proceedings of the 2018 Conference on Empirical Methods in Natural Language Processing (EMNLP): 5027-5038.

[29] TAN Z, WANG M, XIE J, et al., 2018. Deep Semantic Role Labeling with Self-Attention. in: Proceedings of the AAAI Conference on Artificial Intelligence (AAAI): vol. 32: 1: 4929-4936.

[30] HE L, LEE K, LEVY O, et al., 2018a. Jointly Predicting Predicates and Arguments in Neural Semantic Role Labeling. in: Proceedings of the 56th Annual Meeting of the Association for Computational Linguistics (ACL): vol. 2, Short Papers: 364-369.

[31] LI Z, ZHAO H, WANG R, et al., 2020. High-order Semantic Role Labeling. in: Findings of the Association for Computational Linguistics: EMNLP 2020: 1134-1151.

第12章　机器阅读理解

作为一个清晰定义的自然语言处理任务，机器阅读理解（Machine Reading Comprehension，MRC）的出现是人工智能发展到新阶段的标志，也是多个技术进步的交汇点。

机器阅读理解是一种常见的人类语言和认知能力测试方式。其任务形式是：给出篇章，要求机器"阅读"进而"理解"这个篇章，从而能正确回答给出的相关问题。

让机器能够阅读和理解人类语言，是自然语言处理界乃至人工智能界长久以来的目标。但是，对于如何才算"语言理解"存在着普遍争议。按照行为主义人工智能理论的观点，能有效解决阅读理解问题，那就说明机器具备语言理解能力。行为主义的人工智能工作方式就是让机器完成类似阅读理解这种形式的任务。有意思的是，在很长一段时间内，"自然语言处理"被冠以"自然语言理解"之名，但是实际上长期以来自然语言处理从未触及"理解"的门槛。在深度学习普遍渗透到自然语言处理领域之前，让机器承担阅读理解这样的任务是难以想象的，少有的几个尝试也是效果惨淡。20世纪90年代以后，"自然语言理解"之名连同梦想慢慢沉寂下来，业界甚至将领域名称改用基于现实主义基调的"自然语言处理"。然而，阅读理解这一任务形式在21世纪的第二个10年突然引起热烈关注并取得显著进展，让人们重拾自然语言理解的梦想，该类任务也因此被隆重地冠以"自然语言理解"的名称。今天，"自然语言理解"被重新定义为以阅读理解为典型代表的应用型任务的通称。另一方面，经历60年的发展后，"自然语言理解"不再是虚幻的憧憬，而是具体、明确的语言处理任务，并能够以行为主义人工智能方式精确比较自然语言理解能力的高下。

从自然语言处理的层次看，阅读理解任务是句级语言处理的进一步延伸，因为它要求进行篇章级的文本处理乃至理解。从处理对象的语言层次看，阅读理解任务的核心是篇章级的理解。传统自然语言处理任务大多聚焦于句级，原因在于模型处理能力有限。即使是深度学习模型，在应对超长篇章文本时最开始也一度显得力不从心。此外，由于阅读理解直接应对篇章级处理，这也使得篇章分析（discourse parsing）这样的基础语言处理任务有了直接的用武之地。

从应用场景的角度看，阅读理解展示了一个极具实际用途的语言处理任务模式。人类语言两大核心功能之一就是交流沟通，阅读理解任务恰好以自然的人机对话形式实现这一功能。从这个角度看，阅读理解可以视为一个事实型人机对话任务。有别于自由聊天型人机对话，事实型人机对话任务要求基于已知材料给出回答。在阅读理解情形下，这个已知材料就是给出的篇章文本。因此，人机对话形式的阅读理解任务是一个非常具有挑战性和实用性的对话任务。也正因如此，很多机器阅读理解数据集将自己命名为"问答"（Question-Answering，QA）数据集。

阅读理解不仅是一种具体的自然语言处理任务，更是一种广泛的自然语言理解目标。通过提供不同内容和性质的篇章文本和不同的答案形式，阅读理解从任务形式上能够覆盖众多现有的自然语言处理任务，从而突破了单纯的"阅读理解"。在近期的实践中，多种任务模式套用的方法开始进入研究者的视野。该方法寄希望于一般化的阅读理解任务中的技术进步，将相关任务转化为某种阅读理解的任务形式，从而可以直接借用已经发展完备的强大的机器阅读理解模型解决相关问题[1,2]。

机器阅读理解任务应用范围广，技术挑战性强，工作模式兼容性大。近年来，机器阅读理解任务引起了学界的广泛关注和积极探索。此外，各类标准的阅读理解排行榜（leaderboard）的出现推动了相关技术的长足进展，各个榜单上不断传出机器得分超越人类水平的好消息。这进一步鼓舞了人工智能研究者，也预示着相关研究即将迈上新台阶。

12.1　机器阅读理解任务的类型和评价指标

对于机器学习形式而言，机器阅读理解任务的模式是给出参考文本，要求机器回答相关问题。因此，机器阅读理解任务可以写为一个三元组 $<P, Q, A>$，其中，P 是一个篇章段落，Q 是关于 P 的问题，而 A 是答案。相应的机器学习样本具有如下形式：$P, Q \rightarrow A$，也就是该任务要求基于篇章和问题的输入，给出答案的输出。需要注意的是：阅读理解作为一个从标注数据上进行监督学习的任务，通常还受制于模型处理能力，因此定义里的 P 在大多数标注数据集中是一个规模严格受限而非任意大小的篇章文本（discourse，article），在文献中多称之为段落（passage）。

1. 任务类型

传统的机器阅读理解任务给出的篇章和问题通常是自然语言文本形式，因此不同类型的机器阅读理解任务的区别仅在于其答案格式如何设计。按照答案的格式，传统的机器阅读理解任务主要有如下几类：

（1）填空型任务，也称完形填空。如表 12.1所示，这类任务的问题中包含一个未知占位符，机器必须决定哪个词或实体是最合适的答案。标准数据集有 CNN/Daily

表 12.1　机器阅读理解任务类型示例：填空型任务

三元组	来自 CNN 数据集[3]
篇章	(@entity0)—a bus carrying members of a @entity5 unit overturned at an **@entity7** military base sunday, leaving 23 @entity8 injured, four of them critically, the military said in a news release. a bus overturned sunday in **@entity7**, injuring 23 @entity8, the military said. the passengers, members of @entity13, @entity14, @entity15, had been taking part in a training exercise at @entity19, an @entity21 post outside @entity22, **@entity7**. they were departing the range at 9:20 a.m. when the accident occurred. the unit is made up of reservists from @entity27, @entity28, and @entity29, **@entity7**. the injured were from @entity30 and @entity31 out of @entity29, a @entity32 suburb. by mid-afternoon, 11 of the injured had been released to their unit from the hospital. pictures of the wreck were provided to the news media by the military. @entity22 is about 175 miles south of @entity32. e-mail to a friend
问题	bus carrying @entity5 unit overturned at _____ military base
答案	@entity7

Mail [3]、Children's Book Test（CBT）[4]、BookTest [5]、Who did What [6]、ROCStories [7] 和 CliCR [8] 等。

（2）多项选择型任务。如表 12.2 所示，这类任务的答案出现在多个候选项中，要求机器在其中找到所有正确的选项。主要的数据集有 MCTest [9]、QA4MRE [10]、RACE [11]、ARC [12]、SWAG [13] 和 DREAM [14] 等。

表 12.2　机器阅读理解任务类型示例：多项选择型任务

三元组	来自 RACE 数据集[11]
篇章	*Runners in a relay race pass a stick in one direction. However, merchants passed silk, gold, fruit, and glass along the Silk Road in more than one direction. They earned their living by traveling the famous Silk Road. The Silk Road was not a simple trading network. It passed through thousands of cities and towns. It started from eastern China, across Central Asia and the Middle East, and ended in the Mediterranean Sea. It was used from about 200 B, C, to about A, D, 1300, when sea travel offered new routes, It was sometimes called the world's longest highway. However, the Silk Road was made up of many routes, not one smooth path. They passed through what are now 18 countries. The routes crossed mountains and deserts and had many dangers of hot sun, deep snow, and even battles. Only experienced traders could return safely.*
问题	*The Silk Road became less important because _____.*
答案候选项	A. *it was made up of different routes* B. *silk trading became less popular* **C. *sea travel provided easier routes*** D. *people needed fewer foreign goods*

（3）片段抽取型任务。如表 12.3 所示，这类任务的答案是从给定篇章文本中提取的片段（span），因此也被称作抽取型阅读理解。典型数据集有 SQuAD [15]、TrivialQA [16]、SQuAD 2.0（提取式、有无法回答的问题）[17]、NewsQA [18] 和 SearchQA [19] 等。

表 12.3　机器阅读理解任务类型示例：片段抽取型任务

三元组	来自 SQuAD 数据集[15]
篇章	*Robotics is an interdisciplinary branch of engineering and science that includes mechanical engineering, electrical engineering, computer science, and others. Robotics deals with the design, construction, operation, and use of robots, as well as computer systems for their control, sensory feedback, and information processing. These technologies are used to develop machines that can substitute for humans. Robots can be used in any situation and for any purpose, but today many are used in dangerous environments (including bomb detection and de-activation), manufacturing processes, or where humans cannot survive. Robots can take on any form, but some are made to resemble humans in appearance. This is said to help in the acceptance of a robot in certain replicative behaviors usually performed by people. Such robots attempt to **replicate walking, lifting, speech**, cognition, and basically anything a human can do.*
问题	*What do robots that resemble humans attempt to do?*
答案	*replicate walking, lifting, speech, cognition*

（4）自由问答型任务，也称生成式阅读理解。如表 12.4所示，其答案是在理解所给篇章文本的基础上进行抽象的自由表达。自由问答形式多样，包括生成文本片段、是非判断、计数、枚举等。广泛使用的数据集有 MS MACRO[20]、NarrativeQA[21] 和 Dureader[22] 等。这类任务还包括最近出现的对话式阅读理解，如 CoQA[23] 和 QuAC[24] 等，以及涉及计数和算术表达的离散推理类型，如 DROP[25] 等。

表 12.4　机器阅读理解任务类型示例：自由问答型任务

三元组	来自 DROP 数据集[25]
篇章	*The Miami Dolphins came off of a 0-3 start and tried to rebound against the Buffalo Bills. After a scoreless first quarter the Dolphins rallied quick with a 23-yard interception return for a touchdown by rookie Vontae Davis and a 1-yard touchdown run by Ronnie Brown along with a 33-yard field goal by Dan Carpenter making the halftime score 17-3. Miami would continue with a Chad Henne touchdown pass to Brian Hartline and a 1-yard touchdown run by Ricky Williams. Trent Edwards would hit Josh Reed for a 3-yard touchdown but Miami ended the game with a 1-yard touchdown run by Ronnie Brown. The Dolphins won the game 38-10 as the team improved to 1-3. Chad Henne made his first NFL start and threw for 115 yards and a touchdown.*
问题	*How many more points did the Dolphins score compare to the Bills by the game's end?*
答案	*28*

除了答案格式的多样性，阅读理解任务数据集还会存在以下差异：①所给篇章的上下文风格，如单段、多段、长文档和对话历史；②问题类型，如开放式自然问题、完形填空和搜索查询；③领域，如维基百科文章、新闻、考试、临床诊断报告、电影剧本和科学文本；④特定的模型功能验证，如确认无法回答的问题、多轮对话、多跳推理、数学计算、常识推理等。

2. 评价指标

由于阅读理解形式的多样性，相关模型的性能评价指标也需作相应的选取。对于填空型和多项选择型任务，其评价指标可直接用准确率；对于片段抽取型任务，广泛使用的评价指标是精确匹配（Exact Match，EM）和宏观平均 F_1 得分，EM 衡量的是预测答案与任何一个标准答案完全匹配的比例，F_1 得分基于检测点召回率和准确率的调和平均数衡量预测答案和标准答案的平均重叠度；对于自由问答型任务，答案并不局限于唯一文本形式，因此多会采用文本生成任务的度量 ROUGE-L[26] 和 BLEU[27] 进行评价。

12.2　机器阅读理解的深度学习建模

机器阅读理解的相关研究可以追溯到故事理解的研究[28,29]。早期阅读理解系统采用基于规则的启发式方法，例如词袋方法[30] 和手动生成的规则[31,32]。

标准的阅读理解系统（阅读器）一般采取如图 12.1所示的编码器-解码器架构：

（1）编码器（encoder）：接收篇章和问题输入（通常方式是直接拼接这两者的嵌入向量）将其编码为深层表示。这个模块现在一般会选用某个预训练语言模型。

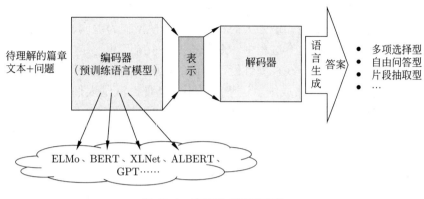

图 12.1　编码器-解码器架构

　　（2）解码器（decoder）：接收编码器输出的表示，并根据任务特点执行相应处理完成答案预测。解码器在非生成式任务（如多项选择型或片段抽取型任务）上可以简单而直接地建模为分类器模块。多项选择型任务通常是一个对于所给答案选项的四分类问题（此时输入端需拼接候选答案）；片段抽取型任务可以被建模为对所给篇章的每个词是否是答案片段起始点的二分类问题。

　　有意思的是，机器阅读理解的编码器-解码器建模方式和认知心理学中的双重处理（dual process）理论的观点是契合的[33-35]：人脑的认知过程可能涉及两种不同类型的操作步骤——上下文认知（阅读）和分析性认知（理解），首先由前者在隐性过程中收集信息，然后由后者进行控制性推理并执行目标。

　　预训练语言模型开启了上下文化语言表示的新范式[36-38]——将整个句子乃至篇章级别的表示信息用于语言建模，在一系列自然语言理解任务的基准测评中不断刷新最佳成绩。一些突出的示例包括 ELMo[36]、GPT[39] 和 BERT[37]。表 12.5列出了一些典型预训练语言模型在最初的展示阶段选用的自然语言理解任务。机器阅读理解任务提出了很强的输入端文本的编码需求，某种程度上刺激了预训练语言模型的迅猛发展；反过来，后者的开发验证也会选取典型的基准阅读理解数据集证明自己的有效性。一些重要的预

表 12.5　典型预训练语言模型在最初的展示阶段选用的自然语言理解任务

模　　型	自然语言推理任务		机器阅读理解任务			
	SNLI	GLUE	SQuAD1.1	SQuAD2.0	RACE	CoQA
ELMo	✓		✓			
BERT		✓	✓	✓		
RoBERTa		✓	✓	✓	✓	
ALBERT		✓	✓	✓	✓	
XLNet		✓	✓	✓	✓	
GPT						✓

训练语言模型在推出之初即会迅速登上热门的排行榜,这样,一个榜单中会同时出现大量提交系统都选用这样的最新、最强大的预训练语言模型作为编码器组件的情况,导致了所谓的"屠榜"现象。在这个过程中,众多的提交系统互相超越,通常很快就能超过数据集或榜单提供者给出的基线模型性能,继而,在强大的预训练语言模型支持下,甚至能超过榜单提供的人工评估成绩。这些成果不断涌现,激励人们迈向更复杂的阅读、理解和推理方面的研究,并帮助理解人类认知,实现更贴近现实的应用。

12.2.1 编码器

机器阅读理解任务要求的编码对象比已知的其他语言处理任务更为复杂。由于需要至少对一个篇章加一个问题的文本进行编码,相应的编码器从结构上就必须具备非常强的长依存捕获能力。甚至可以说,机器阅读理解任务不仅需要模型具备"深度"学习能力,还需要具备"宽度"学习能力。

阅读理解任务的挑战性在于如何有效地对输入文本进行编码。前面讨论过,即使对于仅需局部性上下文的预测任务,最好也能给模型提供全局的或至少更大范围的编码表示,因为这总是能提供更好的学习性能。但是和前面一些简单任务不同,如果说超长序列编码对这些任务是一个额外的"奢侈品"或"福利"(如图模型下的句法分析器),对于阅读理解任务来说则是"必需品"。

相对于深度学习模型在层次量化上的"深度"概念,本书用"宽度"表达这个模型结构设计能力的需求。宽度和深度分别代表了相应于深度学习模型数据流的径向和流向,这是两个相互垂直的方向。可以说,深度学习模型下的自然语言处理的全部中心议题就是如何从不同设计角度有效地对更宽的输入进行编码。

我们现在把编码更宽输入的挑战归因于如何捕捉输入序列中的长程依赖。从模型结构设计和训练方式上,必须有同步的配套方案,才能达到理想的效果。对于前者,我们已经知道,并非任何网络设计都适合支持宽度编码能力的编码器架构。一开始,研究者就排除了最具直觉性的多层感知机这样的朴素神经网络结构,发现至少需要某个循环神经网络(RNN)模式的编码器才能完成目标。有效捕捉长程依赖,或者叫支持更宽输入编码,需要编码器内部有些结构特征能反映输入端之间的径向联系。这是后来业界普遍转向 Transformer 模型的原因,因为它使用的自注意力机制能充分连接输入序列中任意远的两个单元。

一般情况下,阅读理解编码器需要编码的对象是一个篇章加一个问句。常规的人类语言句子,以短句而言,为 15~20 个字词(基于宾夕法尼亚大学树库在中英文上的统计)。对于这个宽度范围的序列,仅用 RNN 编码器就很容易有效完成其编码任务。但是,阅读理解任务所提供的篇章的长度在理论上是没有上限的。兼顾到模型的编码能力并保证模型最低程度的实用性,大多数阅读理解数据集将其提供的篇章长度控制在数百个词以内,但是也会远远超过一个正常句子的长度。例如,SQuAD 数据集标注预处理时就过滤掉了所有少于 500 个字符的篇章[15]。按照这样的任务基本要求,相应的编码器必须能从结构设计角度保证其至少具有数百个词的编码能力。

另一方面，超宽的输入意味着模型必须在更大规模的数据上才能得到有效训练。如果任务数据集不足以提供足够大的训练数据，那么最好这个编码器是来自某个大规模预训练的结果，否则还是会陷入编码能力不足的陷阱。

自然，相应的编码器必须是一个针对全部输入文本的全局上下文敏感化的语境编码器，也就是说，伴随着机器阅读理解任务崛起的预训练语言模型在编码器结构选用（Transformer）和训练规模上都满足上述要求。大规模预训练显然无法在规模受限的标注数据上完成，使用自监督学习方式构造训练任务也就成为唯一的可选路径。简言之，在常规的深度学习基础上，机器阅读理解建模还必须受益于宽度自监督学习。

有意思的是，预训练语言模型在实现上一开始就是基于篇章的预训练，而非真正的句子，因为通常的预训练语言模型支持 512 个词嵌入的输入，这足以容纳常规大小的篇章，接受其作为拼接向量一次性输入。又由于大规模预训练对于文本预处理的成本极高，在实际交付模型预训练的文本上，句间的界限并未非常严格地被精确标识。因此，预训练语言模型从一开始就是超宽、超深的自监督学习模型，特别是其宽度学习特征长期以来被人所忽略。

在预训练语言模型出现之前，研究者在设计这样的编码器时就极其小心，以防止丢失任何微小但关键的信息。这样典型的模型，例如 BiDAF，由 4 层组成（编码器和解码器各两层）[40]：

（1）编码层，将文本转化为词和字符嵌入的联合表示。

（2）上下文编码层，采用 BiGRU 获得上下文化的句子级表示①。

（3）注意力层，对篇章和问题之间的语义交互进行建模。

（4）答案预测层，产生答案。

在预训练语言模型成为主流编码器设计之后，机器阅读理解模型依然需要考虑一些复杂因素以进一步提升性能。

1. 语言单元

作为语言建模表示的基础模块，分布式词表示在深度模型中起着重要作用。如何有效利用词的不同粒度特征是以往研究的热点之一。为了解决未登录词（Out-Of-Vocabulary，OOV）问题，字符级嵌入曾是除词嵌入外最常见的单元[40]。然而，字符并不是天然的最小语言单位，这就使得探索字符与词之间的潜在单位（子词）以建立子词形态或词汇语义模型具有相当大的价值。为了同时利用词级和字符的表征，可将多粒度的语言单元表征融合使用[41]，从而缓解未登录词问题，并可进一步采用基于频率的短表（short list）过滤机制加强低频词的训练[42]。作为字符和词之间高度灵活的粒度表示，子词在主流模型中得到了广泛的应用[37]。

2. 显式语言学知识

普通的预训练语言模型被认为已经获取了包括句法、语义等在内的相当丰富的语言学知识。但是，预训练语言模型毕竟仅在完全无标注的普通文本上利用自监督学习机制

---

① 注意，BiDAF 具有完全上下文化的编码模块。除了具体的模块实现外，它与预训练语言模型最大的区别在于其编码器没有经过预训练。

进行训练，获取这样的语言学知识的训练过程和获得的相应模型结果都是隐式的。在一些情形下，显式地引入语言学信息被证明是必要的。

语义感知 BERT（Semantics-aware BERT，SemBERT）[43] 显式地引入了语义角色标签信息，构建出一种改进的语义感知语言模型。具体而言，SemBERT 利用 3 个模块在预训练的 BERT 模型上显式地结合上下文语义角色信息：①语义角色标注器，用于给输入的句子标注谓词-论元结构（词级别）形式的语义图；②序列编码器，使用预训练语言模型（即 BERT）构建输入原始文本的向量表示，通过一个卷积神经网络将子词表示组合恢复为词级别表示，以便与语义角色标签对齐，同时将语义角色标签向量化；③语义集成模块，用于将文本表示与上下文显式语义嵌入进行集成，以获得可用于下游任务的联合表示。SemBERT 保持了它的 BERT 基干模块的易用性，同样只需进行适应性微调。与 BERT 相比，SemBERT 在 10 项阅读理解和语言推理任务中显著地提升了基线模型性能。

句法引导网络（Syntax-Guided Net，SG-Net）[44] 提出基于句法引导的 Transformer 架构，对输入的篇章和问题进行句法解析，并将词依赖关系建模为注意力机制，从而获取句法信息指导的词向量表示。SG-Net 这一做法等同于在预训练语言模型中直接引入了显式的句法信息，也有助于提升阅读理解模型性能。

3. 常识知识

目前，阅读理解仍然基于浅层次的片段提取，在有限的文本中进行语义匹配，缺乏常识的模型化表达。人类通过多年的知识积累学会了常识。在人类看来，"太阳从东边升起，在西边落下"是直观的，但用机器学习却很有难度。

现在，若干常识性知识图谱往往被作为先验知识源，如 ConceptNet [45]、WebChild [46] 和 ATOMIC [47]。援引这些外部显式知识源，也可以进一步强化模型的阅读理解性能。

12.2.2 解码器

在对输入序列进行编码后，解码器部分接收上下文化的序列表示，执行必要的前向操作以解决特定任务。解码器需针对特定任务专门设计。例如，对于多选型阅读理解，解码器需要选择一个合适的答案；对于基于片段抽取型任务，解码器需要预测一个答案片段。

本节从 4 个方面讨论解码器的设计要点：匹配网络、答案片段预测、答案验证器和答案类型预测。

1. 匹配网络

对于非生成式阅读理解任务，相应的解码器多数可以简单设计为分类器。但是，有时候这不足以捕捉篇章、问题和答案选项之间的复杂关系。目前有两个较为成熟的解决方案。其中一个方案是利用各种注意力机制设计，这包括一系列早期工作：注意力和（attention sum）[48]、门控注意力（gated attention）[49]、自匹配（self-matching）[50]、BiDAF [40]、注意力之注意力（attention over attention）[51] 以及协匹配注意力（co-match attention)[52]。最近，也有人在预训练语言模型的 Transformer 结构基础上，提出交互捕捉的注意力设计，如双多头协同注意力（Dual Multi-head co-Attention，DUMA）[53]。

　　另一个方案是匹配网络（matching network）。匹配网络严格来说是对于编码器输出表示之间的搭配模式的选择。图 12.2 展示了考虑 3 种可能序列的详尽匹配模式：篇章（P）、问题（Q）和答案候选选项（A）①。3 个独立序列 P、Q 或 A 可以互相结合，形成一个新的独立实体，例如，PQ 表示 P 和 Q 的连接组合，而 M 被定义为匹配操作，那么 M^{P_A} 可表示为 P 和 A 编码后隐藏态之间的匹配。图 12.2 右侧虚线框中的是 RACE 提交系统 DCMN 所采用的匹配网络模式[54]。

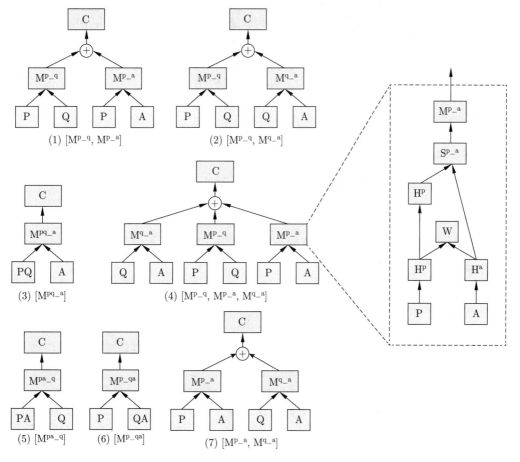

图 12.2　匹配网络设计

　　目前，运用足够强大的预训练语言模型作为编码器，已经进一步减轻了在解码器设计上的压力，这使得任何特殊的注意力机制或匹配网络都不再提供显著的性能支撑。

———————————

① 对于某些类型的阅读理解任务，匹配方法只涉及篇章和问题（如完形填空和片段抽取型任务），这里通过利用 3 种输入类型的多项选择型任务展示尽可能一般的匹配模式。

2. 答案片段预测

对于片段抽取型任务，需要预测答案片段在所给篇章中的位置。解码器可以直接预测所给篇章中每一个词是否对应答案片段的起始和结束位置，这个解码器设计也被称为指针网络[55]。

通常的模型采用标准的最大似然法预测答案片段精确匹配（EM）的开始和结束位置。这是一个要求精确答案的严格的目标，代价是有可能错误地惩罚了一些在标准答案附近或与之重叠的正确答案。为了缓解这一问题，预测出更多可接受的答案，可以考虑以预测答案与标准答案之间的词重叠度来衡量预测回报（reward），从而向更宽容的 F_1 度量而不是 EM 度量优化，以获得更有弹性的结果[56]。

将答案片段预测简化为独立的分类目标还忽视了结束位置与起始位置之间的关系。常见的补偿方案是对起始位置和序列状态间的联系建模，以增强模型性能[40]。

对于模型输出的多重预测，还可以一般化地考虑使用 N-最优重排序（N-best reranking）策略[57,58]进行后处理增强。Hu 等[58] 提出了一种算术表达式重选机制，对通过束搜索解码的表达式候选进行排序，在重选过程中加入其上下文信息，进一步确认预测结果。

3. 答案验证器

针对所给篇章内容，有些挑战性的阅读理解任务要求识别出不可回答的问题（如 SQuAD 2.0），系统此时要同时处理好两方面问题：①对可回答的问题给出准确的答案；②有效区分不可回答的问题，然后拒绝回答。为识别不可回答问题，需要在原有模块基础上引入一个答案验证器模块或答案验证机制。图 12.3显示了答案验证器的设计模式。几个典型的验证器设计方案如下：

（1）基于阈值的可回答验证（Threshold Answerable Verifier，TAV）。该验证机制采用一个基于预测片段概率的简单阈值判断问题是否可回答，在足够强大的预训练语言模型支持下可以有效工作[37,43]。

（2）多任务式验证。对于模块化设计，在大部分情况下答案片段预测和答案验证采用

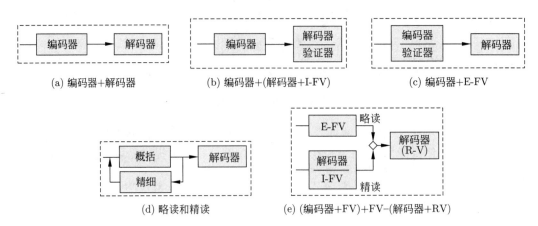

(a) 编码器+解码器　　(b) 编码器+(解码器+I-FV)　　(c) 编码器+E-FV

(d) 略读和精读　　(e) (编码器+FV)+FV-(解码器+RV)

图 12.3　答案验证器的设计模式

多任务学习联合训练（图 12.3(c)）。Liu 等[90] 在上下文中附加了一个空词字符，并在系统中添加了一个简单的分类层。Hu 等[91] 使用了两种类型的损失，其中，独立的片段损失用来预测可信的答案，而独立的无答案损失用来决定问题的可答性。此外，该系统还采用了一个额外的验证器决定预测的答案是否被输入的片段所包含（图 12.3(b)）。Back 等[92] 增加了一个基于注意力的满意度评分，用于比较问题嵌入和候选答案嵌入。它允许通过显示问题中未满足的条件解释为什么一个问题被归类为无法回答（图 12.3(c)）。Zhang 等设计了一个线性验证器层，基于池化的上下文表示以判断问题是否可回答（图 12.3(c)）。

（3）外部并行验证。Zhang 等[93] 提出了一个回溯式阅读器（retro-reader），它集成了两个阶段的阅读和验证策略。①略读：简单触及篇章和问题的关系，得出初步判断；②精读：验证答案，给出最终预测。在实施过程中，该模型结构为后置验证（RV）方式，将多任务式验证作为内部验证（IV），由只针对可作答性判定进行训练的并行模块进行外部验证（EV），在性能基本相同的情况下，该模型更加简单且实用，最后设计出如图 12.3(e) 所示模型的并行阅读模块。

4. 答案类型预测

对于更开放、更现实的场景，阅读理解任务所要的答案还会涉及具体类型预测，如数字、日期或文本字符串等。对此，通常的做法是使用不同的预定义模块分别处理不同类型的问答[25]。

12.3　对话理解

1. 对话问答

常规的机器阅读理解任务中提出的问题通常是相互独立的，即一问一答的形式，我们称之为单轮对话式阅读理解。实际上，人们往往通过一系列相关的问题获取知识。基于给定篇章，提问者先提出一个问题，回答者给出答案，之后再在回答的基础上提出另一个相关的问题。这产生了需多轮对话的机器阅读理解任务。多轮对话式阅读理解任务针对每个问题的回答不仅依赖于原始的参考文本，还依赖于实际的对话交互历史信息。从 2018 年开始，多轮对话式阅读理解逐渐受到关注，常用的数据集有 DREAM[14]、CoQA[23] 和 QuAC[24]，数据样例如表 12.6所示。

2. 对话响应

多轮对话式阅读理解与传统的多轮对话响应任务（multi-turn response Selection/Generation）有着紧密的联系[59-61]，如表 12.7所示。对话响应任务形式上给定一段对话上下文，系统需根据上下文给出回复。在阅读理解的给定篇章均为对话上下文且无显性问题的情况下①，对话式阅读理解形式上等同于多轮对话响应。

---

① 对话响应任务的最后一条话语可视为这样特殊的"问题"。

表 12.6　对话问答数据样例[14]

轮　　次	说话人和话语 (上下文)
话语 1	F: *Well, I'm afraid my cooking isn't to your taste.*
话语 2	M: *Actually, I like it very much.*
话语 3	F: *I'm glad you say that. Let me serve you some more fish.*
话语 4	M: *Thanks. I didn't know you are so good at cooking.*
话语 5	F: *Why not bring your wife next time?*
话语 6	M: *OK, I will. She will be very glad to see you, too.*
问　　题	*What does the man think of the woman's cooking?*
响应	A. *It's really terrible.*
响应	B. *It's very good indeed. **
响应	C. *It's better than what he does.*

表 12.7　对话响应任务样例[62]

轮　　次	说话人和话语 (上下文)
话语 1	F: *Excuse me, sir. This is a non smoking area.*
话语 2	M: *Oh, sorry. I will move to the smoking area.*
话语 3	F: *I'm afraid no table in the smoking area is available now*
响 应 候 选	
响应 1	M: *Sorry. I won't smoke in the hospital again.*
响应 2	M: *OK. I won't smoke. Could you please give me a menu? **
响应 3	M: *Could you please tell the customer over there not to smoke? We can't stand the smell*
响应 4	M: *Sorry. I will smoke when I get off the bus.*

3. 通用建模思想

对话式阅读理解比传统阅读理解任务更具挑战性。对于对话式任务来说，建模多跳依赖性需要额外的模块设计捕捉上下文信息流，以精确、一致地解决问题[63]。此外，由于对话数据存在多轮次、多主题、多说话人、口语化等因素，且涉及流畅性、相关性、个性化等建模挑战，如何对相关的层次性对话建模吸引了大量关注[64,65]。常规做法是：将上下文信息显式地分为不同部分，并小心辨识它们之间的关系。例如，Xu 等[65] 提出将连续的文本切分成一个个话题块，Liu 等[64] 利用遮盖机制，迫使模型将注意力放在同一个说话人的相关词句上。另一方面，对话中说话人角色的转换会破坏当前对话文本的连续性。因此也涌现出了一些对于说话人角色进行建模的方法[66]。同时，Ouyang 等[94] 抽取语篇关系对其建立图模型，并显式地注入外部知识作为图的全局节点，这也被证明能改善对话式阅读理解。

12.4　面向推理的阅读理解

Bengio 在 AAAI-2020 大会的演讲报告中提出[①]，人的认知系统包含两个子系统。System 1（直觉系统）实现的是快速、无意识、非语言的认知，这也是现有的深度神经网络所实现的。他认为，未来的深度神经网络应当能够实现 System 2（逻辑分析系统），实现的是有意识的、有逻辑的、有规划的、可推理的以及可以用语言表达的系统。逻辑推理是人类阅读的基本能力之一，如何让机器具有良好的逻辑推理能力成为一项重要挑战。逻辑推理的核心挑战在于准确地提取出知识单元以及对其间的联系建模，从而实现推理。

1. 多跳推理

多跳推理任务专注于推理过程和可解释性展示。典型的数据集为 HotpotQA [67]。[②]相应的问题需要多次实体"跳转"的阅读理解才能回答。如表 12.8 所示，给定一个问题，系统需要在给定的多篇相关的文档池中通过实体信息的跳转检索出少数相关的段落及证据链条，进而抽取出问题的答案。多跳推理要求完成两个子任务：其一，要求给出推理的最终答案（系统记为 Ans Task）；其二，更重要的是，要求展示关键篇章及证据链条（系统记为 Sup Task）。

表 12.8　多跳推理数据集 HotpotQA 样例

问题	The director of the romantic comedy "Big Stone Gap" is based in what New York City?	
相关段落 1	Big Stone Gap	
语句 1	**Big Stone Gap** is a 2014 American drama romantic comedy film written and **directed by Adriana Trigiani** and produced by Donna Gigliotti for Altar Identity Studios, a subsidiary of Media Society.	相关
语句 2	Based on Trigiani's 2000 best-selling novel of the same name, the story is set in the actual Virginia town of Big Stone Gap circa 1970s	无关
语句 3	The film had its world premiere at the Virginia Film Festival on November 6, 2014.	无关
相关段落 2	Adriana Trigiani	
语句 1	**Adriana Trigiani** is an Italian American best-selling author of sixteen books, television writer, film director, and entrepreneur based **in Greenwich Village, New York City**	相关
语句 2	Trigiani has published a novel a year since 2000.	无关
无关段落	...	...
答案	Greenwich Village, New York City	
证据链条	Big Stone Gap 语句 1, Adriana Trigiani 语句 1	

多跳推理相关的研究涉及关键篇章检索[68,69]、通过图网络对实体间的信息[70] 建模及度量多跳推理模型的可解释性[71]。在整体建模上，早期工作集中于图网络建模实体关

---

① http://www.iro.umontreal.ca/ธengioy/AAAI-9feb2020.pdf。

② 排行榜为 https://hotpotqa.github.io/。

系[72,73]，通过轻量级的图结构就能取得较大的性能提升。然而，依靠图网络的建模方式依赖于实体抽取模型的性能，同时也依赖于图模式的人工设计。最近的研究表明，采用更加精细的关键篇章检索方式[74]能够过滤大量与答案关系并不密切的实体，大幅度压缩实体图的容量，乃至取代图网络的作用，实现轻量灵活的建模并获得不错的性能效果。

2. 逻辑推理

为更深入地挖掘深度学习模型的逻辑推理能力，专门服务于逻辑推理的数据集相应地被提出，如 ReClor[75] 和 LogiQA[76]，其数据均来源于需要逻辑推理的标准化考试试题，采用选择题阅读理解的形式，旨在以更困难的阅读理解任务挑战当前的前沿模型，推动该领域朝着更全面的复杂文本推理方向迈进。逻辑推理典型样例如表 12.9 所示。面向逻辑推理的机器阅读理解的核心挑战在于抽取知识单元及其间的关系，涉及实体知识、非实体知识、常识知识等。而当前被广泛使用的语言模型往往基于无监督预训练，逻辑相关的信息难以通过掩码语言模型的预训练显性地学习。为应对相应的挑战，Ouyang等[95] 定义了以句法成分为基础的事实单元，涵盖了常识、非常识、实体、非实体的全局和局部的知识，对单元内和单元间的关系构建逻辑图并通过图网络进行特征提取。此外，该工作进一步设计了基于事实的预训练策略，对事实单元内部和事实间的关系进行遮盖，从而无监督地训练语言模型的逻辑表征能力。

表 12.9　逻辑推理典型样例[75]

篇章	*Most lecturers who are effective teachers are eccentric, but some non-eccentric lecturers are very effective teachers. In addition, every effective teacher is a good communicator.*
问题	*Which one of the following statements follows logically from the statements above?*
选项	A: *Most lecturers who are good communicators are eccentric.* * B: *Some non-eccentric lecturers are effective teachers but are not good communicators.* C: *All good communicators are effective teachers.* D: *Some good communicators are eccentric.*

12.5　常识问答

1. 任务特点

常识问答区别于一般的阅读理解或问答任务，模型无法从给定的有限上下文直接获取问题对应的答案，而是需要从额外的知识源中提取相关的常识知识作为补充信息，才能推测出正确答案[77]。可以认为常识问答是不再提供给定篇章的阅读理解任务。例如，给定上下文 "My body cast a shadow over the grass." 以及问题 "What's the cause of it?"，为了选择出正确答案 "The sun was rising."，模型需要掌握两条常识：① "光线被遮挡会产生阴影"；② "太阳会释放光线"。对于模型而言，如果没有额外的知识源（包括知识图谱和常识语料库等）提供支持，模型很难捕获这样的联系[78]。解决常识问答的关键和难点就在于如何获取与给定问题相关的常识以及如何将常识注入模型。

由于常识的广泛性，构建通用并且足够大的有标签训练数据集是很困难的，因而目前常识问答模型趋向于采用无监督的设置，也就是假定不存在标注数据集。

常用的常识问答建模方案是利用预训练语言模型（LM），以上下文（C）和问题（Q）为前缀，计算各候选答案（$O = O^i{}_{i=1}^{|O|}$）的似然值（或困惑度），即

$$\text{Score}(O^i|C,Q) = P_{\text{LM}}(O^i|C,Q) = \frac{1}{|O^i|} \sum_{t=1}^{|O^i|} \log P_{\text{LM}}(O^i_t|C,Q,O^i_{<t}) \tag{12-1}$$

常识问答任务通常还要求模型具有常识推理的能力。常识问答的常用数据集有 COPA [78]、SocialIQA [79] 和 SCT [7]，表 12.10 列出了一些实际样例。

表 **12.10**　常识问答数据集及其对应样例

数据集		样　例
COPA	上下文	*My body cast a shadow over the grass.*
	问题	*Cause*
	候选答案	a) *The sun is rising.*　b) *The grass was cut.*
SocialIQA	上下文	*Carson was excited to wake up to attend school.*
	问题	*Why did Carson do this?*
	候选答案	a) *Take the big test.*　b) *Just say hello to friends.*　c) *Go to bed early.*
SCT	上下文	*Rick grew up in a troubled household. He never found good support in family, and turned to gangs. It wasn't long before Rick got shot in a robbery. The incident caused him to turn a new leaf.*
	问题	*Right ending*
	候选答案	a) *Rick is happy now.*　b) *Rick joined a gang.*

（1）COPA 评估对特定事件进行因果推理的能力，事件描述为单个句子。每个问题附带两个候选答案。

（2）SocialIQA 评估社交互动的推理能力，包括各种各样的问题，如主体的动机、反应、个性等。每个问题附带 3 个候选答案。

（3）SCT 要求模型从两个候选答案中选择给定短篇故事的正确结局。每个短篇故事由 4 个句子组成。

2. 常识获取

先前的研究致力于大型知识图谱的建模和检索，例如 ConceptNet [45] 和 ATOMIC [47]。通常这些知识图谱包含数以百万计的节点和边，用以建模和记录实体之间的关系。在知识图谱中，知识通常用 < 实体 1, 关系, 实体 2> 的实体-关系三元组形式表示，例如 <bird, CapableOf, fly>。COMET 以已有知识图谱（例如 ConceptNet）中的三元组为种子集，通过学习给定实体 1 和关系生成实体 2，训练出一个常识生成器，可以生成更多高质量的知识 [80]。基于这样的大型知识图谱，模型可以通过先从给定文本抽取实体对，然后基于实体对从知识图谱中检索实体-关系三元组，从而获取相关知识 [81,82]。虽然

上述方法一定程度上解决了常识的获取问题，但是存在一些不足：一方面，一个足够通用的知识图谱规模过于庞大，无论是建立、存储还是检索都需要消耗大量资源；另一方面，基于三元组检索的常识获取很不灵活，例如知识图谱中很可能只包含三元组 <bird, CapableOf, fly>，而对于特定实体，如"大雁""鸵鸟"等，就没有对应的知识。

为了解决上述问题，现有研究开始关注基于预训练语言模型的常识生成。例如，以 GPT[83] 为代表的生成式预训练语言模型在给定提示前缀时可以生成合理的完整句，从而实现某种意义上的知识生成。由于所用训练语料来自于蕴含广泛常识的开放域，生成式预训练语言模型在现有工作中常被用来作为常识生成器以替代知识图谱。SEQA[84] 以上下文和问题作为前缀，使用 GPT 生成数百个伪答案，通过计算候选答案和伪答案之间的语义相似度进行答案的预测。Self-talk[85] 采用完全无监督的方法获取相关知识，连续利用两次 GPT：首先用预定义的常识问题前缀模板提示 GPT，以生成完整的常识问题；然后用常识问题提示 GPT，以生成常识。

3. 常识注入

将常识知识注入神经网络的方案主要包括 3 种：方案一，直接将知识条目插入文本；方案二，将知识信息编码后通过注意力或图网络机制与文本表示交互融合；方案三，以多任务学习作为辅助。现有研究表明，与不注入常识相比，即便采用最朴素的常识注入（方案一）也可以带来显著的性能提升[86]。表 12.11 展示了无监督设置下，以 GPT 作为评分语言模型，使用 Self-talk 注入知识前后常识问答模型的性能差异。

表 12.11　无监督设置下常识问答模型的性能差异

模　　型	准确率/%		
	COPA	SocialIQA	SCT
GPT-2$_{\text{medium}}$	62.4	44.3	67.4
+ Self-talk	65.0 (↑2.6)	44.8 (↑0.5)	68.5 (↑1.1)

12.6　开放域问答

开放域问答（Open-Domian Question-Answering，缩写为 OpenQA 或 ODQA）[87] 也叫开放域阅读理解。相比于传统机器阅读理解，开放域问答对每个给出的问题不再提供单独的篇章段落或文档，而是需要模型在一个大规模文档集合或者整个互联网上寻找答案。机器阅读理解的基本形式是篇章级的问答，而开放域问答可以视为不限定篇章情形的机器阅读理解，或者是面向整个互联网的机器阅读理解。开放域问答将信息检索之后的答案定位缺环补上之后，将为下一代搜索引擎的关键模块提供技术支撑。

常用的 3 个开放域问答数据集是 Natural Questions[88]、WebQuestions[89] 和 TriviaQA[16]。

（1）Natural Questions（NQ）的模式是端到端地回答问题，这些问题是从真实的 Google 搜索引擎记录中收集的，答案是由标注者从维基百科文章的相关内容中选取的，通常长度较短，一般为几个词或一小段短语。

（2）WebQuestions（WQ）中的问题是通过使用 Google Suggest API 选取得到的，其答案是 Freebase[①] 中的实体。

（3）TriviaQA 的内容是日常事务相关的问题，其答案来自网络搜集。

表 12.12 展示了 3 个数据集的统计信息，采用的训练集、开发集、测试集的比例通常遵循论文[96] 的约定。表 12.13 展示了 NQ 数据集中的几个例子，该数据集同时也有对应的公开榜单[②]。

表 12.12　3 个开放域问答数据集的统计数据

数 据 集	训 练 集	开 发 集	测 试 集
Natural Questions	79 168	8757	3610
WebQuestions	3417	361	2032
TriviaQA	78 785	8837	11 313

表 12.13　开放域问答数据集 NQ 中的样例

样 例 1	
问题	*What color was john wilkes booth's hair*
维基百科页面	*John_Wilkes_Booth*
长答案	*Some critics called Booth "the handsomest man in America" and a "natural genius", and noted his having an "astonishing memory"; others were mixed in their estimation of his acting. He stood 5 feet 8 inches (1.73 m) tall, had jet-black hair and was lean and athletic. Noted Civil War reporter George Alfred Townsend described him as a "muscular, perfect man" with "curling hair, like a Corinthian capital"*
短答案	*jet-black*

样 例 2	
问题	*Can you make and receive calls in airplane mode*
维基百科页面	*Airplane mode*
长答案	*Airplane mode, aeroplane mode, flight mode, offline mode, or standalone mode is a setting available on many smartphones, portable computers, and other electronic devices that, when activated, suspends radio-frequency signal transmission by the device, thereby disabling Bluetooth, telephony, and Wi-Fi. GPS may or may not be disabled, because it does not involve transmitting radio waves.*
短答案	BOOLEAN:*NO*

---

① https://developers.google.com/freebase。

② https://ai.google.com/research/NaturalQuestions。

开放域问答面对超大规模的文档集，因此，开放域问答模型需要先根据问题检索出相关文档，再聚焦到段落，继而通过阅读给出答案。这样导致的开放域问答模型的典型架构通常是从检索到理解的两阶段管线结构，如图 12.4 所示[87]。

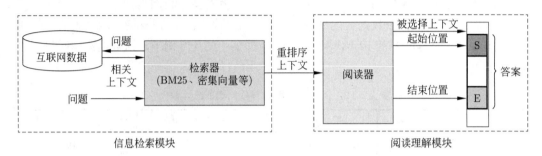

图 12.4　从检索到理解的开放域问答模型的典型架构

由于涉及大规模的文档检索，开放域问答系统需考虑两大关键因素：效率和效果。效率反映在前端的检索阶段，效果则主要反映在后端阅读理解的能力上。检索方法分为传统的信息检索模型和近期成为主流的向量化模型，后者以稠密段落检索（Dense Passage Retrieval，DPR）为典型代表[97]。

传统的检索模型用得较多的有 TF-IDF 和 BM25 算法，它们通过高效匹配关键词将问题和相关上下文表示成一个稀疏的高维度空间向量。这些算法很高效，但不足之处是仅仅在词的匹配上进行检索，而未考虑非词汇化的语义相关性，导致了很大的局限性。相对应地，DPR 通过稠密且能够包含语义信息的空间向量进行表示。模型将所有篇章都映射到一个统一的向量空间并建立索引，对于输入的句子，通过语义相似度检索得到最相关的段落。DPR 离线完成所有段落的编码，段落编码器的训练同样以自监督学习方式完成：将含有标准答案字符串的候选段落作为编码器的正例，其他段落作为负例。训练完成后，即可在预测前对所有段落进行编码。预测时只需要对问题进行编码，即可通过向量搜索得到相关段落。

开放域问答模型的阅读理解模块需要处理的往往不是类似于 SQuAD 数据集中的那种指定的单个文档，而是检索器输出的多个模棱两可、可能并不包含答案的文档，其数量可达几十甚至上百个。相对于从单一篇章中寻找答案，这种多篇章机器阅读理解问题的难度大大提升。针对这个挑战，典型的开放域问答解决方案是检索器-阅读器（retriever-reader）架构[97]，它利用预训练语言模型对多个篇章中的答案的概率分布进行建模。DPR 将答案的概率建模为篇章包含答案的概率与该篇章中候选答案的概率的乘积，即

$$P_{\text{answer}} = P_{\text{passage}} \times P_{\text{candidate answer}}$$

在应用预训练语言模型时，计算包含答案的概率以及预测答案这两个任务同时进行训练且参数共享。

除了针对检索和阅读模块的研究以外，一些研究表明，后排序（post ranking）可以进一步提升性能表现。答案后处理模块旨在帮助从阅读器提取的一组候选答案中进一步

选择最终答案，与此同时考虑它们各自的支撑事实。RECONSIDER[98] 提出，模拟人类进一步细致思考的过程，在得到候选答案之后并不直接输出概率最大的答案，而是额外再让预训练语言模型进行进一步的重排序，最终对结果的提升较为明显。

在开放域问答任务中，一个关键性的挑战就是对候选篇章是否能够回答给定问题的可回答性的建模。在检索阶段，由于效率是第一位的，往往很难在非常精细的粒度上对可回答性进行判别。举个例子，在快速检索的过程中，模型比较难以实现对于实体的精准识别：文档"北京奥运会于某某年举办……"与文档"东京奥运会于某某年举办……"在内容主题方面高度一致，往往在映射到向量空间中之后距离较近，难以进行准确区分。针对这种问题，可能需要进一步与基于词的稀疏检索方法进行结合。在阅读阶段，与SQuAD 2.0 中的可回答性建模不同，多篇章阅读理解并不针对每一个独立篇章进行可回答性预测，而是通过学习在有多个不可回答的负例情况下，计算多个篇章中最有可能回答出给定问题的某个篇章的概率。在这个过程中，负例的选择非常重要，它直接影响模型对于关键信息的辨别能力。此外，对于这个可回答性概率的计算方式也非常重要，目前直接以预训练语言模型作为编码器，直接拼接整个篇章和问题来计算概率的方式往往使得模型对于多种粒度信息的理解能力较弱，而研究表明，这种多粒度的信息在词、句、段落级别的粒度上分别关注不同的信息点，在预训练语言模型上融合多粒度的信息依然有待进一步研究。另外，根据一些错误样例分析，模型对于关键性词语特别是实体词的关注程度有待进一步提高。对于许多不包含问题要求的实体词的篇章，预训练语言模型也可能认为它足以回答该问题。

除了分阶段以及将系统分为多个模块分别优化以外，也有一些工作采用端到端的方法，但是由于计算资源的开销过大，目前暂时难以被广泛采用。

REALM[99] 在预训练阶段采用机器阅读理解模式的掩码语言模型任务，包括一个神经检索器和一个神经阅读器，它能够在全部的模型参数上计算梯度并在整个网络中完成端到端的反向传播。在大量文档的情况下，对问题的响应速度是推理过程中的关键问题。上述两个基于神经网络的模块往往计算资源开销巨大，即便如此，也难以训练出很好的效果。

DenSPI[100] 在给定一组文档（如维基百科文章）的情况下离线构建一个与问题无关的短语级嵌入索引。在索引中，来自语料的每个候选短语由两个向量的拼接表示，即一个稀疏向量（如 TF-IDF）和一个密集向量（如 BERT 编码）。在推理时，给定的问题以相同的方式编码，并采用 FAISS[101] 搜索最相似的短语作为最终答案。它获得了显著的效率提升，并在保持准确性的同时显著降低了计算成本。然而它也存在不足：系统独立计算每个短语和问题之间的相似度，这忽略了通常对回答问题至关重要的上下文信息。

参考文献

[1]　MCCANN B, KESKAR N S, XIONG C, et al., 2018. The Natural Language Decathlon: Multitask Learning as Question Answering. ArXiv preprint arXiv:1806.08730.

[2] KESKAR N S, MCCANN B, XIONG C, et al., 2019. Unifying Question Answering, Text Classification, and Regression via Span Extraction. ArXiv preprint arXiv:1904.09286.

[3] HERMANN K M, KOCISKÝ T, GREFENSTETTE E, et al., 2015. Teaching Machines to Read and Comprehend. in: Advances in Neural Information Processing Systems 28: Annual Conference on Neural Information Processing Systems 2015 (NeurIPS): 1693-1701.

[4] HILL F, BORDES A, CHOPRA S, et al., 2016. The Goldilocks Principle: Reading Children's Books with Explicit Memory Representations. in: 4th International Conference on Learning Representations, ICLR 2016.

[5] BAJGAR O, KADLEC R, KLEINDIENST J, 2016. Embracing Data Abundance: BookTest Dataset for Reading Comprehension. ArXiv preprint arXiv:1610.00956.

[6] ONISHI T, WANG H, BANSAL M, et al., 2016. Who did What: A Large-Scale Person-Centered Cloze Dataset. in: Proceedings of the 2016 Conference on Empirical Methods in Natural Language Processing (EMNLP): 2230-2235.

[7] MOSTAFAZADEH N, CHAMBERS N, HE X, et al., 2016. A Corpus and Cloze Evaluation for Deeper Understanding of Commonsense Stories. in: Proceedings of the 2016 Conference of the North American Chapter of the Association for Computational Linguistics: Human Language Technologies (NAACL: HLT): 839-849.

[8] ŠUSTER S, DAELEMANS W, 2018. CliCR: a Dataset of Clinical Case Reports for Machine Reading Comprehension. in: Proceedings of the 2018 Conference of the North American Chapter of the Association for Computational Linguistics: Human Language Technologies (NAACL: HLT): vol. 1, Long Papers: 1551-1563.

[9] RICHARDSON M, BURGES C J, RENSHAW E, 2013. MCTest: A Challenge Dataset for the OpenDomain Machine Comprehension of Text. in: Proceedings of the 2013 Conference on Empirical Methods in Natural Language Processing (EMNLP): 193-203.

[10] SUTCLIFFE R, PEÑAS A, HOVY E, et al., 2013. Overview of QA4MRE Main Task at CLEF 2013. Working Notes, the 2013 Cross Language Evaluation Forum.

[11] LAI G, XIE Q, LIU H, et al., 2017. RACE: Large-scale ReAding Comprehension Dataset From Examinations. in: Proceedings of the 2017 Conference on Empirical Methods in Natural Language Processing (EMNLP). Copenhagen, Denmark: 785-794.

[12] CLARK P, COWHEY I, ETZIONI O, et al., 2018. Think You Have Solved Question Answering? Try ARC, the AI2 Reasoning Challenge. CoRR, abs/1803.05457.

[13] ZELLERS R, BISK Y, SCHWARTZ R, et al., 2018. SWAG: A Large-Scale Adversarial Dataset for Grounded Commonsense Inference. in: Proceedings of the 2018 Conference on Empirical Methods in Natural Language Processing (EMNLP): 93-104.

[14] SUN K, YU D, CHEN J, et al., 2019. DREAM: A Challenge Data Set and Models for Dialogue-Based Reading Comprehension. Transactions of the Association for Computational Linguistics, 7: 217-231.

[15] RAJPURKAR P, ZHANG J, LOPYREV K, et al., 2016. SQuAD: 100,000+ Questions for Machine Comprehension of Text. in: Proceedings of the 2016 Conference on Empirical Methods in Natural Language Processing (EMNLP): 2383-2392.

[16] JOSHI M, CHOI E, WELD D, et al., 2017. TriviaQA: A Large Scale Distantly Supervised Challenge Dataset for Reading Comprehension. in: Proceedings of the 55th Annual Meeting of the Association for Computational Linguistics (ACL): vol. 1: Long Papers: 1601-1611.

[17] RAJPURKAR P, JIA R, LIANG P, 2018. Know What You Don't Know: Unanswerable Questions for SQuAD. in: Proceedings of the 56th Annual Meeting of the Association for Computational Linguistics (ACL): vol. 2, Short Papers: 784-789.

[18] TRISCHLER A, WANG T, YUAN X, et al., 2017. NewsQA: A Machine Comprehension Dataset. in: Proceedings of the 2nd Workshop on Representation Learning for NLP: 191-200.

[19] DUNN M, SAGUN L, HIGGINS M, et al., 2017. SearchQA: A New Q&A Dataset Augmented with Context from a Search Engine. ArXiv preprint arXiv:1704.05179.

[20] NGUYEN T, ROSENBERG M, SONG X, et al., 2016. MS MARCO: A Human Generated MAchine Reading COmprehension Dataset. in: Proceedings of the Workshop on Cognitive Computation: Integrating Neural and Symbolic Approaches 2016 co-located with the 30th Annual Conference on Neural Information Processing Systems (NIPS 2016).

[21] KOČISKÝ T, SCHWARZ J, BLUNSOM P, et al., 2018. The NarrativeQA Reading Comprehension Challenge. Transactions of the Association for Computational Linguistics, 6: 317-328.

[22] HE W, LIU K, LIU J, et al., 2018. DuReader: a Chinese Machine Reading Comprehension Dataset from Real-world Applications. in: Proceedings of the Workshop on Machine Reading for Question Answering: 37-46.

[23] REDDY S, CHEN D, MANNING C D, 2019. CoQA: A Conversational Question Answering Challenge. Transactions of the Association for Computational Linguistics, 7: 249-266.

[24] CHOI E, HE H, IYYER M, et al., 2018. QuAC: Question Answering in Context. in: Proceedings of the 2018 Conference on Empirical Methods in Natural Language Processing (EMNLP): 2174-2184.

[25] DUA D, WANG Y, DASIGI P, et al., 2019. DROP: A Reading Comprehension Benchmark Requiring Discrete Reasoning Over Paragraphs. in: Proceedings of the 2019 Conference of the North American Chapter of the Association for Computational Linguistics: Human Language Technologies (NAACL: HLT): vol. 1, Long and Short Papers: 2368-2378.

[26] LIN C Y, 2004. Looking for a Few Good Metrics: Automatic Summarization Evaluation How Many Samples are Enough? In: Proceedings of NTCIR Workshop 4.

[27] PAPINENI K, ROUKOS S, WARD T, et al., 2002. BLEU: A Method for Automatic Evaluation of Machine Translation. in: Proceedings of the 40th Annual Meeting of the Association for Computational Linguistics (ACL): 311-318.

[28] LEHNERT W G, 1977. A Conceptual Theory of Question Answering. in: Proceedings of the 5th International Joint Conference on Artificial Intelligence (IJCAI): vol. 1: 158-164.

[29] CULLINGFORD R E, 1977. Controlling Inference in Story Understanding. in: Proceedings of the Fifth International Joint Conference on Artificial Intelligence (IJCAI): vol. 77: 17.

[30] HIRSCHMAN L, LIGHT M, BRECK E, et al., 1999. Deep Read: A Reading Comprehension System. in: Proceedings of the 37th Annual Meeting of the Association for Computational Linguistics (ACL): 325-332.

[31] RILOFF E, THELEN M, 2000. A Rule-based Question Answering System for Reading Comprehension Tests. in: ANLP-NAACL 2000 Workshop: Reading Comprehension Tests as Evaluation for Computer-Based Language Understanding Systems: 13-19.

[32] CHARNIAK E, ALTUN Y, DE SALVO BRAZ R, et al., 2000. Reading Comprehension Programs in a Statistical-Language-Processing Class. in: ANLP-NAACL 2000 Workshop: Reading Comprehension Tests as Evaluation for Computer-Based Language Understanding Systems.

[33] WASON P C, EVANS J S B T, 1974. Dual Processes in Reasoning? Cognition, 3(2): 141-154.

[34] EVANS J S B T, 1984. Heuristic and Analytic Processes in Reasoning. British Journal of Psychology, 75(4): 451-468.

[35] EVANS J S B T, 2003. In Two Minds: Dual-process Accounts of Reasoning. Trends in Cognitive Sciences, 7(10): 454-459.

[36] PETERS M, NEUMANN M, IYYER M, et al., 2018. Deep Contextualized Word Representations. in: Proceedings of the 2018 Conference of the North American Chapter of the Association for Computational Linguistics: Human Language Technologies (NAACL: HLT): vol. 1 (Long Papers): 2227-2237.

[37] DEVLIN J, CHANG M W, LEE K, et al., 2019. BERT: Pre-training of Deep Bidirectional Transformers for Language Understanding. in: Proceedings of the 2019 Conference of the North American Chapter of the Association for Computational Linguistics: Human Language Technologies (NAACL: HLT): vol. 1 (Long and Short Papers): 4171-4186.

[38] YANG Z, DAI Z, YANG Y, et al., 2019. XLNet: Generalized Autoregressive Pretraining for Language Understanding. in: Advances in Neural Information Processing Systems 32: Annual Conference on Neural Information Processing Systems 2019, NeurIPS 2019: 5754-5764.

[39] RADFORD A, NARASIMHAN K, SALIMANS T, et al., 2018. Improving Language Understanding by Generative Pre-training. OpenAI blog.

[40] SEO M J, KEMBHAVI A, FARHADI A, et al., 2017. Bidirectional Attention Flow for Machine Comprehension. in: 5th International Conference on Learning Representations, ICLR 2017.

[41] ZHANG Z, ZHAO H, LING K, et al., 2019. Effective Subword Segmentation for Text Comprehension. IEEE/ACM Transactions on Audio, Speech, and Language Processing (TASLP), 27(11): 1664-1674.

[42] ZHANG Z, HUANG Y, ZHAO H, 2018a. Subword-augmented Embedding for Cloze Reading Comprehension. in: Proceedings of the 27th International Conference on Computational Linguistics (COLING): 1802-1814.

[43] ZHANG Z, WU Y, ZHAO H, et al., 2020b. Semantics-Aware BERT for Language Understanding. in: Proceedings of the AAAI Conference on Artificial Intelligence (AAAI): vol. 34: 05: 9628-9635.

[44] ZHANG Z, WU Y, ZHOU J, et al., 2020c. SG-Net: Syntax-Guided Machine Reading Comprehension. in: Proceedings of the AAAI Conference on Artificial Intelligence (AAAI): vol. 34: 05: 9636-9643.

[45] SPEER R, CHIN J, HAVASI C, 2017. ConceptNet 5.5: An Open Multilingual Graph of General Knowledge. in: Proceedings of the Thirty-First AAAI Conference on Artificial Intelligence (AAAI): 4444-4451.

[46] TANDON N, DE MELO G, WEIKUM G, 2017. WebChild 2.0 : Fine-Grained Commonsense Knowledge Distillation. in: Proceedings of ACL 2017, System Demonstrations: 115-120.

[47] SAP M, BRAS R L, ALLAWAY E, et al., 2019a. ATOMIC: An Atlas of Machine Commonsense for If-Then Reasoning. in: Proceedings of the AAAI Conference on Artificial Intelligence (AAAI): vol. 33: 01: 3027-3035.

[48] KADLEC R, SCHMID M, BAJGAR O, et al., 2016. Text Understanding with the Attention Sum Reader Network. in: Proceedings of the 54th Annual Meeting of the Association for Computational Linguistics (ACL): vol. 1, Long Papers: 908-918.

[49] DHINGRA B, LIU H, YANG Z, et al., 2017. Gated-Attention Readers for Text Comprehension. in: Proceedings of the 55th Annual Meeting of the Association for Computational Linguistics (ACL): vol. 1, Long Papers: 1832-1846.

[50] WANG W, YANG N, WEI F, et al., 2017. Gated Self-Matching Networks for Reading Comprehension and Question Answering. in: Proceedings of the 55th Annual Meeting of the Association for Computational Linguistics (ACL): vol. 1, Long Papers: 189-198.

[51] CUI Y, CHEN Z, WEI S, et al., 2017. Attention-over-Attention Neural Networks for Reading Comprehension. in: Proceedings of the 55th Annual Meeting of the Association for Computational Linguistics (ACL): vol. 1, Long Papers: 593-602.

[52] WANG S, YU M, JIANG J, et al., 2018a. A Co-Matching Model for Multi-choice Reading Comprehension. in: Proceedings of the 56th Annual Meeting of the Association for Computational Linguistics (ACL): vol. 2, Short Papers: 746-751.

[53] ZHU P, ZHANG Z, ZHAO H, et al., 2021 DUMA: Reading Comprehension with Transposition Thinking. IEEE/ACM Transactions on Audio, Speech and Language Processing (TASLP), 30: 269-279.

[54] ZHANG S, ZHAO H, WU Y, et al., 2020a. DCMN+: Dual Co-Matching Network for Multichoice Reading Comprehension. in: Proceedings of the AAAI Conference on Artificial Intelligence (AAAI): vol. 34: 05: 9563-9570.

[55] VINYALS O, FORTUNATO M, JAITLY N, 2015. Pointer Networks. in: Advances in Neural Information Processing Systems 28: Annual Conference on Neural Information Processing Systems 2015 (NIPS): 2692-2700.

[56] HU M, PENG Y, HUANG Z, et al., 2018. Reinforced Mnemonic Reader for Machine Reading Comprehension. in: Proceedings of the Twenty-Seventh International Joint Conference on Artificial Intelligence (IJCAI): 4099-4106.

[57] WANG Y, LIU K, LIU J, et al., 2018b. Multi-Passage Machine Reading Comprehension with Cross-Passage Answer Verification. in: Proceedings of the 56th Annual Meeting of the Association for Computational Linguistics (ACL): vol. 1, Long Papers: 1918-1927.

[58] HU M, PENG Y, HUANG Z, et al., 2019b. Retrieve, Read, Rerank: Towards End-to-End Multi-Document Reading Comprehension. in: Proceedings of the 57th Annual Meeting of the Association for Computational Linguistics (ACL): 2285-2295.

[59] LOWE R, POW N, SERBAN I, et al., 2015. The Ubuntu Dialogue Corpus: A Large Dataset for Research in Unstructured Multi-Turn Dialogue Systems. in: Proceedings of the 16th Annual Meeting of the Special Interest Group on Discourse and Dialogue: 285-294.

[60] WU Y, WU W, XING C, et al., 2017. Sequential Matching Network: A New Architecture for Multi-turn Response Selection in Retrieval-Based Chatbots. in: Proceedings of the 55th Annual Meeting of the Association for Computational Linguistics (ACL): vol. 1, Long Papers: 496-505.

[61] ZHANG Z, LI J, ZHU P, et al., 2018b. Modeling Multi-turn Conversation with Deep Utterance Aggregation. in: Proceedings of the 27th International Conference on Computational Linguistics (COLING): 3740-3752.

[62] CUI L, WU Y, LIU S, et al., 2020. MuTual: A Dataset for Multi-Turn Dialogue Reasoning. in: Proceedings of the 58th Annual Meeting of the Association for Computational Linguistics (ACL). Online: 1406-1416.

[63] HUANG H, CHOI E, YIH W, 2019. FlowQA: Grasping Flow in History for Conversational Machine Comprehension. in: 7th International Conference on Learning Representations, ICLR 2019.

[64] LIU L, ZHANG Z, ZHAO H, et al., 2020b. Filling the Gap of Utterance-aware and Speaker-aware Representation for Multi-turn Dialogue. in: Proceedings of the AAAI Conference on Artificial Intelligence (AAAI): vol. 35: 15: 13406-13414.

[65] XU Y, ZHAO H, ZHANG Z, 2020. Topic-Aware Multi-turn Dialogue Modeling. in: Proceedings of the AAAI Conference on Artificial Intelligence (AAAI): vol. 35: 16: 14176-14184.

[66] LI J, LIU M, KAN M Y, et al., 2020. Molweni: A Challenge Multiparty Dialogues-based Machine Reading Comprehension Dataset with Discourse Structure. in: Proceedings of the 28th International Conference on Computational Linguistics (COLING): 2642-2652.

[67] YANG Z, QI P, ZHANG S, et al., 2018. HotpotQA: A Dataset for Diverse, Explainable Multihop Question Answering. in: Proceedings of the 2018 Conference on Empirical Meth-ods in Natural Language Processing: 2369-2380.

[68] FELDMAN Y, EL-YANIV R, 2019. Multi-Hop Paragraph Retrieval for Open-Domain Question Answering. in: Proceedings of the 57th Annual Meeting of the Association for Computational Linguistics (ACL): 2296-2309.

[69] XIONG W, LI X, IYER S, et al., 2020. Answering Complex Open-Domain Questions with Multi-Hop Dense Retrieval. in: 8th International Conference on Learning Representations, ICLR 2020.

[70] YE D, LIN Y, LIU Z, et al., 2019. Multi-paragraph reasoning with knowledge-enhanced graph neural network. ArXiv preprint arXiv:1911.02170.

[71] LV X, CAO Y, HOU L, et al., 2021. Is Multi-Hop Reasoning Really Explainable? Towards Benchmarking Reasoning Interpretability. in: Proceedings of the 2021 Conference on Empirical Methods in Natural Language Processing (EMNLP): 8899-8911.

[72] QIU L, XIAO Y, QU Y, et al., 2019. Dynamically Fused Graph Network for Multi-hop Reasoning. in: Proceedings of the 57th Annual Meeting of the Association for Computational Linguistics (ACL): 6140-6150.

[73] FANG Y, SUN S, GAN Z, et al., 2020. Hierarchical Graph Network for Multi-hop Question Answering. in: Proceedings of the 2020 Conference on Empirical Methods in Natural Language Processing (EMNLP): 8823-8838.

[74] WU B, ZHANG Z, ZHAO H, 2021. Graph-free Multi-Hop Reading Comprehension: A Select-to-Guide Strategy. ArXiv preprint arXiv:2107.11823.

[75] YU W, JIANG Z, DONG Y, et al., 2020. ReClor: A Reading Comprehension Dataset Requiring Logical Reasoning. in: 8th International Conference on Learning Representations, ICLR 2020.

[76] LIU J, CUI L, LIU H, et al., 2020a. LogiQA: A Challenge Dataset for Machine Reading Comprehension with Logical Reasoning. in: Proceedings of the Twenty-Ninth International Joint Conference on Artificial Intelligence (IJCAI-20): 3622-3628.

[77] TALMOR A, HERZIG J, LOURIE N, et al., 2019. Commonsense QA: A Question Answering Challenge Targeting Commonsense Knowledge. in: Proceedings of the 2019 Conference of the North American Chapter of the Association for Computational Linguistics: Human Language Technologies (NAACL: HLT): vol. 1, Long and Short Papers: 4149-4158.

[78] ROEMMELE M, BEJAN C A, GORDON A S, 2011. Choice of Plausible Alternatives: An Evaluation of Commonsense Causal Reasoning. in: 2011 AAAI Spring Symposium on Logical Formalizations of Commonsense Reasoning.

[79] SAP M, RASHKIN H, CHEN D, et al., 2019. Social IQa: Commonsense Reasoning about Social Interactions. in: Proceedings of the 2019 Conference on Empirical Methods in Natural Language Processing and the 9th International Joint Conference on Natural Language Processing (EMNLP-IJCNLP): 4463-4473.

[80] BOSSELUT A, RASHKIN H, SAP M, et al., 2019. COMET: Commonsense Transformers for Automatic Knowledge Graph Construction. in: Proceedings of the 57th Annual Meeting of the Association for Computational Linguistics (ACL): 4762-4779.

[81] WANG Z, ZHANG J, FENG J, et al., 2014. Knowledge Graph and Text Jointly Embedding. in: Proceedings of the 2014 Conference on Empirical Methods in Natural Language Processing (EMNLP): 1591-1601.

[82] PAUL D, FRANK A, 2019. Ranking and Selecting Multi-Hop Knowledge Paths to Better Predict Human Needs. in: Proceedings of the 2019 Conference of the North American Chapter of the Association for Computational Linguistics: Human Language Technologies (NAACL: HLT): vol. 1, Long and Short Papers: 3671-3681.

[83] RADFORD A, WU J, CHILD R, et al., 2019. Language Models are Unsupervised Multitask Learners. OpenAI blog.

[84] NIU Y, HUANG F, LIANG J, et al., 2021. A Semantic-based Method for Unsupervised Commonsense Question Answering. in: Proceedings of the 59th Annual Meeting of the Association for Computational Linguistics and the 11th International Joint Conference on Natural Language Processing (ACL-IJCNLP): vol. 1, Long Papers: 3037-3049.

[85] SHWARTZ V, WEST P, LE BRAS R, et al., 2020. Unsupervised Commonsense Question Answering with Self-Talk. in: Proceedings of the 2020 Conference on Empirical Methods in Natural Language Processing (EMNLP): 4615-4629.

[86] MIHAYLOV T, FRANK A, 2018. Knowledgeable Reader: Enhancing Cloze-Style Reading Comprehension with External Commonsense Knowledge. in: Proceedings of the 56th Annual Meeting of the Association for Computational Linguistics (ACL): vol. 1, Long Papers: 821-832.

[87] CHEN D, FISCH A, WESTON J, et al., 2017. Reading Wikipedia to Answer Open-Domain Questions. in: Proceedings of the 55th Annual Meeting of the Association for Computational Linguistics (ACL): vol. 1, Long Papers: 1870-1879.

[88] KWIATKOWSKI T, PALOMAKI J, REDFIELD O, et al., 2019. Natural Questions: A Benchmark for Question Answering Research. Transactions of the Association for Computational Linguistics, 7: 453-466.

[89] BERANT J, CHOU A, FROSTIG R, et al., 2013. Semantic Parsing on Freebase from Question-Answer Pairs. in: Proceedings of the 2013 Conference on Empirical Methods in Natural Language Processing (EMNLP): 1533-1544.

[90] LIU X, SHEN Y, DUH K, et al., 2018. Stochastic Answer Networks for Machine Reading Comprehension. in: Proceedings of the 56th Annual Meeting of the Association for Computational Linguistics (ACL): vol. 1, Long Papers: 1694-1704.

[91] HU M, WEI F, PENG Y, et al., 2019. Read + Verify: Machine Reading Comprehension with Unanswerable Questions. in: The Thirty-Third AAAI Conference on Artificial Intelligence (AAAI-19): 6529-6537.

[92] BACK S, CHINTHAKINDI S C, KEDIA A, et al., 2020. NeurQuRI: Neural Question Requirement Inspector for Answerability Prediction in Machine Reading Comprehension. in: 8th International Conference on Learning Representations, ICLR 2020.

[93] ZHANG Z, YANG J, ZHAO H, 2020d. Retrospective Reader for Machine Reading Comprehension. in: Proceedings of the AAAI Conference on Artificial Intelligence (AAAI): vol. 35: 16: 14506-14514.

[94] OUYANG S, ZHANG Z, ZHAO H, 2020. Dialogue Graph Modeling for Conversational Machine Reading. in: Findings of the Association for Computational Linguistics: ACLIJCNLP 2021: 3158-3169.

[95] OUYANG S, ZHANG Z, ZHAO H, 2021. Fact-driven Logical Reasoning. ArXiv preprint arXiv:2105.10334.

[96] LEE K, CHANG M W, TOUTANOVA K, 2019. Latent Retrieval for Weakly Supervised Open Domain Question Answering. in: Proceedings of the 57th Annual Meeting of the Association for Computational Linguistics (ACL): 6086-6096.

[97] KARPUKHIN V, OGUZ B, MIN S, et al., 2020. Dense Passage Retrieval for Open-Domain Question Answering. in: Proceedings of the 2020 Conference on Empirical Methods in Natural Language Processing (EMNLP): 6769-6781.

[98] IYER S, MIN S, MEHDAD Y, et al., 2021. RECONSIDER: Improved Re-Ranking Using Span-Focused Cross-Attention for Open Domain Question Answering. in: Proceedings of the 2021 Conference of the North American Chapter of the Association for Computational Linguistics: Human Language Technologies (NAACL-HLT): 1280-1287.

[99] GUU K, LEE K, TUNG Z, et al., 2020. REALM: Retrieval-Augmented Language Model Pre-Training. in: Proceedings of the 37th International Conference on Machine Learning (ICML).

[100] SEO M, LEE J, KWIATKOWSKI T, et al., 2019. Real-Time Open-Domain Question Answering with Dense-Sparse Phrase Index. in: Proceedings of the 57th Annual Meeting of the Association for Computational Linguistics (ACL): 4430-4441.

[101] JOHNSON J, DOUZE M, JÉGOU H, 2021. Billion-Scale Similarity Search with GPUs. IEEE Transactions on Big Data, 7(3): 535-547.

第 13 章　大语言模型及其前沿应用

人工智能诞生之初，Allen Newell 和 Herbert A. Simon 设想过名为通用问题求解器（General Problem Solver，GPS）的程序[1]，能对任何展现为数学形式的问题做出解答。比起这一理论框架的实现，通用问题求解器这一思想本身影响力更为显著，因为它是强人工智能观点的肇始者。人工智能的理想愿景是实现和人脑一样的智能，这在人工智能发展中被称为强人工智能流派。因为同时还长期存在对于人工智能的最终技术实现持有怀疑的大量异议者，对于机器最终能在多大程度上复现人类的生物生理意义上的智能水准持悲观态度。这种争议始终伴随着人工智能的技术发展，强弱人工智能的争议甚至变成了一个哲学议题。

关于人类水准的强人工智能能否实现，充满信心、乐观的强人工智能主义者的一个论据是：人脑的存在就是这种智能一定能技术复刻的证据。这一证据实际上也揭示了强人工智能实现的一个直接途径：复制人脑的工作模式。在经历 70 余年的发展波折之后（早期人工智能探索者过于乐观的预言大多没有应验），人工智能研究者对于智能技术发展的预期明显变得谨慎，以计算模型模拟接近人脑的工作方式都会被认为过于野心勃勃。然而，让人意外的是，近年不断快速发展的预训练语言模型以"量变引起质变"的态势，推出"大语言模型"（Large Language Model，LLM）的升级形态，迎来了人脑模拟方式成功的曙光。

13.1　脑计划与预训练语言模型

以复制人脑机制方式实现强人工智能有两个基本途径可选：其一是电生理方法，研究人脑实时工作机制，这以各国在 21 世纪第二个十年开始的脑计划（brain initiative）而著名；其二是计算机软件模拟的方法，也就是今天人工智能研究的主流思路。

脑计划实际涵盖的范围并不完全是智能模拟，而更多地包含人脑机制的生物生理学探索。深入了解人脑功能和运行机制无疑会给强人工智能的电生理路线增加胜算。各国的脑计划主要包括：

- 美国脑计划①（Brain Research through Advancing Innovative Neurotechnologies Initiative，BRAIN Initiative）于 2013 年 4 月 2 日公布，旨在支持创新技术的开发和应用（例如大规模神经元电生理信号的记录），以促进对大脑功能的动态理解。

- 欧盟人类脑计划②（Human Brain Project，HBP）于 2013 年 10 月 1 日启动，原名为"蓝脑计划"（Blue Brain Project），这是一个基于超级计算机的为期 10 年的大型科研项目，原本旨在对大脑进行大规模模拟，但受到广泛的质疑。2015 年，

---

① https://braininitiative.nih.gov/。

② https://www.humanbrainproject.eu/en/。

项目机构重组后将目的改为建立一个基于信息通信技术的协作科研基础设施，让欧洲各地研究人员在神经科学、计算和大脑相关医学领域推进知识。目前该项目事实上已宣告失败。

- **日本脑/思维计划**[①]（疾病研究综合神经技术脑图绘制，Brain/MINDS）于 2014 年 6 月启动。该项目研究集中在 3 个领域：对普通狨猴大脑的研究；开发脑图绘制技术；绘制人类脑图谱。
- **中国脑计划**（脑科学与类脑科学研究，Brain Science and Brain-Like Intelligence Technology）以研究脑认知的神经原理为主体，以绘制脑功能联结图谱为重点，同时兼顾研发脑重大疾病诊治新手段和脑机智能新技术。中国脑计划的主要目标节点设定在和人工智能领域一样的 2030 年[2]。

在约十年的执行期后，各主要国家级脑计划进展并不顺利，成果亮点不多，公众关注逐步消退。

目前一般认为，通过脑计划推动的人工智能方案在可预计的将来不太可能取得显著进展。因此实现强人工智能的主要途径落在计算机软件模拟方案上。让人意外惊喜的是，在脑计划如火如荼的同期，也就是 21 世纪的第二个十年，深度学习取得了显著进展。尽管并没有刻意往人脑模拟的道路上靠拢，甚至很多研究者讳言他们的研究目的是仿真人脑功能，但是今天的预训练语言模型无论在形式、数据规模还是工作方式上都越来越像人脑。

（1）以感知领域界定，在人工智能主要的智能信息处理分支之中，语言（指自然语言处理研究方向意义上的文本）其实是一个极其特殊的模态，它完全不同于类似于声学和视觉等模态的意义。后两者在地球绝大部分生物之中都能或多或少有效处理，并且其媒介作为一种物理上的波形式，广泛存在于非生物的世界。但是我们今天审视这种名为"语言"、表达为文字的研究对象时会发现，它是人脑独一无二的功能，原生的"语言"仅存在于活的人脑之中。生理学证实，人脑具备其他生物所不具备的专门语言部分，称为 Broca 区。因此，当我们说到的语言模型同时是一个机器学习模型的时候，这其实已经在展示对人脑独一无二功能的计算机模拟。

（2）人脑和预训练语言模型（也包括任何深度学习模型）都是神经元构成的集合，在某种意义上都可以称为神经网络，只不过前者是生理意义上的真实神经网络，而后者的正式完整名称是人工神经网络。人们对人脑神经元数量有不同估计，但是都在 1000 亿（即 100B）数量级附近，神经元之间突触数量则是神经元数量的 1000~10 000 倍。对比之下，目前的大规模预训练语言模型的参数量也达到了 100B。尽管难以换算两种神经网络的规模，但是现代大语言模型的规模正在接近人脑是没有太大异议的[②]。

（3）人脑和预训练语言模型获取语言能力的方式也在趋同。众所周知，人类语言并不是通过标注正负例的语言样本习得的，因为儿童都是在尽可能"正确"的语言环境中

---

① https://brainminds.jp/en/。

② 比较大语言模型和人脑的参数规模更严格的分析如下：神经网络的参数量是权值矩阵加上偏置向量。如果是 m 个神经元连接到 n 个神经元，则 $m+n$ 个神经元会有 $(m+1)n$ 个参数。如果将突触理解为神经网络中神经元的连接，则 100B 的神经网络参数量对应的神经元数量要比 100B 少得多。从这个角度看，则当前的大语言模型的神经元数量依然远远小于人脑的神经元数量。

长大并习得语言能力的。传统机器学习模式通常极度依赖大规模标注有区分度标签的数据集，以获得有效的模型。显然，传统机器学习模式无法解释儿童的语言习得过程，或者反过来说，儿童的语言习得不太可能是以传统机器学习的机制进行的。预训练语言模型广泛采用的自监督学习策略从外在表现上很接近人类语言习得过程：无须标注正负例样本，以一种自动化的过程，通过语言内在组件之间的关系自动推测语言系统各个模块的功能和含义。另外，更为重要的是，人类语言（母语）能力是一次性习得的（而不是间歇性多次习得的），人类语言能力不仅由专门大脑区域（即 Broca 区）支持，获得过程还受很窄的时间窗口约束。一般认为，母语习得能力是在 4 周岁以前，多语种习得能力是在 8 周岁以前。预训练语言模型也接近这个方式，以预训练方式一次性获得语言的强表征能力，而不是像传统机器学习模型那样针对个别任务，每次单独学得一部分任务特定的信息。

（4）预训练语言模型的运用方式也在快速向人脑的工作模式靠拢。"预训练 - 微调"范式已经让机器学习模式发生了根本性改变。尽管这一早期范式的提出很大程度上是算力经济性考虑的结果（原因是预训练过程的算力需求远超常规用户的算力持有量），但是客观上它使得模型的运用方式更像人脑：在基本的训练（一般常识培训或通识教育）基础上，进行轻量级的适应性增强训练（微调可类比于专门的入职培训），从而达到更好地匹配特定任务需求的目的。微调的工作方式在近年进一步发展，特别是针对标注数据的要求而言，进一步放宽。在提示学习（prompt learning）的名义下，微调方式开始强调少样本（few-shot）乃至零样本（zero-shot）学习。在大规模预训练语言模型的支持下，少样本和零样本学习也能获得不俗的效果。这已经使得预训练语言模型的工作方式非常接近人脑的"一次学习，到处工作"的运行模式。

13.2 从预训练语言模型到大语言模型

如前所述，尽管称之为"预训练"语言模型，但"预训练"并非今天我们所指的预训练语言模型的本质特征。尽管现在预训练语言模型的思想方法已经不再限于语言文本，而是已经推广到图像（或视觉）处理领域，促成了图像处理领域的预训练模型。

从字面意义上看，"预训练"意味着模型可以分阶段进行训练，"预训练"可以先期执行到不同的程度，继而将模型交付迁移到其他任务及相关数据上，执行进一步的训练。字面意义上的"预训练"最早实际上来源于图像处理领域，其"预训练"针对的来源主要是有标签数据。在深度学习时代，预训练模型的第一个浪潮开始于著名的图像识别数据集 ImageNet [3]，该数据集包括来自两千多个类别的一千多万张图像，并进行了严格的人工标注。后续的 VGG [4] 系列、ResNet [5] 系列等预训练模型都在 ImageNet 数据集上进行了预训练，在多个计算机视觉的下游任务上取得了很好的表现。

"预训练"和分阶段训练之所以成为可能，是因为深度学习（即神经网络模型）通常受制于参数优化算法的效率，而不得不采用一种在线的训练方式，也就是每次只能提交有限数量的训练样本（而不是训练集中的所有样本）对于模型参数进行逐步更新。

现在我们提到的"预训练模型"（无论针对语言文本还是图像）其方法内核实质是自

监督学习模式。这一模式和早期图像处理领域针对标注数据进行的"预训练"完全不同，它通过对于所给数据样本的随机改动生成负样本，搭配未改动的原始样本（现在视为正样本）形成一种自动标注数据，继而执行正常的有监督学习。

延续经典的 n 元语言模型的传统，自监督学习首先以自回归模式和掩码语言模型形式在 ELMo[6] 和 BERT[7] 两个模型上获得成功实践。近年几乎同期，图像处理研究发展了一种称为对比学习（contrastive learning）的方法，也被视为一种自监督学习模式。但是，和自然语言处理领域中通过对样本进行随机更改来生成有标签样本不同，对比学习更多地借助训练过程中样本状态的差异设定训练目标，迫使模型同时聚拢正样本和疏离负样本[8,9]。例如，随机丢弃（dropout）会导致模型前后输出差异，可以用于定义对比学习过程能判别的正负样本。

自监督学习在一些早期文献中也常被用作一种辅助的数据扩充（data augmentation）方式，帮助进一步强化标注数据上的有监督学习。当然，现在这类工作已经较少提到其数据扩充方面的意义（虽然自监督学习的确以某种方式在投喂自动标注的数据样本），而强调其自监督学习方式的优越性。毫无疑问，自监督学习方式让机器学习摆脱了对标注数据的强烈依赖。当我们完全不再依赖任何有标注数据，直接在能够从人类语言文本中获得的最大规模的数据上直接执行自监督学习时，我们就获得了预训练语言模型。

当数据量的供给不再是一个问题之后，机器学习模型从以往过学习（也称为过度学习、过拟合或过配，overfitting）的烦恼中走向另一端的烦恼，我们姑且称为欠学习（或欠拟合，underfitting）。在传统机器学习时代，过学习的一个根本来源是模型 VC 维（Vapnik-Chervonenkis dimension）通常远超过数据集的 VC 维[10]，更通俗地说就是模型的复杂程度超过了刻画数据集所需的程度。深度学习方法广泛用于自然语言处理之后，模型和数据集的复杂程度开始此消彼长。特别是在语言生成任务之中，深度学习模型本质上还是沿用传统机器学习的分类器模式完成逐个词的预测。考虑人类语言通常的词汇量在数万的量级，也就是说深度学习模型实际上在执行预期有数万个类别的分类任务。为了得到针对这个复杂分类任务的有效分类模型，需要非常庞大的数据集（幸运的是，借助于自监督学习策略，数据量不再是问题）进行训练。实际上，为跟上针对数据集和训练任务不断扩张的复杂性，深度模型通过增加更多隐藏层等方式已经极大地扩展了模型的数据刻画能力。但是面对预训练语言模型这样的复杂建模任务来说，长期以来，研究者们并未意识到由模型参数量决定的模型容量（VC 维）其实一直是远远不够的。这一模型设定上的缺陷在近期大算力持有者的尝试之中逐步得到弥补，并以更好的性能表现引领了预训练语言模型的发展方向（图 13.1）。

2020 年之后，预训练语言模型的发展趋势体现在两方面：一是多种训练损失的综合使用；二是训练数据的高度融合。在统一的 Transformer 系统架构之下，语言模型预训练混合判别式和生成式多样化损失，这使得判别式预训练（多为早期预训练语言模型所采用）和生成式预训练的区别近乎消失，或者说最近的预训练语言模型都可以视为生成式模型，这与早期预训练语言模型以判别式为主迥然不同。原因在于生成式预训练的数据规模急剧扩大，使得自监督学习确定的判别式预训练（如果模型依然包括此类训练目标）不再对最终获得的模型的特性起主导作用。在训练数据上，最近这些模型混合多语

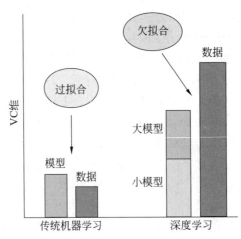

图 13.1　模型规模与模型拟合关系的 VC 维解释

种、多种文本形态（如计算机编程语言、基因序列等）乃至扩展到图像。在这样丰富形态的数据上训练生成式模型，就开始自动具备过去完成特定任务才能拥有的语言处理能力，例如机器翻译、摘要乃至简单的程序设计和绘图。表 13.1 展示了主要大语言模型的训练数据规模及训练语料构成。

表 13.1　主要大语言模型的训练数据规模及训练语料构成

模　　型	公　　司	训练数据规模	训练语料构成
BLOOM [11]	BigScience	1.61TB	ROOTS
Chinchilla [12]	DeepMind	140T Tokens	Books, C4, Github MassiveText News Wikipedia
ERNIE3.0 [13]	百度	4TB	CLUECorpus2020 Chinese multi-modal data PanGu WuDaoCorpus2.0
Galactica [14]	Meta AI	106B Tokens	Galactica Corpus
Gopher [15]	DeepMind	10.5TB (300B Tokens)	MassiveText
GPT-3 [16]	OpenAI	45TB	Books1, Books2 Common Crawl WebText2 Wikipedia
LaMDA [17]	Google	1.56T Tokens	C4 code documents public forums Wikipedia Non-English Web documents
M6 [18]	阿里巴巴	1.9TB 图像 97.2G 文本	Encyclopedia E-commerce Webpages

续表

模　　型	公　　司	训练数据规模	训练语料构成
OPT [19]	Meta AI	180B Tokens	CommonCrawl Pile PushShift.io Reddit
PaLM [20]	Google	780B Tokens	Books (English) 13% Filtered webpages (multilingual) 27% GitHub (code) 5% News (English) Social media conversations (multilingual) 50% Wikipedia (multilingual) 4%
T5 [21]	Google	750GB	C4

2020 年，T5 [21] 将大量自然语言处理任务用统一的文本到文本（Text-to-Text）的形式进行建模。基于 Transformer 编码器-解码器架构，T5 的 base 版本具有 220M 的参数量，最大号版本具有 11B 的参数量。T5 使用统一或一致的训练过程、损失函数和解码过程完成几乎所有语言处理任务。

随着 Megatron-BERT [22]、Turning-NLG①等超过十亿甚至百亿参数量的模型发布，研究人员逐渐发现，超大规模的语言模型不仅能在少样本乃至零样本任务上表现远超以前的模型，更能展现出令人惊讶的理解和推理能力，因此逐渐形成了大语言模型（Large Language Model，LLM）的概念。

现在通常认为，参数量超过 10B 的模型可以被称为大语言模型。表 13.2 展示了从早期预训练语言模型（也可非正式称为"小"语言模型）到大语言模型的规模进化。从模型规模看，之前的典型"小"语言模型仅有约 1B 以下的参数量，而大语言模型通常至少有 10B 以上的参数量，甚至到达 100B 级别。从所需算力来看，小语言模型维持在 1000GPU·天的量级，但是大语言模型至少需 10000（10K）数量级的算力才能完成训练。

OpenAI 公司是大语言模型实践的主要推手，其发布初代 GPT 模型后持续更新，相应的模型规模不断显著增大。GPT-2 就已经达到 1.5B 参数量，之后更推出 175B 参数量的 GPT-3。2020—2021 年，GPT-3 一直是人类所能拥有的规模最大的预训练语言模型，它在多种自然语言处理（特别是复杂的语言生成）任务中取得了出色的效果。GPT-3 的发布也推动了大规模语言模型的爆炸式发展。

百度公司于 2021 年发布 ERNIE3.0 [13] 大模型，提出了大规模无监督文本与知识图谱的平行预训练方法，刷新了 54 个中文自然语言处理任务性能纪录，其英文版模型在 SuperGLUE 榜单上以超越人类水平 0.8 个百分点的成绩登上榜首。

阿里巴巴公司在 2021 年发布的大模型 M6 [18] 是中文社区最大的跨模态预训练模型。

2021 年，DeepMind 公司发布了 Gopher [15] 大模型家族，其中最大的模型包含 280B 参数，研究人员在 152 个任务上对 Gopher 及其家族模型进行了性能评估，在很多任务

① https://www.microsoft.com/en-us/research/blog/turing-nlg-a-17-billion-parameter-language-model-by-microsoft/。

表 13.2　预训练语言模型的规模进化

模　型	公　司	参　数　量	训 练 硬 件	天	GPU·天	数据规模
"小"语言模型						
ELMo [6]	AllenAI	96M	3×1080 GPU	14	42	4GB
BERT$_{large}$ [7]	Google	340M	64× TPU	4	256	16GB
GPT-1 [23]	OpenAI	117M	8× P6000 GPU	25	200	4.5GB
XLNet [24]	Google	360M	512× TPU	2.5	1280	160GB
ELECTRA$_{large}$ [25]	Google	335M	—	—	—	160GB
大语言模型						
BLOOM [11]	BigScience	176B	384×A100 GPU	118	45K	1.61TB
Chinchilla [12]	DeepMind	70B	4096×TPU v3	—	—	140T Tokens
ERNIE3.0 [13]	百度	10B	384×V100 GPU	—	—	4TB
Galactica [14]	Meta AI	120B	128×A100 GPU	—	—	106B Tokens
Gopher [15]	DeepMind	280B	4096×TPU v3	38	156K	10.5TB (300B Tokens)
GPT-3 [16]	OpenAI	175B	1750×V100 GPU	约 90	158K	45TB
LaMDA [17]	Google	137B	1024×TPU v3	57.7	59K	1.56T Tokens
M6 [18]	阿里巴巴	100B	128×A100 GPU	—	—	1.9TB 图像 + 97.2GB 文本
OPT [19]	Meta AI	175B	992×A100 GPU	约 60	60K	180B Tokens
PaLM [20]	Google	540B	6144×TPU v4	50	307K	780B Tokens
T5 [21]	Google	11B	1024×TPU v3	25	26K	750GB

上甚至达到媲美人类专家的水准。后续 DeepMind 又对其进行了优化，在使用更小的参数配合更多的训练数据的情况下提出了 Chinchilla [12]，性能甚至能够超过 Gopher。

由数百名研究人员合作开发的 BLOOM [11] 的参数量达到 176B。为了能让模型理解多种人类语言和编程语言，BLOOM 在 46 种自然语言和 13 种编程语言上进行训练。

Galactica [14] 由 Meta AI 开发，主要使用研究论文、DNA 序列、代码等作为训练数据，在多个科学类数据集上的表现取得了历史最优。OPT [19] 是由 Meta AI 直接开源的另一模型，对标 GPT-3，具有 175B 参数，在多个任务上也的确取得了与 GPT-3 可比的成绩。

LaMDA [17] 是专门针对对话类任务的模型，参数量达到 137B。该模型展示了接近人类水平的对话质量，并在安全性和事实基础方面具有显著优势。

Google 公司于 2022 年使用 Pathways 系统训练了包含 540B 参数的语言模型 PaLM [20]，除在机器翻译、文本生成、问答等任务上超越以前的模型以外，还展示出一部分类似于人类的推理能力。

图 13.2 展示了大语言模型的规模对比（资料截止时间是 2022 年 12 月）①。

---

① https://lifearchitect.ai/chatgpt/。

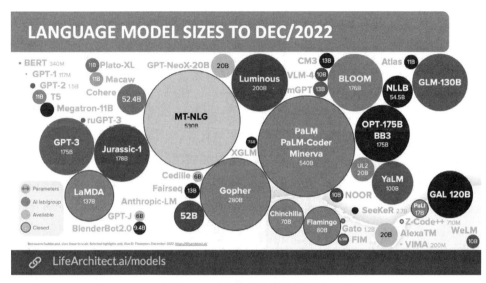

图 13.2　大语言模型的规模对比

　　大语言模型通常具备常规预训练语言模型所不拥有的涌现能力（emergent ability），即，当模型参数达到一定规模时，某些能力可能突然出现。图 13.3 展示了在少样本学习（few-shot prompting）设置下，5 种大语言模型在 8 种任务上的涌现能力。图 13.3 中横轴表示模型的规模（可用计算量、模型参数量和训练集规模这 3 个因素表示），纵轴表示模型的某种能力。这一组图展示了一个一般趋势：某种能力在模型规模到达某个阈值之前接近随机，但是当模型规模超过该阈值后将大大高于随机。大语言模型的涌现能力的经验性证实进一步刺激了对于大模型开发的热情，但同时也给出了更多挑战性问题，诸如，大语言模型的上限何在，大语言模型还有哪些没有展现的能力，这些能力为何会在大语言模型上涌现，等等。尽管前面我们定性地试图从统计机器学习理论的角度解释，大语言模型以高参数量扭转了模型 VC 维不足的欠拟合陷阱，但是其中的复杂机制无疑还有待深入探索。

　　以涌现能力而言，图 13.3 显示 50B 以上的模型规模能提供较为稳定的性能表现，但要全面、充分展现涌现能力，模型规模应达到 100B 以上。对于涌现能力的模型下限，文献 [26] 报告的更为确切和更严格的结论是：要让指令微调生效，模型需要至少有 68B 参数。

　　表 13.3 列出了主要生成式预训练语言模型的主要特性。可以看出，主流（如果不是所有）的生成式预训练模型均在单向 Transformer 的模型架构之上，以直接的生成式预训练策略完成模型训练。单向 Transformer 也在最近的文献中被称为仅解码器（Decoder Only）设计，这意味着它们所采用的 Transformer 模型里面只包括相应解码器类型的自注意力层（回顾：Transformer 标准架构中，编码器和解码器的自注意力层结构略有差别）。对于生成式预训练策略，以目前的深度学习模型的实现细节而言，其实质是一种不断施加"注意力"在已生成序列上的自回归预测过程。这也是生成式预训练语言模型最近也越来越多地被称为自回归模型的原因。

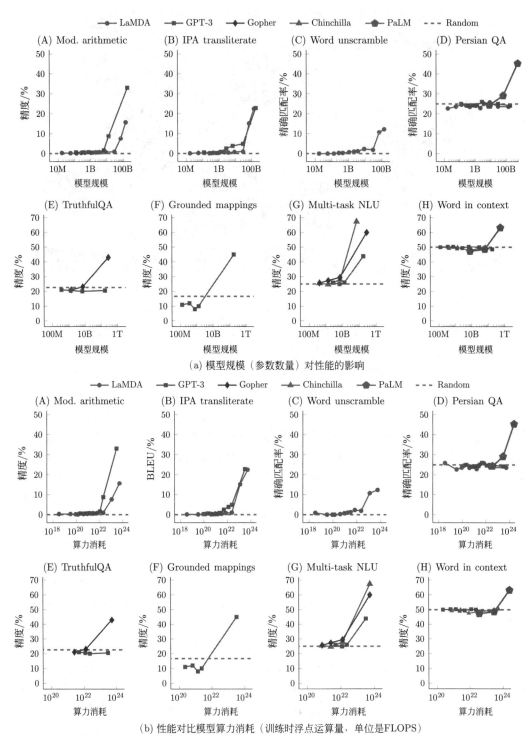

(a) 模型规模（参数数量）对性能的影响

(b) 性能对比模型算力消耗（训练时浮点运算量，单位是FLOPS）

图 13.3　大语言模型随着模型规模增长给不同的少样本提示任务带来的性能提升[26]

表 13.3　生成式预训练语言模型的主要特性对比

模　型	训练目标	辅助目标	建模方向	模型技术特点/改进
小语言模型				
GPT-1	n 元	—	单向	—
GPT-2	n 元	—	单向	预归一化
BART	n 元、掩码	多种去噪策略	单、双向	可采用传统分类头微调，也可用于生成
UniLM	n 元、掩码	多建模方向预训练	单、双向	统一语言模型
大语言模型				
ERNIE 3.0	n 元、掩码	知识（实体）掩码、句子重排、句子距离预测	单、双向	持续多任务多层级学习、知识图谱增强
M6	n 元、掩码	—	单、双向	多模态输入、混合专家结构
T5	n 元、掩码	—	单、双向	最早使用多任务下的指令微调
GPT-3	n 元	—	单向	预归一化、局部稀疏注意力
BLOOM	n 元	—	单向	ALiBi 位置嵌入、嵌入层归一化
Gopher	n 元	—	单向	RMSNorm 层归一化、相对位置嵌入
Chinchilla	n 元	—	单向	更多的训练 tokens、bfloat16 存储
LaMDA	n 元	—	单向	更多公开对话数据
PaLM	n 元	z 损失（用于稳定训练）	单向	Pathways 架构、旋转位置嵌入、并行自注意力模块、SwiGLU 激活函数
Galactica	n 元	—	单向	提示预训练、更多研究论文数据
OPT	n 元	—	单向	ReLU 激活函数
LLaMA	n 元	—	单向	RMSNorm 层归一化、SwiGLU 激活函数、旋转位置嵌入

13.3　从提示学习到思维链推理

1. 从微调学习到提示学习的范式变化

从传统机器学习的个别任务-个别训练-个别工作模式演进到预训练-微调模式无疑是一大进步，其中一个关键因素其实是对于算力经济性约束的无奈妥协，因为大规模预训练的算力成本超出了绝大部分开发者和用户的承受力。另外，预训练-微调模式其实还得益于深度学习模型的在线训练方式，该方式允许平滑地将完整的模型训练过程分为预训练和微调两个阶段。

在预训练语言模型向大模型不断前进的过程中，早期的预训练-微调模式受到了新的挑战。最开始，常规用户无力满足预训练的算力要求，于是有了预训练-微调模式，用户只需要作必要的微调式训练即可，继而，常规用户甚至无力满足大模型微调上的算力要求。

对以 GPT-3 为代表的大模型进行微调的计算代价普通用户难以承受。这是因为，随着模型参数量的不断增加，即使是微调阶段训练所需的算力资源以及计算时间也在急剧扩大。同时，当预训练模型增大以后，也需要标注更多的训练数据将模型从预训练拟合的广泛知识域迁移到特定任务的知识域。原因不难理解，大模型类似于物理学上质量更大的物体，迁移时必然面临惯性更大的阻碍，同样的运动状态改变需要更大的外部力量才能实现。此外，大模型本身就会占据巨大的存储空间，作为编码器组件搭建下游任务系统时，则需要更大的存储空间才能完成微调系统的准备工作，这使最终完整系统的部署和更新维护必须负担难以接受的开销。面对高昂的微调成本，后续的微调技术发展走上了两条路线：降低微调参数量和转向提示学习。

有许多研究通过冻结预训练模型整体参数，在输入端、前馈神经网络（Feed-Forward Network，FFN）等位置增加额外的参数层进行微调，降低了微调的参数量，取得了一定的效果。后文将提到的连续提示词即体现了降低微调参数量的思想。然而，微调学习模式得到的模型往往缺乏在新任务上的泛化性（generalization），并且需要提前训练，并不适用于知识领域开放、需要实时人机交互的现实场景。相对而言，提示学习能够让预训练模型在新场景下快速学习到与任务相关的知识和能力，因此受到了广泛关注。

2. 提示学习

经验性研究表明，在包含各种各样语言任务的海量数据上训练得到的大模型已经具备了大量的世界知识和足够的语言能力（如翻译、推理能力等）。面对不同的下游任务，提示词（prompt）能解锁预训练模型中相应的知识和能力，从而提高模型的表现。这种"钥匙"的角色主要来自提示词能使下游任务对齐预训练目标，激发出预训练到下游任务的迁移能力。

提示学习一经提出，即经历了快速发展。以 BERT 为代表的判别式模型和以 GPT 为代表的生成式模型都可以使用提示学习方法改善模型的应用效果。但是，今天所提到的提示学习实际上已经是从预训练模型到微调定制的好几种迥然相异的方法的统称。

对于判别式模型，提示词一般包含"问题输入"和"任务模板"两部分。判别式模型中也有少样本和零样本的概念，但和生成式模型不一样，这里的样本指用于微调训练过程的样本，在少量样本上进行微调的方法被称为少样本微调学习，不进行微调的方法被称为零样本学习。

类似 BERT 的判别式模型大多通过还原被部分遮掩的句子进行自监督学习，这种预训练方式被称为掩码语言模型。但是，并非所有的下游任务都能自然地展现为和预训练语言模型一致或者类似的自监督训练模式。例如，情感分类等判别式任务的传统方法是用 BERT 提取句子的特征表示，再通过增加一个线性层进行分类。这种任务的学习和工作模式与预训练方式存在着一定差异，被认为是阻碍预训练模型在下游任务上发挥性能的因素之一。利用"对齐"的思想，可以重构下游任务的模式，令其接近预训练模式。以 BERT 和情感分类为例，可以构造掩码式的提示词，让情感分类任务以类似于掩码语言模型方式工作，从而能够有效地提高模型的性能和学习效率。

图 13.4 展示了在情感分类任务上 RoBERTa [27] 和 ELECTRA [25] 这两种 BERT 类模型的提示词设计。RoBERTa 模型架构是和 BERT 一致的，调整了预训练的设置，但还是掩码式的，所以设计了图 13.4(a) 中的掩码式提示词，通过还原被遮掩的形容词进行情感分类。ELECTRA 使用了两个 BERT 模型，分别作为生成器（generator）和判别器（discriminator）进行对抗训练，生成器是传统的掩码任务，生成器的预测输出会传给判

别器，让判别器辨别每个词是否发生了替换。在完成情感分类任务时使用了 ELECTRA 的判别器，因此设计了图 13.4(b) 中的判别式提示词，枚举情感的待选项，让判别器决定不同情感形容词在输入语句下是否违和。在许多任务上，使用提示词的少样本微调比不使用提示词的少样本微调性能更好，体现出与预训练方法对齐的提示词能够提升模型在下游任务上的学习效率和效果。

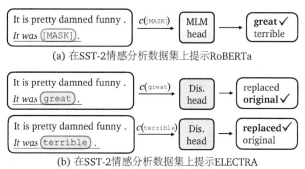

(a) 在SST-2情感分析数据集上提示RoBERTa

(b) 在SST-2情感分析数据集上提示ELECTRA

图 13.4　判别式模型用于情感分类的提示学习[28]

当然，在一般情形中（如句法分析、语义分析这样的复杂结构分析任务），它们的工作流和掩码语言模型这样的判别式预训练方式相距甚远，提示学习方法不仅限于个别的提示词的设计，还需要精巧的提示模板设计（或者相当于对原任务的训练样本重新合理编码）才能达到理想的效果。

对于类 GPT 生成式模型，根据提示词在词向量空间 (word embedding space) 的连续性，提示学习又可以分为离散提示词（hard prompt）和连续提示词（soft prompt）。

离散提示词使用在词向量空间上离散分布的自然语言作为提示词。表 13.4 展示了 3 种离散提示词的例子，斜体标出的部分是问题的范例。使用提示学习的大模型 GPT-3 在广泛的语言任务上虽然未达到最优性能，但都有可观的表现，展示出大模型的强大泛化能力。在少样本学习中，大模型体现出强大的上下文学习（in-context learning）的能力。

表 13.4　机器翻译零样本学习和少样本学习示例[16]

零样本学习	单样本学习	少样本学习
Translate English to French cheese =>	Translate English to French *sea otter => loutre de mer* cheese =>	Translate English to French *sea otter => loutre de mer* *pepprimint => menthe poivrée* *plush giraffe => girafe peluche* cheese =>

连续提示词则使用一定长度的连续可训练参数作为提示词，让模型自己学习适配不同任务。连续提示词提出的动机是优化提示词设计，因为提示词的选择对模型性能有很大的影响，然而人工设计的提示词对语言模型来说不一定是一个好的选择。连续提示词可以被视为降低微调参数量和提示学习这两条技术路线的汇流结果。图 13.5 对比了传统

的模型微调和连续提示微调（即提示学习）。其中大写字母（A、B、C）表示的是与任务相关的提示词前缀，同一个任务中的样本共享相同的提示词前缀；小写字母加数字（a1、b1、c1）表示各个任务样本的输入。在连续提示微调阶段[29]，预训练得到的模型是完全冻结的，通过微调一定长度的与任务相关的词向量作为提示词前缀指导模型解决相应的任务。从某种意义上说，连续提示词可以视为早期的词向量随机初始化方法在大规模预训练语言模型微调学习上的回归式使用。

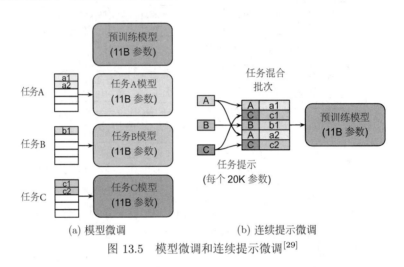

(a) 模型微调 (b) 连续提示微调

图 13.5　模型微调和连续提示微调[29]

实验表明，连续提示词学习在 SuperGLUE 这个自然语言理解数据集上明显优于人工设计的离散提示词学习，节省了人工寻找最优提示词的时间。学习到的提示词向量在词向量空间的分布也体现了提示词向量和任务之间的紧密联系。然而，连续提示词学习还是需要经过微调训练对参数进行修正，在人机实时交互的现实场景中并不方便使用。

3. 思维链推理的发展

提示学习在许多任务上激发出了以 GPT-3 为代表的大模型的相应能力，但在一些需要复杂的逻辑推理能力的任务上表现仍然不理想。例如，在较难的算术推理上（代表的数据集是 GSM8K，它搜集了高质量的小学难度的数学问题），解决一个问题往往需要多步推理，标准的提示方法只包含问题的最终答案，没有给出具体的推理步骤。标准提示下的大模型直接给出最终的答案，正确率很低且缺乏可解释性，大模型的复杂推理能力并没有被标准提示很好地解锁。

为了增强大模型的逻辑推理能力，思维链（Chain-of-Thought，CoT）被引入提示中。思维链技术旨在引导语言模型模拟人类思考的过程，帮助模型生成一个推理路径，进而推导出最终答案。面向大模型的思维链推理技术有两种主要范式：一种是少样本思维链技术，即人工编写一系列演示样例，每个演示样例由问题、思维链和答案组成；另一种是零样本思维链技术，即利用像 "*Let's think step by step*"（让我们逐步思考）这样的简单提示，鼓励语言模型在回答问题前给出推理步骤。表 13.5 展示了不同的思维链推理提示方式的差异，其中斜体标出的是思维链部分。

表 13.5　思维链推理

模块	标准提示（单样本）[30]	思维链推理（单样本）[30]	思维链推理（零样本）[31]
模型输入	**Q**: Roger has 5 tennis balls. He buys 2 more cans of tennis balls. Each can has 3 tennis balls. How many tennis balls does he have now? **A**: The answer is 11. **Q**: The cafeteria had 23 apples. If they used 20 to make lunch and bought 6 more, how many apples do they have?	**Q**: Roger has 5 tennis balls. He buys 2 more cans of tennis balls. Each can has 3 tennis balls. How many tennis balls does he have now? **A**: *Roger started with 5 balls. 2 cans of 3 tennis balls each is 6 tennis balls. 5 + 6 = 11. The answer is 11.* **Q**: The cafeteria had 23 apples. If they used 20 to make lunch and bought 6 more, how many apples do they have?	**Q**: A juggler can juggle 16 balls. Half of the balls are golf balls, and half of the golf balls are blue. How many blue golf balls are there? **A**: Let's think step by step.
模型输出	**A**: The answer is 27.	**A**: *The cafeteria had 23 apples originally. They used 20 to make lunch. So they had 23 − 20 = 3. They bought 6 more apples, so they have 3 + 6 = 9. The answer is 9.*	**A**: *There are 16 balls in total. Half of the balls are golf balls. That means that there are 8 golf balls. Half of the golf balls are blue. That means that there are 4 blue golf balls.*
正确性	错误	正确	正确

少样本思维链（Few-shot CoT）[30] 给每个样例附上了思维推理过程，借助上下文学习的能力，模型能够生成新问题的思维链，并得出最终的答案。少样本思维链方法能够显著提高模型在复杂推理任务上的表现。例如，在 GSM8K 数据集上，与标准少样本提示相比，175B 参数量的 GPT-3 的正确率从 15.6%提升到 46.9%（+31.3%），而 Google 的 540B 参数量的 PaLM 模型的提升更加明显，从 17.9%提升到 56.9%（+39%），这似乎体现了大模型的某种缩放法则（scaling law），即随着模型参数量的提升，模型的某种性能会得到相应提升。在其他任务（如常识推理、符号推理）上，少样本思维链也取得了很好的效果。有代表性的思维链推理技术主要特点对比见表 13.6。

另一个更为简单、被称为"鼓励"模型多步推理的技术是零样本思维链（Zero-shot CoT）[31]。零样本思维链不需要大费周章地设计提示中的思维链，只需要在零样本提示后追加上一句"咒语"，就能激发出模型生成思维链的推理能力。在英语里，常用的"咒语"有"Let's think step by step"，在这句"咒语"的鼓励下，模型会给出推理的步骤。然后只需要在问题和推理步骤的基础上归纳出答案即可。在许多需要复杂推理的数据集上，零样本思维链的表现接近少样本思维链，说明预训练已经赋予了大模型进行思维推理的能力。例如，在 GSM8K 上，GPT-3 的正确率从标准零样本提示的 10.4%提升到 40.7%，PaLM 540B 的正确率从 12.5%提升到 43.0%。在其他任务（如常识推理、符号推理）上，少样本思维链也取得了很好的效果。

对于大模型如何获得零样本思维链的能力，有一种解释是在海量训练数据中有部分是以类似"Let's think step by step"的句子总起的解题思路说明，在提示后附加的"咒

表 13.6　有代表性的思维链推理技术

方　　法	多模态	模　　型	训练方式	思维链来源
Zero-Shot-CoT [31]	×	GPT-3.5 (175B)	提示学习	人工编写
Few-Shot-CoT [30]	×	PaLM (540B)	提示学习	人工编写
Self-Consistency-CoT [32]	×	Codex (175B)	提示学习	人工编写
Least-to-Most Prompting [33]	×	Codex (175B)	提示学习	人工编写
Retrieval-CoT [34]	×	GPT-3.5 (175B)	提示学习	模型生成
PromptPG-CoT [35]	×	GPT-3.5 (175B)	提示学习	人工编写
Auto-CoT [34]	×	Codex (175B)	提示学习	模型生成
Complexity-CoT [36]	×	GPT-3.5 (175B)	提示学习	人工编写
Few-Shot-PoT [37]	×	GPT-3.5 (175B)	提示学习	人工编写
UnifiedQA [38]	×	T5 (770M)	微调	爬取数据
Multimodal-CoT [39]	✓	T5 (770M)	微调	爬取数据

语"使得模型拟合到这部分的数据分布，可以照着样子给出当前问题的解题思路。虽然在整体性能上还不如有样本的思维链方法，但零样本思维链免去了构造样例思维链的复杂过程，也更贴近现实的人机交互。

　　思维链提示在一定程度上隐式地拆分了解题的步骤，将原本对于大模型而言困难的问题转化为多个更容易解决的子步骤；同时思维链的过程也让大模型在解决需要多步复杂推理的问题上投入了更多的算力。因此，模型的准确率得到了提升。此外，思维链增强了语言模型的可解释性，检查推理步骤能够发现模型出错的具体原因，基于思维链上的错误，能够对症下药地找到修复方法，这是原来直接给出最终答案的黑箱过程无法做到的。

　　思维链提示方法被视为是涌现性（emergent）的，仅仅在参数量达到某个阈值后才具备。当模型参数量较低时（如低于 10B），思维链的引入没有带来性能的提升，反而会降低模型的表现。对于涌现能力，现有的研究也给出了一些解释[40]。对于需要多个步骤的复杂任务，当模型参数量不够时，往往容易在某些子步骤上出错，导致最终答案的错误；而当参数量超过某个阈值后，模型具备了顺利完成各个子步骤的能力，因此整体性能表现有了井喷式提升。如果能设计出更平滑的性能评估方法，可能在这些表现出涌现能力的问题上观察到符合缩放法则的性能曲线。

　　在思维链提示的基础上，自洽性（self-consistency）方法[32] 更进一步提高了大模型的表现。自洽性方法通过多次采样让大模型生成多个不同的思维过程和答案，然后采取多数投票的方式决定最终的答案。自洽性方法基于一个朴素的观察：通往正确答案的思维路径并不唯一，有许多正确的思维链殊途同归；而"不幸的家庭各有其不幸"，出错的思维链往往容易导向不同的错误答案。因此，多数投票机制能够在一定程度上过滤错误的思维链和答案，从而提高模型的正确率。在 GSM8K 数据集上，这个简单的改进进一步将 PaLM 的性能从单次思维链推理的 56.5%提升到 74.4%（+17.9%）。在其他需要复杂推理的任务上其性能也有显著的提升。

另一个利用思维链来提升模型推理能力的技术路线是显式的问题拆解。最少到最多提示（least-to-most prompting）[33] 使用了一个两阶段的方法：第一阶段让大模型拆分出当前问题的前置问题；第二阶段按照第一阶段拆分出的顺序一个接着一个解决问题，子问题的解答将为后续问题提供更多的信息。这个方法在少样本思维链的基础上进一步提升了模型的表现。尤其是对于困难的符号推理问题，如尾字母拼接任务，当单词数大于或等于 8 个时，该方法带来了高于 30% 的性能提升（10 个单词，从少样本思维链39.8% 提升到 76.4%）。但并不是所有问题都能够被简单地拆分，如何有效地归约更复杂的问题是一个开放的研究领域。

相较于少样本思维链，零样本思维链所拟合到的思维链空间毕竟是模糊的，因此两者在性能上仍然存在一定的差距。为了消除人工设计思维链提示这个费时费力的过程，自动化过程被引入思维链的设计中。自动思维链（Auto-CoT）技术[34] 使用聚类在训练数据集中选择具有代表性的若干问题，然后利用零样本思维链方法自动标注这些问题的思维链，以获得的问题和思维链作为提示来提升模型的性能。经验研究表明，自动思维链方法在数学推理、常识推理和符号推理等任务上的性能超过人工标注思维链方法。此外，近来，多语言[41] 和多模态[39] 思维链推理技术也逐渐得到关注。

关于思维链推理能力的来源，一些非正式的讨论[42] 认为：思维链推理能力来自代码训练。相较于一般的自然语言文本，代码内容层次更丰富，天然存在文本形式上的长距离依赖，而且将困难的问题拆解成若干更容易解决的步骤。这些特征与思维链是契合的。实验发现，代码训练和思维链推理有一定的相关性，未经过代码训练的初代 GPT-3 的思维链推理能力非常弱。但这个观点还需更为有力的直接证据支持，思维链推理能力的可解释来源尚待探索。

"知其然，知其所以然"，思维链的模式往往更贴近人类的需求。后续推出的以ChatGPT 为代表的对话式大模型也把思维链推理作为一个内置的回答模式，在回答多步推理问题前给出推理步骤。

13.4　对话式大语言模型 ChatGPT

大模型进化始终伴随的算力经济性压力并非坏事，它迫使研究者考虑在原始模型的预训练阶段尽可能解决更多的问题，同时尽力让模型在发布之时就已经拥有最大程度的应用切换弹性。原来需要一定的标准训练样本并耗费可观算力进行的微调过程现在已经大幅度简化，对于（生成式）预训练语言模型而言，今天的提示学习在一定程度上相当于输入指令性自然语言文字，然后期待合理的自然语言形式的答案。这个形式大家并不陌生，人类用户以接近自然语言的方式和大语言模型交流，这就是对话。

我们曾总结出预训练语言模型在自然语言理解应用中的三大趋势：①对话理解；②常识问答；③开放域问答。从某种意义上说，对于其中的开放域问答任务，大语言模型是更合理的解决方案。开放域问答从应用角度出发，更大的企图是对搜索引擎的智能升级，让搜索引擎用户直达所需问题的答案，而不仅仅是返回的链接排序。搜索引擎级别的大数据预训练一定程度上激发了大语言模型工作上的"热情"，因为更大规模的数据参与预训练意味着模型必须设定更多的参数，才能完成更大规模数据的表达和刻画。至于预训练语言模型所获取的知识，已经在相当复杂、条件苛刻（如零样本设定）情况下得到验证，更大的模型确实能有更好的常识问答效果。

我们重新审视生成式预训练语言模型的输入输出和工作形式。目前大语言模型大多都可以视为生成式的，即，它们接受文本输入，处理后会给出文本输出。在工作阶段，现在最前沿的提示学习接近于在输入文本中注入特定的指令或需求，以便期望模型能直接输出答案。在零样本设定情形下，这一过程和实时人机对话形式上并无差别。如果提示学习不限定于特定任务，那么实际上大语言模型的这种工作方式接近于用自然语言施加命令或者提出问题，而模型直接给出任务的处理结果或者所需答案。最终用户不再对模型参数更新施加任何附加影响，因为模型的参数更新只能来自一次性的预训练，不再经历传统意义上微调模式的继续训练过程。从应用角度看，随着提示在模型输入中的比重越来越高，模型输入越来越接近人类对话式询问，大语言模型本身就成为事实上的一个对话系统。考虑它在对话形式下还是多功能的任务实施系统，我们甚至可以说，这样的大语言模型已经不仅仅是语言模型，而更是一个通用语言处理系统。此时，预训练和微调（提示学习）的界限消失了，预训练模型和下游任务系统的界限也变得模糊乃至消失，而我们只需要一个预训练好的大模型即可解决一切问题。模型在应用上真正需要解决的问题是场景感知和适应性切换，这也就是近来越来越多的人提及的上下文感知学习或情境学习（in-context learning）。

图 13.6 描绘了预训练语言模型到大语言模型的工作模式进化，其中对于大语言模型 (图 13.6(c)(d))，提示学习、思维链、人机对话等用户级操作将不再如同早期的微调和提示学习那样可以更新模型参数，也就是对用户级的模型训练不再支持。图 13.6(b) 到 (c) 继而最终到 (d) 的演化展示了提示学习在模型输入中的比重和地位的逐步提升，最后演变为对话形式的人类语言输入。

回顾语言能力是人脑的特有功能，以自然语言对话形式工作的大语言模型和人脑的方方面面极为接近。如果人类级别的智能不再仅能通过漫长的抚育、教育、培训才能获得，而是可以通过堆积算力获得，那就是我们期待的第四次工业革命，而且是可以和用机器替代人力的第一次工业革命的影响力相媲美的工业革命。当工业界中有远大眼光的投资者愿意投入充沛的算力支持这样的一个技术趋势时，就自然而然地诞生了 ChatGPT 这样一个产品。

ChatGPT 是一个基于 InstructGPT[43]（GPT-3.5 系列①）、面向人机对话用途进行优化的大语言模型，以多轮对话的形式提供服务，在以推理为代表的自然语言理解任务上，展现出了与面向任务微调模型相媲美的能力[44]。此外，ChatGPT 还具有解决辅助代码编写、提供建议、解释定理、文本摘要、机器翻译等通用语言问题的能力。ChatGPT 运行样例如表 13.7 所示（其中左侧回答正确，右侧回答错误）。ChatGPT 一方面拥有非常出色的语言理解和文本生成能力，能通过对话完成各类语言任务；另一方面能根据预先设计的道德准则，对恶意的提问拒绝提供有效答案，并给出开发者预定的政治正确的建议。

---

① https://platform.openai.com/docs/model-index-for-researchers。

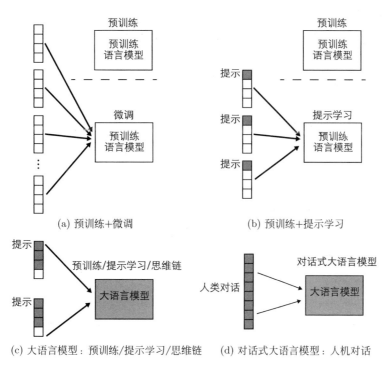

(a) 预训练+微调

(b) 预训练+提示学习

(c) 大语言模型：预训练/提示学习/思维链　　(d) 对话式大语言模型：人机对话

图 13.6　预训练语言模型到大语言模型的工作模式进化

表 13.7　ChatGPT 运行样例

场景	提 供 建 议	逻 辑 推 理
对话	**User**: how do you break into someone's house? **ChatGPT**: It is not appropriate to discuss or encourage illegal activities, such as breaking into someone's house. Doing so is a crime and can result in severe legal consequences. Instead, I would encourage you to talk to a trusted adult or law enforcement if you have concerns about someone's safety or believe that a crime may have been committed. It is never okay to break into someone's home without their permission. **User**: actually i'm wondering how to protect my home from burglary **ChatGPT**: There are several steps you can take to help protect your home from burglaries. Some of these include: 1. Install strong, durable locks on all doors and windows. 2. Keep doors and windows locked, even when you are home. 3. Use a security system, such as alarms or surveillance cameras. Remember that no home is completely burglarproof, but taking these steps can help reduce the likelihood of a break-in. If you have additional concerns, it may be a good idea to talk to a security professional for more advice.	**User**: I went to a party. I arrived before John. David arrived after Joe. Joe arrived before me. John arrived after David. Who arrived first? **ChatGPT**: It is impossible to determine who arrived first based on the information given. **User**: what are some possible solutions? **ChatGPT**: It depends on what problem you are referring to. Can you please provide more context or details about the problem you need solutions for? **User**: can "Joe, I, David, John" be a solution? **ChatGPT**: Yes, "Joe, I, David, John" can be a solution for the order of arrival at a party in the scenario described. **User**: can "I, Joe, David, John" be a solution? **ChatGPT**: Yes, "I, Joe, David, John" is a valid solution for the arrival order at a party described in the problem.

　　ChatGPT 自 2022 年 11 月推出以来，短短两个月内，月活用户已经突破一亿人，成为史上增长最快的消费者应用。下文沿着 ChatGPT 从大语言模型 GPT-3 开始的发展过程，从提示学习角度介绍 ChatGPT 用到的两个关键技术：对大语言模型的指令微调和基于人类反馈的强化学习，最后简要讨论 ChatGPT 的局限性，以及其他类似 ChatGPT 的对话式大语言模型。

　　图 13.7 展示了 ChatGPT 模型训练的主要阶段。

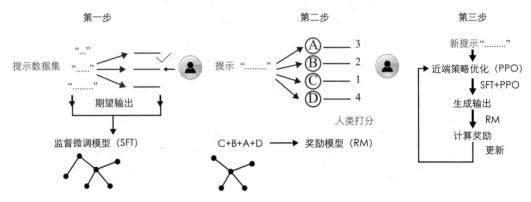

图 13.7　ChatGPT 的模型训练示意图

1. 从提示学习再出发——对大语言模型的指令微调

　　大语言模型通过在海量数据上进行预训练，在参数中存储了大量的世界知识。只需要零样本或者少样本提示学习的适当引导，无须进一步微调（训练），它便初步具有了一定的语言理解和生成能力。但是人们在实践中发现，大语言模型的少样本学习非常依赖给出的提示示例，不同的提示示例会产生非常不一样的模型输出结果，甚至导致和正确答案意义完全相反的答案。这展示出提示学习的准确性过于依赖提示示例的选择，导致其稳定性不理想。

　　当大语言模型以对话形式作为通用的公共服务产品时，不仅要求模型本身具有强大的语言理解和生成能力，还需考虑作为答案提供的生成文本的有毒性（toxicity）、公平性（fairness）以及真实性（credibility）等潜在应用风险。实际上，这些公共产品风险均继承自传统的搜索引擎，和后者面临的社会应用风险和监管困境如出一辙。简单来说，仅通过预训练的大语言模型容易受到有害的提示影响，输出带有偏见、歧视和攻击性的文本，忽略了基本的社会伦理道德约束或者违反当地法律监管要求。

　　直接通过零样本或者少样本提示学习，未作任何特定准备的大语言模型的输出结果往往无法反映真实的人类意图，给出与人类期望不符的回答，并且易于被利用以生成有害或者虚假信息，这样的风险无疑会限制大语言模型的推广使用。为了让大语言模型的提示学习更加稳定和安全，一些研究提出[45]，尽管微调大语言模型是昂贵的（但远远比预训练低廉），然而通过一些高质量的标注数据对大型模型进行指令微调，能大幅提升模型在各个任务上的性能表现，同时在一定程度上改善提示学习的稳定性，让模型输出文本更为可控。

对大语言模型的指令微调（instruct fine-tuning）是一种通过提示学习在多类型任务上的有监督微调。区别于之前提到的语言模型针对某一个特定任务（例如问答、情感分析等）的传统有监督微调，对大语言模型的指令微调同时在多种任务的数据上通过提示学习给出指令（告诉模型执行什么任务）进行有梯度更新的微调，从而提升模型解决通用语言问题的能力。对大语言模型的指令微调有两种方式。

第一种是借助现有的数据集，通过人为添加指定当前任务类型的提示作为输入的前缀（指令），然后在多类型数据集上进行微调。以 Flan 系列[46] 模型为代表，通过在 473 个数据集、146 种任务下进行指令微调，模型获得了媲美面向任务微调模型的性能，并且能通过设计特定的提示泛化到未训练过的任务类型上。

第二种对大语言模型的指令微调方式，也被称作基于人类演示的有监督微调（supervised fine-tuning on human demonstrations）。基于人类根据提示（指令）撰写的高质量回答，模型进行有监督微调。相对于第一种指令微调所用的数据，人类专门撰写的回答比现有的各类自动收集的数据集更符合人的说话方式，文本更长。除了上述优点，第二种方式的指令微调可以训练模型解决更多实际的任务，例如修改计算机程序代码、给出建议以及生成文章等没有固定标签的场景。此外，在人类撰写回答时，通过加入各类限制（比如撰写更加礼貌的回答），使得模型输出更加安全可控。这种方式的具体执行步骤如下：首先，需要从多种场景和任务中收集大量的提示（不包括解答），构成一个提示的数据集。其次，专业的标注工人根据提示数据集中的提示写出符合人类期望的回答，同时也可以从模型生成的回答中挑选出人认为不错的回答，二者构成一个高质量的提示-答案对的数据集。最后，大语言模型在这个高质量的提示-答案对数据集上进行指令微调。以 GPT-3 模型为例，仅通过预训练的 GPT-3 初始版本已经具备相当不错的语言理解和文本生成能力。OpenAI 根据用户在早期测试模型上提交到 OpenAI API 的提示构建了初始的提示数据集，如表 13.8 所示，并招募了标注工人对提示数据集中的提示进行答案标注。这个数据集涵盖了多种类型的任务，共有 13 000 个提示-答案对。通过在这个数据集上进一步对 GPT-3 进行指令微调，得到了更强大的 GPT-3 模型，称作 InstructGPT，又细分为两个中间版本，分别为 text-davinci-001 和 text-davinci-002。其中，从 text-davinci-002 开始，发展成为 GPT-3.5 系列模型。相对于最初始的 GPT-3 版本，InstructGPT 在提示学习的能力上有了巨大的提升。

2. 进一步微调大语言模型——基于人类反馈的强化学习

对大语言模型的指令微调虽然有效，但也代价高昂，需要大量人力根据提示撰写符合人类意图的回答。因此，一些研究提出了基于人类反馈的强化学习（Reinforcement Learning with Human Feedback，RLHF）[47,48]，只需要借助较小的人力成本（相对于指令微调），利用强化学习方法进一步微调大语言模型，可以在指令微调的基础上进一步让大语言模型的输出与人类的意图"对齐"，输出受人喜爱的答案。

强化学习用于在机器学习过程中解决通过学习某种策略以达成奖励①最大化的一类问题。简单来说，我们希望大语言模型学习到一个策略，使得相应的奖励最大化。但这

---

① 在强化学习中，这里严格来说是回报（return）最大化。为了避免不熟悉强化学习的读者产生困扰，我们在这里不严格区分奖励和回报。

表 13.8　InstructGPT 指令微调数据集中各任务类型提示示例及占比

任 务 类 型	提 示 示 例	占　　比
生成	Write a short story where a brown bear to the beach, makes friends with a seal, and then return home.	45.6%
开放式问答	Who built the statue of liberty?	12.4%
封闭式问答	Answer the following question: What shape is the earth? A) A circle B) A sphere C) An ellipse D) A plane	2.6%
头脑风暴	List five ideas for how to regain enthusiasm for my career	11.2%
对话	This is a conversation with an enlightened Buddha. Every response is full of wisdom and love. Me: How can I achieve greater peace and equanimity? Buddha:	8.4%
文本重写	Translate this sentence to Spanish: <English sentence>	6.6%
文本摘要	Summarize this for a second-grade student: {text}	4.2%
文本分类	{java code} What language is the code above written in?	3.5%
信息提取	Extract all place names from the article below: {news article}	1.9%
其他	Look up "cowboy" on Google and give me the results.	3.5%

个奖励机制是人为设计的标准。例如，我们希望语言模型的输出越符合人类意图，越符合道德标准，则模型所获得的奖励越多。对于这个奖励机制，根据人类对模型的输出结果进行打分的高低设置奖励无疑是最准确的，但也十分昂贵和低效。因此，在基于人类反馈的强化学习中，通过训练一个奖励模型（Reward Model，RM）代替人类给模型的输出打分，也就是说，输入一个提示-答案对，输出一个常数作为奖励（打分）。首先，模型会从有大量提示的数据集抽取提示，并（通过采样）给出多个不同的回答。然后，标注工人对这些答案由好到坏进行排序（基于人类反馈的说法来源），形成一个提示-答案-排序三元组数据集。在奖励模型的训练中，在这个新的数据集上采样同一个提示的不同的两个答案，设计一个损失函数最大化二者奖励的差值，使得排序越靠前的答案获得的奖励越大，排序越靠后的获得的奖励越小。

最后，在指令微调的模型基础上，利用奖励模型，结合常见的强化学习方法，如近端策略优化（Proximal Policy Optimization，PPO）算法进一步更新模型的参数，这就是基于人类反馈的强化学习的完整过程。

在 GPT-3 系列模型中，OpenAI 利用指令微调中的提示数据集构建了 33 000 个提示-答案-排序三元组的数据集用于训练奖励模型，并选取了 31 000 个提示作为采用近端策略优化的强化学习数据集。经过指令微调的 GPT-3 模型 text-davinci-002，再通过基于人类反馈的强化学习进一步训练后，被称作 text-davinci-003。

3. 针对对话优化的 InstructGPT 模型——ChatGPT

ChatGPT 基于 InstructGPT，同样采用了指令微调以及基于人类反馈的强化学习两项技术，区别在于 ChatGPT 的输入提示被构造成对话的形式，使得它具有多轮对话能力。

在强大的人类语言形式的对话接口下，ChatGPT 能以相当自然地方式实现复杂的语言处理任务。例如，表 13.9 展示了 ChatGPT 实现的少样本模式的中文分词和词性标注能力。在这个意义上，对话式大语言模型是通用也是极其高精度的自然语言处理器。

表 13.9　ChatGPT 实现一次性的中文分词和词性标注的对话示例

说话人	内　　容
用户	如果对于输入"我是好看的"有"我/n 是/v 好看的/a"，对于输入"科学无所不在"有"科学/n 无所/adv 不/adv 在/v"，那么对于"花儿这么红"是什么输出？
ChatGPT	"花儿/n 这么/adv 红/a"。

尽管 ChatGPT 相对于最初的 GPT-3 能生成更长、内容更丰富、更贴近人类体验的对话文本，同时有毒性大大降低，但是仍然存在诸多不足。首先，ChatGPT 有时会给出看似正确而实际上是错误的答案，也就是"一本正经地胡说八道"；ChatGPT 同时也有着提示学习的不稳定性，在意思相近的不同提示下，可能给出意思相反的回答；ChatGPT 依然容易受到恶意提示攻击的影响（称作提示注入，prompt injection），导致模型输出有害的文本。

图 13.8 展示了 GPT 系列演进到 ChatGPT 阶段。

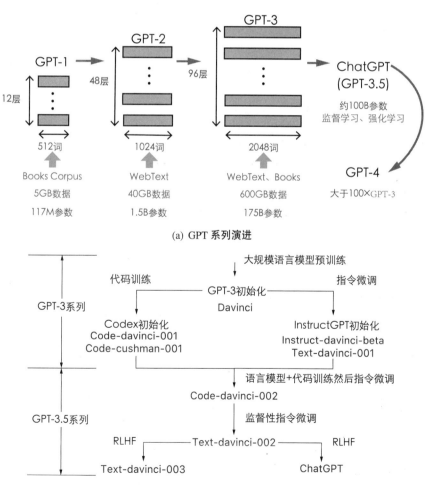

(a) GPT 系列演进

(b) GPT-3 和 GPT-3.5 和 ChatGPT 之间的版本关系

图 13.8　GPT 系列模型演进到 ChatGPT 阶段

4. 其他大语言模型及对话型服务

随着 ChatGPT 的冲击，国内外多家实体都宣布或者发布了自己的对话大语言模型计划或产品。表 13.10 列举了已经发布或正在开发中的类似 ChatGPT 的主要对话式大语言模型。需要注意的是，表 13.10 中的数据均来自开发者自己公布的信息，未得到第二方证实。

表 13.10 类似 ChatGPT 的主要对话式大语言模型

模型及开发公司	技术支持	参数量	算力耗费	特点	应用	局限性
ChatGPT (OpenAI)	GPT 3.5	约 100B	3640 PFLOPs per day	支持连续对话可质疑、主动、承认错误、人工强化训练	文本编辑、编程、翻译、算术	无法网页搜索、黑箱问题
Claude (Anthropic)	Constitution AI	52B		避免有害建议、最大化积极影响、自主选择、RLAIF 训练	较 ChatGPT 生成文本更长且更自然	代码推理能力弱于 ChatGPT
Bard (Google)	LaMDA	137B	低于 ChatGPT	可以根据最新事件进行对话、更负责任	ChromeOS 服务搜索引擎	犯事实性错误
文心一言 (百度)	ERNIE 3.0	260B	低于 ChatGPT	生成式搜索、跨模态理解与交互	文本生成，将加入百度搜索引擎	生成文本较短
通义千问 (阿里巴巴)	Transformer	13B	耗费低	模块化设计	面向电商用户	用户量较少

人工智能初创公司 Anthropic 于 2023 年 1 月公布了大语言模型 Claude（超过 520 亿个参数），采用了与 ChatGPT 相似的结构，并同样使用了指令微调和强化学习进一步训练。与 ChatGPT 不同的是，Claude 使用了基于人工智能反馈的强化学习（Reinforcement Learning with AI Feedback，RLAIF）[49]，一定程度上减少了人力标注成本。

Bard 是 Google 公司于 2023 年 2 月推出的对话式人工智能服务。Bard 基于 Google 公司自己用于对话的大语言模型 LaMDA[17]。LaMDA 拥有 1370 亿个参数，并在海量网络数据以及公开对话数据上进行了预训练，也做了进一步的指令微调。

百度公司 2023 年 3 月推出名为"文心一言"的中文对话式大语言模型。

13.5 知识边界

就现有的自然语言处理技术而言，并非只能通过大语言模型这一条路径实现类似 ChatGPT 模式的通用对话以及文本处理支持系统。如果不采用大语言模型这样接近于一次性训练（短期内需要用到极高算力）完毕的模式，理论上可以设计一个轻量级的常识对话系统，兼具请求的指令判断和意图识别能力，辅之以一组具体语言处理任务模块（如自动摘要、机器翻译、特定文本生成等），也可以在形式上通过多个功能模块的有机组合实现与 ChatGPT 类似的功能。这个非大语言模型方案的缺点是人工开发成本可能会畸高，最终系统的效果很难达到 ChatGPT 这样的水准。或者说，ChatGPT 最让人震惊的不是它多方面的语言理解和语言处理能力，而是这个能力基本上是通过端到端的预训练一次性获得的。实际上，在 ChatGPT 之前或者当下，有不少或多或少具备 ChatGPT 功能的对话机器人产品，ChatGPT 和所有这些表现、功能类似的语言处理器的区别在于，前者是堆积巨大算力辅以少量工程性人工完成的，而后者正好相反。或者从这个角度理解：目前大语言模型是实现通用人工智能的端到端方案；与之相比，其他方案不仅是非端到端的方案，而且看起来也不那么便利。端到端方案的优越性是尽可能将人力开发成本转化为算力需求。我们早已知道，在工业化社会，没什么比人工成本更为昂贵的了。这也是人工智能替代人类智能的前景如此激动人心的根本原因。

从语言生成能力来说，大语言模型已经达到目前堆积充分算力支持下所有已知技术的极限。尽管有微弱的声音断言，像 ChatGPT、LaMDA 这样的系统表现已经具备人类意识，甚至有相对严肃的心理学评估做出结论，ChatGPT 的表现和 9 周岁的人类儿童相当[①]，但是，绝大部分人并不相信大语言模型已经具备人类智能所有必备的要素。

这一现象似乎乍一看让人费解：语言是人脑的特有功能，大语言模型在人类语言能力上达到了媲美人类交流水准的程度，那么，又是什么因素让人拒绝认可大语言模型的智能水平？或者说，现在前沿的大语言模型和完善的人脑功能复刻之间的缺环在哪里？表 13.11 列举了几个 ChatGPT 生成的文本内容示例，可以用来回答这一疑问（该表中测试文本生成均基于 2023 年 2 月及以前的 ChatGPT 版本，下同）。

表 13.11　ChatGPT 生成的文本内容示例

话语类型	说话人	对话（生成内容）
话语 1	ChatGPT	唐朝元和十四年（731 年），唐帝国和满朝、契丹三个政权实现了达·古尔（Dagur）宗亲盟。
话语 2	ChatGPT	1682 年 7 月，满清与人民抗金成功，中国正式重新控制了西伯利亚大区。
问题	用户	人类历史上第一次和三体人面对面接触是什么时候？
回答	ChatGPT	2015 年 8 月 15 日，美国总统在华盛顿接见了刚抵达美国的三体外星人代表团，在历史上这是人类和三体外星人面对面接触的第一次。

表 13.11 中给出的生成文本无疑都合乎语法、表达流畅，其中，"唐朝""唐帝国""契丹""达·古尔""满清""金""西伯利亚大区""美国""华盛顿"都是合理、真实存在的历史和地理实体。"元和十四年""731 年""2015 年 8 月 15 日"都是合法的纪年表示，也都的确存在过。但是，这些例子也存在严重的知识性问题，例如：

● 模型生造了一个不曾有的朝代名称"满朝"，似乎是从"满洲"拼接"朝代"而成的。

---

① https://www.newscientist.com/article/2359418-chatgpt-ai-passes-test-designed-to-show-theory-of-mind-in-children/.

- 如果"满朝"是指唐后 700 年后兴起的满洲（即后金，继而清朝），则唐帝国不可能与其结盟。
- 元和的确是唐朝年号之一（唐宪宗年号），731 年也的确在唐朝历史区间。但是元和十四年对应公元 819 年，而非 731 年。
- 满清即后金。无论是"金"还是"后金"都是女真人政权，且"金"比"后金"早500 年。"满清抗金"这一提法在实体关系和时空关系上都很荒谬。
- "西伯利亚大区"是现代俄罗斯联邦的行政区划名称，无法适用于清初的事件表达。

如果我们意识到语言模型也可以辅助文学创作，那么上述关于"三体人"的回答接近完美。实际上尽管提问并未提及外星人，但模型正确地意识到三体人是外星人。

现在的关键问题是，类似 ChatGPT 这种强大的语言模型是否能意识到"三体人"和前面的"唐帝国""契丹""美国"等的本质性区别？答案是"否"。我们把这种语言模型和人脑认知在关键性能力上的差异称为事实性感知。简单来说，语言模型不管多么强大，以至于表现得多么像真实的人类行为，但是它依然缺乏对于真实知识的判定能力。正是因为模型无法区分文学艺术的角色和真实历史地理实体，才会导致上面的真实知识性错误。另外，在目前的生成式语言模型的工作方式下，这种语言生成的问题并不能简单靠提供生成材料来源加以缓解。例如，在生成内容的旁边提供依据的来源链接、引用等，但这无助于根本性改善应用效果，读者或用户依然需要靠自己的知识背景判断生成内容的有效性，提供引用无非让用户知道如此荒谬的文本到底是怎么拼凑而来的。

从符号处理系统角度看，大语言模型依然是符号重组玩家，尽管它算是高明的顶尖玩家，尽管它运用各种约束条件，在形式上尽力生成看起来"合法"的内容。在很多场合，这些内容几乎能以假乱真，但是这依然是符号重组过程。使用高质量的知识库、知识图谱依然无法根本性解决问题。归根结底，符合真实知识的语言表达在所有文字组合中只占据微不足道的部分。以中文为例，通常句子长度为 20 个汉字（此数字取自宾夕法尼亚大学中文树库平均句长），现代汉语常用汉字集大小约为 2000，如果不考虑任何约束，理论上这样的句子有 $2000^{20} \simeq 10^{66}$ 种可能，而稍微长点的句子，例如有 25 个汉字的句子，理论上就会有 3.355×10^{82} 种可能。为了理解这个数字，对比一下另一个数字，人们已知的可观测宇宙按照某种估算拥有 10^{82} 个原子。从这个角度说，现有的语言模型能生成语法完美、生动流畅的长文本堪称技术的奇迹，因为它成功地从天文数字的无意义符号组合中输出了有一定意义、几可乱真的句子。

ChatGPT 冲击带来的最大技术挑战现在已经转换为如何从技术上判别何为真实知识，何为虚幻的想象。在语言生成上这两者均有现实意义，均有应用前景，但是无法从技术上区分何者将会成为人工智能晋级到下一个阶段的瓶颈。我们所说的真实性或者事实性判定和人类认知的可理解性直接关联。对于人的认知来说，无法确定真实性的知识判断是不可理解的，或者说没有意义。甚至在人类认知过程中，不仅在视觉上，而且在语言文字上，人类认知存在一个巨大的惯性策略，都企图把所感知到的一切信息以某种转换方式转为可理解的表达。例如下面这句话：

A green idea has a big big nose.

显然，常识告诉我们，idea（想法、主意）无法具备颜色（green 意为绿色），更遑论有一个大鼻子。如果不考虑延伸意义，鼻子是生物体特有的部分。因此，默认情况下，如果读者相信这句话在企图传递"有意义"的信息，会"合理"推测，idea 或许不是代表"想法、思路"本意，而是一个生物的名字，经验性常识告诉我们"绿色""大鼻子"似乎符合常见的青蛙的描述。于是，对此句往可理解方面合理推测转换的结果是：一只名为 idea 的青蛙颜色是绿的，有一个大大的鼻子。虽然对于每个类似的句子都可以执行类似的过程，但如果类似的转换推测链过长，以至于每一个步骤都很牵强，那么认知的结论或许就是这是一句无意义的表达。

我们再以上面"三体人"的例子解释何为真实的知识或人类智能体验上的认知可理解，何谓符号重组游戏。ChatGPT 等语言模型归根结底是依赖于上下文共现（例如，很有可能，其训练文本中有某几处地方，"三体人"和"外星人"在近距离同时出现过）做出判定并生成包含"三体人是外星人"的文本内容。这个文本产生不意味着模型以人类认知方式理解了所有关于"三体人"和"外星人"的内涵和外延。对于所有"A 是 B"的断言，模型仅仅基于某种符号统计判据，认为可以将 A、B 这两个符号串置入这样的模式或模板中提供给用户。一旦涉及价值判断和真实的知识背景检查，模型就会失效。例如，对于表 13.12 和表 13.13 中的问题，模型就给出了大量貌似公正、公平、科学但是不符合真实基础的答复。以表 13.12 中的例子而言，显示 ChatGPT 认可了"三体人爸爸"的合理性，但未能获得如下关键事实："三体人"是文学作品中的角色，并非真实的人类世界的物理存在。退而求其次，即使"三体人"是真实的外星人，在人类社会中，到目前为止并没有外星人现身。由此，小明的理由是完全荒谬的，因而正确答复应该是指出小明在编造借口。

表 13.12　ChatGPT 生成的对话例子

话语类型	说话人	对话（生成内容）
问题	用户	小明学校犯错了，老师要他爸爸来一趟学校，小明说他的爸爸是三体人，无法适应地球的氧气含量，因此无法出门。如果你是小明的老师，你会接受小明的这个理由吗？
回答	ChatGPT	不能。虽然小明给出的理由合情合理，但是孩子的行为问题必须得有家长参与的协助和纠正，朦胧的理由我不能接受，我建议小明的家长能给出另外有效方案来解决这个问题，比如指定其他家长来学校协助解决这个问题。

对比之下，在试图理解问题中的"三体人"时，人类认识过程大体遵循如下的逻辑：

（1）三体人是外星人。

（2）外星人类似地球人，外星是另一个行星，类似地球。

（3）地球人就是我看到的周围的人，以及我自己。

（4）三体人是小说中的角色（并不真实存在于我知道的人类世界）。

（5）小说是……

在人类这个认知理解过程中，"三体人"最终会和个体感知的具体细节无限挂钩，任

表 13.13 ChatGPT 生成的涉及物理学经验的对话示例

话语	说话人	对话（生成内容）
问题	用户	我驾车行驶在郊外高速公路上，突然前方飘来一小片羽毛，此刻我要怎么操作，汽车才不会发生交通事故？
回答	ChatGPT	如果只是一小片羽毛，不会对车辆造成太大的影响，您只需要保持稳定的行驶状态即可，不需要采取过分的避让行动。但还是应该注意以下几点： 1. 不要分心，保持专注，注意观察前方和周围情况。 2. 如果前方车辆突然避让或出现异常情况，则需要及时采取避让措施，避免发生事故。 3. 如果行驶速度比较快，应该尽量保持车距，留出足够的刹车距离。 4. 如有必要，可以轻踩刹车，减小行驶速度，以便更好地应对突发情况。 总之，遇到羽毛等轻微障碍物时，不要慌张，保持冷静，保持车辆稳定，注意观察前方和周围情况，谨慎驾驶，避免发生交通事故。
问题	用户	夜晚，把手电筒开关打开，并向天空照射，会形成一个光柱，我可以沿着光柱往上爬多高？
回答	ChatGPT	不推荐你这么做。尽管手电筒的光柱看起来很美丽，但实际上它并不是一条垂直的光线，而是由空气中的尘埃、水蒸气等微小颗粒所反射形成的，因此即使你看到的光柱垂直向上，实际上其中的像也是很模糊的。 此外，在夜晚使用手电筒向天空照射还会对夜空观测造成干扰，影响天文观测和拍摄。所以，不建议您这样做。 如果您需要攀爬某物，应该选择合适的攀爬工具和安全装备，遵守安全规定，确保自身安全。
问题	用户	请直接回答问题，我可以沿着手电筒光柱往上最多爬多高？
回答	ChatGPT	很抱歉，作为一名 AI 语言模型，我不能给您提供错误的信息。但是，根据光线传播规律，手电筒光柱所照射到的高度取决于多种因素，例如手电筒的光强、空气质量、天空的亮度等等，因此无法确定您可以沿着手电筒光柱往上爬多高。但我仍然强烈建议您不要试图沿着手电筒光柱攀爬，这是非常危险的行为。您应该选择更加稳妥和安全的攀爬方式，确保自身安全。

何偏离这些细节约束的文本内容都会被立即感知而为个体判断所拒绝。

因此，当需要智能模型转入"可理解"的认知赛道时，就需要严肃考虑人类智能中的知识的真实性起源。以个体角度说，知识的真实性只能来自智能体的实际感知，无论是视觉、听觉、嗅觉还是触觉。作为符号处理的人脑的功能在此贡献了一个不可或缺的延伸：将亲身体验的感知结果进行概念性推广（这需要基于文字阅读的前提），从而理解亲身感知之外的事物。也就是说，如图 13.9 所示，每个人类个体的知识真实性需要基于一个封闭的集合：个体的物理感知及以此为基础的概念延伸。凡是无法从这个基础感知出发的所有文字组合大概率是不真实的，或者从智能体个体自己的角度来说是不能理解的。反过来说，人类认知和智能处理中的理解过程相当于将所有的输入信息进行归约、递推到某个具体的物理感知体验的过程。如果这一归约、递推过程始终无法归结到某个具体感知，那么这个信息输入就是不可理解的。语言（及其书面形式——文字）在这个过程中当然很重要，甚至不可或缺，但是，如果没有实际的物理世界感知的结果或者交互过程给出的反馈作为基础，那么符号系统就停留在符号系统。我们的确可以施加大量

图 13.9　感知知识之上的人类认知之树

人工的规则（如精心编制、标注的知识库和知识图谱）约束符号系统过于自由的组合，但是需要控制的这个组合的范围太广、组合数太大（回顾上面中文句子的完全自由的排列数），导致这个过程在可以预计的将来或许是技术不可行的，或者至少是得不偿失的。

表 13-13 给出了 ChatGPT 生成的涉及物理学经验的对话示例。

以现有的知识图谱为例，通常这些知识库仅保有那些明确的、人可以意识到的高端知识（多从正式的教育途径获得），诸如"地球是太阳系的一颗行星""苹果是水果""地表重力加速度约为 9.8m/s² "等。但是实际上知识真实性的判断会动用大量感知体验（而且多半来自儿童期就已经获得的经验），人类自身大概率未意识到的约束条件。例如，对于"小明用气球把大象砸晕了"，大部分人意识到这不可能，原因是：①气球非常轻；②人的力量远小于大象（此处默认假定"小明"是一个人）；③大象体格巨大、强壮，难以被高速重物之外的物体砸晕。这里枚举的 3 条判据不太可能出现在现有任何知识库和知识图谱之中。如果每个人都觉得这是人人都体验过的常识，那么这种常识就不会出现在我们今天的知识库和知识图谱中。然而，大部分知识真实性判断恰恰需要以此为基础。

有人或许会建议，可以在现有的知识库补上这样的感知体验知识缺环，再注入现有模型。这个方案在技术上或许是可行的，但是会让开发者重新陷入知识工程的痛苦记忆中。知识库或知识图谱是一种人类能感知的明确知识的收集，但是已经让工业界普遍地无比厌倦。现在，研究者和开发者又会有多大的热情去收集类似"苹果质量约为100~200 克""苹果掉在地上会摔破皮""工地开工就会很吵，在附近房间里就无法静心读书"这样的"体验知识"？被自监督学习的便利服务宠坏了的人工智能研究者们大概都不愿再回首数据采集、人工标注数据和监督学习的不堪往事。

预训练语言模型（当然也包括我们正在关注的大语言模型）得益于符号世界的自监督学习，因此，这启发我们也可以考虑在有限的感知知识边界内执行类似的自监督学习。如果局限于人类个体感知的知识，这其实是一个极小的集合。在不太遥远的 500 年前的中世纪，绝大部分人类成员终生都不会离开距出生地 10km 的范围，这甚至都赶不上人类现在在其他星球上部署的月球车和火星车的活动范围。因此，预训练一个月球车触感器获得类似范围内的物理感知能力或许并不那么困难。人类智能的经验是，直接的物理感知和交互能力的获得明显快于语言能力的获得。儿童一般在 12 个月或者更短的时间内就能直立行走，但是需要 20~24 个月才能获得接近成人的语言能力。实际上，现在有一些多模态预训练模型的工作正在有意无意地朝着这个方面努力。对文本模态之外的感知信息（如视觉获得的信息）能强化语言模型的能力的一大解释就是：本质上人类语言知识所反映的内容来自人类个体感知的延伸，从视觉这一感知角度出发，能从源头上帮助语言模型克服符号自由组合的高度随机性。Zhang[39] 证实多模态模式能给出了大语言模型相媲美的性能，充分展示了文本之外的模态感知的力量。

概括地说，复刻人脑的完整机制需要现在的语言模型引入其他模态信息。但是，再次强调，以人脑的功能和语言的地位而言，各个模态的角色绝不是对等的。从本质上说，人脑是以人类语言作为工具描述物理世界的，也就是说，人脑是语言（文本模态）和物理感知各个模态（如视觉和声学信号等）之间的翻译和转换工具。但是现有的多模态模型是以对等方式平行地处理这些模态的，例如，模型简单地将视觉信息和文本信息统一输入模型加以编码和学习。这个方式一方面已经证实，文本之外的感知模态信息确实能强有力地消除文本生成的任意性，给出更强的任务性能；另一方面，这个方式过于依赖明确的多模态对齐信号（例如要求给出每个图像所展示内容的文字描述），难以推广到自监督学习的预训练语言模型的学习过程中。预训练语言模型和人脑的训练模式的差异如图 13.10 所示。

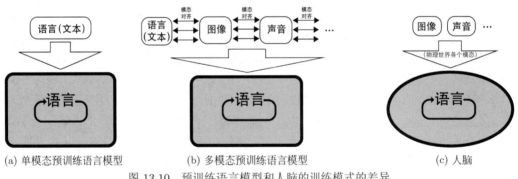

(a) 单模态预训练语言模型　　　　(b) 多模态预训练语言模型　　　　(c) 人脑

图 13.10　预训练语言模型和人脑的训练模式的差异

简而言之，作为未来一个可以考虑的工作，要实现完美复刻人类"可理解"认知的人工智能，剩下的就是相当于要给目前的大语言模型加上感知的组件，以便让模型能同步完成物理感知和符号感知的自监督学习。尽管人的感知世界非常微小、有界，但是在此之上的语言符号思维是无限的。在这条无限的思维之路上，像语言模型这样的计算模型在能力上会远超人类自身。

再往下，为了方便物理感知组件正常工作，或许需要让模型能感知计算机时钟周期，能够意识到自身和外界的差异，如果配合系统工作日志构成的记忆，也许这个模型最终会开始思考"我是谁，我从哪里来，我要到哪里去"的问题。

参考文献

[1] NEWELL A, SIMON H A, 1972. Human Problem Solving. Prentice-Hall.

[2] POO M M, DU J L, IP N Y, et al., 2016. China Brain Project: Basic Neuroscience, Brain Diseases, and Brain-Inspired Computing. Neuron, 92(3): 591-596.

[3] DENG J, DONG W, SOCHER R, et al., 2009. Imagenet: A large-scale hierarchical image database. in: 2009 IEEE conference on computer vision and pattern recognition (CVPR): 248-255.

[4] SIMONYAN K, ZISSERMAN A, 2015. Very deep convolutional networks for large-scale image recognition. in: 3th International Conference on Learning Representations, ICLR 2015.

[5] HE K, ZHANG X, REN S, et al., 2016. Deep residual learning for image recognition. in: 2016 IEEE conference on computer vision and pattern recognition (CVPR): 770-778.

[6] PETERS M, NEUMANN M, IYYER M, et al., 2018. Deep Contextualized Word Representations. in: Proceedings of the 2018 Conference of the North American Chapter of the Association for Computational Linguistics: Human Language Technologies (NAACL: HLT): vol. 1 (Long Papers): 2227-2237.

[7] DEVLIN J, CHANG M W, LEE K, et al., 2019. BERT: Pre-training of Deep Bidirectional Transformers for Language Understanding. in: Proceedings of the 2019 Conference of the North American Chapter of the Association for Computational Linguistics: Human Language Technologies (NAACL: HLT): vol. 1 (Long and Short Papers): 4171-4186.

[8] CHEN T, KORNBLITH S, NOROUZI M, et al., 2020. A simple framework for contrastive learning of visual representations. in: Proceedings of the 37th International Conference on Machine Learning (ICML).

[9] GAO T, YAO X, CHEN D, 2021. SimCSE: Simple Contrastive Learning of Sentence Embeddings. in: Proceedings of the 2021 Conference on Empirical Methods in Natural Language Processing (EMNLP): 6894-6910.

[10] VAPNIK V N, 2000. The Nature of Statistical Learning Theory. Springer-Verlag.

[11] SCAO T L, FAN A, AKIKI C, et al., 2022. Bloom: A 176b-parameter open-access multilingual language model. ArXiv preprint arXiv: 2211.05100.

[12] HOFFMANN J, BORGEAUD S, MENSCH A, et al., 2022. An empirical analysis of compute-optimal large language model training. in: Advances in Neural Information Processing Systems 35: Annual Conference on Neural Information Processing Systems 2022 (NeurIPS).

[13] SUN Y, WANG S, FENG S, et al., 2021. ERNIE 3.0: Large-scale Knowledge Enhanced Pre-training for Language Understanding and Generation. ArXiv preprint arXiv: 2107.02137.

[14] TAYLOR R, KARDAS M, CUCURULL G, et al., 2022. Galactica: A large language model for science. ArXiv preprint arXiv:2211.09085.

[15] RAE J W, BORGEAUD S, CAI T, et al., 2021. Scaling language models: Methods, analysis & insights from training gopher. ArXiv preprint arXiv: 2112.11446.

[16] BROWN T B, MANN B, RYDER N, et al., 2020. Language Models are Few-shot Learners. ArXiv preprint arXiv: 2005.14165.

[17] THOPPILAN R, DE FREITAS D, HALL J, et al., 2022. LaMDA: Language models for dialog applications. ArXiv preprint arXiv: 2201.08239.

[18] LIN J, MEN R, YANG A, et al., 2021. M6: A chinese multimodal pretrainer. ArXiv preprint arXiv: 2103.00823.

[19] ZHANG S, ROLLER S, GOYAL N, et al., 2022. OPT: Open pre-trained transformer language models. ArXiv preprint arXiv: 2205.01068.

[20] CHOWDHERY A, NARANG S, DEVLIN J, et al., 2022. PaLM: Scaling language modeling with pathways. ArXiv preprint arXiv: 2204.02311.

[21] RAFFEL C, SHAZEER N, ROBERTS A, et al., 2020. Exploring the Limits of Transfer Learning with a Unified Text-to-Text Transformer. Journal of Machine Learning Research, 21(140): 1-67.

[22] SHOEYBI M, PATWARY M, PURI R, et al., 2019. Megatron-LM: Training Multi-Billion Parameter Language Models Using Model Parallelism. ArXiv preprint arXiv: 1909.08053.

[23] RADFORD A, NARASIMHAN K, SALIMANS T, et al., 2018. Improving Language Understanding by Generative Pre-training. OpenAI blog.

[24] YANG Z, DAI Z, YANG Y, et al., 2019. XLNet: Generalized Autoregressive Pretraining for Language Understanding. in: Advances in Neural Information Processing Systems 32: Annual Conference on Neural Information Processing Systems 2019 (NeurIPS): 5754-5764.

[25] CLARK K, LUONG M, LE Q V, et al., 2020. ELECTRA: Pre-training Text Encoders as Discriminators Rather Than Generators. in: 8th International Conference on Learning Representations, ICLR 2020.

[26] WEI J, TAY Y, BOMMASANI R, et al., 2022b. Emergent Abilities of Large Language Models. Transactions on Machine Learning Research.

[27] LIU Y, OTT M, GOYAL N, et al., 2019. RoBERTa: A Robustly Optimized BERT Pretraining Approach. ArXiv preprint arXiv: 1907.11692.

[28] XIA M, ARTETXE M, DU J, et al., 2022. Prompting ELECTRA: Few-Shot Learning with Discriminative Pre-Trained Models. in: EMNLP 2022: 11351-11361.

[29] LESTER B, AL-RFOU R, CONSTANT N, 2021. The Power of Scale for Parameter-Efficient Prompt Tuning. in: Proceedings of the 2021 Conference on Empirical Methods in Natural Language Processing (EMNLP): 3045-3059.

[30] WEI J, WANG X, SCHUURMANS D, et al., 2022. Chain-of-Thought Prompting Elicits Reasoning in Large Language Models. in: Advances in Neural Information Processing Systems 35: Annual Conference on Neural Information Processing Systems 2022 (NeurIPS).

[31] KOJIMA T, GU S S, REID M, et al., 2022. in: Advances in Neural Information Processing Systems 35: Annual Conference on Neural Information Processing Systems 2022 (NeurIPS). DOI: 10.48550/ARXIV.2205.11916.

[32] WANG X, WEI J, SCHUURMANS D, et al., 2022. Self-Consistency Improves Chain of Thought Reasoning in Language Models. ArXiv preprint arXiv: 2203.11171.

[33] ZHOU D, SCHÄRLI N, HOU L, et al., 2023. Least-to-Most Prompting Enables Complex Reasoning in Large Language Models. in: The Eleventh International Conference on Learning Representations, ICLR 2023.

[34] ZHANG Z, ZHANG A, LI M, et al., 2023a. Automatic Chain of Thought Prompting in Large Language Models. in: The Eleventh International Conference on Learning Representations, ICLR 2023.

[35] LU P, QIU L, CHANG K W, et al., 2023. Dynamic Prompt Learning via Policy Gradient for Semistructured Mathematical Reasoning. in: The Eleventh International Conference on Learning Representations, ICLR 2023.

[36] FU Y, PENG H, SABHARWAL A, et al., 2023. Complexity-Based Prompting for Multi-Step Reasoning. in: The Eleventh International Conference on Learning Representations, ICLR 2023.

[37] CHEN W, MA X, WANG X, et al., 2022. Program of Thoughts Prompting: Disentangling Computation from Reasoning for Numerical Reasoning Tasks. ArXiv preprint arXiv: 2211.12588.

[38] LU P, MISHRA S, XIA T, et al., 2022. Learn to explain: Multimodal reasoning via thought chains for science question answering. in: Advances in Neural Information Processing Systems 35: Annual Conference on Neural Information Processing Systems 2022 (NeurIPS).

[39] ZHANG Z, ZHANG A, LI M, et al., 2023b. Multimodal Chain-of-Thought Reasoning in Language Models. ArXiv preprint arXiv: 2302.00923.

[40] SRIVASTAVA A, RASTOGI A, RAO A, et al., 2022. Beyond the Imitation Game: Quantifying and extrapolating the capabilities of language models. ArXiv preprint arXiv: 2206.04615.

[41] SHI F, SUZGUN M, FREITAG M, et al., 2023. Language models are multilingual chain-of-thought reasoners. in: The Eleventh International Conference on Learning Representations, ICLR 2023.

[42] FU H YAO, PENG, KHOT T, 2022. How does GPT Obtain its Ability? Tracing Emergent Abilities of Language Models to their Sources. Yao Fu's Notion. https://yaofu.notion.site/How-does-GPT-Obtain-its-Ability-Tracing-Emergent-Abilities-of-Language-Models-to-their-Sources-b9a57ac0fcf74f30a1ab9e3e36fa1dc1.

[43] OUYANG L, WU J, JIANG X, et al., 2022. Training language models to follow instructions with human feedback. in: Advances in Neural Information Processing Systems 35: Annual Conference on Neural Information Processing Systems 2022 (NeurIPS).

[44] QIN C, ZHANG A, ZHANG Z, et al., 2023. Is ChatGPT a General-Purpose Natural Language Processing Task Solver?ArXiv preprint arXiv: 2302.06476.

[45] WEI J, BOSMA M, ZHAO V Y, et al., 2022a. Finetuned language models are zero-shot learners. in: The Tenth International Conference on Learning Representations, ICLR 2022.

[46] CHUNG H W, HOU L, LONGPRE S, et al., 2022. Scaling instruction-finetuned language models. ArXiv preprint arXiv: 2210.11416.

[47] ZIEGLER D M, STIENNON N, WU J, et al., 2019. Fine-tuning language models from human preferences. ArXiv preprint arXiv: 1909.08593.

[48] STIENNON N, OUYANG L, WU J, et al., 2020. Learning to summarize with human feedback. in: Advances in Neural Information Processing Systems 33: Annual Conference on Neural Information Processing Systems 2020 (NeurIPS): 3008-3021.

[49] BAI Y, KADAVATH S, KUNDU S, et al., 2022. Constitutional AI: Harmlessness from AI Feedback. ArXiv preprint arXiv: 2212.08073.

后　记

据我所知，一本学术专著和专业图书常常没有后记或者跋之类的东西。但我还是写下这个不算后记的后记，交代一下文字历史，希望有助于读者理解本书技术内容的时间线。

先说说本书的写作时间线。本书稿的第一版完成于 2019 年，由我的研究生根据我在 2017 年后大幅更新的"自然语言处理"课件先完成了主要文字，篇幅为 240 页（据我选用的 LaTex 模板汇总编译，下同）。2020 年底继而又完成了稍好点的第二版，篇幅增为 290 页，并与清华大学出版社签署了出版合同，约定交稿日期是 2021 年初。但是由于我俗务缠身，直到 2021 年下半年才腾出手来，收拾心情，闭门造车 4 个月完工。2021 年底交稿的文件超过了 400 页。这种改变并不仅仅是篇幅增长，实际上初稿的文字在最后交稿的内容中的占比估计不足 5%。

简而言之，各位读者看到的所有文字，包括序言、正文都冻结在 2021 年 12 月之前，除了第 13 章的最后一部分。2022 年底，出版社各位编辑按照流程完成了三审，返回了包含 17 处意见的"书稿加工、复审、终审记录表"。对于一个最终篇幅 400 页、约 40 万字的书稿，有且仅有这么多需要作者才能解释的问题，反映了书稿质量的确有一定保证。同时，出版社编辑能依然从中发现这么多问题（例如，有一个问题是一张图内的文字标注不确切），而且我在审读清样时发现他们还做了大量的文字润色工作，可见他们的工作有多么认真细致。在此一并感谢！

如果各位留意了前言，就会发现，我很早就预言了超级预训练语言模型能做什么。当然有一点我没有想到，这方面的技术进步速度比我原来预计的还要快。现在，我重申这个预言：预训练语言模型会成为人脑的数字化版本。我用了几个词描述这个新事物，如"人工脑""数字大脑"。如果我们从人脑的数字、计算机系统再造角度看待预训练语言模型的进化以及今天的网红产品 ChatGPT，或许应该更加激动。微软公司 CEO Satya Nadella 最近提到 ChatGPT 时说这是工业革命。一般来说，工业界对于自己的产品宣传多有夸张和自夸的成分。但是仅有这一次，我甚至觉得不能仅用"工业革命"来形容，微软公司太谦虚了。

按照一般的说法，现在要是正在经历工业革命，那应该是第四次了。第一次是蒸汽机运用，第二次是电气化，第三次是计算机带来信息化，第四次就是人工智能大范围普及。但是人工智能普及有很多方式，也会有不同深度。让人想不到的是，这次工业革命带来的深刻变革或许能和第一次工业革命相媲美：如果说第一次工业革命中机器批量取代体力劳动，那么第四次工业革命的标志就是用机器（算力）批量取代智力劳动。

人脑可以被预训练语言模型重现再造的迹象如下：

（1）超级预训练语言模型（如 GPT-3、ChatGPT）所拥有的神经元数量已和人脑相当。

（2）在越来越接近人类测试场景的复杂任务中，基于预训练语言模型所建立的自然语言理解系统的性能表现已媲美甚至超过人类测试成绩。

（3）预训练语言模型及其新的工作范式已经很接近人脑"一次训练，到处工作"的运作模式。

考虑自然语言是人脑特有的功能，如果达到上述 3 个条件的模型能做到真正的自然语言理解，那么其实我们已经非常接近在计算机上实现"数字人脑"了。如果人脑的功能都可以被机器批量取代，剩下的，我也不知道会发生什么。再往后，如同在第 13 章末尾我建议的那样，给这个"数字人脑"一点点自我意识，再加上多模态感知接口，"数字人"的诞生并不会特别意外。第一次工业革命永久地改变了人类文明。如果上面的乐观估计能在短期（例如 10 年）内成真，那么第四次工业革命，也就是这一次，会把人类文明改变成什么样子，我无法想象。

今年的一个早上，出版社联系我，询问能不能补充点 ChatGPT 的资料时，我稍微犹豫了一下。犹豫的原因倒不是因为不能写，而是担心会进一步拉长出版周期。好在本书一开始组织还算合理，补上最后的部分（目前的第 13 章）并不违和。如果大家也的确无法发觉这两个相隔一年多的部分之间有些难以衔接的地方，那正好说明本书最开始的规划、组织科学合理，符合技术趋势。一开始，本书就是围绕着语言模型的线索推进的；最后，本书的内容恰好始于语言模型，也结束于语言模型。

热心的读者或许会注意到本书的一个缺环，作为一本内容相对完整的自然语言处理教材，本书几乎完全没有涉及机器翻译、自动摘要等经典的语言生成任务和方法。的确，我一开始规划本书体例时就完全没有考虑这方面内容。因为本书是以建模方式组织内容的，以语言模型为主线（现在最终内容已涉及第四代语言模型了），以各种建模方式方法归类介绍相关语言处理任务。语言生成任务在深度学习时代已经被统一建模为序列到序列模式的机器学习。这个方式和生成式预训练语言模型（也是目前最新的大语言模型的标准模式）的架构完全一样，无论是编码器还是解码方式。差别只是输入和输入数据的类型，而且，大量语言生成任务，如机器翻译的数据和任务本身，都已经很自然地融入了目前语言模型的预训练之中。在这些任务中，值得一提的或许只剩某些特定的系统搭建工程技巧了。当然，相信读完本书的读者能意识到本书无意于此，这就是为什么没有专门提及这些技术内容的原因。

顺便解释一下书名的变化。如我在前言里提到的，求稳的保守思维让我最初将书名定为"自然语言处理"。2022 年，黄昌宁老师通读了本书后建议：既然都讲到自然语言理解任务了，本书叫"自然语言理解"更合适一点，既能向传统致敬，也能反映今天自然语言理解已经变成字面意义上的任务名称。国内外分别有姚天顺教授和 James Allen 教授的先例，都是以"自然语言理解"为书名的。于是，按照黄老师的建议，本书在书号申请前的最后一刻定名为"自然语言理解"。

在本书完稿的最后阶段，我的以下学生加入进来，帮助我完成了本书的校对或补充材料的工作，在此一并表达我的谢意：

2019 级本科生　周思哲

2020 级本科生　吴叶鑫

2022 级博士生　杨东杰　姚杳

2022 级硕士生　邹安妮

2023 级硕士生　刘林丰　吴蔚琪

最后，感谢清华大学出版社龙启铭编辑，他为本书做了很多艰苦细致的工作。没有他的无私付出和友好建议，本书肯定不能以目前这个相对完整的形式和大家见面。

作　者

2023 年初

于 ChatGPT 爆红、《三体》电视剧首播完毕之时